国家科学技术学术著作出版基金资助出版

无人飞行器智能控制丛书

集群系统编队合围
控制理论及应用

董希旺　化永朝　任　章　著

科学出版社
北京

内 容 简 介

无人集群系统智能协同作战正在成为未来军事智能化的必然发展趋势,依赖于信息交互、感知认知、决策规划、制导控制等方面的技术。协同制导控制作为执行层的主要内容,可以为无人集群系统提供有利的时间和空间保障,是当前学术界和产业界共同关注的研究热点。本书围绕集群系统编队合围控制理论及应用进行系统介绍,分别总结了一致性控制、编队控制、编队跟踪控制、合围控制及编队-合围控制五个方面的内容,并把相关理论成果在无人机集群上进行了应用验证。

本书可作为从事集群智能、协同控制、编队控制等相关研究的科研人员的参考书,也可供自动化、人工智能等专业的高年级本科生、研究生的专业课程使用。

图书在版编目(CIP)数据

集群系统编队合围控制理论及应用／董希旺,化永朝,任章著. -- 北京:科学出版社,2025.3. --(无人飞行器智能控制丛书). -- ISBN 978 - 7 - 03 - 080656 - 7

Ⅰ. V279

中国国家版本馆 CIP 数据核字第 2024B3M219 号

责任编辑:胡文治／责任校对:谭宏宇
责任印制:黄晓鸣／封面设计:殷 靓

科学出版社 出版

北京东黄城根北街 16 号
邮政编码:100717
http://www.sciencep.com

南京展望文化发展有限公司排版
苏州市越洋印刷有限公司印刷
科学出版社发行 各地新华书店经销

*

2025 年 3 月第 一 版 开本:B5(720×1000)
2025 年 3 月第一次印刷 印张:19 3/4
字数:387 000

定价:150.00 元

(如有印装质量问题,我社负责调换)

前言 | Preface

美国于 2014 年推出第三次"抵消战略",提出以大量低成本、相互协作的武器系统,实现大规模集群作战的构想,用于突破敌方防御系统,对敌方目标实施饱和攻击等作战任务,并制定了详细的发展路线图。2016 年,美国把人工智能列为未来军事智能化的核心技术,并明确包括先进有人/无人作战编组、网络化自主武器、人机协作等在内的 5 项关键技术。2017 年,美国国防部高级研究计划局战略技术办公室提出"马赛克战"概念,强调将相互协作的有人、无人系统以及多域指挥与控制节点等低成本系统灵活组合,产生可以动态调整且高度自治的分布式作战力量,实现非对称作战。2020 年,美国战略与预算评估中心发布《马赛克战:利用人工智能和自主系统来实施决策中心作战》研究报告把人机/集群智能协同和自主作战、人工智能辅助作战决策与指挥控制作为支撑新的制胜机理和作战概念的核心技术。2017 年,我国国务院印发《新一代人工智能发展规划》,并把自主协同控制与优化决策理论以及群体智能理论等列入 8 项基础理论。2019 年,我国国防部刊发《加速推进军事智能化》评论,把智能集群战、人机协同作战等列为智能化战争的基石。从上述国内外系列的国家战略和举措可以看出,无人集群系统智能协同作战正在成为未来军事智能化必然发展趋势和核心内容。

无人集群系统智能协同作战依赖于信息交互、感知认知、决策规划、制导控制等层面的技术。协同制导控制作为执行层的主要内容可以为无人集群系统提供有利的时间和空间保障,是集群智能协同中的关键核心技术,也是当前学术界和产业界共同关注的研究热点。在学术界,协同控制可以追溯到 2002 年,以多智能体系统一致性控制或者同步控制为代表的研究开启了分布式协同控制理论研究的先河。其后至今,陆续衍生了编队控制、编队跟踪控制、合围控制、编队-合围控制等研究方向。在产业界,协同控制至少可以追溯到 2012 年,基于局部有限邻居之间相对信息交互的分布式协同控制的思想,在无人机和无人车等无人系统上开展了以编队控制为代表的实验验证。其后至今,从以无人机蜂群为代表的编队飞行,发展到天、临、空、地、海等多域或者跨域无人集群系统协同控制试验验证。虽然多智能体协同控制理论已经被研究了 20 多年,但是与具体无人系统和复杂应用场景结合的无人集群系统分布式协同控制理论及应用研究还方兴未艾。

自 2009 年开始,本书作者在国家自然科学基金青年、面上、优青、重点项目,新一代人工智能国家科技重大专项,中央军委装备发展部和中央军委科学技术委员会等重大、重点基金和项目的支持下,对无人集群系统自主协同的概念内涵、技术体系架构、分布式编队合围控制等理论、方法、技术及应用验证进行了深入的研究。编队合围理论成果已成功在多旋翼无人机、固定翼无人机、巡飞弹、无人车等集群系统上进行了实际验证,取得了良好的成效。部分研究成果已经发表高水平 SCI 论文 100 余篇,授权国家发明专利 30 余项。作者团队培养了 40 余名研究生和指导了 4 篇一级学会的优秀博士论文撰写,获军事技术发明奖一等奖、国防技术发明奖三等奖、中国指挥与控制学会科学技术进步奖一等奖、中国发明协会技术发明奖一等奖、空军无人争锋比赛三届冠军等,对集群系统智能协同制导控制理论研究和工程应用起到了很好推动作用。

鉴于国内目前尚无关于集群系统编队合围控制理论及应用相关的专著,在国家科学技术学术著作出版基金的资助下,有必要把近 15 年来的部分研究成果撰写成专著出版。本书共 9 章,分别总结了一致性控制、编队控制、编队跟踪控制、合围控制及编队-合围控制五个方面的内容。此外,把高阶集群系统编队合围控制的理论成果在无人机集群系统上进行了应用验证,并在自主搭建的基于四旋翼无人机的实验平台上开展了系列实飞验证。具体而言,第 1 章为概论,介绍了集群智能产生的背景、概念内涵、技术体系架构及编队合围控制相关的研究现状。第 2 章介绍了代数图论、空间分解理论、稳定性理论等基本理论。第 3 章介绍了在非一致时变延迟、交互拓扑不确定性及时变外部扰动同时存在的情况下的集群系统状态实用一致性控制,给出了状态实用一致函数的显式表达式及一致误差的界。第 4 章分别研究了具有延迟的时变状态编队控制、基于静态输出反馈的时变输出编队,提出了时变编队可行性条件、实现时变编队的充要条件及控制协议的设计算法,并通过 5 架四旋翼无人机室外环境下自主时变编队的多组飞行实验对理论结果进行了验证。第 5 章针对具有切换拓扑的集群系统时变编队控制进行了介绍,给出了对拓扑切换具有适应能力的分布式控制协议及设计方法,获得了实现时变编队的判据及拓扑切换驻留时间的阈值条件,并通过 4 架四旋翼无人机对拓扑切换条件下时变编队控制结果进行了实飞验证。第 6 章分别使用状态反馈和输出反馈对固定/切换拓扑条件下集群系统的自适应编队控制进行了介绍,基于自适应理论构造了不依赖集群系统对应的拉普拉斯矩阵特征值的分布式控制协议,并基于李雅普诺夫稳定性理论对所提算法的收敛性进行了证明。第 7 章分别对具有多个领导者以及领导者存在未知时变输入、未知干扰、拓扑切换等约束条件下的时变编队跟踪控制问题进行了研究,利用拉普拉斯矩阵的性质,给出了集群系统实现时变编队跟踪的充要条件及控制协议的设计算法,并开展了 3 架四旋翼无人机对 1 架进行围捕的编队跟踪实飞验证。第 8 章分别针对具有时变延迟的正常高阶线性集群系统和奇异集群系统状态合围控制问题以及正常高阶线性集群系统输出合围控制问题进行了研究,给出了控制协议的设计算法及收敛性判据。第 9 章分别对集群系统状态和输出编队-合围控制问题进行了研究,给出了集群系统实现状态和输出编队-合围的充分条件,以及确定编队-合围控制协议中增益矩阵的方法,并在 5 架四旋翼无人机平台上进行了编队-合围控制的实飞验证。

在本书出版之际,由衷感谢清华大学钟宜生教授、石宗英副教授,火箭军工程大学席建祥教授,新加坡南洋理工大学胡国强教授,北京航空航天大学李清东副教授、于江龙副教授、韩亮副教授、刘亦石副教授、冯智副教授、闫芮副教授、李晓多讲师,北京航空航天大学汪瑞博士、王庆博士、李恒博士、吕晓康博士、王婷婷博士、苏翎菲博士等为本书的相关研究工作以及编写提供的指导、帮助和支持。

本书涉及的研究工作获得了国家自然科学基金(U2241217, 62473027, 62473029, 62403038, 62203032),北京市自然科学基金(JQ23019, 4232046),中国科协青年人才托举工程(2021QNRC001),北京市科协青年人才托举工程(BYESS2022186),新一代人工智能国家科技重大专项(2020AAA0108200),航空科学基金(2022Z071051015),中央高校基本科研业务费专项资金(YWF-23-T-207, YWF-23-L-1138)以及中央军委装备发展部、中央军委科学技术委员会等项目的持续支持,在此,向国家自然科学基金委员会、中国科学技术协会、北京市科学技术委员会、中华人民共和国科学技术部、中央军委装备发展部、军委科技委的支持表示感谢。

本书是作者在集群系统分布式协同控制领域阶段性的研究成果总结,由于作者水平有限,书中难免存在不足之处,敬请广大读者批评指正。

作者

2024 年 4 月

目录 | Contents

第1章

概　论

1.1　概念内涵及应用前景

在自然界中,多个生物个体聚集在一起就组成了生物群体,如兽群、鸟群、鱼群、昆虫群和微生物群等。生物学家很早就发现,群体比单一个体在觅食、逃避天敌、迁徙等方面更有优势[1-3]。生物群体中的个体在视听感知能力、运动能力及智力水平等方面都是有限的,只能基于局部范围内的信息来决策进而完成相对简单的行为模式。但是通过个体自身的运动及相互之间的交互作用构成大规模群体后,就能够将有限的个体能力聚集起来,克服单一个体能力上的不足,在整体上涌现出功能和机制更为强大和复杂的行为,即群体行为(swarming behavior)[4]。图1-1给出

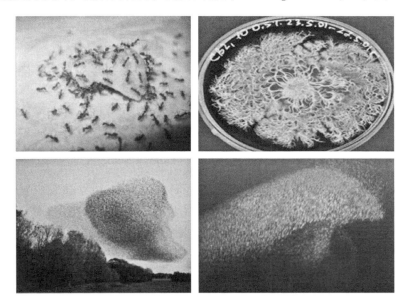

图 1-1　自然界中的群体行为

了自然界中蚁群觅食、菌落演化、鸟群迁徙以及鱼群巡游四种群体行为的示例。

与单一个体相比,自然界中群体的优势主要体现在以下几个方面[5]:

(1)通过团队协作,提高捕食效率。例如,蚁群通过互相协作可以搬动比单个蚂蚁重上千倍的食物;食人鱼通过成群结队地轮番攻击可以在短时间内吃掉一头肥壮的公牛。

(2)利用群体的力量,提高生存概率。例如,角马群在迁徙时,健壮的公角马分别走在队伍的前面和后面,母角马和幼角马则走在队伍的中间。在遭遇敌害时,角马群向前奔跑形成势不可挡的冲击力,使群体迅速脱离险境。很多海洋深处的生物是通过声呐来搜寻和定位猎物的,高密度的鱼群很容易被误认为一个庞然大物,让猎食者望而生畏。

(3)减小运动阻力,节省能量。以大雁人字形编队飞行为例,编队中的大雁可以利用临近大雁飞行时产生的上升气流来减少自身的飞行阻力,进而降低飞行中的能量消耗,利于实现远距离的迁徙。

现代仿生学的发展历程表明,对自然界中群体行为的研究有助于解释人类社会中复杂的群体现象及解决工程技术领域中遇到的诸多问题[6]。一方面,人类社会中存在着各式各样的群体行为,如人群恐慌、时尚传播以及股市动荡等,对自然界中群体行为的研究在揭示大自然秘密的同时能更深刻地阐释和理解人类社会活动及经济活动的规律。另一方面,该研究的重大进展将会为人类科技进步提供新思想、新原理和新理论。因此,近年来针对群体行为的建模、分析和控制已经成为科学领域内一个重要的研究课题。研究者将实际中具有与上述自然界中群体行为类似现象的系统抽象为群体系统(crowd systems),将群体层面涌现的远超个体复杂的行为或者强大能力称为群体智能(crowd intelligence)。在国务院于2017年7月8日印发的《新一代人工智能发展规划》中,群体智能理论被列为8项基础理论之一,群体智能也位列新一代人工智能的五大赛道之一。群体系统以及群体智能的概念和内涵还在随着研究的深入而持续发展。目前而言,业界一般认为群体系统包括三类典型的对象,第一类是人群,尤其以面向开源社区软件工程的众包协作开发为代表,关注的是如何激发大量的程序员的软件开发效率,并有效汇聚成大软件工程成果;第二类是无人集群系统(unmanned swarm systems),尤其以无人机、无人车、无人艇等无人系统为基本单元通过局部交互构成有机整体完成复杂任务为代表,关注的是如何设计分布式的协同算法实现效能的非线性提升;第三类是人和无人系统或者无人集群系统构成的有人/无人的混合系统,尤其以人和无人集群系统协同执行任务为代表,关注的是如何充分发挥人和无人系统的互补优势,实现混合效能的增强。

本书主要是从自动控制的角度来研究群体协同行为的建模、调控、理论分析等内容,因此本书中群体内的对象主要是具有一定自治或者自主调控能力的无人系统,也就是无人集群系统,简称集群系统或集群。集群系统作为一种复杂的网络化系统,具有重要的学术研究意义和工程应用价值。如何让集群系统涌现出集群智能(swarm intelligence),即通过集群内无人系统或者智能体之间的局部有限邻居节点之间的相对信息反馈实现集群宏观尺度上效能的显著提升,一直是集群系统协同控制关注的焦点。集群智能与协同控制也成为贯穿"十三五"(2016—2020)和"十四五"(2021—2025)的研究热点。该领域的持续火热得益于自主无人系统(autonomous unmanned system)和多智能体系统(multi-agent systems)两个领域研究的发展与完善。这两个领域的成果以及有机融合支撑并成就了无人集群系统以及集群智能与协同控制的繁荣。

通常可以从三个维度来认识一个集群系统,即智能体、交互方式和行为规则,这三个维度有时候也被称为构成集群系统的三个要素(图1-2)。其中,智能体是构成集群系统的基本单元,例如可以是无人机、无人车、无人艇、导弹等单个无人系统;交互方式主要描述集群中智能体之间的相互作用的关系(interaction relationship),例如,可以是智能体之间信息传输的拓扑网络关系;行为规则是智能体接收到交互信息后的反应规律,例如,可以是协同控制律的生成规则。

图1-2 构成集群系统的三个要素

集群系统具有四个典型特征,即自主性、协同性、扩展性和涌现性(图1-3)。自主性主要是指集群系统可以不依赖人、服务器或者外部中心节点的参与自主完成任务的能力;协同性是指集群系统内部的智能体之间通过局部交互协调合作完成任务的能力;扩展性是指集群系统对内部智能体数量增减的弹性自适应能力,尤其支撑集群系统的算法是否具备大规模可拓展能力;涌现性是指集群系统宏观行为或者功能等具有的单个智能体能力 1 + 1 ≫ 2 的非线性增强的能力,即集群宏观能力不是单个智能体能力简单的线性叠加。需要特别强调的是,一个系统是否属于集群系统或者是否具有集群智能不是以系统中具有的智能体或者无人系统的数量来论的,而是以支撑的算法是否具备上述四个典型特征来判定的。使用这四个特征也很容易甄别目前的无人机灯光秀表演不属于集群智能。目前的无人机灯光秀表演已经可以做到 5 000 架以上的无人机的规模,虽然数量上非常庞大,但是都是基于程序控制或者服务器控制,并且都高度依赖差分的卫星导航定位系统,因此并不自主。此外,目前的灯光秀表演中,无人机和无人机之间并不存在交互,也就是相互之间没有协同性。这种程序式的集中式控制算法也不具备大规模的扩展性。最后,灯光秀中展示的图案是可以直接线性地拆解或者还原到每一架无人机的飞行航迹上的,也就是说宏观上展示出的图案是无人机航迹点的简单的线性拼

图 1-3　集群系统的四大典型特征

接,并不具备非线性的涌现能力。

　　集群系统作为一个网络化、体系化的复杂系统,需要多层次的能力支撑才能完成具体的任务。图 1-4 给出了集群系统完成任务所需的支撑能力与技术的体系架构。其中,群体智能基础理论主要涉及智能激发、汇聚、度量等机理和机制,属于基础底座。自组织交互网络构建、协同感知认知、协同决策规划、协同控制和协同制导属于能力和技术层面必备的 5 个要素,这 5 个要素之间的关系可以在已有的军事作战的感知-判断-决策-执行循环(OODA 循环[7])的基础上拓展为 IOODA 循环,即交互-感知-判断-决策-执行循环。其中,自组织交互网络构建是集群系统特有的,也是传统的 OODA 循环中没有体现的,主要为智能体之间信息交互提供渠道,目前比较容易实现的方式是通过数据链来构建数据传输的通道以提供链路层的保障,可以类比于人的"神经系统";协同感知认知主要包括对集群内部提供局部感知以及相对导航能力,对集群外部提供环境和态势信息以及目标的指示、识别、跟踪并基于信息和知识做一些推理和判断,为集群协同提供信息层的保障,可

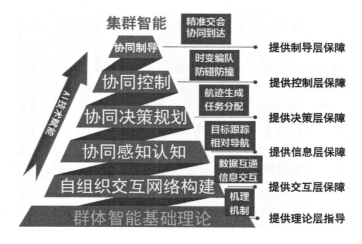

图 1-4　集群系统完成任务所需的支撑能力与技术体系架构

以类比于人的"眼睛";协同决策规划主要完成任务分解、分配,轨迹规划等方案或者指令的生成,为集群协同提供决策层的保障,可以类比于人的"大脑";协同控制和协同制导同属于执行层,主要通过控制集群包括时变编队、防碰避障等宏观运动行为保证整体运动的协调性并通过控制集群与目标之间的相对时空关系实现对目标的跟踪或打击,为集群协同提供有利的时空保障,可以类比于人类的"小脑"和"肌肉"。这五个方面是有机衔接,相互耦合的,共同支撑集群系统完成任务并涌现出智能。

　　集群智能以及自主协同控制与优化决策本身就属于我国《新一代人工智能发展规划》中的重要内容,不过提到人工智能人们首先想到的是深度学习和强化学习等高级机器学习相关的内容。的确,智能的核心是学习进化。随着集群智能相关研究的深入,深度学习和强化学习等也正在与集群的 IOODA 循环的各个功能模块进行融合,例如,基于深度学习的协同目标识别,基于强化学习的协同决策与控制近些年也都取得了一些初步的成果[8,9]。

　　虽然集群智能有 5 个能力和技术层面必备的要素,本书主要聚焦执行层的协同控制相关研究,即如何设计分布式的控制器让集群系统实现特定的协同行为。目前,根据不同的协同行为,集群系统协同控制领域内已经产生了众多紧密相关而又截然不同的研究分支,如一致性控制(consensus control)[10]、编队控制(formation control)[11]、合围控制(containment control)[12]、编队－合围控制(formation-containment control)[13]、一致跟踪控制(consensus tracking control)[14]、编队跟踪控制(formation tracking control)[15]、蜂拥控制(flocking control)[16]以及追踪－逃逸控制(pursuit-evasion control)[17]等。本书中编队合围控制的研究主要涵盖了前五个分支,其中,一致性控制是编队控制的基础,同时也是编队控制的一种特例;编队控制只是强调队形的形成、保持及变换,并不涉及对整个编队宏观运动的控制。可以同时调控编队队形以及编队宏观运动的是编队跟踪控制。编队控制及合围控制是编队－合围控制的基础,两者及一致性控制、一致跟踪控制、编队跟踪控制都可以看作编队－合围控制的特例。这些分支的研究成果在微纳卫星集群协同探测、无人机集群协同搜救、弹群协同突防、异构弹群饱和打击以及无人艇集群协同反潜等领域内都有着广阔的应用前景。下面列举几个工程应用的实例。

　　1. 微纳卫星集群协同探测

　　20 世纪 90 年代,有学者提出了"虚拟卫星"的概念,指出大卫星的功能可以由多个功能相对单一、结构相对简单的小卫星通过保持特定的编队相互协作来实现。相对于单个大卫星,"虚拟卫星"具有如下典型优势。首先,各小卫星分布在相当大的空间区域内,能够提供较大的孔径和测量基线同时对同一目标进行不同视点的观测。将这些小卫星得到的数据进行融合,可以提高"虚拟卫星"系统有效载荷数据的精度,满足深空探测及三维成像等技术要求。其次,"虚拟卫星"的功能散布在各个单元小卫星上,当某个小卫星故障时,可以对小卫星之间的协同关系进行调整使整个系统降级使用,避免出现系统完全瘫痪的情况。此外,由于小卫星易于发射,可以在较短时间内补充新的小卫星对系统进行修复,从而使整个系统的鲁棒性及可维护性大大提高。最后,组成"虚拟卫星"的小卫星具有研制周期短、可批量生产,对运载器载荷要求低、可批量发射或搭载发射等特点,使得发射的难度、风险和成本大大降低。图 1-5 给出了美国国防部高级研究计划局(Defense Advanced Research Projects Agency,DARPA)提出的卫星集群编队探测的示意图。2015 年,美国国家航空航天局(National Aeronautics and Space Administration,NASA)发射了四颗具有相同的结构与功能的卫星,每颗卫星均携带了等离子分析仪、高能粒子探测仪、磁强计、电场仪器等探测设备。这四颗卫星通过编队控制在空间构成了一个边长可以变化的四面体在环绕地球飞行的同时协同对等离子体进行探测,辅助人们探究"磁重联"的奥秘。近年来,随着美国太空探索技术公司(SpaceX)星链(Starlink)计划的实施,已经有 1 万颗左右的卫星被部署,该计划的最终卫星部署的数量为 4.2 万颗。如此大规模的卫星集群如果想高效运作,包括编队控制在内的集群协同技术势必会发挥不可替代的重要作用。

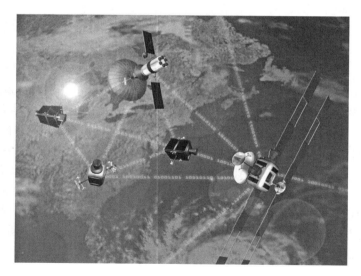

图 1-5　美国 DARPA 提出的卫星集群编队探测示意图

2. 无人机集群协同搜救

无人机是一种可搭载多种设备和装置并能重复使用的无人驾驶飞行器,具有体积小、重量轻、机动性高、隐蔽性强、造价低和无人员伤亡等特点。随着无人机应用领域的不断扩张、使用要求的不断提高以及单架无人机在载荷、续航等多方面局限性的凸显,无人机以集群的样式协同执行任务成为必然的发展方向。无人机集群具有单架无人机无法比拟的诸多优势。例如,固定翼无人机集群通过特定的编队飞行可以有效降低飞行阻力,减少能耗,延长飞行时间或者增加有效载荷,完成单架无人机很难完成的任务。尤其在协同搜救领域,单架无人机携带的搜救设备扫描幅宽有限,在森林火灾、地震、海难等大面积、高动态作业区域人员搜救场景下,单架无人机在搜救实时性、覆盖面、效率、精度等方面均无法满足实用需求。这种情况下,如果采用无人机集群协同搜救,就可以根据扫描幅宽以及区域大小,配置一定规模的无人机并设计协同覆盖的编队队形,发挥数量和协作优势,飞行一次就可以获得待搜救区域的全局信息,避免了单架无人机频繁往复连续多次飞行只能得到碎片化的信息的问题,如图 1－6 所示。当前,无人机集群系统已经成为最为典型的集群系统之一,也是距离实际工程应用最近的对象,在军事和民用领域都有广阔的应用前景。

图 1－6　无人机集群协同搜救示意图

3. 弹群协同突防

　　导弹作为精确制导武器已经成为现代战争中制胜的重要法宝。但是随着世界军事大国和强国防空反导体系的建立及完善,如何能够突破反导体系的重重拦截,到达作战区域就成了一个十分重要的难题。例如,美国的"宙斯盾""萨德"等反导系统,俄罗斯的 S400、S500 等反导系统对单枚来袭的导弹都有很高的拦截成功率。可以说,传统的单弹作战的样式在先进反导系统面前已经无法发挥效用。图 1－7 给出了美国 DARPA 提出的弹群协同突防示意图。弹群协同作战作为一种新的应用样式在突防方面具有显著的优势。一方面,弹群可以通过时变编队控制在敌方拦截导弹对我方实施拦截的过程中快速变换突防队形,协同规避拦截弹或者设置诱饵弹在前的突防队形,用诱饵弹消耗掉拦截弹,为后续导弹开辟出突防通道,实现协同突防。另一方面,弹群可以通过对到达时间的协调控制,实现同时出现在敌方反导系统中,通过数量及实时性,饱和敌方反导系

图 1-7　美国 DARPA 提出的弹群协同突防示意图

统,为突防提供有利条件。

4. 异构弹群饱和打击

　　未来战争正在向精准化、集群化和体系化发展,对精确制导弹药的需求量剧增,尤其战争的烈度和持续时间更使得低成本成为集群作战中不容回避的一个问题。装备高性能导引头的导弹固然具备了良好的作战能力,但是在集群样式的情况下,规模化成本是非常高昂的。能否让装备高性能导引头的导弹与装备低性能导引头的导弹在不降低作战效能的情况下协同作战就成了破解"打得起"困境的关键。受牧羊犬牧羊的启发,让少量高配置导弹作为领弹,大量低配置导弹作为从弹,使用编队-合围控制技术,领弹负责识别攻击区域的边界或包络,从弹在领弹形成的包围圈内散布并伴随飞行,这样领弹就担负起了"牧羊犬"的角色,协同导引从弹实现对目标区域的"地毯式"饱和攻击。图 1-8 给出了高低搭配的异构弹群饱和打击示意图。这种高低搭配的异构弹群通过编队-合围技术不仅保证了作战效能,更凭借对高配导弹的少量需求大大降低了成本,使得作战效费比大幅提升。

图 1-8　高低搭配的异构弹群饱和打击示意图

1.2 研究现状

在集群系统协同控制领域内,一致性控制、编队控制、编队跟踪控制及合围控制与编队-合围控制五者之间存在着紧密的联系。从一致性控制到编队控制与编队跟踪控制,再从编队控制、合围控制到编队-合围控制是一种层层深入、循序渐进的过程。虽然一致性控制、编队控制、编队跟踪控制及合围控制等协同控制中的众多问题都可以统一到编队-合围控制的框架下,但是后者研究的进展很大程度上要依赖前几个方面研究上的突破。本书中的编队合围控制的研究主要针对上述的五个分支,下面将对其研究现状逐一进行介绍。此外,由于本书把编队控制的理论结果在无人机平台上进行了应用并给出了实验结果,因此,在对编队控制研究现状进行回顾时将对无人机编队控制的研究现状进行概述。

1.2.1 集群系统一致性控制

一致性控制问题是集群系统协同控制众多问题中一个十分基础和重要的问题。集群系统实现了一致是指集群系统中的智能体就某些共同感兴趣的变量实现相同或一致。这些实现一致的变量通常被称为协调变量。为了实现一致,集群系统中的智能体之间通常存在着局部的相互作用关系。这种相互作用是通过各智能体依据邻居智能体的信息构建自身的控制器或者协议(protocol)来实现的。

虽然一致性控制问题已经成为控制领域的一个研究热点,但它并不是一个新的问题。早在 20 世纪 80 年代,计算机科学领域的 Borkar 和 Varaiya[18] 及 Tsitsiklis 和 Athans[19] 开展了异步一致性在分布式计算中应用的研究。1995 年,物理学家 Vicsek 等[20] 提出了一个自驱动粒子群的运动模型(Vicsek 模型)。在该模型中,每个粒子按照相同的速率和不同的初始方向在平面上运动,粒子当前的运动方向由上一时刻其自身及邻居运动方向的平均值来确定。数值仿真结果表明:当粒子群的密度较大且环境噪声较小时,所有粒子的运动方向最终实现一致。Jadbabaie 等[21] 利用代数图论和矩阵理论的分析工具对线性化、无噪声的 Vicsek 模型进行了理论研究,证明了如果集群系统的作用拓扑是联合连通的(jointly connected),则所有智能体的运动方向将趋于一致。

2004 年,Olfati-Saber 和 Murray[10] 研究了连续时间一阶集群系统的一致性问题。对于一个具有自主性的一阶集群系统,集群系统中每个智能体的动力学特性可以用所示的单积分器模型来描述:

$$\dot{x}_i(t) = u_i(t), \ i = 1, 2, \cdots, N \tag{1-1}$$

其中，$x_i(t)$表示第 i 个智能体的状态(协调变量)，$u_i(t)$表示第 i 个智能体的控制输入(控制协议)。如果 $\lim\limits_{t\to\infty}(x_i(t)-x_j(t))=0$ ($i,j=1,2,\cdots,N$)，那么称集群系统(1-1)实现一致。对于作用拓扑是固定的情况，文献[7]给出了如式(1-2)所示的控制协议：

$$u_i(t)=\sum_{j\in N_i}w_{ij}(x_j(t)-x_i(t)) \tag{1-2}$$

其中，N_i 表示第 i 个智能体的邻居集合，w_{ij} 表示第 j 个智能体到第 i 个智能体的作用强度。Olfati-Saber 和 Murray 证明了在协议(1-2)的作用下，如果作用拓扑是强连通的(strongly connected)且平衡的(balanced)则集群系统(1-1)可以实现一致。在文献[10]和[21]基础上，Ren 和 Beard[22]在 2005 年进一步研究了具有有向作用拓扑的一阶集群系统的一致性控制问题并指出在切换拓扑的情况下，如果在任意切换区间内的作用拓扑的并集都包含一个生成树(spanning tree)，则集群系统可以实现一致。Lin 等[23]把 H_∞ 控制方法应用到具有作用拓扑不确定性和外部扰动的一阶集群系统中并给出了系统实现一致的充分条件。文献[24]讨论了定常及时变延迟对具有无向作用拓扑的一阶集群系统的影响，并给出了集群系统实现一致的充要条件。利用频域分析的方法，Tian 和 Liu[25]研究了同时具有传输延迟和输入延迟的一阶集群系统的一致性问题。文献[26]—[28]分别给出了一阶集群系统在时变延迟和切换拓扑存在的情况下实现一致的判据。

　　以上回顾了集群系统一致性控制的早期发展过程及一阶集群系统一致性控制的代表性研究成果。近年来，集群系统一致性控制的研究得到了快速的发展，涌现出了丰富的研究成果。下面将以集群系统中智能体动力学特性的阶次为依据对二阶集群系统和高阶集群系统一致性控制的研究现状进行概述。

1. 二阶集群系统一致性控制研究

　　在实际应用中，很多运动系统的动力学特性可以用二阶模型来描述，比如车辆系统及轮式机器人系统。因此，二阶集群系统的一致性研究就显得很有意义。在常见的二阶集群系统一致性相关的文献中，对于任意智能体 i，其动力学特性可以用如式(1-3)所示的二阶积分器来描述：

$$\begin{cases}\dot{x}_i(t)=v_i(t)\\ \dot{v}_i(t)=u_i(t)\end{cases} \tag{1-3}$$

其中，$x_i(t)$ 和 $v_i(t)$ 分别表示位置和速度，$u_i(t)$ 是控制输入。Xie 和 Wang 在文献[29]中提出了如下一致性协议：

$$u_i(t)=k_vv_i(t)+\sum_{j\in N_i}w_{ij}(x_j(t)-x_i(t)) \tag{1-4}$$

其中，k_v 为增益常数。他们证明了如果作用拓扑是连通的并且 $k_v < 0$，则二阶集群系统（1-3）在协议（1-4）的作用下可以实现位置和速度的一致。Ren 和 Atkins 在文献［30］中提出了如式（1-5）所示的一致性协议：

$$u_i(t) = \sum_{j \in N_i} w_{ij} [x_j(t) - x_i(t) + \gamma_v(v_j(t) - v_i(t))] \qquad (1-5)$$

其中，$\gamma_v > 0$ 是一个一致有界的增益常数。文献［30］给出的二阶集群系统实现状态一致的充分条件是作用拓扑包含一个生成树并且 γ_v 满足：

$$\gamma_v > \max_{\lambda_i \neq 0} \sqrt{\dfrac{2}{|\lambda_i| \cos\left(\dfrac{\pi}{2} - \tan^{-1} \dfrac{-\operatorname{Re}(\lambda_i)}{\operatorname{Im}(\lambda_i)}\right)}}$$

其中，$\lambda_i (i = 2, 3, \cdots, N)$ 是矩阵 $-L$ 的非零特征根，L 表示作用拓扑对应的拉普拉斯矩阵（Laplacian matrix），$\operatorname{Re}(\lambda_i)$ 和 $\operatorname{Im}(\lambda_i)$ 分别表示 λ_i 的实部和虚部。文献［31］—［34］研究了切换拓扑情况下的二阶集群系统一致性问题。文献［35］—［38］讨论了延迟对二阶集群系统一致性的影响。此外，文献［39］考虑了具有外部扰动或参数不确定性的鲁棒一致性问题。文献［40］—［43］针对具有采样环节或量化环节的二阶集群系统，分析了采样或量化对集群系统实现一致的影响。文献［44］—［46］考虑了具有非线性特性的二阶集群系统的一致性问题。文献［47］介绍了一种新的利用滑模状态信息来解耦智能体状态的通用框架，并提出了一种新的解耦分布式滑模控制方法来解决网络结构下的耦合二阶集群系统一致性问题。文献［48］引入自适应模糊逻辑理论来拟合智能体未知的非线性动态特性，从而解决了含有外部扰动且动态特性未知的随机集群系统的一致性控制问题。文献［49］则利用分布式控制方法解决了切换网络下异构二阶非线性不确定集群系统的一致性问题。文献［50］研究了具有非线性动力学和切换拓扑的二阶集群系统的滞后一致性问题，提出了一种基于位置和速度测量的控制算法。文献［51］分析了基于牵制控制的二阶非线性集群系统的滞后一致性条件。

2. 高阶集群系统一致性控制研究

在一阶和二阶集群系统的一致性控制中，由于智能体的动力学模型具有特殊的结构，所以针对这两类系统的分析和设计也显得相对简单。在过去的近十年内，涌现了大量的与一阶和二阶集群系统一致性有关的研究成果并形成了较为完善的理论体系。但是，实际中一些较为复杂的对象的动力学特性可能需要用高于二阶的模型才能描述，如具有六自由度的无人机系统及多关节的机械臂系统等。另外，一阶和二阶集群系统都可以认为是高阶集群系统的特例。因此，对高阶集群系统的一致性控制的研究更具有实际及一般性意义。对于一个线性定常高阶集群系

统,集群系统中每个智能体的动力学特性通常可以用如式(1-6)所示的模型来描述:

$$\begin{cases} \dot{x}_i(t) = Ax_i(t) + Bu_i(t) \\ y_i(t) = Cx_i(t) \end{cases} \tag{1-6}$$

其中,$i = 1, 2, \cdots, N$,$A \in \mathbb{R}^{n \times n}$、$B \in \mathbb{R}^{n \times m}$、$C \in \mathbb{R}^{q \times n}$,$x_i(t) \in \mathbb{R}^n$、$y_i(t) \in \mathbb{R}^q$、$u_i(t) \in \mathbb{R}^m$ 分别表示智能体状态、输出和控制输入。如果对任意 $i, j \in \{1, 2, \cdots, N\}$ 均有 $\lim\limits_{t \to \infty}(x_i(t) - x_j(t)) = 0$ 或者 $\lim\limits_{t \to \infty}(y_i(t) - y_j(t)) = 0$,则称集群系统(1-6)实现了状态一致或输出一致。Xiao 和 Wang[52]提出了如式(1-7)所示的控制协议:

$$u_i(t) = K_1 x_i(t) + K_2 \sum_{j \in N_i} w_{ij}(x_j(t) - x_i(t)) \tag{1-7}$$

其中,K_1 和 K_2 是维数匹配的常数增益矩阵。文献[52]给出了在协议(1-7)的作用下集群系统(1-6)实现状态一致的充要条件及一致函数是定常的结论。基于作用拓扑是无向的假设,文献[52]给出了确定增益矩阵 K_1 和 K_2 的具体方法。Xi 等[53]提出了一种状态空间分解的方法来解决高阶集群系统的一致性问题,他们给出了实现一致性的充要条件、控制器的设计方法及时变一致函数的显式表达式。文献[54]构建了如式(1-8)所示的静态输出反馈控制协议并给出了系统实现状态一致的充要条件。

$$u_i(t) = K \sum_{j \in N_i} w_{ij}(y_j(t) - y_i(t)) \tag{1-8}$$

其中,K 是维数匹配的增益矩阵。Li 等[55]提出了一个基于动态输出反馈的控制协议,并使用分离原理和一致性区域的概念给出了高阶集群系统(1-6)实现状态一致的判据及控制器的设计方法。文献[56]考虑了在有向拓扑结构下控制方向未知的高阶非线性集群系统,提出了一种不使用全局拓扑信息的完全分布式的自适应控制方法,给出了一种新的 Nussbaum 类型的方程来解决未知控制方向的集群系统一致性控制问题。文献[57]基于静态反馈提出了一种完全分布式的一致性算法,解决了有向图下由多个积分动力学描述的高阶集群系统的一致性问题。文献[58]基于位置、速度和加速度三者的测量误差,设计了一个新颖的事件触发控制机制,分析了高阶离散集群系统的一致性问题。

1.2.2　集群系统编队控制

随着近年来集群系统协同控制特别是一致性理论的发展和完善,越来越多的研究者开始尝试用一致性的理论来处理编队控制问题,基于一致性(consensus based)的编队控制策略作为一种新的编队控制方法正在吸引越来越多来自机器人及控制等领域的研究者的目光。基于一致性的编队控制策略的基本思想是集群系统中所有智能体的状态或输出相对于某个共同的编队参考(formation reference)保持特定的偏差。在编队开始时，编队参考对单个智能体来说可以是未知的，但是通过分布式的协同作用后，所有智能体就可以对编队参考达成一致，进而实现期望的编队。在基于一致性的编队控制问题的处理中，较为常见的办法是先通过合适的状态或输出变换把编队控制问题转化为一致性问题，然后再用一致性的相关理论来进行后续的分析及设计。Ren[59]把如式(1-5)所示的一致性协议拓展到了二阶集群系统的编队控制中，证明了传统的基于领导者-跟随者、基于行为以及基于虚拟结构的编队控制策略都可以被认为是基于一致性的编队控制策略的特例并且这三种控制策略中的缺点还可以在一定程度上被克服。文献[60]通过实验证明了基于一致性的编队控制策略可以用来处理轮式机器人集群系统的编队控制问题。Xiao 等[61]针对一阶集群系统提出了一种有限时间的编队控制协议，并证明了集群系统可以在有限时间内实现指定的定常编队。Xie 和 Wang[62]分析了具有无向作用拓扑的二阶集群系统的编队控制问题，并给出了实现时不变编队的充分条件。文献[63]分析了延迟对二阶集群系统实现编队的影响。文献[59]—[63]主要针对的是一阶或者二阶集群系统。基于一致性的策略，Lafferriere 等[64]研究了一类特殊的高阶线性定常集群系统的编队控制问题。

Fax 和 Murray[11]讨论了一般高阶线性定常集群系统的编队稳定性问题。通过在集群系统中引入一个可检测的向量场，Porfiri 等[65]对文献[11]的研究成果进行了拓展，同时研究了一般高阶线性定常集群系统的编队和跟踪稳定性问题。虽然文献[65]中的集群系统模型是一般高阶的，但是他们仅研究了编队稳定性问题而未涉及如何实现期望的编队。此外，对于一个集群系统而言，给定的编队是否可行或者满足什么条件的编队才能够被实现也是值得关注的问题。Lin 等[66]研究了欠驱动轮式机器人集群系统的编队可行性(formation feasibility)问题。Ma 和 Zhang[67]提出了一个如式(1-9)所示的编队控制协议并初步探讨了高阶集群系统的时不变编队可行性问题。

$$u_i(t) = K_1 \sum_{j \in N_i} w_{ij}(x_j(t) - x_i(t) - (h_j - h_i)), \ i = 1, 2, \cdots, N \quad (1-9)$$

其中，K_1 是维数匹配的增益矩阵，h_i 表示用以描述期望编队的定常向量。需要指出的是文献[67]中考虑的编队不是时变的，并且给出的可行编队集合也十分有限。Dong 等[68]给出了一般高阶线性定常集群系统实现时变状态编队的充要条件、编队可行性的充要条件及扩展可行编队集合的方法。

Yan 等[69]针对不确定性和外部扰动下的非线性异构集群系统，提出了一种分布式自适应事件触发的时变编队控制策略，同时为了降低数据传输频率，设计了一种具有事件触发策略的分布式双自适应观测器来估计参考外系统的状态。Tran 等[70]提出了两种负虚(negative-imaginary, NI)控制系统,包含基于一致性的混合动力集群系统编队控制框架以及动态障碍物检测和规避算法,来解决多车编队控制问题。Zhang 等[71]研究了多非完整轮式移动机器人基于分布式固定时间的编队控制问题,提出了一种基于有向交互拓扑的分布式一致性控制器,保证机器人集群在固定时间内收敛到预定的编队模式。Jiang 等[72]针对无人机集群系统编队控制问题提出了一种基于协同微分博弈论的编队控制策略。Luo 等[73]提出了异构集群系统的一致性控制协议,在该控制协议的基础上,文献[74]研究了异构集群系统的编队控制问题,利用李雅普诺夫理论给出了跟随者形成期望队形并与虚拟领队保持一致的充分条件。Jia 等[75]利用一致性理论提出了一种基于脉冲二次控制的异构集群系统编队控制方法,并利用李雅普诺夫理论得到了实现期望编队的充分条件。文献[76]利用一致性理论将基于领导者-跟随者模型的异构集群系统编队控制问题转化为稳定性问题,然后利用牛顿-莱布尼茨公式和李雅普诺夫定理给出了闭环系统稳定的充分条件。Lei 等[77]设计了一种分布式间歇事件触发协议,其中智能体之间的信息交换只在特定的时间间隔内局部触发条件下发生,并给出了实现给定编队构型的充分条件。

以上介绍了编队控制尤其是基于一致性的编队控制在理论层面的研究现状。随着编队控制理论的日益成熟,如何把理论成果应用到诸如无人机、机器人及自主式水下航行器等实际系统的编队控制中也成为一个有待解决的重要问题。由于本书考虑的应用对象是无人机系统,因此下面对编队控制在无人机集群系统中的应用现状进行概述。

具有实验验证的无人机编队文献主要是基于领导者-跟随者、虚拟结构及一致性编队策略的。例如,美国西弗吉尼亚大学的 Gu 等[78]研究了具有三自由度欠驱动模型的固定翼无人机的领导者-跟随者编队问题,并给出了具有一个领导者和两个跟随者的固定翼无人机群在三维空间的编队飞行实验。为了验证编队的机动性能,编队中的领导者由地面人员遥控飞行。北京航空航天大学的洪晔等[79]把基于领导者-跟随者的编队控制策略应用到了具有三自由度欠驱动模型的固定翼无人机上,并在两架固定翼无人机上进行了实际飞行实验。新加坡国立大学的陈本美团队[80]研究了具有线性化高阶模型的单旋翼无人机的领导者-跟随者编队控制问题,给出了两架单旋翼无人机领导者-跟随者的实验。韩国科学技术研究院的 You 和 Shim[81]把领导者-跟随者编队控制策略与 PD 控制器相结合,研究了具有三自由度欠驱动模型的固定翼无人机的编队问题,并给出了两架无人机的编队飞行实验。美国犹他州立大学的陈阳泉团队[82]研究了具有六自由度欠驱动模型的小型固定翼无人机的领导者-跟随者编队控制问题并在两架固定翼无人机上进行了飞行实验。此外,美国宾夕法尼亚大学的 Kumar 团队[83]研究了具有六自由度欠驱动模型的四旋翼无人机编队控制问题并基于虚拟结构的编队控制策略在室内做了一系列固定队形的编队控制实验。Kumar 团队[84, 85]分别把基于一致性的编队控制策略应用到了具有 x、y、z 三个惯性坐标轴方向的平动自由度和偏航自由度的四旋翼无人机的时不变队形的编队控制及编队切换控制中并给出了实验结果。清华大学的钟宜生团队[86]把基于一致性的时变编队控制理论应用到了四旋翼无人机编队控制中并在室外进行了三架四旋翼无人机的自主时变编队实验。

1.2.3　集群系统编队跟踪控制

编队控制强调的是队形的形成、保持和变换,并不涉及对整个编队宏观运动轨迹的控制。编队跟踪控制要求集群系统在实现特定编队队形的同时宏观上能够跟踪实际或者虚拟智能体的轨迹来运动。例如,在有人/无人机协同伴飞以及多飞行器协同围捕拦截的场景中,无人机或者飞行器集群需要形成并保持特定的伴飞或围捕队形,同时能够跟踪上有人机或者拦截目标。随着一致性控制、一致性跟踪控制以及编队控制理论研究的深入,编队跟踪控制(formation tracking control)问题也越来越多地被人关注[87-89]。其中,Cao 等[87]提出了一种有限时间编队跟踪控制的分布式框架,构造了有限时间滑模观测器,完成了对跟踪目标的运动信息在有限时间内的估计,并最终实现了编队跟踪控制。考虑集群系统节点之间交互拓扑切换的情况,Dong 等[90]得到了二阶集群系统在拓扑切换情况下实现时变编队跟踪控制的充分条件,并将得到的理论成果在四旋翼无人机集群上进行了实验验证,实现了三架无人机对一架无人机进行围捕的效果。考虑到集群系统中可能包括不同类型的智能体的情况,Hua 等[91]考虑了领导者具有未知输入的高阶异构集群系统的编队跟踪控制问题,设计了自适应编队跟踪控制器,在保障异构集群系统实现编队跟踪控制的同时,摆脱了对全局信息的依赖。文献[87]—[91]研究的编队跟踪控制问题中只包括了一个领导者,但是在包括有人/无人机协同伴飞等实际场景中,无人机集群需要为多架有人机提供“保驾护航”的服务,在这种情况下整个编队需要跟踪多个领导者,也就产生了多领导者情况下的编队跟踪控制问题。针对这种情形,Dong 等[15]通过设计状态观测器对多个领导者状态的凸组合进行估计,设计了分布式时变编队跟踪控制器,并给出了对多个领导者进行编队跟踪控制的充分必要条件。

1.2.4　集群系统合围控制

合围控制是指跟随者的状态或输出通过一定的控制作用最终进入了领导者的状态或输出形成的凸包的内部。合围控制问题的产生同时受到了自然界中一些生物现象的启发和一致性理论研究的推动。一方面,生物学家很早就发现蚕蛾在进入交配期后,雌性蚕蛾会间歇性地释放性信息激素来引诱雄性蚕蛾飞入到由雌蛾组成的包围圈内以顺利地完成交配[92, 93]。另一方面,早期的一致性控制研究中往往不存在领导者的概念,随着一致性控制研究的深入,不少研究者提出可以指定集群系统中的一个或者多个智能体为领导者,进而为整个集群系统提供全局性的参考状态或者外部输入指令。具有一个领导者的一致性控制问题被称为一致跟踪(consensus tracking)问题。一阶、二阶及高阶集群系统的一致跟踪问题在文献[94]—[97]中进行了较为深入的研究。在这种综合的背景下,Ji 等[98]较早正式提出了合围控制的概念并通过引入一种停-走策略(stop-go policy)实现了一阶集群系统的合围控制。Meng 等[99]讨论了智能体可被视为刚体的集群系统的有限时间合围问题。Notarstefano 等[100]针对如式(1-1)所示的一阶集群系统提出了如下合围协议:

$$\begin{cases} u_i(t) = 0, \ i \in \text{领导者(leader)} \\ u_i(t) = - \sum_{j \in N_i(t)} (x_i(t) - x_j(t)), \ i \in \text{跟随者(follower)} \end{cases} \tag{1-10}$$

其中,$N_i(t)$ 表示跟随者 i 在切换拓扑下时变的邻居集合。Notarstefano 等证明了在协议(1-10)的作用下一阶集群系统实现合围的充分条件是作用拓扑是联合连通的。Cao 等[101, 102]分别研究了领导者是运动和静止情况下的一阶、二阶集群系统的合围问题。Liu 等[103]给出了一阶、二阶集群系统实现合围的充要条件。Lou 和 Hong[104]研究了二阶集群系统在随机切换拓扑下的合围问题。文献[98]—[104]主要考虑了一阶或二阶集群系统的合围问题。通过把集群系统中的智能体分为内部智能体(internal agent)和边界智能体(boundary agent),Liu 等[105]给出了具有高阶动力学特性的内部智能体的状态进入边界智能体的状态形成的凸包内部的充要条件。Li 等[106]给出了高阶线性定常集群系统实现状态合围的充分条件。Dong 等[107, 108]分别探讨了具有延迟的高阶线性定常奇异集群系统的状态合围问题和无延迟的高阶线性定常集群系统的输出合围问题。在输出反馈合围控制中,文献[109]中提出了一种基于相邻智能体相对输出测量值的分布式观测器的合围协议,消除了一些现有方法中观测器必须与邻居共享信息的假设。文献[110]通过引入功能观测器,提出了一种分布式事件触发控制策略来调度各智能体之间的通信。文献[111]研究了具有弱连通拓扑的集群系统的合围控制问题,利用基于观测器的协议,给出了所有智能体实现合围的充分必要条件,使得所有的跟随者最终收敛到由领导者构成的凸包中,领导者的各强分量渐近达成一致。在文献[112]中研究了考虑具有延迟的一般线性集群系统的合围控制问题,给出基于观测器的事件触发控制方法。文献[113]研究了一般集群系统的输出反馈合围控制问题,提出了一种基于分布式观测器的合围控制协议。Wang 等[114]针对具有多个领导者的不确定非线性集群系统,提出了一种分布式自适应模糊合围控制策略。文献[115]研究了具有不可观测状态的非线性集群系统的有限时间合围控制问题。

1.2.5 集群系统编队-合围控制

编队-合围控制问题是与编队控制和合围控制同时相关的一个较新的问题。在文献[98]—[115]中,领导者之间假设不存在相互作用。在一些实际的应用中可能需要领导者不仅提供全局性的参考状态或外部输入指令,而且还要求领导者之间通过协同控制实现某些复杂的任务,如编队控制。集群系统实现了编队-合围是指集群系统中的领导者的状态/输出形成了特定的编队,同时跟随者的状态/输出进入到领导者状态/输出形成的凸包中。集群系统协同控制中的一致性问题、一致跟踪问题、编队问题及合围问题等都可以看作编队-合围问题的特例。由于编队-合围控制同时受制于编队控制与合围控制相关研究的进展,因此目前国内外关于研究编队-合围问题的文献相对较少。Ferrari-Trecate 等[116]较早提出了编队-合围的概念。Dimarogonas 等[117]研究了欠驱动轮式机器人集群系统的编队-合围问题,并给出了实现编队-合围的充分条件。文献[116]、[117]考虑的都是低阶集群系统的编队-合围问题。Wang 等[118]考虑了有向交互拓扑的非线性集群系统的分布式有限时间编队-合围控制问题。Dong 等[119]基于邻域信息,为多架多旋翼无人机系统建立了分布式控制协议,以实现期望的时变编队-合围控制。Yu 等[120]研究了存在部分失效故障的无人飞艇集群系统的容错编队-合围控制问题。Chen 等[121]研究了存在通信时延的欧拉-拉格朗日动力学集群系统的编队-合围控制问题,基于可变增益法和分布式速度估计器,分别设计了领导者的协调队形控制算法和跟随者的协调合围控制律,实现了给定的编队-合围控制。Yuan 等[122]利用分布式事件触发策略研究了异构线性集群系统的编队-合围控制问题,构造了自适应事件触发观测器估计虚拟领导者的状态,同时为了逼近凸包的状态信息,在输出调节框架的基础上针对领导者设计了事件触发的自适应观测器,针对领导者和跟随者提出了两种分布式控制协议。Hu 等[123]研究了线性集群系统的编队-合围控制问题,利用相邻节点的状态信息设计了分布式控制协议,使得领导者的状态可以达到预先指定的固定/时变队形,而跟随者的状态可以收敛到由领导者的状态组成的凸包中。

1.3 有待解决的问题

从目前国内外的研究现状来看,高阶集群系统一致性控制、编队控制、编队跟踪控制、合围控制以及编队-合围控制研究中存在的主要问题如下。

1. 一致性控制研究中存在的问题

实际系统中可能同时存在不一致的时变延迟、作用拓扑的不确定性及外部扰动。尤其在外部扰动的持续作用下,集群系统很难实现精确的一致。现有的文献还没有对上述因素同时存在情况下的高阶集群系统的一致性问题进行深入的研究。此外,一致函数作为描述集群系统整体运动的一种有力工具,还没有研究者给出高阶集群系统在上述情况下一致函数的显式表达式。

2. 编队控制研究中存在的问题

第一,目前多数文献主要研究的是如何实现时不变的编队,对时变编队的研究较少,对高阶线性定常集群系统实现时变状态/输出编队及编队可行性的研究更是鲜有报道。对于给定的高阶线性定常集群系统,可行时变编队满足什么样的条件;如何扩展可行时变编队集合;如何确定时变状态/输出编队参考函数的显式表达式;如何对编队参考的运动模态进行配置以及如何对控制器进行设计等都是有待解决的难题。

第二,对于具有延迟的高阶线性定常集群系统,集群系统实现时变状态编队及编队可行性的条件是什么;延迟对可行编队集合、编队参考及控制器设计等会产生什么样的影响都尚未得到解答。

第三,如何构造自适应控制协议,使得集群系统实现编队控制的同时摆脱对集群系统全局信息的依赖。

第四,如何把高阶集群系统时变编队的理论结果应用到实际无人机系统,实现多架无人机的自主时变编队是一个非常有价值的实际问题。

3. 编队跟踪控制中存在的问题

第一,编队控制只是强调队形的形成、保持和变换,如何在此基础上控制整个编队宏观的运动轨迹,是非常有挑战性的难题。

第二,相比较于对单个领导者的编队跟踪控制问题,存在多个领导者情况下的编队跟踪问题更为复杂,如何设计分布式编队跟踪控制协议保障集群系统实现期望队形的同时跟踪多个领导者还是有待解决的问题。

4. 合围控制研究中存在的问题

第一,现有文献已经给出了一阶和二阶集群系统实现状态合围的充要条件及高阶集群系统实现状态合围的充分条件。对于具有多个可配置模态的领导者的高阶集群系统,能否给出集群系统实现状态合围的充要条件是一个值得深入研究的问题。

第二,如果高阶集群系统中智能体只能获得自身及邻居的输出信息并且只需要跟随者的输出进入到领导者输出形成的凸包内,这种情况下就需要考虑输出合围问题。高阶集群系统输出合围的分析和设计问题都尚未解决。

第三,智能体的状态之间存在代数约束的集群系统被称为奇异集群系统或广义集群系统。奇异集群系统在描述实际系统时比正常集群系统更具有一般性。目前,奇异集群系统合围控制有关的研究还鲜有报道。具有延迟的奇异集群系统的合围分析及设计尚处于空白阶段。

5. 编队-合围控制研究中存在的问题

编队-合围控制中现有的成果主要针对低阶集群系统。高阶线性定常集群系统实现状态/输出编队-合围的条件及控制器的设计方法还未被充分研究,缺少统一的定义框架以及对分层耦合协同关系的深入分析。

1.4　本书内容安排

本书主要研究高阶集群系统一致性控制、编队控制、编队跟踪控制、合围控制及编队-合围控制五类问题。

1. 一致性控制的主要工作

分析不一致时变延迟、作用拓扑不确定及属于 L_2 或 L_∞ 的时变外部扰动对高阶集群系统实现实用一致的影响。利用状态空间分解的方法把实用一致性问题转化为非一致子系统的稳定性问题。利用李雅普诺夫-克拉索夫斯基函数和线性矩阵不等式给出高阶集群系统在上述条件下实现实用一致的充分条件。得到实用一致函数的显式表达式及在 L_2 或 L_∞ 外部扰动作用下的一致误差的界。

2. 编队控制的主要工作

第一,针对高阶集群系统在延迟条件下的时变状态编队控制问题,利用状态变换和空间分解的方法分别给出高阶集群系统在延迟条件下实现时变状态编队的充要条件、状态编队可行的充要条件和状态编队参考函数的显式表达式,提出配置状态编队参考运动模态的方法、扩展可行状态编队集合的方法及状态编队协议的设计方法。

第二,针对高阶集群系统时变输出编队控制问题,基于模型变换及空间分解的方法和部分稳定性理论,给出集群系统实现时变输出编队的充要条件,输出编队可行的充要条件和输出编队参考函数的显式表达式,提出配置输出编队参考运动模态的方法、扩展可行输出编队集合的方法及输出编队协议的设计方法。

第三,针对拓扑切换条件下集群系统编队控制问题,分别设计了高阶集群系统在无向拓扑切换和有向拓扑切换情况下实现时变编队控制的协议,获得了时变编队可行域的解析表达式,给出了实现时变编队的充要条件。

第四,针对拓扑固定/切换条件下集群系统自适应编队控制问题,基于状态反馈信息,利用自适应增益调节技术,设计了集群系统在切换拓扑条件下的自适应状态时变编队控制协议,并给出了控制器收敛的判据;基于输出反馈信息,利用动态输出反馈、序列观测器和自适应更新律,设计了线性集群系统在固定拓扑和切换拓扑条件下的自适应状态时变编队控制协议,并给出了控制器收敛的判据。

第五,把高阶集群系统时变编队控制的理论结果应用于无人机集群的编队控制,给出了无人机集群系统实现时变编队的系列判据条件及编队控制协议的设计方法。在搭建的基于四旋翼无人机的编队控制实验平台上开展了系列飞行实验。

3. 编队跟踪控制的主要工作

第一,针对具有多领导者的一般高阶线性集群系统的编队跟踪问题,利用拉普拉斯矩阵的性质,给出了多领导者情况下实现编队跟踪对拓扑的要求,提出了对编队跟踪控制协议进行设计的方法,获得了集群系统在多领导者情况下实现时变编队跟踪的充要条件以及相关可行性条件。

第二,针对一般高阶线性集群系统分组时变编队跟踪问题,考虑领导者未知时变输入、未知干扰、拓扑切换等约束条件的影响,提出了三层模型架构,给出了两种不同的自适应控制协议以及对应的设计方法,并对控制器的收敛性进行了理论分析。

第三,针对无人机集群时变编队跟踪控制问题,考虑存在拓扑切换的情况,提出了适应拓扑切换的时变编队跟踪控制协议,给出了实现编队跟踪的充要条件,并基于四旋翼无人机平台进行了 3 架跟随者无人机对 1 架领导者无人机的编队跟踪围捕实验。

4. 合围控制的主要工作

第一,针对领导者的运动模态可以被配置的高阶集群系统,给出集群系统实现状态合围的充要条件及控制器的设计方法。

第二,针对延迟条件下高阶线性定常奇异集群系统,给出集群系统实现状态合围的充分条件及控制器的设计方法。延迟条件下奇异集群系统状态合围结果可以用来解决延迟条件下奇异集群系统一致跟踪问题、正常集群系统延迟条件下状态合围问题以及一致跟踪问题。

第三,构造一种基于静态输出反馈的合围控制协议对高阶集群系统输出合围问题进行研究,通过模型变换把输出合围问题转化为多个子系统的输出镇定问题,给出高阶集群系统实现输出合围的充分条件及对合围协议进行设计的方法。为了解决静态输出反馈控制器求解比较困难的问题,构造一种基于动态输出反馈的合围控制协议,给出集群系统实现输出合围的充要条件及通过求解一个代数 Riccati 方程来对合围协议进行设计的方法。

5. 编队-合围控制的主要工作

利用模型变换的方法把编队-合围问题转化为稳定性问题,分别给出高阶集群系统实现状态/输出编队-合围的充分条件及控制器的设计方法。证明集群系统协同控制领域内的状态/输出一致性控制、状态/输出一致跟踪控制、状态/输出编队控制及状态/输出合围控制等都可以被视为状态/输出编队–合围控制的特例,并将编队–合围控制器相关理论运用到四旋翼无人机集群系统进行实飞验证。

随着集群面临的任务复杂性的提高以及研究的深入,对集群的协同行为调控也从早期的一致性控制发展到编队以及编队–合围控制。未来还可以把对集群宏观运动的调控引入编队–合围控制中,牵引出编队–合围跟踪控制(formation-containment tracking control),此时集群中的智能体可以被分为三层,即引导整个集群宏观运动的跟踪领导者(tracking leader)层、实现编队任务的编队领导者(formation leader)层以及跟随者层。编队–合围跟踪可以说是目前最具有一般性的也最复杂的集群行为。编队–合围跟踪控制与本书中重点研究的几个分支之间存在如图 1–9 所示的关系。

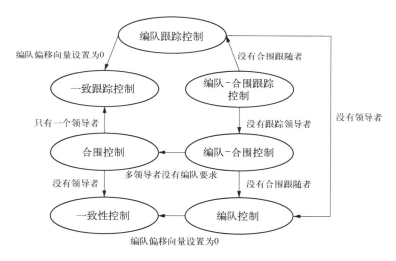

图 1-9　集群典型行为控制研究方向之间关系示意图

本书共 9 章,涉及的主要研究内容如图 1–10 所示,每章的安排如下:

第 1 章概论。主要介绍编队合围控制的研究背景及意义,概述本书的主要研究内容及章节安排。

第 2 章基本概念和理论。介绍本书涉及的图论、线性空间一致性分解、矩阵理论、线性系统理论及奇异系统理论中有关的概念和结论。

第 3 章集群系统一致性控制。提出实用一致的概念以描述存在外部扰动的情况下集群系统的一致性。给出集群系统在不一致时变延迟、作用拓扑不确定性及外部扰动同时存在的情况下实现实用一致的判据及实用一致函数的显式表达式。

第 4 章集群系统编队控制。针对高阶集群系统在延迟情况下的时变状态编队控制问题和无延迟的时变输出编队控制问题,分别给出集群系统实现时变状态/输出编队及状态/输出编队可行的充要条件和状态/输出编队参考函数的显式表达式,提出配置状态/输出编队参考运动模态的方法、扩展状态/输出可行编队集合的方法及对状态/输出编队协议进行设计的方法。将理论结果应用于无人机集群系统编队控制,给出无人机集群系统实现时变编队的充要条件以及基于 5 架四旋翼无人机的时变编队飞行的实验结果。

第 5 章拓扑切换条件下的集群系统编队控制。分别针对无向和有向切换拓扑条件下的高阶线性定常集群系统的时变编队控制问题进行研究,给出了实现时变编队的充分必要条件及控制协议的设计方法。进一步,将一般性理论成果应用于无人机集群系统的时变编队控制,基于 4 架四旋翼无人机开展了切换拓扑条件下的时变编队飞行实验,验证了算法在实际集群系统上的有效性。

第 6 章集群系统自适应编队控制。针对固定/切换拓扑条件下的高阶线性集群系统的自适应状态编队控制问题进行研究,给出了实现状态时变编队的控制协议设计方法以及收敛性判据。进一步,对切换拓扑条件下的高阶线性集群系统的自适应输出时变编队控制问题进行了研究,给出了实现输出时变编队的控制协议设计方法以及收敛性判据。

第 7 章集群系统编队跟踪控制。针对具有多领导者的集群系统的编队跟踪问题,提出了编队跟踪控制协议的设计方法,给出了实现时变编队跟踪的充要条件以及可行性条件。进一步,研究了领导者存在未知时变输入、未知干扰、切换拓扑等条件下的分组时变编队跟踪控制问题,给出了两种自适应控制协议的设计方法,并对控制器的收敛性进行了分析。最后把一般性理论成果在无人机集群系统上进行了应用验证,并开展了 3 架四旋翼无人机对 1 架无人机的时变编队跟踪围捕实验。

第 8 章集群系统合围控制。对具有时变延迟的正常集群系统,给出了实现状态合围的充分条件以及控制协议的设计方法。进一步,对延迟条件下的高阶奇异集群系统状态合围问题进行研究,给出实现状态合围的充分条件及控制协议的设计方法。最后对高阶集群系统动态输出合围问题进行了研究,提出了实现输出合围的充要条件,并给出了控制协议的设计方法以及收敛性证明。

第 9 章集群系统编队-合围控制。分别对集群系统实现状态/输出编队-合围问题进行了研究,给出了实现状态/输出编队-合围的充分条件及控制器的设计方法。作为特例,分别给出集群系统实现状态合围及时变状态编队的充要条件。指出集群系统协同控制中的状态/输出一致性控制、状态/输出一致跟踪控制、状态/输出编队控制及状态/输出合围控制等问题都可以转化为状态/输出编队-合围控制问题的特例。最后,把一般性的理论成果在无人机集群上进行了应用验证,实现了 3 架领导者四旋翼无人机和 2 架跟随者四旋翼无人机的编队-合围飞行。

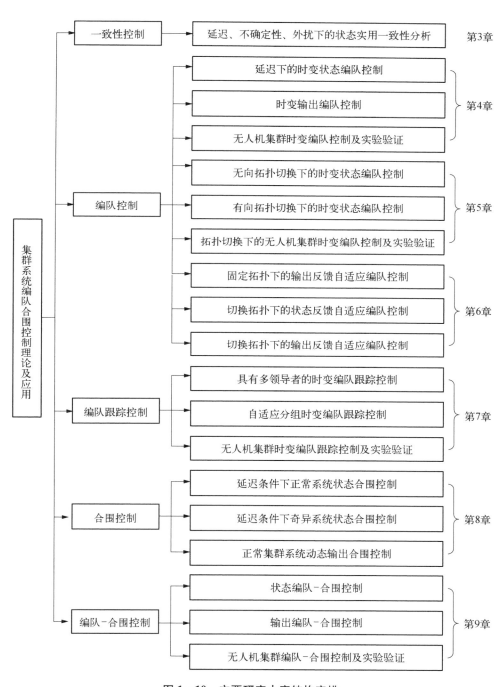

图 1-10 主要研究内容结构安排

1.5   本章小结

　　本章首先介绍了本书的研究背景及意义,然后概述了一致性控制、编队控制、编队跟踪控制、合围控制及编队-合围控制五个分支的研究现状并指出了其中有待解决的问题,最后对本书的主要研究内容及章节安排进行了简介。

第 2 章

基本概念和理论

本章概述与图论、线性空间一致性分解、矩阵理论、线性系统理论及奇异系统理论有关的概念和结论。这些概念和结论作为本书的研究基础在后续章节中会用到。

2.1 图论

图（graph）$G = (V(G), E(G))$ 由节点集合 $V(G) = \{v_1, v_2, \cdots, v_N\}$ 以及边集合 $E(G) \subseteq \{(v_i, v_j), i \neq j; v_i, v_j \in V(G)\}$ 组成。(v_i, v_j) 表示节点 v_i 到节点 v_j 的一条边，记作 e_{ij}，其中，v_i 被称为父节点，v_j 被称为子节点。如果图 $G_0 = (V_0(G_0), E_0(G_0))$ 满足 $V_0(G_0) \subseteq V(G)$，$E_0(G_0) \subseteq E(G)$，则称 G_0 为 G 的子图。如果对任意 $e_{ij} \in E(G)$ 均有 $e_{ji} \in E(G)$，则称图 G 为无向图（undirected graph），反之，则称为有向图（directed graph）。图 G 的一条有向路径（directed path）是指一组有限的节点序列 $v_1, v_2, \cdots, v_l$，满足 $(v_{i-1}, v_i) \in V(G)$，$i = 2, 3, \cdots, l$。对于有向图 G 中的任意两个不同的节点 v_i 和 v_j，如果都存在一条从 v_i 到 v_j 的有向路径，则称图 G 为强连通的（strongly connected）；如果都存在另一个节点 v_k 到节点 v_i 和 v_j 各有一条路径，则称图 G 是弱连通的（weakly connected）。在无向图中，强连通和弱连通是等价的，可以统称为连通的（connected）。如果有向图 G 中至少存在一个根节点到其他所有节点均有一条有向路径，则称图 G 具有一个生成树（spanning tree）。下面对有向图［图 $2-1(a)$］、无向图［图 $2-1(b)$］、连通图［图 $2-2(a)$］、不连通图［图 $2-2(b)$］、具有生成树的有向图［图 $2-3(a)$］、不具有生成树的有向图［图 $2-3(b)$］和强连通的有向图（图 $2-4$）进行举例。

图的邻接矩阵（adjacency matrix）由非负矩阵 $W = [w_{ij}] \in \mathbb{R}^{N \times N}$ 表示，其中，w_{ij} 表示边 e_{ji} 的权重（weight），满足 $w_{ij} > 0 \Leftrightarrow e_{ji} \in E(G)$。对于节点 v_i 和 v_j，$i \neq j$，如果存在边 e_{ij}，则称 v_i 是 v_j 的邻居。定义节点 v_i 的邻居（neighbor）集合为 $N_i = \{v_j \in V(G): (v_j, v_i) \in E(G)\}$。节点 v_i 的入度（in-degree）和出度（output-degree）可以

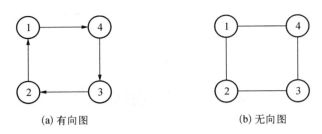

(a) 有向图　　　　　　　　　(b) 无向图

图 2 - 1　有向图和无向图

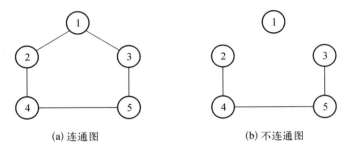

(a) 连通图　　　　　　　　　(b) 不连通图

图 2 - 2　连通的无向图和不连通的无向图

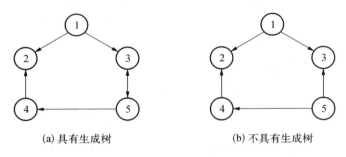

(a) 具有生成树　　　　　　　(b) 不具有生成树

图 2 - 3　具有生成树的有向图和不具有生成树的有向图

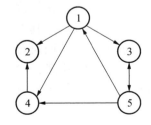

图 2 - 4　强连通的有向图

分别被表示为 $\deg_{\mathrm{in}}(v_i) = \sum_{j=1}^{N} w_{ij}$ 和 $\deg_{\mathrm{out}}(v_i) = \sum_{j=1}^{N} w_{ji}$。如果图 G 中所有节点的入度均等于出度,那么称该图是平衡的(balanced)。定义对角元为各节点入度的对角矩阵 D 为图 G 的入度矩阵。定义图 G 的拉普拉斯矩阵为 $L = D - W$。下面给出矩阵 L 的几个基本属性。

引理 2.1: 对于具有 N 个节点的有向图 G,下述结论成立:

(1) L 具有至少一个 0 特征值,1 是 0 特征值对应的一个特征向量,即满足 $L1 = 0$。

（2）如果 G 具有生成树,则 0 是 L 的单一特征值,剩余 $N-1$ 个特征值的实部均是正的。

（3）如果 G 不具有生成树,则 L 至少具有两个几何重复度不小于 2 的特征值。

引理 2.2：对于具有 N 个节点的无向图 G,下述结论成立：

（1）L 具有至少一个 0 特征值,1 是 0 特征值对应的一个特征向量,即满足 $L1 = 0$。

（2）如果 G 是连通的,则 0 是 L 的单一特征值,剩余 $N-1$ 个特征值均是正的。

2.2　线性空间一致性分解

定义 $\lambda_i(i = 1, 2, \cdots, N)$ 为拉普拉斯矩阵 $L \in \mathbb{R}^N$ 的特征值,其中 $\lambda_1 = 0$ 对应的特征向量为 $\bar{u}_1 = 1$。定义非奇异矩阵 $U = [\bar{u}_1, \bar{u}_2, \cdots, \bar{u}_N] \in \mathbb{C}^{N \times N}$。令 $c_k \in \mathbb{R}^\nu (k = 1, 2, \cdots, \nu)$ 为线性无关的向量,$p_j = \bar{u}_i \otimes c_k (j = (i-1)\nu + k; i = 1, 2, \cdots, N; k = 1, 2, \cdots, \nu)$。定义由 $p_k = \bar{u}_1 \otimes c_k = 1 \otimes c_k (k = 1, 2, \cdots, \nu)$ 张成的空间 $\mathbb{C}(U)$ 为一致子空间;由 $p_{\nu+1}, p_{\nu+2}, \cdots, p_{N\nu}$ 张成的空间 $\bar{\mathbb{C}}(U)$ 为一致补子空间。由于 $p_j(j = 1, 2, \cdots, N\nu)$ 是线性无关的,可以得到如下结论。

引理 2.3：$\mathbb{C}(U) \oplus \bar{\mathbb{C}}(U) = \mathbb{C}^{N\nu}$。

注释 2.1：由**引理 2.3**可知,线性空间 $\mathbb{C}^{N\nu}$ 中的任意向量均可唯一地被投影到 $\mathbb{C}(U)$ 和 $\bar{\mathbb{C}}(U)$。在后续章节中,ν 的具体值由所研究集群系统中智能体的状态或输出的维数决定。针对集群系统状态空间或输出空间进行的分解分别被称为状态或输出空间分解。

2.3　矩阵理论

对于矩阵 $A = [a_{ij}] \in \mathbb{R}^{m \times n}$ 和 $B \in \mathbb{R}^{p \times q}$,其 Kronecker 积定义为

$$A \otimes B = \begin{bmatrix} a_{11}B & a_{12}B & \cdots & a_{1n}B \\ a_{21}B & a_{22}B & \cdots & a_{2n}B \\ \vdots & \vdots & \ddots & \vdots \\ a_{m1}B & a_{m2}B & \cdots & a_{mn}B \end{bmatrix} \in \mathbb{R}^{(mp) \times (nq)}$$

其直和定义为

$$A \oplus B = \begin{bmatrix} A & 0 \\ 0 & B \end{bmatrix} \in \mathbb{R}^{(m+p) \times (n+q)}$$

对于具有匹配维数的 A、B、C、D，矩阵的 Kronecker 积具有以下性质：

（1）$A \otimes (B + C) = A \otimes B + A \otimes C$。

（2）$(A \otimes B)(C \otimes D) = (AC) \otimes (BD)$。

（3）$(A \otimes B)^{\mathrm{T}} = A^{\mathrm{T}} \otimes B^{\mathrm{T}}$。

（4）$(A \otimes B)^{-1} = A^{-1} \otimes B^{-1}$。

定义 2.1： 对于方阵 $A \in \mathbb{C}^{n \times n}$，如果 A 的所有特征值都具有负实部，则称 A 为 Hurwitz 矩阵或稳定矩阵。

引理 2.4（Schur 补引理）： 对于给定的矩阵 $S = \begin{bmatrix} S_{11} & S_{12} \\ * & S_{22} \end{bmatrix}$，其中 $S_{11} \in \mathbb{R}^{r \times r}$，下面三个命题等价：

（1）$S < 0$。

（2）$S_{11} < 0$，$S_{22} - S_{12}^{\mathrm{T}} S_{11}^{-1} S_{12} < 0$。

（3）$S_{22} < 0$，$S_{11} - S_{12} S_{22}^{-1} S_{12}^{\mathrm{T}} < 0$。

2.4　线性系统理论

考虑如下线性定常系统：

$$\begin{cases} \dot{x}(t) = Ax(t) + Bu(t) \\ y(t) = Cx(t) \end{cases} \tag{2-1}$$

其中，$A \in \mathbb{R}^{n \times n}$、$B \in \mathbb{R}^{n \times m}$、$C \in \mathbb{R}^{q \times n}$，$x(t) \in \mathbb{R}^{n}$、$u(t) \in \mathbb{R}^{m}$ 和 $y(t) \in \mathbb{R}^{q}$ 分别表示系统的状态、控制输入和输出。

定义 2.2： 若对任意的初始状态 $x(0)$，总存在控制输入 $u(t)$ 使得系统（2-1）的状态 $x(t)$ 在有限时间内到达原点，则称系统（2-1）是能控的或者 (A, B) 是能控的。

引理 2.5（秩判据）： 如果 $\mathrm{rank}[B, AB, \cdots, A^{n-1}B] = n$，那么 (A, B) 是能控的。

引理 2.6（PBH 判据）： 如果 $\mathrm{rank}[sI - A, B] = n(\forall s \in \mathbb{C})$，那么 (A, B) 是能控的。

定义 2.3： 若系统（2-1）的任意初始状态 $x(0)$ 都可以通过有限时间内的输入 $u(t)$ 和输出 $y(t)$ 来唯一确定，则称系统（2-1）是能观测的或者 (A, C) 是能观测的。

引理 2.7（秩判据）： 如果 $\mathrm{rank}[C^{\mathrm{T}}, A^{\mathrm{T}} C^{\mathrm{T}}, \cdots, (A^{n-1})^{\mathrm{T}} C^{\mathrm{T}}]^{\mathrm{T}} = n$，那么 (A, C) 是能观测的。

引理 2.8(PBH 判据)：若 $\mathrm{rank}[sI - A^\mathrm{T}, C^\mathrm{T}]^\mathrm{T} = n(\forall s \in \mathbb{C})$，则 (A, C) 是能观测的。

定义 2.4：如果矩阵 A 满足 Hurwitz 条件,那么称系统(2-1)是稳定的。

引理 2.9：对于系统(2-1),下列命题等价:

(1) 系统(2-1)稳定。

(2) 对任意正定矩阵 R,李雅普诺夫(李雅普诺夫)方程 $A^\mathrm{T}P + PA + R = 0$ 存在正定解 P。

(3) 存在正定矩阵 R 使得李雅普诺夫方程 $A^\mathrm{T}P + PA + R = 0$ 有唯一正定解 P。

(4) 存在正定矩阵 P 使得 $A^\mathrm{T}P + PA < 0$。

定义 2.5：若存在矩阵 $K \in \mathbb{R}^{m \times n}$ 使得矩阵 $A + BK$ 满足 Hurwitz 条件,则称系统 (2-1)是可镇定的或者 (A, B) 是可镇定的。

引理 2.10：系统(2-1)可镇定的充要条件是 $\mathrm{rank}[sI - A, B] = n(\forall s \in \bar{\mathbb{C}}^+)$,其中, $\bar{\mathbb{C}}^+ = \{s \mid s \in \mathbb{C}, \mathrm{Re}(s) \geqslant 0\}$ 为右半复平面。

定义 2.6：若存在矩阵 $K \in \mathbb{R}^{n \times q}$ 使得矩阵 $A + KC$ 满足 Hurwitz 条件,那么称系统(2-1)是可检测的或者 (C, A) 是可检测的。

引理 2.11：系统(2-1)可检测的充要条件是 $\mathrm{rank}[sI - A^\mathrm{T}, C^\mathrm{T}]^\mathrm{T} = n(\forall s \in \bar{\mathbb{C}}^+)$。

考虑如下线性定常系统:

$$\begin{cases} \dot{x}(t) = Ax(t) \\ y(t) = Cx(t) \end{cases} \qquad (2-2)$$

其中, $y(t) = \begin{bmatrix} y_o(t) \\ y_{\bar{o}}(t) \end{bmatrix}$, $A = \begin{bmatrix} A_{11} & A_{12} \\ A_{21} & A_{22} \end{bmatrix}$, $C = [I, 0]$。

定义 2.7：若对于任意给定的 $\varepsilon > 0$,总存在 $\delta = \delta(\varepsilon) > 0$ 使得 $\| y(0) \| < \delta \Rightarrow \| y_o(t) \| < \varepsilon(\forall t \geqslant 0)$,则称系统(2-2)相对于 $y_o(t)$ 是稳定的。

定义 2.8：若系统(2-2)相对于 $y_o(t)$ 是稳定的且满足 $\lim\limits_{t \to \infty} y_o(t) = 0$,则称系统 (2-2)相对于 $y_o(t)$ 是渐近稳定的。

引理 2.12：若 (A_{22}, A_{12}) 是完全能观测的,则系统(2-2)相对于 $y_o(t)$ 是渐近稳定的充要条件为矩阵 A 满足 Hurwitz 条件。

若 (A_{22}, A_{12}) 不是完全能观测的,那么总存在一个非奇异矩阵 T 使得

$$(T^{-1}A_{22}T, A_{12}T) = \left(\begin{bmatrix} D_1 & 0 \\ D_2 & D_3 \end{bmatrix}, [E_1, 0] \right), \quad T^{-1}A_{21} = \begin{bmatrix} F_1 \\ F_2 \end{bmatrix}$$

其中, (D_1, E_1) 是完全能观测的。有如下引理成立。

引理 2.13: 若 (A_{22}, A_{12}) 不是完全能观测的,那么系统(2-2)相对于 $y_o(t)$ 是渐近稳定的充要条件为矩阵:

$$\begin{bmatrix} A_{11} & E_1 \\ F_1 & D_1 \end{bmatrix}$$

满足 Hurwitz 条件。

2.5　奇异系统理论

考虑如下高阶线性定常奇异系统:

$$E\dot{x}(t) = Ax(t) + Bu(t) \tag{2-3}$$

其中,$A \in \mathbb{R}^{n \times n}$、$B \in \mathbb{R}^{n \times m}$、$E \in \mathbb{R}^{n \times n}$ 且 $\operatorname{rank}(E) = r \leqslant n$,$x(t) \in \mathbb{R}^n$ 表示系统的状态,$u(t) \in \mathbb{R}^m$ 表示控制输入。下面对奇异系统(2-3)的正则性、无脉冲性、容许性及能控性的基本定义和判据分别进行概述。

定义 2.9: 如果存在满足 $\det(s_0 E - A) \neq 0$ 的常数 s_0,那么称系统(2-3)是正则的或者 (E, A) 是正则的。

如果 (E, A) 是正则的,那么总存在非奇异矩阵 P 和 Q 使得

$$PEQ = \begin{bmatrix} I_r & 0 \\ 0 & N \end{bmatrix}, \quad PAQ = \begin{bmatrix} A_1 & 0 \\ 0 & I_{n-r} \end{bmatrix}, \quad PB = \begin{bmatrix} B_1 \\ B_2 \end{bmatrix}$$

其中,$N \in \mathbb{R}^{(n-r) \times (n-r)}$ 表示幂零指数为 l 的幂零矩阵。定义 $Q^{-1} x(t) = [x_1^{\mathrm{T}}(t), x_2^{\mathrm{T}}(t)]^{\mathrm{T}}$,则系统(2-3)可分解为

$$\dot{x}_1(t) = A_1 x_1(t) + B_1 u(t) \tag{2-4}$$

$$N\dot{x}_2(t) = x_2(t) + B_2 u(t) \tag{2-5}$$

上述分解通常被称为第一受限等价形式。子系统(2-4)和(2-5)分别被称为系统(2-3)的慢子系统和快子系统。令 $u^{(i)}(t)$ 表示 $u(t)$ 的第 i 阶导数,若初始状态 $x(0)$ 满足:

$$x(0) = Q\begin{bmatrix} x_1(0) \\ -\sum_{i=0}^{l-1} N^i B_2 u^{(i)}(0) \end{bmatrix}$$

则称 $x(0)$ 为容许的。

引理 2.14：对于给定的容许初始状态 $x(0)$，系统(2-3)存在唯一解的充要条件是该系统是正则的。

定义 2.10：若 $\deg(\det(sE - A)) = \text{rank}(E)$ $(\forall s \in \mathbb{C})$，则称系统(2-3)是无脉冲的或者 (E, A) 是无脉冲的。

引理 2.15：系统(2-3)是无脉冲的当且仅当：

$$\text{rank} \begin{bmatrix} E & 0 \\ A & E \end{bmatrix} = n + \text{rank}(E)$$

定义 2.11：如果 (E, A) 是正则的、无脉冲的且渐近稳定的，那么称系统(2-3)是容许的。

定义 2.12：若对任意 $x_T \in \mathbb{R}^n$，$x(0) \in \mathbb{R}^n$ 及时间 $T > 0$，存在容许的控制输入 $u(t)$ 使得 $x(T) = x_T$，则称系统(2-3)是能控的或者 (E, A, B) 是能控的。

定义 2.13：若系统(2-3)在 $\mathbb{R}$ 上能控则称为 $\mathbb{R}$-能控。

引理 2.16：系统(2-3) $\mathbb{R}$-能控或可镇定的充要条件是慢子系统(2-4)是能控的或者可镇定的。

引理 2.17：系统(2-3)能控的充要条件是慢子系统(2-4)能控并且

$$\text{rank} \begin{bmatrix} E & 0 & 0 \\ A & E & B \end{bmatrix} = n + \text{rank}(E)$$

2.6　本章小结

本章介绍了与图论、线性空间一致性分解、矩阵理论、线性系统理论及奇异系统理论有关的基础概念和结论,这些概念和结论是后续章节研究的基础。

第 3 章

集群系统一致性控制

3.1 引言

文献[124]—[127]讨论了一类可看作能控标准形的高阶集群系统的一致性问题。这类集群系统中的智能体由于具有积分串形的特殊结构,因此针对其一致性问题的分析相对简单。一般高阶线性定常集群系统由于不再具有一阶、二阶及积分串形高阶集群系统的结构特性,使得对其的分析和设计要更加复杂和有挑战性。Xiao 和 Wang[52]研究了具有时不变一致函数的一般高阶线性定常集群系统的一致性问题。文献[53]、[128]考虑了具有时变一致函数的高阶集群系统一致性问题,但是,在文献[53]、[128]和[129]中集群系统中智能体之间的作用拓扑是时不变的。

在实际系统中,智能体之间的作用拓扑可能是时变的,如具有不确定性或者是切换的。Lin 和 Jia[40]讨论了拓扑不确定性对二阶集群系统一致性的影响。文献[52]和[96]研究了具有切换拓扑的高阶集群系统的一致性问题。但是,文献[40]、[52]和[96]都没有考虑时变的延迟。由于集群系统中智能体的运动、通信信道的堵塞及作用的不对称性等因素的存在,实际系统中可能会出现非一致的时变延迟。此外,时变的外部扰动对实际系统来说也是不可避免的,在外部扰动的作用下集群系统可能很难实现精确的一致。因此,同时考虑非一致的时变延迟、作用拓扑的不确定性及时变的外部扰动对高阶集群系统一致性的影响具有实际意义。目前,还没有研究者对这个问题进行深入的研究。

本章主要对非一致时变延迟、作用拓扑不确定性及属于 L_2 或者 L_∞ 的时变外部扰动同时存在的情况下一般高阶线性定常集群系统的状态实用一致性问题进行研究。所谓实用一致是指所有智能体就共同关心的变量实现具有一定误差的一致。主要工作如下:首先,基于动态输出反馈构造一种状态实用一致的协议并提出实用一致的概念;然后,利用状态空间分解的方法把实用一致性问题转化为非一致子系统的稳定性问题,并给出集群系统实现状态实用一致的充要条件;最后,利用李雅普诺夫-克拉索夫斯基函数和线性矩阵不等式,给出集群系统实现状态实用一致的充分条件。此外,还给出时变的状态实用一致函数的显式表达式及一致误差的界。

本章其余部分组织如下:3.2 节利用动态输出反馈构造实用一致协议并给出问题描述;3.3 节把实用一致问题转化为稳定性问题;3.4 节中给出集群系统实现状态实用一致的充分条件;3.5 节给出数值仿真结果;3.6 节对本章工作进行总结。

3.2　问题描述

考虑一个具有 N 个智能体的集群系统。集群系统对应的作用拓扑可以用有向图 G 来描述。每个智能体可以看作图 G 的一个节点。对任意 $i, j \in \{1, 2, \cdots, N\}$,智能体 i 到智能体 j 的作用关系及作用强度可以分别用边 e_{ij} 和权重 w_{ji} 来表示。假设每个智能体的动力学特性可以用如下模型来描述:

$$\begin{cases} \dot{x}_i(t) = Ax_i(t) + Bu_i(t) + B_\omega \omega_i(t) \\ y_i(t) = Cx_i(t) \end{cases} \tag{3-1}$$

其中, $i \in \{1, 2, \cdots, N\}$, $x_i(t) \in \mathbb{R}^n$、$u_i(t) \in \mathbb{R}^m$、$y_i(t) \in \mathbb{R}^q$ 分别是第 i 个智能体的状态、控制输入及输出, $\omega_i(t) \in \mathbb{R}^{\bar{m}}$ 表示第 i 个智能体受到的外部扰动。

考虑如下基于动态输出反馈的一致协议:

$$\begin{cases} \dot{z}_i(t) = K_1 z_i(t) + K_2 \sum_{j=1}^{N} (w_{ij} + \Delta w_{ij}(t)) [y_j(t - \tau_{ij}(t)) - y_i(t - \tau_{ij}(t))] \\ u_i(t) = K_3 z_i(t) + K_4 \sum_{j=1}^{N} (w_{ij} + \Delta w_{ij}(t)) [y_j(t - \tau_{ij}(t)) - y_i(t - \tau_{ij}(t))] \end{cases}$$

$$\tag{3-2}$$

其中, $i \in \{1, 2, \cdots, N\}$, $z_i(t) \in \mathbb{R}^{\bar{n}}$ 是协议的状态, $K_1 \in \mathbb{R}^{\bar{n} \times \bar{n}}$、$K_2 \in \mathbb{R}^{\bar{n} \times q}$、$K_3 \in \mathbb{R}^{m \times \bar{n}}$ 和 $K_4 \in \mathbb{R}^{m \times q}$ 是常数增益矩阵, $\Delta w_{ij}(t)$ 是作用拓扑的不确定性, $\tau_{ij}(t)$ 是从智能体 j 到智能体 i 的时变延迟。定义 $\tau_r(t) \in \{\tau_{ij}(t): i, j \in \{1, 2, \cdots, N\}\}(r = 1, 2, \cdots, k)$,其中 k 表示延迟的总个数。假设 $\tau_r(t) \in [0, \bar{\tau}_r](r = 1, 2, \cdots, k)$,其中 $\bar{\tau}_r$ 表示 $\tau_r(t)$ 的上界。定义 $d_r(d_r < 1; r = 1, 2, \cdots, k)$ 为 $|\dot{\tau}_r(t)|$ 的上界。在实际应用中, $\tau_r(t)$、$\bar{\tau}_r$ 和 d_r 主要取决于通信设备,其大小可以根据信道带宽、数据量、收发时间及传播时间等来进行估算。令 $L_r = [l_{ij}^r] \in \mathbb{R}^{N \times N}$, $\Delta L_r = [\Delta l_{ij}^r] \in \mathbb{R}^{N \times N}$,其中,

$$l_{ij}^r = \begin{cases} -w_{ij}, & i \neq j,\ \tau_{ij}(t) = \tau_r(t) \\ 0, & i \neq j,\ \tau_{ij}(t) \neq \tau_r(t) \\ -\sum\limits_{s=1,\ s \neq i}^N l_{is}^r, & i = j \end{cases}$$

$$\Delta l_{ij}^r = \begin{cases} -\Delta w_{ij}(t), & i \neq j,\ \tau_{ij}(t) = \tau_r(t) \\ 0, & i \neq j,\ \tau_{ij}(t) \neq \tau_r(t) \\ -\sum\limits_{s=1,\ s \neq i}^N \Delta l_{is}^r(t), & i = j \end{cases}$$

ΔL_r 表示作用拓扑的不确定性。由 L_r 的定义可知 $L_r 1 = 0$，$\Delta L_r 1 = 0$，$\sum\limits_{r=1}^k L_r = L$，$\sum\limits_{r=1}^k \Delta L_r = \Delta L$。

令 $\theta_i(t) = [x_i^T(t), z_i^T(t)]^T (i = 1, 2, \cdots, N)$，$\theta(t) = [\theta_1^T(t), \theta_2^T(t), \cdots, \theta_N^T(t)]^T$，$\omega(t) = [\omega_1^T(t), \omega_2^T(t), \cdots, \omega_N^T(t)]^T$。在一致协议（3-2）的作用下，集群系统（3-1）的闭环形式如下：

$$\begin{cases} \dot{\theta}(t) = (I_N \otimes \bar{A})\theta(t) - \sum\limits_{r=1}^k [(L_r + \Delta L_r) \otimes \bar{B}]\theta(t - \tau_r(t)) + (I_N \otimes \bar{B}_\omega)\omega(t),\ t > 0 \\ \theta(t) = \varphi(t),\ t \in [-\tilde{\tau}, 0] \end{cases}$$

$$(3-3)$$

其中，$\varphi(t)$ 是定义在 $t \in [-\tilde{\tau}, 0]$ 上的连续的向量函数，$\tilde{\tau} = \max\{\tilde{\tau}_1, \tilde{\tau}_2, \cdots, \tilde{\tau}_k\}$，

$$\bar{A} = \begin{bmatrix} A & BK_3 \\ 0 & K_1 \end{bmatrix},\ \bar{B} = \begin{bmatrix} BK_4 C & 0 \\ K_2 C & 0 \end{bmatrix},\ \bar{B}_\omega = \begin{bmatrix} B_\omega \\ 0 \end{bmatrix}$$

定义 3.1：如果存在一个向量函数 $c(t) \in \mathbb{R}^{n+\bar{n}}$ 使得 $\lim\limits_{t \to \infty}[\theta_i(t) - c(t)] = 0$ $(i = 1, 2, \cdots, N)$，则称集群系统（3-3）实现了状态一致并称 $c(t)$ 为状态一致函数。

如果 $\omega(t)$ 持续存在，在 $\omega(t)$ 的作用下集群系统很难获得精确的一致。针对这种情况，我们给出状态实用一致的概念。

定义 3.2：如果存在一个非负常数 δ 和一个向量函数 $c(t) \in \mathbb{R}^{n+\bar{n}}$ 使得 $\lim\limits_{t \to \infty} \| \theta_i(t) - c(t) \|_2 \leq \delta$ $(i = 1, 2, \cdots, N)$，则称集群系统（3-3）实现了状态实用一致并分别称 $c(t)$ 和 δ 为状态实用一致函数及一致误差的界。下面对集群系统（3-3）实现状态实用一致的问题进行研究。

3.3　一致性问题转化及初步结果

本节主要通过空间分解的方法把状态实用一致性问题转化为非一致子系统的稳定性问题并给出时变的状态实用一致函数的显式表达式。

定义 $\bar{U} = [\bar{u}_2, \cdots, \bar{u}_N]$，$U^{-1} = [\tilde{u}_1, \tilde{U}^H]^H$。由 $(L_r + \Delta L_r)1 = 0$（$r = 1, 2, \cdots, k$），可知

$$U^{-1}(L_r + \Delta L_r)U = \begin{bmatrix} \tilde{u}_1^H \\ \tilde{U} \end{bmatrix}(L_r + \Delta L_r)[\bar{u}_1, \bar{U}] = \begin{bmatrix} 0 & \tilde{u}_1^H(L_r + \Delta L_r)\bar{U} \\ 0 & \tilde{U}(L_r + \Delta L_r)\bar{U} \end{bmatrix}$$

$$(3-4)$$

令 $\tilde{\theta}(t) = (U^{-1} \otimes I_{n+\bar{n}})\theta(t) = [\tilde{\theta}_1^T(t), \tilde{\theta}_2^T(t), \cdots, \tilde{\theta}_N^T(t)]^T$。根据式（3-4），集群系统（3-3）可转化为

$$\dot{\tilde{\theta}}(t) = (I_N \otimes \bar{A})\tilde{\theta}(t) - \sum_{r=1}^{k}\left(\begin{bmatrix} 0 & \tilde{u}_1^H(L_r + \Delta L_r)\bar{U} \\ 0 & \tilde{U}(L_r + \Delta L_r)\bar{U} \end{bmatrix} \otimes \bar{B}\right)\tilde{\theta}(t - \tau_r(t))$$
$$+ \left(\begin{bmatrix} \tilde{u}_1^H \\ \tilde{U} \end{bmatrix} \otimes \bar{B}_\omega\right)\omega(t) \quad (3-5)$$

定义 $\varsigma_p(t) = [\tilde{\theta}_2^T(t), \cdots, \tilde{\theta}_N^T(t)]^T$。系统（3-5）可分解为

$$\dot{\tilde{\theta}}_1(t) = \bar{A}\tilde{\theta}_1(t) - \sum_{r=1}^{k}[\tilde{u}_1^H(L_r + \Delta L_r)\bar{U} \otimes \bar{B}]\varsigma_p(t - \tau_r(t)) + (\tilde{u}_1^H \otimes \bar{B}_\omega)\omega(t)$$

$$(3-6)$$

$$\dot{\varsigma}_p(t) = (I_{N-1} \otimes \bar{A})\varsigma_p(t) - \sum_{r=1}^{k}[\tilde{U}(L_r + \Delta L_r)\bar{U} \otimes \bar{B}]\varsigma_p(t - \tau_r(t)) + (\tilde{U} \otimes \bar{B}_\omega)\omega(t)$$

$$(3-7)$$

令第 2.2 节中的 $\nu = n + \bar{n}$。由**引理 2.3** 可知集群系统（3-3）的状态可以被唯一地投影到 $\mathbb{C}(U)$ 和 $\bar{\mathbb{C}}(U)$，即存在 $\alpha_j(t)$，$j = (1, 2, \cdots, N(n + \bar{n}))$，使得 $\theta(t) = \theta_C(t) + \theta_{\bar{C}}(t)$，其中 $\theta_C(t) = \sum\limits_{j=1}^{n+\bar{n}}\alpha_j(t)p_j$，$\theta_{\bar{C}}(t) = \sum\limits_{j=n+\bar{n}+1}^{N(n+\bar{n})}\alpha_j(t)p_j$。由 $\varsigma_p(t) = [0, I_{(N-1)(n+\bar{n})}](U^{-1} \otimes I_{n+\bar{n}})\theta(t)$，$\tilde{\theta}_1(t) = [I_{n+\bar{n}}, 0](U^{-1} \otimes I_{n+\bar{n}})\theta(t)$，$\bar{u}_i \otimes c_j = (U \otimes I_{n+\bar{n}})(e_i \otimes c_j)$，其中 $i \in \{1, 2, \cdots, N\}$，$j \in \{1, 2, \cdots, n + \bar{n}\}$，$e_i \in \mathbb{R}^N$ 为一个第 i 个元素值为 1 剩余元素值为 0 的列向量，可以得到：

$$\theta_{\bar{C}}(t) = (U \otimes I_{n+\bar{n}})[0, \varsigma_p^{\mathrm{T}}(t)]^{\mathrm{T}} \tag{3-8}$$

$$\theta_C(t) = (U \otimes I_{n+\bar{n}})[\tilde{\theta}_1^{\mathrm{T}}(t), 0]^{\mathrm{T}} = (U \otimes I_{n+\bar{n}})(e_1 \otimes \tilde{\theta}_1(t)) = 1 \otimes \tilde{\theta}_1(t) \tag{3-9}$$

根据 $p_j(j = 1, 2, \cdots, N(n + \bar{n}))$ 的结构可知由状态 $\theta_C(t)$ 和 $\theta_{\bar{C}}(t)$ 所描述的两个子系统分别决定了集群系统(3-3)的一致分量和非一致分量。基于式(3-5)~式(3-9)可以得到下面的引理。

引理 3.1： 如果 $\omega(t) \equiv 0$，对于任意给定的有界初始状态，集群系统(3-3)在一致协议(3-2)的作用下实现状态一致的充要条件是子系统(3-7)是渐近稳定的。

由于子系统(3-7)描述了集群系统(3-3)的非一致分量，所以当子系统(3-7)渐近稳定时非一致分量趋于0，剩下的部分即为一致分量，即 $\lim\limits_{t \to \infty}(\theta_i(t) - \tilde{\theta}_1(t)) = 0$ ($i = 1, 2, \cdots, N$)（这也就是把第2.2节中的 $\mathbb{C}(U)$ 和 $\bar{\mathbb{C}}(U)$ 分别称为一致空间和一致补空间的原因）。换句话说，如果非一致分量最终没有完全等于0，而是在有界输入的作用下保持了一个有界的值，那么集群系统(3-3)就会同时存在一个一致分量和一个有界的非一致分量。在这种情况下，有如下引理成立。

引理 3.2： 对于任意给定的有界初始状态，集群系统(3-3)在一致协议(3-2)的作用下实现状态实用一致的充要条件是子系统(3-7)是有界输入有界状态(bounded input bounded state, BIBS)稳定的。

引理 3.1 和 **引理 3.2** 提供了检验集群系统是否可以实现状态一致和状态实用一致的初步判据。可以看出，前者是后者的一种特例。由以上的分析可知，如果集群系统(3-3)实现了实用一致，那么实用一致函数的显式表达式可以通过求解微分方程(3-6)来获得。

引理 3.3： 如果集群系统(3-3)实现了状态实用一致，则状态实用一致函数 $c(t)$ 满足 $\lim\limits_{t \to \infty}[c(t) - (c_0(t) - c_\tau(t) - c_\Delta(t)) - c_\omega(t)] = 0$，其中，

$$\begin{cases} c_0(t) = \mathrm{e}^{\bar{A}t}[I_{n+\bar{n}}, 0, \cdots, 0]P_{\mathbb{C}(U), \bar{\mathbb{C}}(U)}\theta(0) - \int_0^t (\mathrm{e}^{\bar{A}(t-s)}\tilde{u}_1^H L\bar{U} \otimes \bar{B}\varsigma_p(s))\mathrm{d}s \\ c_\tau(t) = \sum\limits_{r=1}^k \int_0^t \{\mathrm{e}^{\bar{A}(t-s)}\tilde{u}_1^H L_r \bar{U} \otimes \bar{B}[\varsigma_p(t - \tau_r(s)) - \varsigma_p(s)]\}\mathrm{d}s \\ c_\Delta(t) = \sum\limits_{r=1}^k \int_0^t [\mathrm{e}^{\bar{A}(t-s)}\tilde{u}_1^H \Delta L_r \bar{U} \otimes \bar{B}\varsigma_p(t - \tau_r(s))]\mathrm{d}s \\ c_\omega(t) = \int_0^t (\mathrm{e}^{\bar{A}(t-s)}\tilde{U} \otimes \bar{B}_\omega\omega(s))\mathrm{d}s \end{cases}$$

$P_{\mathbb{C}(U), \bar{\mathbb{C}}(U)} = [p_1, \cdots, p_{n+\bar{n}}, 0, \cdots, 0]P^{-1}$ 是沿 $\bar{\mathbb{C}}(U)$ 到 $\mathbb{C}(U)$ 的斜投影算子，$P = [p_1, p_2, \cdots, p_{N(n+\bar{n})}]$。

在**引理** 3.3 中，$c_0(t)$ 表示集群系统在没有延迟、作用拓扑不确定性及外部扰动的情况下的实用一致函数的标称部分；$c_\tau(t)$、$c_\Delta(t)$ 和 $c_\omega(t)$ 则分别描述了时变延迟、作用拓扑不确定性和外部扰动对实用一致函数的影响。

注释 3.1：**引理** 3.3 给出了集群系统（3-3）在时变延迟、作用拓扑不确定性及外部扰动影响下的状态实用一致函数的显式表达式。Olfati-Saber 和 Murray 在文献[10]中研究了 χ 一致性问题并证明了如果作用拓扑是平衡且强连通的，则一致函数是所有智能体初始状态的平均值。对于作用拓扑是有向的并且时变延迟、作用拓扑不确定性及外部扰动同时存在情况下的一致函数还没有人给出其显式表达式。

如果集群系统对应的拉普拉斯矩阵是平衡的，则 $1^T L = 0$。由于 U 中包含了 L 的特征向量及广义特征向量，可以证明 $1^T \bar{U} = 0$。在这种情况下，可得 $\tilde{u}_1^T = 1^T / N$，$\tilde{u}_1^T L = 0$，$\tilde{u}_1^T L_r = 0$，$\tilde{u}_1^T \Delta L_r = 0$。令 $\tilde{C} = [c_1, c_2, \cdots, c_{n+\bar{n}}]$，则有

$$P = U \otimes \tilde{C}$$
$$[p_1, \cdots, p_{n+\bar{n}}, 0, \cdots, 0] = [\bar{u}_1, 0] \otimes \tilde{C}$$

因此，

$$P_{C(U), \bar{C}(U)} = ([\bar{u}_1, 0] \otimes \tilde{C})(U^{-1} \otimes \tilde{C}^{-1}) = \left(\left[\frac{1}{N} \quad \cdots \quad \frac{1}{N} \right]^T \otimes I_{n+\bar{n}} \right)$$

根据**引理** 3.3 可以得到如下推论。

推论 3.1：在作用拓扑是平衡的情况下，如果集群系统（3-3）实现了状态实用一致，则状态实用一致函数 $c(t)$ 满足：

$$\lim_{t \to \infty} (c(t) - c_0(t) - c_\omega(t)) = 0$$

其中，

$$c_0(t) = e^{\bar{A}t} \left[\frac{1}{N} \quad \cdots \quad \frac{1}{N} \right]^T \theta(0)$$
$$c_\omega(t) = \int_0^t (e^{\bar{A}(t-s)} \tilde{U} \otimes \bar{B}_\omega \omega(s)) ds$$

注释 3.2：文献[10]讨论了一阶集群系统平均一致性问题。如果令 $\bar{A} = 0$，$\omega \equiv 0$，那么集群系统（3-3）变成了一个典型的一阶集群系统并且由**推论** 3.1 可以直接得到该一阶集群系统的平均一致函数 $c(t) = \sum_{i=1}^{N} \theta_i(0) / N$。在这种情况下，$\delta = 0$，即集群系统实现了精确的状态一致。因此，平均一致性是实用一致性的一种特例。此外，如果集群系统（3-3）的作用拓扑是平衡的，那么**推论** 3.1 给出了确定状态实用平均一致函数 $c(t)$ 的一种一般性方法。

3.4　状态实用一致性分析

本节首先给出集群系统(3-3)在 $\omega(t) \in L_2$、$\Delta L_r \equiv 0$ 及 $\tau_r \equiv 0$ $(r=1, 2, \cdots,$ $k)$ 的情况下实现状态实用一致的充要条件。然后,利用李雅普诺夫-克拉索夫斯基函数和线性矩阵不等式给出集群系统(3-3)在 $\Delta L_r \equiv 0$ $(r=1, 2, \cdots, k)$ 和 $\omega(t) \equiv 0$ 的情况下实现状态一致的充分条件。最后给出集群系统(3-3)实现状态实用一致的充分条件及一致误差的界。

基于文献[130]中的**引理 4.1** 和本章中的**引理 3.2** 可以直接得到下面的结论。

引理 3.4:对于给定的正常数 μ_0 和任意给定的有界初始状态,集群系统 (3-3)在 $\omega(t) \in L_2$、$\Delta L_r \equiv 0$、$\tau_r(t) \equiv 0$ $(r=1, 2, \cdots, k)$ 的情况下实现状态实用一致,同时满足 $\int_0^T \varsigma_p^T(t) \varsigma_p(t) \mathrm{d}t \leqslant \mu_0 \int_0^T \omega^T(t) \omega(t) \mathrm{d}t$ 的充要条件是存在正定对称矩阵 P 使得下面的线性矩阵不等式可行:

$$\begin{bmatrix} (I_{N-1} \otimes \bar{A} - \tilde{U}L\bar{U} \otimes \bar{B})^T P + P(I_{N-1} \otimes \bar{A} - \tilde{U}L\bar{U} \otimes \bar{B}) & P(\tilde{U} \otimes \bar{B}_\omega) & I \\ * & -\mu_0 I & 0 \\ * & * & -\mu_0 I \end{bmatrix} < 0$$

定理 3.1:对于任意给定的有界初始状态,集群系统(3-3)在 $\Delta L_r \equiv 0$ $(r=1, 2, \cdots, k)$ 和 $\omega(t) \equiv 0$ 的情况下实现状态一致的充分条件是存在实对称矩阵 $R > 0$、$Q_r > 0$、$S_r > 0$、$M_r = \begin{bmatrix} M_{r, 11} & M_{r, 12} \\ * & M_{r, 22} \end{bmatrix} \geqslant 0$、$X_r$、$Y_r$,使得如下线性矩阵不等式可行:

$$\Xi = \begin{bmatrix} \Xi_{11} & \Xi_{12} & \Xi_{13} \\ * & \Xi_{22} & \Xi_{23} \\ * & * & \Xi_{33} \end{bmatrix} < 0 \qquad (3-10)$$

$$Y_r = \begin{bmatrix} M_{r, 11} & M_{r, 12} & X_r \\ * & M_{r, 22} & Y_r \\ * & * & S_r \end{bmatrix} \geqslant 0 \qquad (3-11)$$

其中,

$r = 1, 2, \cdots, k$

$\Xi_{11} = R(I_{N-1} \otimes \bar{A}) + (I_{N-1} \otimes \bar{A})^T R + \sum_{r=1}^{k} Q_r + \sum_{r=1}^{k} (X_r + X_r^T) + \sum_{r=1}^{k} \bar{\tau}_r M_{r, 11}$

$\Xi_{12} = \left[-R(\tilde{U}L_1\bar{U} \otimes \bar{B}) - X_1 + Y_1^T + \bar{\tau}_1 M_{1, 12}, \cdots, -R(\tilde{U}L_k\bar{U} \otimes \bar{B}) - X_k + Y_k^T + \bar{\tau}_k M_{k, 12} \right]$

$$\Xi_{13} = \left[\bar{\tau}_1 (I_{N-1} \otimes \bar{A})^{\mathrm{T}} S_1, \cdots, \bar{\tau}_k (I_{N-1} \otimes \bar{A})^{\mathrm{T}} S_k \right]$$

$$\Xi_{22} = \mathrm{blockdiag}\{ (d_1 - 1) Q_1 - Y_1 - Y_1^{\mathrm{T}} + \bar{\tau}_1 M_{1,22}, \cdots, (d_k - 1) Q_k - Y_k - Y_k^{\mathrm{T}} + \bar{\tau}_k M_{k,22} \}$$

$$\Xi_{23} = \begin{bmatrix} -\bar{\tau}_1 (\tilde{U} L_1 \bar{U} \otimes \bar{B})^{\mathrm{T}} S_1 & \cdots & -\bar{\tau}_k (\tilde{U} L_1 \bar{U} \otimes \bar{B})^{\mathrm{T}} S_k \\ \vdots & \ddots & \vdots \\ -\bar{\tau}_1 (\tilde{U} L_k \bar{U} \otimes \bar{B})^{\mathrm{T}} S_1 & \cdots & -\bar{\tau}_k (\tilde{U} L_k \bar{U} \otimes \bar{B})^{\mathrm{T}} S_k \end{bmatrix}$$

$$\Xi_{33} = \mathrm{blockdiag}\{ -\bar{\tau}_1 S_1, \cdots, -\bar{\tau}_k S_k \}$$

证明： 考虑如下李雅普诺夫-克拉索夫斯基函数候选，

$$V(t) = V_1(t) + V_2(t) + V_3(t) \tag{3-12}$$

其中，

$$V_1(t) = \varsigma_p^{\mathrm{T}}(t) R \varsigma_p(t)$$

$$V_2(t) = \sum_{r=1}^{k} \int_{t-\tau_r(t)}^{t} \varsigma_p^{\mathrm{T}}(\alpha) Q_r \varsigma_p(\alpha) \mathrm{d}\alpha$$

$$V_3(t) = \sum_{r=1}^{k} \int_{-\bar{\tau}_r}^{0} \int_{t+\alpha}^{t} \dot{\varsigma}_p^{\mathrm{T}}(s) S_r \dot{\varsigma}_p(s) \mathrm{d}s \mathrm{d}\alpha$$

沿系统(3-7)的轨迹对 $V(t)$ 求导可得

$$\dot{V}_1(t) = \varsigma_p^{\mathrm{T}}(t) (R(I_{N-1} \otimes A) + (I_{N-1} \otimes A)^{\mathrm{T}} R) \varsigma_p(t) \\ - \sum_{r=1}^{k} 2 \varsigma_p^{\mathrm{T}}(t) R(\tilde{U} L_r \bar{U} \otimes \bar{B}) \varsigma_p(t - \tau_r(t)) \tag{3-13}$$

$$\dot{V}_2(t) \leqslant \sum_{r=1}^{k} \varsigma_p^{\mathrm{T}}(t) Q_r \varsigma_p(t) - \sum_{r=1}^{k} (1 - d_r) \varsigma_p^{\mathrm{T}}(t - \tau_r(t)) Q_r \varsigma_p(t - \tau_r(t)) \tag{3-14}$$

$$\dot{V}_3(t) \leqslant \sum_{r=1}^{k} \bar{\tau}_r \dot{\varsigma}_p^{\mathrm{T}}(t) S_r \dot{\varsigma}_p(t) - \sum_{r=1}^{k} \int_{t-\tau_r(t)}^{t} \dot{\varsigma}_p^{\mathrm{T}}(\alpha) S_r \dot{\varsigma}_p(\alpha) \mathrm{d}\alpha \tag{3-15}$$

其中，

$$\sum_{r=1}^{k} \bar{\tau}_r \dot{\varsigma}_p^{\mathrm{T}}(t) S_r \dot{\varsigma}_p(t) = \sum_{r=1}^{k} \bar{\tau}_r \xi_0^{\mathrm{T}}(t) [I_{N-1} \otimes \bar{A}, -\tilde{U} L_1 \bar{U} \otimes \bar{B}, \cdots, -\tilde{U} L_k \bar{U} \otimes \bar{B}]^{\mathrm{T}} \\ \times S_r [I_{N-1} \otimes \bar{A}, -\tilde{U} L_1 \bar{U} \otimes \bar{B}, \cdots, -\tilde{U} L_k \bar{U} \otimes \bar{B}] \xi_0(t)$$

$$\xi_0(t) = [\varsigma_p^{\mathrm{T}}(t), \varsigma_p^{\mathrm{T}}(t - \tau_1(t)), \cdots, \varsigma_p^{\mathrm{T}}(t - \tau_k(t))]^{\mathrm{T}}$$

由于

$$\int_{t-\tau_r(t)}^{t} \dot{\varsigma}_p(\alpha) \mathrm{d}\alpha = \varsigma_p(t) - \varsigma_p(t - \tau_r(t))$$

则对于任意具有匹配维数的实矩阵 X_r 和 $Y_r(r = 1, 2, \cdots, k)$，有

$$\Gamma_1 = \sum_{r=1}^{k} 2[\varsigma_p^{\mathrm{T}}(t), \varsigma_p^{\mathrm{T}}(t - \tau_r(t))] \begin{bmatrix} X_r \\ Y_r \end{bmatrix} \left[\varsigma_p(t) - \varsigma_p(t - \tau_r(t)) - \int_{t-\tau_r(t)}^{t} \dot{\varsigma}_p(\alpha)\mathrm{d}\alpha\right] = 0 \tag{3-16}$$

此外，对于任意实对称矩阵 $M_r = \begin{bmatrix} M_{r,11} & M_{r,12} \\ * & M_{r,22} \end{bmatrix} \geqslant 0 \ (r = 1, 2, \cdots, k)$，下式成立：

$$\begin{aligned} \Gamma_2 = & \sum_{r=1}^{k} \bar{\tau}_r [\varsigma_p^{\mathrm{T}}(t), \varsigma_p^{\mathrm{T}}(t - \tau_r(t))] M_r \begin{bmatrix} \varsigma_p(t) \\ \varsigma_p(t - \tau_r(t)) \end{bmatrix} \\ & - \sum_{r=1}^{k} \int_{t-\tau_r(t)}^{t} [\varsigma_p^{\mathrm{T}}(t), \varsigma_p^{\mathrm{T}}(t - \tau_r(t))] M_r \begin{bmatrix} \varsigma_p(t) \\ \varsigma_p(t - \tau_r(t)) \end{bmatrix} \mathrm{d}\alpha \geqslant 0 \end{aligned} \tag{3-17}$$

由式(3-13)~式(3-17)可知：

$$\begin{aligned} \dot{V}(t) \leqslant & \dot{V}_1(t) + \dot{V}_2(t) + \dot{V}_3(t) + \Gamma_1 + \Gamma_2 \leqslant \xi_0^{\mathrm{T}}(t) \Xi_0 \xi_0(t) \\ & - \sum_{r=1}^{k} \int_{t-\tau_r(t)}^{t} \xi_r^{\mathrm{T}}(t, \alpha) Y_r \xi_r(t, \alpha) \mathrm{d}\alpha \end{aligned} \tag{3-18}$$

其中，$\xi_r(t, \alpha) = [\varsigma_p^{\mathrm{T}}(t), \varsigma_p^{\mathrm{T}}(t - \tau_r(t)), \dot{\varsigma}_p^{\mathrm{T}}(\alpha)]^{\mathrm{T}} (r = 1, 2, \cdots, k)$，

$$\begin{aligned} \Xi_0 = & \begin{bmatrix} \Xi_{11} & \Xi_{12} \\ * & \Xi_{22} \end{bmatrix} + \sum_{r=1}^{k} \bar{\tau}_r [I_{N-1} \otimes \bar{A}, -\tilde{U}L_1\bar{U} \otimes \bar{B}, \cdots, -\tilde{U}L_k\bar{U} \otimes \bar{B}]^{\mathrm{T}} \\ & \times S_r [I_{N-1} \otimes \bar{A}, -\tilde{U}L_1\bar{U} \otimes \bar{B}, \cdots, -\tilde{U}L_k\bar{U} \otimes \bar{B}] \end{aligned} \tag{3-19}$$

$Y_r(r = 1, 2, \cdots, k)$ 如式(3-11)所示。

根据式(3-18)可知如果 $\Xi_0 < 0$、$Y_r \geqslant 0 \ (r = 1, 2, \cdots, k)$，则存在正常数 v_0，使得 $\dot{V}(t) < -v_0 \|\varsigma_p(t)\|_2^2$，即子系统(3-7)是渐近稳定的。由**引理3.1**可知集群系统(3-3)在 $\omega(t) \equiv 0$ 和 $\Delta L_r \equiv 0$ 的情况下实现状态一致。利用 Schur 补引理可以得到 $\Xi_0 < 0$ 与线性矩阵不等式(3-10)等价的结论。证毕。

在给出集群系统(3-3)实现状态实用一致的判据之前需要先引入如下两个引理。

引理3.5： 定义 G_r 为与 L_r 对应的图 G 的子图，D_r 为行和列分别由图 G 中的节点和边来索引的 0-1 矩阵，E_r 为行和列分别由图 G 中的边和节点来索引的 0-1 矩阵，满足：

$$D_{ruf} = \begin{cases} 1, & \text{如果节点 } u \text{ 是边 } f \text{ 的子节点} \\ 0, & \text{其他情况} \end{cases}$$

$$E_{rfu} = \begin{cases} 1, & \text{如果节点 } u \text{ 是边 } f \text{ 的父节点} \\ 0, & \text{其他情况} \end{cases}$$

令 $D = \sum\limits_{r=1}^{k} D_r$，$\Lambda = \mathrm{diag}\{\mu_1, \mu_2, \cdots, \mu_\iota\}$，其中 $\mu_p(p = 1, 2, \cdots, \iota)$ 是 G 的第 p 条边的权重、ι 是 G 中边的数量。则 $L_r = D\Lambda(D_r^{\mathrm{T}} - E_r)$ $(r = 1, 2, \cdots, k)$。

证明：对于任意 $r \in \{1, 2, \cdots, k\}$，$D\Lambda D_r^{\mathrm{T}}$ 的第 (i, j) 个元素可以被写成 $\sum\limits_{l=1}^{\iota} D_{il} \mu_l D_{rjl}$ 的形式。由于 $L = \sum\limits_{r=1}^{k} L_r$，可知 G 和 $G_r(r = 1, 2, \cdots, k)$ 具有相同的节点，同时 $G_r(r = 1, 2, \cdots, k)$ 中的边都属于 G。因为一条边只对应一个父节点，所以对任意 $i \neq j$ 均有 $D_{il} D_{rjl} = 0$。此外，可以知道 $D\Lambda D_r^{\mathrm{T}}$ 是一个第 (i, i) 个元素为图 G_r 中节点 v_i 入度的对角阵。因此，G_r 的入度矩阵满足 $\tilde{D}_r = D\Lambda D_r^{\mathrm{T}}$。类似地，$D\Lambda E_r$ 的第 (i, j) 个元可以被写成 $\sum\limits_{l=1}^{\iota} D_{il} \mu_l E_{rlj}$ 的形式并且与 G_r 中边 (v_j, v_i) 的权重相等。因此，G_r 的邻接矩阵满足 $\tilde{W}_r = D\Lambda E_r$。利用拉普拉斯矩阵的定义 $L_r = \tilde{D}_r - \tilde{W}_r$，可知 $L_r = D\Lambda(D_r^{\mathrm{T}} - E_r)$。综合考虑所有子图 $G_r(r = 1, 2, \cdots, k)$，可以得到**引理 3.5** 的结论。

根据**引理 3.5**，L_r 的不确定性 ΔL_r 可写为

$$\Delta L_r = D\bar{\Lambda}(t)\bar{E}_r$$

其中，$\bar{E}_r \in \mathbb{R}^{\iota \times N}$，$\bar{\Lambda}(t)$ 是对角元素为作用拓扑不确定性的对角阵。由于 $\Delta L = \sum\limits_{r=1}^{k} \Delta L_r$，可知 $\Delta L = D\bar{\Lambda}(t)\sum\limits_{r=1}^{k}\bar{E}_r$。假设 $|\Delta w_{ij}(t)|/w_{ij} \leq 1 (i, j \in \{1, 2, \cdots, N\})$ 及 $\bar{\Lambda}^{\mathrm{T}}(t)\bar{\Lambda}(t) \leq I_\iota$（$\forall t$）。

引理 3.6[131]：对于给定的矩阵 H、K，正常数 γ 及所有满足 $\bar{\Lambda}^{\mathrm{T}}(t)\bar{\Lambda}(t) \leq I$ 的 $\bar{\Lambda}(t)$，不等式 $H\bar{\Lambda}(t)K + K^{\mathrm{T}}\bar{\Lambda}^{\mathrm{T}}(t)H^{\mathrm{T}} \leq \gamma^{-1}HH^{\mathrm{T}} + \gamma K^{\mathrm{T}}K$ 成立。

下面给出集群系统(3-3)实现状态实用一致的充分条件。

定理 3.2：对于任意 $\omega(t) \in L_\infty \cup L_2$ 和任意给定的有界初始状态，集群系统 (3-3) 实现状态实用一致的充分条件是存在实对称矩阵 $R > 0$、$Q_r > 0$、$S_r > 0$、$M_r = \begin{bmatrix} M_{r,11} & M_{r,12} \\ * & M_{r,22} \end{bmatrix} \geq 0$ 及实矩阵 X_r、Y_r，正常数 μ_1、μ_2，使得线性矩阵不等式 (3-10) 和式(3-20)可行：

$$\tilde{\Xi} = \begin{bmatrix} \bar{\Xi}_{11} & \tilde{\Xi}_{12} & \tilde{\Xi}_{13} & \tilde{\Xi}_{14} & 0 \\ * & \tilde{\Xi}_{22} & \tilde{\Xi}_{23} & 0 & \tilde{\Xi}_{25}^{\mathrm{T}} \\ * & * & \tilde{\Xi}_{33} & \tilde{\Xi}_{34} & 0 \\ * & * & * & -I & 0 \\ * & * & * & * & -I \end{bmatrix} < 0 \tag{3-20}$$

其中,

$$\bar{\Xi}_{11} = R(I_{N-1} \otimes \bar{A}) + (I_{N-1} \otimes \bar{A})^{\mathrm{T}} R + \mu_1 R + \sum_{r=1}^{k} (X_r + X_r^{\mathrm{T}}) + \sum_{r=1}^{k} Q_r + \sum_{r=1}^{k} \bar{\tau}_r M_{r,11}$$

$$\bar{\Xi}_{22} = \mathrm{blockdiag}\{ (d_1 - 1)Q_1 - Y_1 - Y_1^{\mathrm{T}} + \bar{\tau}_1 M_{1,22}, \cdots, (d_k - 1)Q_k - Y_k - Y_k^{\mathrm{T}} + \bar{\tau}_k M_{k,22}\}$$

$$\bar{\Xi}_{13} = [\bar{\tau}_1 (I_{N-1} \otimes \bar{A})^{\mathrm{T}} S_1 (1 + \mu_2), \cdots, \bar{\tau}_k (I_{N-1} \otimes \bar{A})^{\mathrm{T}} S_k (1 + \mu_2)]$$

$$\bar{\Xi}_{23} = \begin{bmatrix} -\bar{\tau}_1 (\tilde{U} L_1 \bar{U} \otimes \bar{B})^{\mathrm{T}} S_1 & \cdots & -\bar{\tau}_k (\tilde{U} L_1 \bar{U} \otimes \bar{B})^{\mathrm{T}} S_k \\ \vdots & \ddots & \vdots \\ -\bar{\tau}_1 (\tilde{U} L_k \bar{U} \otimes \bar{B})^{\mathrm{T}} S_1 & \cdots & -\bar{\tau}_k (\tilde{U} L_k \bar{U} \otimes \bar{B})^{\mathrm{T}} S_k \end{bmatrix} (1 + \mu_2)$$

$$\bar{\Xi}_{33} = \mathrm{blockdiag}\{ -\bar{\tau}_1 S_1 (1 + \mu_2), \cdots, -\bar{\tau}_k S_k (1 + \mu_2)\}$$

$$\bar{\Xi}_{14} = -R(\tilde{U} D \otimes \bar{B})$$

$$\bar{\Xi}_{34} = \begin{bmatrix} -\tau_1 S_1^{\mathrm{T}} (1 + \mu_2)(\tilde{U} D \otimes \bar{B}) \\ \vdots \\ -\tau_k S_k^{\mathrm{T}} (1 + \mu_2)(\tilde{U} D \otimes \bar{B}) \end{bmatrix}$$

$$\tilde{\Xi}_{25} = [E_1 \bar{U} \otimes I, \cdots, E_k \bar{U} \otimes I]$$

证明: 考虑如**定理 3.1** 中所示的李雅普诺夫-克拉索夫斯基函数候选,可得

$$\dot{V}_1(t) \leqslant \varsigma_p^{\mathrm{T}}(t)(R(I_{N-1} \otimes A) + (I_{N-1} \otimes A)^{\mathrm{T}} R) \varsigma_p(t)$$

$$- \sum_{r=1}^{k} 2\varsigma_p^{\mathrm{T}}(t) R(\tilde{U} L_r \bar{U} \otimes \bar{B}) \varsigma_p(t - \tau_r(t))$$

$$+ \mu_1 \varsigma_p^{\mathrm{T}}(t) R \varsigma_p(t) + \frac{1}{\mu_1} \omega^{\mathrm{T}}(t)(\tilde{U} \otimes \bar{B}_\omega)^{\mathrm{T}} R(\tilde{U} \otimes \bar{B}_\omega) \omega(t)$$

$$\dot{V}_2(t) \leqslant \sum_{r=1}^{k} \varsigma_p^{\mathrm{T}}(t) Q_r \varsigma_p(t) - \sum_{r=1}^{k} (1 - d_r) \varsigma_p^{\mathrm{T}}(t - \tau_r(t)) Q_r \varsigma_p(t - \tau_r(t))$$

$$\dot{V}_3(t) \leqslant \sum_{r=1}^{k} \bar{\tau}_r (1 + \mu_2)[\varsigma_p^{\mathrm{T}}(t)(I_{N-1} \otimes \bar{A})^{\mathrm{T}} + \varsigma_p^{\mathrm{T}}(t - \tau_1(t))(-\tilde{U} L_1 \bar{U} \otimes \bar{B})^{\mathrm{T}} + \cdots$$

$$+ \varsigma_p^{\mathrm{T}}(t - \tau_k(t))(-\tilde{U} L_k \bar{U} \otimes \bar{B})^{\mathrm{T}}] \times S_r [(I_{N-1} \otimes \bar{A}) \varsigma_p(t)$$

$$+ (-\tilde{U} L_1 \bar{U} \otimes \bar{B}) \varsigma_p(t - \tau_1(t)) + \cdots + (-\tilde{U} L_k \bar{U} \otimes \bar{B}) \varsigma_p(t - \tau_k(t))]$$

$$+ \sum_{r=1}^{k} \bar{\tau}_r \frac{1}{\mu_2} \omega^{\mathrm{T}}(t)(\tilde{U} \otimes \bar{B}_\omega)^{\mathrm{T}} S_r(\tilde{U} \otimes \bar{B}_\omega)\omega(t)$$

$$+ \sum_{r=1}^{k} \bar{\tau}_r \omega^{\mathrm{T}}(t)(\tilde{U} \otimes \bar{B}_\omega)^{\mathrm{T}} S_r(\tilde{U} \otimes \bar{B}_\omega)\omega(t) - \sum_{r=1}^{k} \int_{t-\tau_r(t)}^{t} \dot{\varsigma}_p^{\mathrm{T}}(\alpha) S_r \dot{\varsigma}_p(\alpha) \mathrm{d}\alpha$$

利用与**定理** 3.1 类似的分析过程容易得到：

$$\dot{V}(t) \leqslant \dot{V}_1(t) + \dot{V}_2(t) + \dot{V}_3(t) + \Gamma_1 + \Gamma_2$$

$$\leqslant \xi_0^{\mathrm{T}}(t) \bar{\Xi}_0 \xi_0(t) - \sum_{r=1}^{k} \int_{t-\tau_r(t)}^{t} \xi_r^{\mathrm{T}}(t, \alpha) Y_r \xi_r(t, \alpha) \mathrm{d}\alpha + \omega^{\mathrm{T}}(t) \Phi \omega(t)$$

$$(3-21)$$

其中，

$$\bar{\Xi}_0 = \begin{bmatrix} \bar{\Xi}_{11} & \bar{\Xi}_{12} \\ * & \bar{\Xi}_{22} \end{bmatrix} + \sum_{r=1}^{k} \bar{\tau}_r (1 + \mu_2)[I_{N-1} \otimes \bar{A}, -\tilde{U}L_1\tilde{U} \otimes \bar{B}, \cdots, -\tilde{U}L_k\tilde{U} \otimes \bar{B}]^{\mathrm{T}}$$

$$\times S_r[I_{N-1} \otimes \bar{A}, -\tilde{U}L_1\tilde{U} \otimes \bar{B}, \cdots, -\tilde{U}L_k\tilde{U} \otimes \bar{B}]$$

$$\bar{\Xi}_{12} = [-R(\tilde{U}(L_1 + \Delta L_1)\tilde{U} \otimes \bar{B}) - X_1 + Y_1^{\mathrm{T}} + \bar{\tau}_1 M_{1,12}, \cdots,$$

$$-R(\tilde{U}(L_k + \Delta L_k)\tilde{U} \otimes \bar{B}) - X_k + Y_k^{\mathrm{T}} + \bar{\tau}_k M_{k,12}]$$

$$\Phi = \frac{1}{\mu_1}(\tilde{U} \otimes \bar{B}_\omega)^{\mathrm{T}} R(\tilde{U} \otimes \bar{B}_\omega) + \sum_{r=1}^{k} \bar{\tau}_r \frac{1}{\mu_2}(\tilde{U} \otimes \bar{B}_\omega)^{\mathrm{T}} S_r(\tilde{U} \otimes \bar{B}_\omega)$$

$$+ \sum_{r=1}^{k} \bar{\tau}_r (\tilde{U} \otimes \bar{B}_\omega)^{\mathrm{T}} S_r(\tilde{U} \otimes \bar{B}_\omega)$$

由 Schur 补引理可知 $\bar{\Xi}_0 < 0$ 等价于：

$$\bar{\Xi} = \begin{bmatrix} \bar{\Xi}_{11} & \bar{\Xi}_{12} & \bar{\Xi}_{13} \\ * & \bar{\Xi}_{22} & \bar{\Xi}_{23} \\ * & * & \bar{\Xi}_{33} \end{bmatrix} < 0 \qquad (3-22)$$

其中，

$$\bar{\Xi}_{23} = \begin{bmatrix} -\bar{\tau}_1(\tilde{U}\tilde{L}_1\tilde{U} \otimes \bar{B})^{\mathrm{T}} S_1 & \cdots & -\bar{\tau}_k(\tilde{U}\tilde{L}_1\tilde{U} \otimes \bar{B})^{\mathrm{T}} S_k \\ \vdots & \ddots & \vdots \\ -\bar{\tau}_1(\tilde{U}\tilde{L}_k\tilde{U} \otimes \bar{B})^{\mathrm{T}} S_1 & \cdots & -\bar{\tau}_k(\tilde{U}\tilde{L}_k\tilde{U} \otimes \bar{B})^{\mathrm{T}} S_k \end{bmatrix}$$

$$\tilde{L}_r = (L_r + \Delta L_r)(1 + \mu_2), \quad r = 1, 2, \cdots, k$$

根据**引理** 3.5，可以把 ΔL_r 替换为 $D\bar{\Lambda}(t)\bar{E}_r$。进一步得到 $\bar{\Xi} < 0$ 的等价条件是

$$\begin{bmatrix} \bar{\Xi}_{11} & \bar{\Xi}_{12} & \bar{\Xi}_{13} \\ * & \bar{\Xi}_{22} & \tilde{\Xi}_{23} \\ * & * & \bar{\Xi}_{33} \end{bmatrix} + H(\bar{\Lambda}(t) \otimes I)K + K^{\mathrm{T}}(\bar{\Lambda}(t) \otimes I)^{\mathrm{T}} H^{\mathrm{T}} < 0 \quad (3-23)$$

其中，

$$H = [\tilde{\bar{\Xi}}_{14}^{\mathrm{T}}, 0, \tilde{\bar{\Xi}}_{34}^{\mathrm{T}}]^{\mathrm{T}}, \quad K = [0, \tilde{\bar{\Xi}}_{25}, 0]$$

利用**引理 3.6** 可以把不等式(3－23)转化为

$$\begin{bmatrix} \tilde{\bar{\Xi}}_{11} & \tilde{\bar{\Xi}}_{12} & \tilde{\bar{\Xi}}_{13} \\ * & \tilde{\bar{\Xi}}_{22} & \tilde{\bar{\Xi}}_{23} \\ * & * & \tilde{\bar{\Xi}}_{33} \end{bmatrix} + \gamma H H^{\mathrm{T}} + \gamma^{-1} K^{\mathrm{T}} K < 0 \qquad (3-24)$$

再次应用 Schur 补引理，并把 γR、γQ_r、γS_r、γM_r、γX_r 和 γY_r 分别用 R、Q_r、S_r、M_r、X_r 和 $Y_r (r = 1, 2, \cdots, k)$ 进行替代后可以看到不等式(3－24)与线性矩阵不等式(3－20)是等价的。

由式(3－21)可知如果 $\omega(t) \equiv 0$，则 $\bar{\Xi}_0 < 0$，$Y_r \geqslant 0 (r = 1, 2, \cdots, k)$ 是集群系统(3－3)实现状态一致的充分条件。

在 $\omega(t) \in L_\infty$ 的情况下，如果 $\bar{\Xi}_0 < 0$，$Y_r \geqslant 0 (r = 1, 2, \cdots, k)$，则由式(3－21)可得

$$\varsigma_p^{\mathrm{T}}(t) \varsigma_p(t) \leqslant \xi_0^{\mathrm{T}}(t) \xi_0(t) \leqslant \alpha, \quad t \geqslant T_0 \qquad (3-25)$$

其中，T_0 是一个充分大的正数，

$$\alpha = \frac{\lambda_{\Phi_{\max}}}{-\lambda_{\bar{\Xi}_{0\max}}} \| \omega^{\mathrm{T}} \omega \|_\infty$$

$\lambda_{\Phi_{\max}}$ 和 $\lambda_{\bar{\Xi}_{0\max}}$ 分别是 Φ 和 $\bar{\Xi}_0$ 的最大特征值。如果 $\omega(t) \in L_2$ 且 $Y_r \geqslant 0 (r = 1, 2, \cdots, k)$，由式(3－21)可知对于任意 $t \geqslant 0$，

$$\int_0^t \dot{V}(\varsigma_p(\tau)) \mathrm{d}\tau - \int_0^t \xi_0^{\mathrm{T}}(\tau) \bar{\Xi}_0 \xi_0(\tau) \mathrm{d}\tau \leqslant \int_0^t \omega^{\mathrm{T}}(\tau) \Phi \omega(\tau) \mathrm{d}\tau \qquad (3-26)$$

在这种情况下，如果 $\bar{\Xi}_0 < 0$，则

$$\varsigma_p^{\mathrm{T}}(t) \varsigma_p(t) \leqslant \beta \qquad (3-27)$$

其中，

$$\beta = \frac{1}{\lambda_{R_{\min}}} [V(\varsigma_p(0)) + \lambda_{\Phi_{\max}} \| \omega \|_2^2]$$

$\lambda_{R_{\min}}$ 为 R 的最小特征值。由式(3－8)和式(3－9)可得

$$\theta_i(t) - \tilde{\theta}_1(t) = (e_i^{\mathrm{T}} \otimes I_{n+\bar{n}})(U \otimes I_{n+\bar{n}})[0, \varsigma_p^{\mathrm{T}}(t)]^{\mathrm{T}}, \quad i = 1, 2, \cdots, N$$

根据式(3－6)和**引理 3.3**，有

$$\lim_{t \to \infty} \| \theta_i(t) - c(t) \|_2 \le \lim_{t \to \infty} \| \theta_i(t) - \tilde{\theta}_1(t) \|_2 + \lim_{t \to \infty} \| \tilde{\theta}_1(t) - c(t) \|_2$$

$$\le \| (e_i^T \otimes I_{n+\bar{n}})(U \otimes I_{n+\bar{n}}) \|_\infty \lim_{t \to \infty} \| \varsigma_p(t) \|_2$$

$$\le \max_i \| \tilde{v}_i \|_2 \lim_{t \to \infty} \| \varsigma_p(t) \|_2$$

其中, $\tilde{v}_i (i = 1, 2, \cdots, N)$ 是 U 的行向量。因此,如果 $\omega(t) \in L_\infty \cup L_2$, $\bar{\Xi}_0 < 0$, $Y_r \ge 0 (r = 1, 2, \cdots, k)$, 那么集群系统(3-3)实现状态实用一致的同时满足:

$$\lim_{t \to \infty} \| \theta_i(t) - c(t) \|_2 \le \delta$$

其中, $c(t)$ 是满足**引理 3.3** 的实用一致函数,

$$\delta = \begin{cases} \max_i \| \tilde{v}_i \|_2 \sqrt{\alpha}, & \forall \omega(t) \in L_\infty \\ \max_i \| \tilde{v}_i \|_2 \sqrt{\beta}, & \forall \omega(t) \in L_2 \end{cases}$$

至此完成**定理 3.2** 的证明。

注释 3.3: 在文献[129]中,外部扰动属于 L_2 且一致函数是所有智能体初始状态的平均值。但是文献[129]没有考虑时变的延迟并且作用拓扑是无向的。**定理 3.2** 给出了高阶集群系统在时变延迟、作用拓扑不确定性和外部扰动同时存在的情况下实现状态实用一致的充分条件,其中所考虑的外部扰动可以属于 L_2 或者 L_∞,并且作用拓扑是有向的。值得一提的是,如果作用拓扑不具有生成树,甚至所有智能体都是相互孤立的,虽然这种情况对集群系统来说是平凡的,但是本章中的结果依然可以保证集群系统(3-3)实现状态实用一致。在这种情况下,由**引理 2.1** 可知拉普拉斯矩阵至少有两个几何重复度大于等于 2 的 0 特征值。可以证明至少存在一个这样的子系统,其稳定性由子系统(3-7)中的 $\bar{A}$ 所决定。为了保证子系统(3-7)是稳定的,就必须要求 $\bar{A}$ 满足 Hurwitz 条件。在这种情况下,很显然可以实现状态实用一致。

3.5　数值仿真

本节通过数值仿真例子对前面得到的理论结果进行验证。

考虑一个具有 6 个智能体和有向作用拓扑的三阶集群系统。智能体的动力学特性可以用式(3-3)来进行描述,其中 $\theta_i(t) = [x_{i1}^T(t), x_{i2}^T(t), x_{i3}^T(t), z_i^T(t)]^T (i = 1, 2, \cdots, 6)$,

$$\bar{A} = \begin{bmatrix} 0 & 1 & 0 & 0 \\ 0 & 0 & 1 & 0 \\ 0.5 & -6 & -5.76 & 6 \\ 0 & 0 & 0 & -5 \end{bmatrix}, \quad \bar{B} = \begin{bmatrix} 0 & 0 & 0 & 0 \\ 0 & 0 & 0 & 0 \\ -6 & -0.2 & 0 & 0 \\ 9.2 & 6 & 0 & 0 \end{bmatrix}, \quad \bar{B}_\omega = \begin{bmatrix} 0 \\ 0 \\ 1 \\ 0 \end{bmatrix}$$

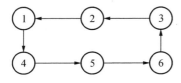

图 3-1 有向作用拓扑 G

集群系统对应的作用拓扑如图 3-1 所示。为了简单起见，假设本章中的 G 以及本书后续中出现的所有作用拓扑均具有 0-1 加权。智能体的初始状态满足 $x_{i1}(0) = 5(\Theta - 0.5)$、$x_{i2}(0) = 4(\Theta - 0.5)$、$x_{i3}(0) = 3(\Theta - 0.5)$、$z_i(0) = 2(\Theta - 0.5)$（$i = 1, 2, \cdots, 6$），其中 Θ 是一个均匀分布在（0, 1）区间的随机数。

情况 1：在 $\omega(t) \equiv 0$、$\Delta L_r \equiv 0$ 的情况下，假设非一致的时变延迟满足 $\tau_{12}(t) = 0.04 + 0.031\sin t$、$\tau_{23}(t) = 0.04 + 0.032\sin t$、$\tau_{34}(t) = 0.04 + 0.033\sin t$、$\tau_{45}(t) = 0.04 + 0.034\sin t$、$\tau_{56}(t) = 0.04 + 0.035\sin t$、$\tau_{61}(t) = 0.04 + 0.036\sin t$。利用 MATLAB 线性矩阵不等式工具箱中的 Feasp 求解器[132]可以验证**定理 3.1** 中的线性矩阵不等式（3-10）和不等式（3-11）是可行的。图 3-2 给出了 6 个智能体在 25 s 内的状态曲线。从图中可以看到集群系统实现了状态一致。

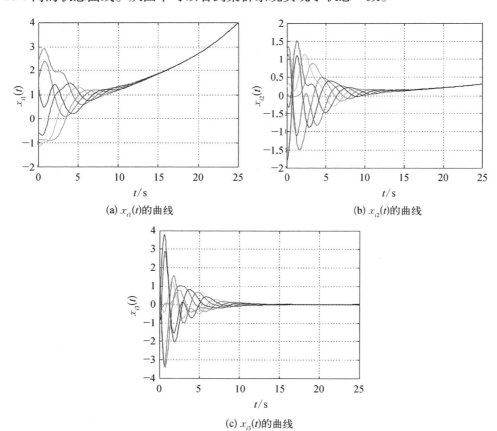

(a) $x_{i1}(t)$ 的曲线

(b) $x_{i2}(t)$ 的曲线

(c) $x_{i3}(t)$ 的曲线

图 3-2 $x_{i1}(t)$、$x_{i2}(t)$、$x_{i3}(t)$（$i=1, 2, \cdots, 6$）的曲线

情况 2：选取非一致的时变延迟为 $\tau_{12}(t) = 0.03 + 0.021\sin t$、$\tau_{23}(t) = 0.03 + 0.022\sin t$、$\tau_{34}(t) = 0.03 + 0.023\sin t$、$\tau_{45}(t) = 0.03 + 0.024\sin t$、$\tau_{56}(t) = 0.03 + 0.025\sin t$、$\tau_{61}(t) = 0.03 + 0.026\sin t$；作用拓扑的不确定性为 $\bar{\Lambda}(t) = 0.1\sin(t)I_6$；时变的外部扰动为 $\omega_i(t) = 0.05i\sin t\ (i = 1, 2, \cdots, 6)$；$\mu_1 = 0.08$ 及 $\mu_2 = 1.8$。同样可以验证**定理 3.2** 中的线性矩阵不等式（3 - 10）和不等式（3 - 20）是可行的。图 3 - 3 给出了 6 个智能体的状态轨迹在 0 s、50 s、100 s 的截图。图中圆圈和箭头分别表示每个智能体当前时刻的坐标位置及运动方向，箭头的长度表示智能体的状态值的相对大小。从图 3 - 3 可以看出 6 个智能体的状态在逐渐趋于一致，但是最终仍保持着微小的误差，即集群系统实现了状态实用一致。

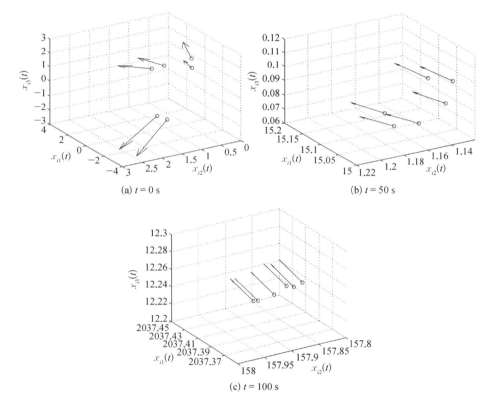

(a) $t = 0$ s

(b) $t = 50$ s

(c) $t = 100$ s

图 3 - 3　$x_{i1}(t)$、$x_{i2}(t)$、$x_{i3}(t)$（$i = 1, 2, \cdots, 6$）的轨迹在不同时刻的截图

3.6　本章小结

本章对同时具有非一致时变延迟、作用拓扑不确定性和时变外部扰动的高阶线性定常集群系统实现状态实用一致的问题进行了研究。首先,基于动态输出反馈构造了一种状态一致协议。利用空间分解的方法把一致性问题转化为稳定性问题并给出了集群系统实现状态实用一致的充要条件。进一步,基于线性矩阵不等式给出了集群系统在非一致时变延迟下实现状态一致的充分条件。最后,给出了在非一致时变延迟、作用拓扑不确定性及属于 L_2 或者 L_∞ 的外部扰动同时存在的情况下高阶集群系统实现状态实用一致的充分条件。此外,还给出了集群系统状态实用一致函数的显式表达式及一致误差的界。

第4章

集群系统编队控制

4.1 引言

文献[59]—[63]基于一致性的策略研究了低阶集群系统的编队控制问题。文献[64]考虑了积分串形高阶集群系统的编队控制问题。然而,文献[59]—[64]中的结果都无法应用到一般高阶集群系统中。文献[65]虽然针对一般高阶集群系统编队控制开展了一些研究工作,但是他们主要考虑的是编队稳定性问题,并没有解决如何实现指定编队的问题。此外,以上文献都没有涉及编队可行性问题。Lin 等[66]研究了低阶集群系统的编队可行性问题。Ma 和 Zhang[67]给出了一个高阶集群系统编队可行的判据。但是,在文献[66]和[67]中,编队是时不变的并且可行的编队集合也十分有限。时变编队的控制问题还有待深入的研究。

延迟是集群系统协同控制中较为常见的因素,在高阶集群系统编队控制问题中考虑延迟的影响是有意义和必要的。但是,还没有研究者对高阶集群系统在延迟情况下的时变状态编队及编队可行性问题进行探讨。实际的系统可能只能获取输出信息并且只需要输出实现编队,在这种情况下就需要对输出编队及编队可行性问题进行研究。目前,高阶集群系统时变输出编队及编队可行性问题还未被研究。无人机作为一种机动灵活同时造价低廉的飞行平台在很多领域都有广阔的应用前景。围绕无人机控制及应用的相关研究正在成为国内外的热点。多无人机自主时变编队是其中一个有待解决的挑战性难题。

本章主要研究如下三个问题:高阶集群系统延迟情况下的时变状态编队及编队可行性问题,高阶集群系统时变输出编队及编队可行性问题,无人机集群系统时变编队控制及实验验证问题。本章的主要工作如下:

(1)针对高阶集群系统时变状态编队控制问题,提出具有延迟的一般性的编队控制协议,指出现有的很多基于一致性的编队控制协议都是本协议的特例。通过状态变换和状态空间分解的方法把编队控制问题转化为稳定性问题。给出高阶集群系统在延迟条件下实现时变状态编队的充要条件、状态编队可行的充要条件、状态编队参考函数的显式表达式,提出对状态编队参考的运动模态进行配置的方法、扩展可行状态编队集合的方法及对控制器进行设计的方法。这些结果均可以退化到无延迟的情况。此外,证明现有的很多基于一致性的编队控制的结论都是本章结果的特例。给出文献[65]的一个反例,指出他们的结果无法保证实现期望的编队。

(2)基于静态输出反馈构造一种时变输出编队协议。利用输出变换、输出空间分解的方法和部分稳定性理论,给出集群系统实现时变输出编队的充要条件、输出编队可行的充要条件、输出编队参考函数的显式表达式,提出对输出编队参考的运动模态进行配置的方法、扩展可行输出编队集合的方法及对控制器进行设计的方法。指出输出编队的结果还可以用来解决状态/输出一致性控制问题及时变状态编队控制问题。

(3)将高阶集群系统时变编队的理论结果应用于无人机集群系统的时变编队控制,给出无人机集群系统实现时变编队的充要条件及对编队协议进行设计的方法。证明通过选取合适的初始状态可以避免无人机在编队过程中发生碰撞。在5架四旋翼无人机上实现室外环境自主时变编队飞行。

本章其余部分内容安排如下:4.2节研究具有延迟的高阶集群系统时变状态编队控制问题;4.3节对高阶集群系统时变输出编队控制问题进行研究;4.4节对无人机集群系统时变编队进行研究,并通过5架四旋翼无人机的时变编队飞行实验来对理论结果进行验证;4.5节对本章的研究工作进行总结。

4.2　延迟条件下的时变状态编队控制

本节利用一致性的方法对具有延迟的高阶集群系统时变状态编队问题进行研究。给出实现时变状态编队的充要条件、状态编队可行的充要条件以及状态编队参考函数的显式表达式,提出对状态编队参考的运动模态进行配置的方法、扩展可行状态编队集合的方法和对控制器进行设计的方法。通过数值仿真对理论结果进行验证,并给出文献[65]的一个反例,指出他们的结果无法保证实现期望的编队。

4.2.1　问题描述

考虑如下具有 N 个智能体和有向作用拓扑 G 的集群系统:

$$\dot{x}_i(t) = Ax_i(t) + Bu_i(t) \tag{4-1}$$

其中, $i = 1, 2, \cdots, N$, $x_i(t) \in \mathbb{R}^n$ 是智能体 i 的状态, $u_i(t) \in \mathbb{R}^m$ 是智能体 i 的控制输入。假设 B 是列满秩的, G 具有一个生成树。

用向量 $h(t) = [h_1^T(t), h_2^T(t), \cdots, h_N^T(t)]^T \in \mathbb{R}^{Nn}$ 对期望的时变状态编队进行描述。

定义 4.1：如果存在一个向量函数 $r(t) \in \mathbb{R}^n$ 使得

$$\lim_{t \to \infty}(x_i(t) - h_i(t) - r(t)) = 0,\ i = 1, 2, \cdots, N \qquad (4-2)$$

则称集群系统(4-1)实现时变状态编队 $h(t)$，其中 $r(t)$ 被称为状态编队参考函数。

注释 4.1：**定义 4.1** 给出了一个通过向量 $h_i(t)$ $(i = 1, 2, \cdots, N)$ 来对期望的状态编队进行描述的一般性定义。文献[59]、[60]、[62]、[64]、[67]中的编队定义均可以看作**定义 4.1** 的特例。

图 4-1 给出了具有 3 个智能体的集群系统形成三角形编队的示意图。利用 $h_1(t)$、$h_2(t)$ 和 $h_3(t)$ 来对期望的三角形编队进行定义。$t \to \infty$，$x_i(t) - h_i(t) \to r(t)$ $(i = 1, 2, 3)$，那么从图 4-1 可以看出，由 $x_i(t)$ $(i = 1, 2, 3)$ 组成的三角形和由 $h_i(t)$ $(i = 1, 2, 3)$ 组成的三角形是全等的，这也就意味着实现了指定的编队。

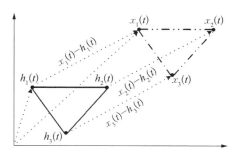

图 4-1　基于一致性的编队控制原理示意图

定义 4.2：如果存在控制输入 $u_i(t)$ $(i = 1, 2, \cdots, N)$ 使得集群系统(4-1)可以实现时变编队 $h(t)$，则称 $h(t)$ 是可行的。

定义 4.3：如果存在一个向量函数 $c(t) \in \mathbb{R}^n$，使得 $\lim_{t \to \infty}(x_i(t) - c(t)) = 0$ $(i = 1, 2, \cdots, N)$，则称集群系统(4-1)实现状态一致，其中 $c(t)$ 被称为状态一致函数。

注释 4.2：由**定义 4.1** 和**定义 4.3** 可知，如果 $h(t) \equiv 0$，则编队控制问题就转化为一致性控制问题。因此，一致性问题是编队问题的一种特例。

对于一个给定的时变编队 $h(t)$，其中 $h_i(t)$ $(i = 1, 2, \cdots, N)$ 是分段连续可微的，考虑如下具有延迟的状态编队协议：

$$\begin{aligned}
u_i(t) = {} & K_1 x_i(t) + K_2(x_i(t) - h_i(t)) + v_i(t) \\
& + K_3 \sum_{j \in N_i} w_{ij}\{[x_j(t - \tau) - h_j(t - \tau)] - [x_i(t - \tau) - h_i(t - \tau)]\}
\end{aligned}$$

$$(4-3)$$

其中，$i = 1, 2, \cdots, N$，N_i 表示智能体 i 的邻居集合，K_1、K_2、K_3 是具有匹配维数的常数增益矩阵，τ 是常数延迟，$v_i(t) \in \mathbb{R}^m$ 是由编队 $h(t)$ 决定的外部指令信号。

令 $\varphi_i(t)$ 为一个定义在 $t \in [-\tau, 0]$ 区间的连续的向量函数。在 $t \in [-\tau, 0]$ 时，$x_i(t) = \varphi_i(t)$。

注释 4.3： 在编队协议(4-3)中，增益矩阵 K_1 和 $v_i(t)$ $(i = 1, 2, \cdots, N)$ 可以用来扩展可行的状态编队集合；K_2 和 K_3 可以分别用来设计状态编队参考的运动模态及保证集群系统中智能体的状态实现期望的编队。需要指出的是，K_1、K_2 和 $v_i(t)$ $(i = 1, 2, \cdots, N)$ 在集群系统实现某些状态编队时并不是必需的。此外，协议(4-3)为基于一致性的编队控制协议提供了一个一般性的框架，很多现有的编队协议，如文献[59]、[60]、[62]、[64]、[67]中的协议都可以看作协议(4-3)的特例。

定义 4.4： 如果存在增益矩阵 $K_i(i = 1, 2, 3)$ 和 $v_i(t)$ $(i = 1, 2, \cdots, N)$ 使得集群系统(4-1)在协议(4-3)的作用下可以实现时变状态编队 $h(t)$，则称 $h(t)$ 是可行的。

令 $x(t) = [x_1^T(t), x_2^T(t), \cdots, x_N^T(t)]^T$，$\varphi(t) = [\varphi_1^T(t), \varphi_2^T(t), \cdots, \varphi_N^T(t)]^T$，$v(t) = [v_1^T(t), v_2^T(t), \cdots, v_N^T(t)]^T$。在协议(4-3)的作用下，集群系统(4-1)的闭环描述如下：

$$\begin{cases} \dot{x}(t) = [I_N \otimes (A + BK_1 + BK_2)]x(t) + (I_N \otimes B)v(t) - (L \otimes BK_3)x(t-\tau) \\ \qquad - (I_N \otimes BK_2)h(t) + (L \otimes BK_3)h(t-\tau), \ t > 0 \\ x(t) = \varphi(t), \ t \in [-\tau, 0] \end{cases}$$

$$(4-4)$$

针对集群系统(4-4)，本节主要研究如下几个问题：

(1)在什么条件下可以实现时变状态编队 $h(t)$。

(2)时变状态编队 $h(t)$ 可行的条件是什么。

(3)如何对状态编队协议(4-3)进行设计。

4.2.2 时变状态编队收敛性分析

假设拉普拉斯矩阵 L 的特征值满足 $0 < \text{Re}(\lambda_2) \leqslant \cdots \leqslant \text{Re}(\lambda_N)$。令 $U^{-1}LU = J$，其中 $U^{-1} = [\tilde{u}_1, \tilde{u}_2, \cdots, \tilde{u}_N]^H$，$J$ 是 L 的约当标准型。

令 $\tilde{x}_i(t) = x_i(t) - h_i(t)$ $(i = 1, 2, \cdots, N)$，$\tilde{x}(t) = [\tilde{x}_1^T(t), \tilde{x}_2^T(t), \cdots, \tilde{x}_N^T(t)]^T$。集群系统(4-4)可以转换为

$$\begin{cases} \dot{\tilde{x}}(t) = [I_N \otimes (A + BK_1 + BK_2)]\tilde{x}(t) - (L \otimes BK_3)\tilde{x}(t-\tau) + [I_N \otimes (A + BK_1)]h(t) \\ \qquad - (I_N \otimes I)\dot{h}(t) + (I_N \otimes B)v(t), \ t > 0 \\ \tilde{x}(t) = \varphi(t) - h(t), \ t \in [-\tau, 0] \end{cases}$$

$$(4-5)$$

根据定义 4.1 和定义 4.3 容易得到下面的引理。

引理 4.1：集群系统(4-4)实现时变状态编队 $h(t)$ 的充要条件是集群系统(4-5)实现状态一致。

令第 2.2 节中的 $\nu = n$。由 $\mathbb{C}(U)$ 和 $\bar{\mathbb{C}}(U)$ 的结构可知，集群系统(4-5)实现状态一致的充要条件是 $\lim\limits_{t\to\infty} \tilde{x}(t) \in \mathbb{C}(U)$。根据**引理 2.1** 和 U 的结构可知 $J = \operatorname{diag}\{0, \bar{J}\}$，其中 $\bar{J}$ 为包含与 $\lambda_i(i=2,3,\cdots,N)$ 对应的约当块的矩阵。令 $\tilde{U} = [\tilde{u}_2, \tilde{u}_3, \cdots, \tilde{u}_N]^H$，$\theta_h(t) = (\tilde{u}_1^H \otimes I)\tilde{x}(t)$，$\varsigma_h(t) = (\tilde{U} \otimes I)\tilde{x}(t)$，则集群系统(4-5)可分解为

$$
\begin{aligned}
\dot{\theta}_h(t) = {}& (A + BK_1 + BK_2)\theta_h(t) + (\tilde{u}_1^H \otimes B)v(t) \\
& + [\tilde{u}_1^H \otimes (A + BK_1)]h(t) - (\tilde{u}_1^H \otimes I)\dot{h}(t)
\end{aligned} \tag{4-6}
$$

$$
\begin{aligned}
\dot{\varsigma}_h(t) = {}& [I_{N-1} \otimes (A + BK_1 + BK_2)]\varsigma_h(t) - (\bar{J} \otimes BK_3)\varsigma_h(t - \tau) \\
& + (\tilde{U} \otimes B)v(t) + [\tilde{U} \otimes (A + BK_1)]h(t) - (\tilde{U} \otimes I)\dot{h}(t)
\end{aligned} \tag{4-7}
$$

下面的定理给出了集群系统(4-4)实现时变状态编队 $h(t)$ 的充要条件。

定理 4.1：集群系统(4-4)实现时变状态编队 $h(t)$ 的充要条件是 $\lim\limits_{t\to\infty}\varsigma_h(t) = 0$。

证明：令 $\tilde{x}_C(t) = (U \otimes I_n)[\theta_h^H(t), 0]^H$，$\tilde{x}_{\bar{C}}(t) = (U \otimes I_n)[0, \varsigma_h^H(t)]^H$。考虑到 $c_k \in \mathbb{R}^n(k=1,2,\cdots,n)$ 是线性无关的向量，则存在 $\alpha_k(t)(k=1,2,\cdots,n)$ 和 $\alpha_{jn+k}(t)(j=1,2,\cdots,N-1;k=1,2,\cdots,n)$，使得 $\theta_h(t) = \sum\limits_{k=1}^{n}\alpha_k(t)c_k$，$\varsigma_h(t) = \left[\sum\limits_{k=1}^{n}(\alpha_{n+k}(t)c_k)^H, \cdots, \sum\limits_{k=1}^{n}(\alpha_{(N-1)n+k}(t)c_k)^H\right]^H$。易知 $[\theta_h^H(t), 0]^H = e_1 \otimes \theta_h(t)$ 且

$$
\tilde{x}_C(t) = (U \otimes I_n)(e_1 \otimes \theta_h(t)) = \sum_{k=1}^{n}\alpha_k(t)p_k \in \mathbb{C}(U) \tag{4-8}
$$

由 $p_j(j = n+1, n+2, \cdots, Nn)$ 的结构可知：

$$
\tilde{x}_{\bar{C}}(t) = \sum_{i=2}^{N}\sum_{k=1}^{n}\alpha_{(i-1)n+k}(t)(\bar{u}_i \otimes c_k) = \sum_{j=n+1}^{nN}\alpha_j(t)p_j \in \bar{\mathbb{C}}(U) \tag{4-9}
$$

因 $[\theta_h^H(t), \varsigma_h^H(t)]^H = (U^{-1} \otimes I)\tilde{x}(t)$，故 $\tilde{x}(t) = \tilde{x}_C(t) + \tilde{x}_{\bar{C}}(t)$。根据**引理 4.1** 和**引理 2.3** 可知集群系统(4-4)实现时变编队 $h(t)$ 当且仅当 $\lim\limits_{t\to\infty}\tilde{x}_{\bar{C}}(t) = 0$，即 $\lim\limits_{t\to\infty}\varsigma_h(t) = 0$。

注释 4.4：Ren[59] 把二阶集群系统一致性的结果拓展到编队控制中并证明了基于领导者-跟随者、基于行为、基于虚拟结构的编队控制方法都可以看作基于一致性的编队控制方法的特例。对于高阶集群系统(4-1)，如果令

$$A = \begin{bmatrix} 0 & 1 \\ 0 & 0 \end{bmatrix}, \ B = \begin{bmatrix} 0 \\ 1 \end{bmatrix}$$

对于编队协议(4-3),令

$$K_1 = 0, \ K_2 = \begin{bmatrix} 0 & -k_2 \end{bmatrix}, \ K_3 = \begin{bmatrix} 1 & k_3 \end{bmatrix}, \ v_i(t) = \dot{\gamma}(t), \ h_i(t) = \begin{bmatrix} 0 & \gamma(t) \end{bmatrix}^{\mathrm{T}}, \ \tau = 0$$

其中,$i = 1, 2, \cdots, N$,$\gamma(t)$ 是指定的连续可微的速度,$k_2 > 0$、$k_3 > 0$ 是常数增益,那么本节中的编队问题就转化为文献[57]中的一致性问题。文献[57]中的**推论 3.1** 与本节中的**定理 4.1** 在上述参数条件下是等价的。

注释 4.5: Xie 和 Wang[62] 研究了具有无向作用拓扑的集群系统(4-4)在 $A = \begin{bmatrix} 0 & 1 \\ 0 & 0 \end{bmatrix}$,$B = \begin{bmatrix} 0 \\ 1 \end{bmatrix}$,$h_i = \begin{bmatrix} \delta_i \\ \gamma \end{bmatrix}$,$K_1 = 0$,$K_2 = \begin{bmatrix} 0 & k_2 \end{bmatrix}$,$K_3 = \begin{bmatrix} k_3 & 0 \end{bmatrix}$,$v_i = 0$,$\tau = 0$ 条件下的编队控制问题,其中,$i = 1, 2, \cdots, N$,δ_i、γ 是常数,k_2、k_3 是常数增益。他们得到的上述集群系统实现时不变的编队 h 的充分条件是 $k_2 < 0$,$k_3 > 0$ 且作用拓扑是连通的。利用本节中的**定理 4.1** 可以验证文献[62]中的判据不仅是充分的而且是必要的。

基于以上分析,可以得到如下状态编队参考函数的显式表达式。

定理 4.2:如果集群系统(4-4)实现了时变状态编队 $h(t)$,则编队参考函数 $r(t)$ 满足:

$$\lim_{t \to \infty} (r(t) - r_0(t) - r_v(t) - r_h(t)) = 0$$

其中,

$$r_0(t) = \mathrm{e}^{(A+BK_1+BK_2)t} (\tilde{u}_1^H \otimes I) x(0)$$

$$r_v(t) = \int_0^t (\mathrm{e}^{(A+BK_1+BK_2)(t-s)} (\tilde{u}_1^H \otimes B) v(s)) \mathrm{d}s$$

$$r_h(t) = - (\tilde{u}_1^H \otimes I) h(t) - \int_0^t \mathrm{e}^{(A+BK_1+BK_2)(t-s)} (\tilde{u}_1^H \otimes BK_2) h(s) \mathrm{d}s$$

证明:如果集群系统(4-4)实现了时变状态编队 $h(t)$,则随着 $t \to \infty$,$\tilde{x}_i(t) - \theta_h(t) \to 0$。因此,编队参考函数可以由子系统(4-6)来确定。根据**引理 2.3** 有

$$\tilde{x}_C(0) = P_{\mathbb{C}(U), \bar{\mathbb{C}}(U)} \tilde{x}(0) \tag{4-10}$$

其中,$P_{\mathbb{C}(U), \bar{\mathbb{C}}(U)} = [p_1, \cdots, p_n, 0, \cdots, 0] P^{-1}$ 是沿 $\bar{\mathbb{C}}(U)$ 到 $\mathbb{C}(U)$ 的斜投影算子,$P = [p_1, p_2, \cdots, p_{Nn}]$。定义 $\tilde{C} = [c_1, c_2, \cdots, c_n]$,可以得到 $P = U \otimes \tilde{C}$。由 $[p_1, p_2, \cdots, p_n, 0, \cdots, 0] = [1, 0] \otimes \tilde{C}$,可知:

$$P_{C(U), \tilde{C}(U)} = ([1, 0]U^{-1}) \otimes I \tag{4-11}$$

由式(4-8)可知：

$$\theta_h(0) = [I, 0, \cdots, 0]\tilde{x}_C(0) \tag{4-12}$$

因为 $[1, 0]U^{-1} = (1 \otimes \bar{u}_1^H)$，由式(4-10)~式(4-12)可得

$$\theta_h(0) = (\bar{u}_1^H \otimes I)\tilde{x}(0) \tag{4-13}$$

可以证明：

$$\int_0^t e^{(A+BK_1+BK_2)(t-s)}(\bar{u}_1^H \otimes I)\dot{h}(s)ds = (\bar{u}_1^H \otimes I)h(t) - e^{(A+BK_1+BK_2)t}(\bar{u}_1^H \otimes I)h(0)$$

$$+ \int_0^t e^{(A+BK_1+BK_2)(t-s)}[\bar{u}_1^H \otimes (A + BK_1 + BK_2)]h(s)ds \tag{4-14}$$

结合式(4-6)、式(4-13)和式(4-14)，可以得到**定理 4.2** 的结论。

注释 4.6：在**定理 4.2** 中，$r_0(t)$ 被称为集群系统在没有 $v(t)$ 和 $h(t)$ 作用下状态编队参考函数的标称部分；$r_v(t)$ 和 $r_h(t)$ 则分别描述了 $v(t)$ 和 $h(t)$ 对状态编队参考函数的影响。如果 $h(t) \equiv 0$，那么 $r(t)$ 就变成了一致函数的显式表达式。此外，通过**定理 4.2** 可以看出，K_2 可以用来对状态编队参考的运动模态进行设计，且延迟对状态编队参考函数 $r(t)$ 并没有直接的影响。

4.2.3 状态编队可行性分析及协议设计

定义 $\hat{B} = [\hat{B}_1^T, \hat{B}_2^T]^T$ 为一个非奇异矩阵，其中，$\hat{B}_1 \in \mathbb{R}^{m \times n}$，$\hat{B}_2 \in \mathbb{R}^{(n-m) \times n}$，满足 $\hat{B}_1 B = I$，$\hat{B}_2 B = 0$。

定理 4.3：对于集群系统(4-4)，在任意给定的有界初始状态下，时变状态编队 $h(t)$ 可行的充要条件是

(i) 对 $\forall i, j \in \{1, 2, \cdots, N\}$，

$$\lim_{t \to \infty}[\hat{B}_2 A(h_i(t) - h_j(t)) - \hat{B}_2(\dot{h}_i(t) - \dot{h}_j(t))] = 0 \tag{4-15}$$

(ii) 对于 $\lambda_i(i = 2, 3, \cdots, N)$，如下 $N - 1$ 个子系统是渐近稳定的，

$$\dot{\xi}(t) = (A + BK_1 + BK_2)\xi(t) - \lambda_i BK_3 \xi(t - \tau) \tag{4-16}$$

证明：必要性。如果对于集群系统(4-4)，时变状态编队 $h(t)$ 是可行的，则存在 $K_i(i = 1, 2, 3)$ 和 $v(t)$ 使得

$$\lim_{t \to \infty}(x_i(t) - h_i(t) - r(t)) = 0, \ i = 1, 2, \cdots, N \tag{4-17}$$

定义 $\varepsilon_i(t) = x_i(t) - h_i(t) - (x_1(t) - h_1(t))$ $(i = 2, 3, \cdots, N)$ 由式(4-17)可知：

$$\lim_{t \to \infty} \varepsilon_i(t) = 0 \qquad (4-18)$$

对 $\varepsilon_i(t)$ 求导可得

$$\dot{\varepsilon}_i(t) = (A + BK_1 + BK_2)\varepsilon_i(t) + (A + BK_1)(h_i(t) - h_1(t)) + B(v_i(t) - v_1(t))$$
$$- (\dot{h}_i(t) - \dot{h}_1(t)) + BK_3 \sum_{j=1}^{N} \left[(w_{ij} - w_{1j})\varepsilon_j(t - \tau) - \deg_{in}(v_i)\varepsilon_i(t - \tau) \right]$$

$$(4-19)$$

令 $\varepsilon(t) = [\varepsilon_2^T(t), \varepsilon_3^T(t), \cdots, \varepsilon_N^T(t)]^T$，则

$$\dot{\varepsilon}(t) = [I_{N-1} \otimes (A + BK_1 + BK_2)]\varepsilon(t) - (I_{N-1} \otimes I)\dot{\bar{h}}(t) + [I_{N-1} \otimes (A + BK_1)]\bar{h}(t)$$
$$+ (I_{N-1} \otimes B)\bar{v}(t) - [(\bar{L} + 1_{N-1}\bar{w}^T) \otimes BK_3]\varepsilon(t - \tau)$$

$$(4-20)$$

其中，

$$\bar{L} = \begin{bmatrix} \deg_{in}(v_2) & -w_{23} & \cdots & -w_{2N} \\ -w_{32} & \deg_{in}(v_3) & \cdots & -w_{3N} \\ \vdots & \vdots & \ddots & \vdots \\ -w_{N2} & -w_{N3} & \cdots & \deg_{in}(v_N) \end{bmatrix}, \quad \bar{w} = \begin{bmatrix} w_{12} \\ w_{13} \\ \vdots \\ w_{1N} \end{bmatrix}$$

$$\bar{h}(t) = \begin{bmatrix} h_2(t) - h_1(t) \\ h_3(t) - h_1(t) \\ \vdots \\ h_N(t) - h_1(t) \end{bmatrix}, \quad \bar{v}(t) = \begin{bmatrix} v_2(t) - v_1(t) \\ v_3(t) - v_1(t) \\ \vdots \\ v_N(t) - v_1(t) \end{bmatrix}$$

定义：

$$U_h = \begin{bmatrix} 1 & 0 \\ -1 & I \end{bmatrix}$$

可以验证：

$$U_h L U_h^{-1} = \begin{bmatrix} 0 & -w^T \\ 0 & 1w^T + \bar{L} \end{bmatrix}$$

由于 U_h 是非奇异矩阵且 $J = \text{diag}\{0, \bar{J}\}$，故存在一个非奇异矩阵 $\bar{U}_h$ 使得 $\bar{U}_h(1w^T + \bar{L})\bar{U}_h^{-1} = \bar{J}$。令 $\bar{\varepsilon}(t) = (\bar{U}_h \otimes I)\varepsilon(t)$。系统(4-20)可以改写为

$$\dot{\bar{\varepsilon}}(t) = \left[I_{N-1} \otimes (A + BK_1 + BK_2) \right] \bar{\varepsilon}(t) - (\bar{J} \otimes BK_3) \bar{\varepsilon}(t - \tau) + (\bar{U}_h \otimes B) \bar{v}(t)$$
$$+ \left[\bar{U}_h \otimes (A + BK_1) \right] \bar{h}(t) - (\bar{U}_h \otimes I) \dot{\bar{h}}(t)$$

$$(4-21)$$

为了保证在任意给定的有界初始状态下式(4-18)均成立,需要:

$$\lim_{t \to \infty} \{ \left[\bar{U}_h \otimes (A + BK_1) \right] \bar{h}(t) + (\bar{U}_h \otimes B) \bar{v}(t) - (\bar{U}_h \otimes I) \dot{\bar{h}}(t) \} = 0$$

$$(4-22)$$

并且系统:

$$\dot{\bar{\varsigma}}_h(t) = \left[I_{N-1} \otimes (A + BK_1 + BK_2) \right] \bar{\varsigma}_h(t) - (\bar{J} \otimes BK_3) \bar{\varsigma}_h(t - \tau) \quad (4-23)$$

是渐近稳定的。因为 $\bar{U}_h$ 是非奇异的,由式(4-22)可知:

$$\lim_{t \to \infty} \left[(A + BK_1)(h_i(t) - h_j(t)) + B(v_i(t) - v_j(t)) - (\dot{h}_i(t) - \dot{h}_j(t)) \right] = 0$$

$$(4-24)$$

对式(4-24)左乘 $\hat{B}$ 可得

$$\lim_{t \to \infty} \left[\hat{B}_1(A + BK_1)(h_i(t) - h_j(t)) + (v_i(t) - v_j(t)) - \hat{B}_1(\dot{h}_i(t) - \dot{h}_j(t)) \right] = 0$$

$$(4-25)$$

和

$$\lim_{t \to \infty} \left[\hat{B}_2 A(h_i(t) - h_j(t)) - \hat{B}_2(\dot{h}_i(t) - \dot{h}_j(t)) \right] = 0 \qquad (4-26)$$

选取恰当的 $v_i(t)$ ($i = 1, 2, \cdots, N$) 可以保证式(4-25)对任意 $i, j \in \{1, 2, \cdots, N\}$ 均成立。从式(4-26)可以看到条件(i)是必要的。由于 $\bar{J}$ 包含了与 λ_i($i = 2, 3, \cdots, N$) 对应的约当块,由式(4-23)可知条件(ii)是必要的。

充分性:如果条件(i)成立,则

$$\lim_{t \to \infty} \left[\hat{B}_2(A + BK_1)(h_i(t) - h_j(t)) - \hat{B}_2(\dot{h}_i(t) - \dot{h}_j(t)) \right] = 0 \quad (4-27)$$

对 $\forall i, j \in \{1, 2, \cdots, N\}$ 可以找到满足式(4-25)的 $v_i(t) - v_j(t)$。由式(4-25)和式(4-27)可知:

$$\lim_{t \to \infty} \left[\hat{B}(A + BK_1)(h_i(t) - h_j(t)) + \hat{B}B(v_i(t) - v_j(t)) - \hat{B}(\dot{h}_i(t) - \dot{h}_j(t)) \right] = 0$$

$$(4-28)$$

把式(4-28)左乘 $\hat{B}^{-1}$ 可得

$$\lim_{t \to \infty} \left[(A + BK_1)(h_i(t) - h_j(t)) + B(v_i(t) - v_j(t)) - (\dot{h}_i(t) - \dot{h}_j(t)) \right] = 0$$

$$(4-29)$$

根据式(4-29)有

$$\lim_{t \to \infty}\{[L \otimes (A + BK_1)]h(t) + (L \otimes B)v(t) - (L \otimes I)\dot{h}(t)\} = 0$$

$$(4-30)$$

将 $L = UJU^{-1}$ 代入式(4-30),然后对式(4-30)左乘 $U^{-1} \otimes I$ 可得

$$\lim_{t \to \infty}\{[\bar{J}\tilde{U} \otimes (A + BK_1)]h(t) + (\bar{J}\tilde{U} \otimes B)v(t) - (\bar{J}\tilde{U} \otimes I)\dot{h}(t)\} = 0$$

$$(4-31)$$

因为作用拓扑具有生成树,根据**引理 2.1** 和 U 的结构可知 $\bar{J}$ 是非奇异的。对式(4-31)左乘 $\bar{J}^{-1} \otimes I$ 可得

$$\lim_{t \to \infty}\{[\tilde{U} \otimes (A + BK_1)]h(t) + (\tilde{U} \otimes B)v(t) - (\tilde{U} \otimes I)\dot{h}(t)\} = 0$$

$$(4-32)$$

条件(ii)和式(4-32)意味着 $\lim_{t \to \infty}\varsigma_h(t) = 0$。由**定理 4.1** 可知对于集群系统(4-4),时变状态编队 $h(t)$ 是可行的。证毕。

　　注释 4.7: **定理 4.3** 表明可行的时变状态编队 $h(t)$ 取决于智能体自身的动力学特性、外部指令信号 $v(t)$ 以及作用拓扑。由式(4-24)~式(4-26)可以看出 $v(t)$ 的应用可以扩展可行的状态编队集合。此外,当 $v(t)$ 存在的时候,K_1 对可行的状态编队集合没有直接的影响。

　　注释 4.8: 如果 $K_2 = 0$、$h(t) \equiv 0$、$v(t) \equiv 0$、$\tau = 0$,本节的状态编队问题就转化为文献[53]中的一致性问题并且文献[53]中的**定理 1** 是本节中**定理 4.3** 的特例。

　　在**定理 4.3** 的基础上可以直接得到如下推论。

　　推论 4.1: 如果 $v_i(t) \equiv 0$ $(i = 1, 2, \cdots, N)$,对于集群系统(4-4),在任意给定的有界初始状态下,时变状态编队 $h(t)$ 可行的充要条件是**定理 4.3** 中的条件(ii)成立同时对 $\forall i, j \in \{1, 2, \cdots, N\}$,

$$\lim_{t \to \infty}[(A + BK_1)(h_i(t) - h_j(t)) - (\dot{h}_i(t) - \dot{h}_j(t))] = 0 \qquad (4-33)$$

　　注释 4.9: 由式(4-33)可知,在 $v(t) \equiv 0$ 的情况下,K_1 可以被用来扩展可行的时变状态编队集合。

　　推论 4.2: 如果 $v_i(t) \equiv 0$ $(i = 1, 2, \cdots, N)$ 并且状态编队 h 是时不变的,则对于集群系统(4-4),在任意给定的有界初始状态下,h 可行的充要条件是**定理 4.3** 中的条件(ii)成立,同时对 $\forall i, j \in \{1, 2, \cdots, N\}$,

$$(A + BK_1)(h_i - h_j) = 0 \qquad (4-34)$$

　　注释 4.10: 在**推论 4.2** 中,如果状态编队 h 是可行的,则对 $\forall i, j \in \{1,$

$2, \cdots, N\}$，$h_i - h_j$ 必须属于 $A + BK_1$ 的右零空间。如果 $K_1 = 0$、$K_2 = 0$、$\tau = 0$，则**推论 4.2** 与文献[65]中的**定理 1** 等价。

注释 4.11：令 $\kappa_i \in \mathbb{R}^n$，$h_i = \kappa_i \otimes [1, 0]^{\mathrm{T}}(i = 1, 2, \cdots, N)$。 如果 $h = [h_1^{\mathrm{T}}, h_2^{\mathrm{T}}, \cdots, h_N^{\mathrm{T}}]^{\mathrm{T}}$、$v(t) \equiv 0$、$K_1 = 0$、$K_2 = 0$、$\tau = 0$，

$$A = \mathrm{diag}\left(\begin{bmatrix} 0 & 1 \\ a_{21}^1 & a_{22}^1 \end{bmatrix}, \cdots, \begin{bmatrix} 0 & 1 \\ a_{21}^n & a_{22}^n \end{bmatrix}\right), \ B = I_n \otimes \begin{bmatrix} 0 \\ 1 \end{bmatrix}$$

则**定理 4.3** 就变成了 Lafferriere 等在文献[64]中给出的结论。

基于以上的结果，可以通过如下算法完成对状态编队协议(4-3)的设计使得集群系统(4-1)在其作用下可以实现时变状态编队 $h(t)$。

算法 4.1：对于集群系统(4-1)和编队协议(4-3)，$v_i(t)$ $(i = 1, 2, \cdots, N)$ 和 $K_i(i = 1, 2, 3)$ 可以通过如下流程来进行设计。

步骤 1：检查可行条件(4-15)是否满足。如果满足，$v_i(t)$ $(i = 1, 2, \cdots, N)$ 可以通过式(4-25)来确定，K_1 在这种情况下可以是任意具有匹配维数的常数矩阵；如果不满足，说明对于使用编队协议(4-3)的集群系统(4-1)来说 $h(t)$ 不可行，算法终止。

如果要求 $v(t) \equiv 0$，求解可行条件(4-33)以检验 K_1 是否存在。如果存在，算法继续；如果不存在，说明对于使用编队协议(4-3)的集群系统(4-1)来说 $h(t)$ 不可行，算法终止。

步骤 2：通过选取合适的 K_2 把 $A + BK_1 + BK_2$ 的特征值指定到复平面内的期望位置来完成对状态编队参考运动模态的配置。如果 (A, B) 是能控的，那么总能找到满足需要的 K_2。

步骤 3：设计 K_3 使得子系统(4-16)是渐近稳定的。对于如式(4-16)所示的延迟系统的渐近稳定性问题，现有的文献中有很多方法可以使用。

特别地，如果 $\tau = 0$ 且 (A, B) 是可镇定的，如文献[53]所指出的，选取 $K_3 = [\mathrm{Re}(\lambda_2)]^{-1} R_o^{-1} B^{\mathrm{T}} P_o$ 可以确保子系统(4-16)是渐近稳定的，其中 $P_o = P_o^{\mathrm{T}} > 0$ 是下述代数 Riccati 方程的解：

$$P_o(A + BK_1 + BK_2) + (A + BK_1 + BK_2)^{\mathrm{T}} P_o - P_o BR_o^{-1} B^{\mathrm{T}} P_o + Q_o = 0$$

并满足 $R_o = R_o^{\mathrm{T}} > 0$，$Q_o = D_o^{\mathrm{T}} D_o \geqslant 0$ 及 $(A + BK_1 + BK_2, D_o)$ 可检测。

注释 4.12：需要指出的是，通过式(4-25)求出的 $v_i(t)$ $(i = 1, 2, \cdots, N)$ 并不是唯一的。一般而言，可以先指定某个 $v_i(t)$ $(i \in \{1, 2, \cdots, N\})$ 的值，然后再利用式(4-25)来确定其他的 $v_j(t)$ $(j \in \{1, 2, \cdots, N\}, j \neq i)$。

4.2.4　数值仿真

例 4.1：考虑一个具有 6 个智能体和有向作用拓扑的三阶集群系统。智能体

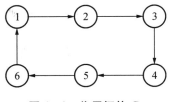

图 4-2   作用拓扑 G_1

之间的作用拓扑如图 4-2 所示。每个智能体的动力学特性由式(4-1)描述,其中,

$$A = \begin{bmatrix} 0 & 1 & 0 \\ 0 & 0 & 1 \\ -3 & 5 & 4 \end{bmatrix}, B = \begin{bmatrix} 0 \\ 0 \\ 1 \end{bmatrix}$$

这 6 个智能体需要保持一个周期性变化的平行六边形同时围绕指定的编队参考进行旋转。编队 $h(t)$ 定义如下:

$$h_i(t) = \begin{bmatrix} 2\sin\left(t + \frac{(i-1)\pi}{3}\right) \\ 2\cos\left(t + \frac{(i-1)\pi}{3}\right) \\ -2\sin\left(t + \frac{(i-1)\pi}{3}\right) \end{bmatrix}, \; i = 1, 2, \cdots, 6$$

如果集群系统实现如上定义的 $h_i(t)$ $(i = 1, 2, \cdots, 6)$,则 6 个智能体会依次分布在平行六边形的 6 个顶点并围绕编队参考进行 1 rad/s 的转动。此外,平行六边形的边长及编队参考都是时变的。

令 $\tau = 0.02$ s。根据**算法 4.1**,不妨选取 $K_1 = [-2, -4, -6]$,对 $\forall i \in \{1, 2, \cdots, 6\}$ 可得

$$v_i(t) = 6\sin\left[t + \frac{\pi}{3}(i-1)\right] - 4\cos\left[t + \frac{\pi}{3}(i-1)\right]$$

选取 $K_2 = [5.088, -5.316, -2.180]$ 把 $A + BK_1 + BK_2$ 的特征值配置为 0.02、-2.2 和 -2。在这种情况下,编队参考将会缓慢地发散。利用文献[133]中的方法可以得到如下 K_3 使得子系统(4-16)是渐近稳定的:

$$K_3 = [0.480\,6, 0.361\,0, -0.004\,3]$$

选取智能体的初态为 $x_{i1}(0) = 4(\Theta - 0.5)$、$x_{i2}(0) = 3(\Theta - 0.5)$、$x_{i3}(0) = 2(\Theta - 0.5)$ $(i = 1, 2, \cdots, 6)$。图 4-3 给出了 6 个智能体的状态轨迹以及编队参考轨迹在不同时刻的截图,其中 6 个智能体的状态分别用星号、三角形(向上)、菱形、圆、加号、正方形来表示,编队参考用五角星来表示。从图 4-3(a)和(b)可以看出集群系统实现了平行六边形的编队同时编队参考位于六边形的中心。图 4-3(b)、(c)和(d)表明六边形在围绕编队参考旋转,同时六边形的边长和编队参考的位置都是时变的。

注释 4.13:文献[134]、[135]分别对二阶集群系统旋转编队问题进行了研

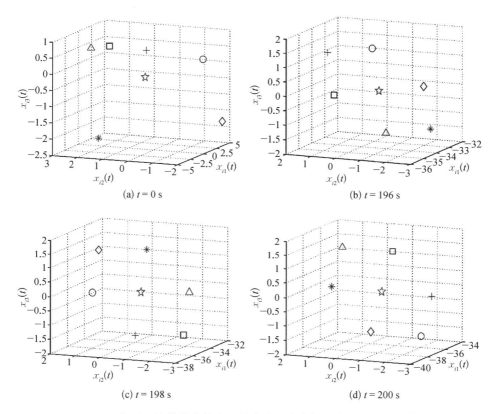

(a) $t = 0$ s　　(b) $t = 196$ s

(c) $t = 198$ s　　(d) $t = 200$ s

图 4-3　集群系统的状态轨迹及状态编队参考轨迹在不同时刻的截图

究。但是他们并没有考虑智能体的动力学是高阶的情况。通过例 4.1 可以看出利用本节的结果可以保证高阶集群系统在实现时变编队的同时实现旋转编队。

例 4.2：Porfiri 等[136]针对具有共同虚拟领导者的情况给出了集群系统实现跟踪和编队稳定的判据,4 个智能体和虚拟领导者的状态轨迹如图 4-4 所示。根据文献[136]中**命题 1**的结论,实现跟踪及编队稳定的等价条件是降阶系统的状态系数矩阵满足 Hurwitz 条件。本例先给出一个反例说明即使降阶系统的状态系数矩阵满足 Hurwitz 条件,集群系统依然无法实现跟踪和指定的编队。但是,利用本节中的结论,不仅可以实现期望的编队还可以对编队参考的运动模态进行配置。

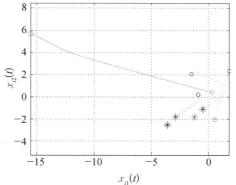

图 4-4　4 个智能体和虚拟领导者的状态轨迹(Porfiri 等的算法)

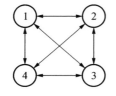

图4-5　作用拓扑 G_2

本例中用到的作用拓扑、向量场的参数、期望的编队等均与文献[136]中第一个仿真例子一致。

考虑一个具有 4 个智能体的二阶集群系统。集群系统在一个满足仿射关系的时不变向量场内运动。集群系统的作用拓扑如图 4-5 所示。智能体的动力学特性满足:

$$\begin{cases} \dot{x}_i(t) = Ax_i(t) + Bu_i(t) \\ y_i(t) = Cx_i(t) \end{cases} \quad (4-35)$$

其中, $i = 1, 2, 3, 4$, $x_i(t) = [x_{i1}(t), x_{i2}(t)]^T$, $A = \begin{bmatrix} -1 & 2 \\ 3 & -5 \end{bmatrix}$, $B = \begin{bmatrix} 1 & 0 \\ 0 & 1 \end{bmatrix}$, $C = \begin{bmatrix} 1 & 0 \\ 0 & 1 \end{bmatrix}$。

要求集群系统(4-35)中 4 个智能体的状态收敛到相平面内边长为 2 的正方形的四个顶点上,同时虚拟领导者的状态收敛到正方形的中心。令 $x(t) = [x_1^T(t), x_2^T(t), x_3^T(t), x_4^T(t)]^T$。选择:

$$K_D = \begin{bmatrix} -1 & -2 \\ -3 & -5 \end{bmatrix}, \quad V_D = \begin{bmatrix} -2 & -1 \\ 0.5 & 0.3 \end{bmatrix}$$

其余控制器参数与文献[136]中仿真例子的参数相同。

根据文献[136]中的**命题 1**,可以得到下面的降阶系统的四个状态参数矩阵:

$$\Lambda_1 = \begin{bmatrix} 0 & V_D \alpha C \\ -BK_D & A + BK_D C \end{bmatrix}, \quad \Lambda_i = A + BK_D C(\lambda_i + 1), \quad i = 2, 3, 4$$

其中,

$$\alpha = \begin{bmatrix} 0.1 & 0.02 \\ 0.02 & 0.2 \end{bmatrix}$$

$\lambda_2 = \lambda_3 = \lambda_4 = 4$ 是 L 的特征值。容易验证 $\Lambda_i (i = 1, 2, 3, 4)$ 满足 Hurwitz 条件。因此,按照文献[136]的结论,跟踪和编队稳定性是可以被保证的。令 $q(0) = [\Theta - 0.5, \Theta - 0.5]^T$, $x_i(0) = [4(\Theta - 0.5), 5(\Theta - 0.5)]^T (i = 1, 2, 3, 4)$。图 4-4 给出了 4 个智能体和虚拟领导者在 20 s 内的状态轨迹,其中,智能体和虚拟领导者的轨迹分别用虚线和实线标记,两者的初态分别用圆和菱形来表示,末态分别用星号和五角星标记。由图 4-4 可以看到集群系统既没有实现期望的跟踪也没有实现指定的编队。

下面说明使用本节的结果不仅可以实现指定的编队而且可以对编队参考的运动模态进行设计。

令 $v_i(t) \equiv 0$、$\tau = 0$。 根据**算法 4.1**,可得

$$K_1 = \begin{bmatrix} 1 & -2 \\ -3 & 5 \end{bmatrix}$$

为了让编队参考做圆周运动,可以选取:

$$K_2 = \begin{bmatrix} 0 & -1 \\ 1 & 0 \end{bmatrix}$$

把 $A + BK_1 + BK_2$ 的特征值配置为 j 和 $-$ j ($\text{j}^2 = -1$)。 利用**算法 4.1** 可以得到:

$$K_3 = \begin{bmatrix} 0.14 & 0.042\,9 \\ 0.042\,9 & 0.198 \end{bmatrix}$$

图 4-6 给出了 4 个智能体和编队参考在 20 s 内的状态轨迹。从图中可以看到,集群系统实现了指定的正方形编队,并且编队参考按照期望的圆周轨迹进行运动。

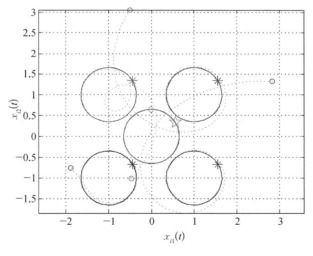

图 4-6　4 个智能体和编队参考的状态轨迹(本书的算法)

4.3　时变输出编队控制

本节研究高阶集群系统时变输出编队控制问题。首先,基于静态输出反馈构造一种时变输出编队协议。其次,利用输出变换把输出编队问题转化为输出一致性问题。接着,基于输出空间分解和部分稳定性理论给出集群系统实现时变输出

编队的充要条件以及输出编队参考函数的显式表达式,并指出对输出编队参考运动模态进行配置的方法。最后,给出输出编队可行的充要条件,并提出对可行输出编队集合进行扩展的方法及对输出编队协议进行设计的方法。

4.3.1　问题描述

考虑如下具有 N 个智能体的集群系统:

$$\begin{cases} \dot{x}_i(t) = Ax_i(t) + Bu_i(t) \\ y_i(t) = Cx_i(t) \end{cases} \tag{4-36}$$

其中, $x_i(t) \in \mathbb{R}^n$、$u_i(t) \in \mathbb{R}^m$ 和 $y_i(t) \in \mathbb{R}^q$ 分别表示智能体 i 的状态、控制输入和输出。本节中假设 C 是行满秩的并且作用拓扑具有生成树。

假设时变输出编队由向量 $h(t) = [h_1^{\mathrm{T}}(t), h_2^{\mathrm{T}}(t), \cdots, h_N^{\mathrm{T}}(t)]^{\mathrm{T}} \in \mathbb{R}^{Nq}$ 定义。

定义 4.5:如果存在一个向量函数 $r(t) \in \mathbb{R}^q$,使得

$$\lim_{t \to \infty}(y_i(t) - h_i(t) - r(t)) = 0, \ i = 1, 2, \cdots, N \tag{4-37}$$

则称集群系统(4-36)实现时变输出编队 $h(t)$,其中 $r(t)$ 被称为输出编队参考函数。

定义 4.6:如果存在控制输入 $u_i(t)$ $(i = 1, 2, \cdots, N)$ 使得集群系统(4-36)可以实现时变输出编队 $h(t)$,则称 $h(t)$ 对集群系统(4-36)是可行的。

定义 4.7:如果存在一个向量函数 $c(t) \in \mathbb{R}^q$ 使得 $\lim_{t \to \infty}(y_i(t) - c(t)) = 0$ $(i = 1, 2, \cdots, N)$ 则称集群系统(4-36)实现了输出一致,其中 $c(t)$ 被称为输出一致函数。

注释 4.14:由定义 4.5 和定义 4.7 可知,如果 $h(t) \equiv 0$,输出编队参考函数就变成了输出一致函数。如果 $C = I$(或者 $h(t) \equiv 0$ 且 $C = I$),输出编队问题就转化为状态编队问题(或者状态一致问题)。因此,时变状态编队问题、输出/状态一致性问题都是时变输出编队问题的特例。

对于满足 $h_i(t)$ $(i = 1, 2, \cdots, N)$ 是分段连续可微的时变输出编队 $h(t)$,考虑如下基于静态输出反馈的输出编队协议:

$$u_i(t) = K_1 y_i(t) + K_2(y_i(t) - h_i(t)) + K_3 \sum_{j \in N_i} w_{ij}[(y_i(t) - h_i(t)) - (y_j(t) - h_j(t))] + v_i(t) \tag{4-38}$$

其中, $i = 1, 2, \cdots, N$, K_1、K_2 和 K_3 是具有匹配维数的常数增益矩阵, $v_i(t) \in \mathbb{R}^m$ 表示与 $h(t)$ 相关的外部指令。

注释 4.15:在协议(4-38)中, K_1 和 K_2 可以分别用来扩展可行的时变输出编队 $h(t)$ 及对输出编队参考的部分运动模态进行配置。 K_3 可以用来保证集群系统实现期望的输出编队。 $v_i(t)$ $(i = 1, 2, \cdots, N)$ 的引入主要是为了对可行的输出编

队集合进行扩展,其具体形式由 $h(t)$ 来确定。

定义 4.8：如果存在 $K_i(i=1,2,3)$ 和 $v_i(t)$ $(i=1,2,\cdots,N)$ 使得集群系统 $(4-36)$ 在协议 $(4-38)$ 的作用下可以实现输出时变编队 $h(t)$,则称 $h(t)$ 是静态反馈可行的。

令 $y(t)=[y_1^{\mathrm{T}}(t),y_2^{\mathrm{T}}(t),\cdots,y_N^{\mathrm{T}}(t)]^{\mathrm{T}}$。在协议 $(4-38)$ 的作用下集群系统 $(4-36)$ 的闭环形式如下：

$$\begin{cases} \dot{x}(t)=[I_N\otimes(A+BK_1C+BK_2C)+L\otimes BK_3C]x(t) \\ \qquad-(I_N\otimes BK_2+L\otimes BK_3)h(t)+(I_N\otimes B)v(t) \\ y(t)=(I_N\otimes C)x(t) \end{cases} \quad(4-39)$$

本节主要围绕集群系统 $(4-39)$ 开展如下研究：
（i）在什么条件下可实现时变输出编队 $h(t)$。
（ii）在什么条件下时变输出编队 $h(t)$ 是静态反馈可行的。
（iii）如何设计协议 $(4-38)$ 实现时变输出编队 $h(t)$。

4.3.2　时变输出编队收敛性分析

由于 C 是行满秩的,所以存在 $\bar{C}\in\mathbb{R}^{(n-q)\times n}$ 使得 $T=[C^{\mathrm{T}},\bar{C}^{\mathrm{T}}]^{\mathrm{T}}$ 是非奇异的。令 $\bar{y}_i(t)=\bar{C}x_i(t)$ $(i=1,2,\cdots,N)$,$\bar{y}(t)=[\bar{y}_1^{\mathrm{T}}(t),\bar{y}_2^{\mathrm{T}}(t),\cdots,\bar{y}_N^{\mathrm{T}}(t)]^{\mathrm{T}}$ 以及

$$TAT^{-1}=\begin{bmatrix}\bar{A}_{11}&\bar{A}_{12}\\\bar{A}_{21}&\bar{A}_{22}\end{bmatrix},\quad TB=\begin{bmatrix}\bar{B}_1\\\bar{B}_2\end{bmatrix}$$

将非奇异变换 $I_N\otimes T$ 应用于集群系统 $(4-39)$ 可得

$$\begin{cases} \dot{y}(t)=[I_N\otimes(\bar{A}_{11}+\bar{B}_1K_1+\bar{B}_1K_2)+L\otimes\bar{B}_1K_3]y(t)+(I_N\otimes\bar{A}_{12})\bar{y}(t) \\ \qquad-(I_N\otimes\bar{B}_1K_2+L\otimes\bar{B}_1K_3)h(t)+(I_N\otimes\bar{B}_1)v(t) \\ \dot{\bar{y}}(t)=[I_N\otimes(\bar{A}_{21}+\bar{B}_2K_1+\bar{B}_2K_2)+L\otimes\bar{B}_2K_3]y(t)+(I_N\otimes\bar{A}_{22})\bar{y}(t) \\ \qquad-(I_N\otimes\bar{B}_2K_2+L\otimes\bar{B}_2K_3)h(t)+(I_N\otimes\bar{B}_2)v(t) \end{cases}$$

$$(4-40)$$

定义 $\tilde{y}_i(t)=y_i(t)-h_i(t)$ $(i=1,2,\cdots,N)$,$\tilde{y}(t)=[\tilde{y}_1^{\mathrm{T}}(t),\tilde{y}_2^{\mathrm{T}}(t),\cdots,\tilde{y}_N^{\mathrm{T}}(t)]^{\mathrm{T}}$,则集群系统 $(4-40)$ 可转化为

$$\begin{cases} \dot{\tilde{y}}(t)=[I_N\otimes(\bar{A}_{11}+\bar{B}_1K_1+\bar{B}_1K_2)+L\otimes\bar{B}_1K_3]\tilde{y}(t)+(I_N\otimes\bar{A}_{12})\bar{y}(t) \\ \qquad+[I_N\otimes(\bar{A}_{11}+\bar{B}_1K_1)]h(t)-(I_N\otimes I)\dot{h}(t)+(I_N\otimes\bar{B}_1)v(t) \\ \dot{\bar{y}}(t)=[I_N\otimes(\bar{A}_{21}+\bar{B}_2K_1+\bar{B}_2K_2)+L\otimes\bar{B}_2K_3]\tilde{y}(t)+(I_N\otimes\bar{A}_{22})\bar{y}(t) \\ \qquad+[I_N\otimes(\bar{A}_{21}+\bar{B}_2K_1)]h(t)+(I_N\otimes\bar{B}_2)v(t) \end{cases}$$

$$(4-41)$$

选择 $\tilde{y}(t)$ 作为集群系统(4-41)的输出。可以直接得到如下引理。

引理 4.2： 集群系统(4-39)实现时变输出编队 $h(t)$ 的充要条件是集群系统(4-41)实现输出一致。

令第 2.2 节中的 $v = q$。定义 $\theta_y(t) = (\tilde{u}_1^H \otimes I)\tilde{y}(t)$，$\varsigma_y(t) = (\tilde{U} \otimes I)\tilde{y}(t)$，$\bar{\theta}_y(t) = (\tilde{u}_1^H \otimes I)\bar{y}(t)$，$\bar{\varsigma}_y(t) = (\tilde{U} \otimes I)\bar{y}(t)$，则集群系统(4-41)可分解为如下两个子系统：

$$
\begin{cases}
\dot{\theta}_y(t) = (\bar{A}_{11} + \bar{B}_1 K_1 + \bar{B}_1 K_2)\theta_y(t) + \bar{A}_{12}\bar{\theta}_y(t) \\
\qquad + [\tilde{u}_1^H \otimes (\bar{A}_{11} + \bar{B}_1 K_1)]h(t) - (\tilde{u}_1^H \otimes I)\dot{h}(t) + (\tilde{u}_1^H \otimes \bar{B}_1)v(t) \\
\dot{\bar{\theta}}_y(t) = (\bar{A}_{21} + \bar{B}_2 K_1 + \bar{B}_2 K_2)\theta_y(t) + \bar{A}_{22}\bar{\theta}_y(t) \\
\qquad + [\tilde{u}_1^H \otimes (\bar{A}_{21} + \bar{B}_2 K_1)]h(t) + (\tilde{u}_1^H \otimes \bar{B}_2)v(t)
\end{cases}
$$

$$(4-42)$$

$$
\begin{cases}
\dot{\varsigma}_y(t) = [I_{N-1} \otimes (\bar{A}_{11} + \bar{B}_1 K_1 + \bar{B}_1 K_2) + \bar{J} \otimes \bar{B}_1 K_3]\varsigma_y(t) + (I_{N-1} \otimes \bar{A}_{12})\bar{\varsigma}_y(t) \\
\qquad + [\tilde{U} \otimes (\bar{A}_{11} + \bar{B}_1 K_1)]h(t) - (\tilde{U} \otimes I)\dot{h}(t) + (\tilde{U} \otimes \bar{B}_1)v(t) \\
\dot{\bar{\varsigma}}_y(t) = [I_{N-1} \otimes (\bar{A}_{21} + \bar{B}_2 K_1 + \bar{B}_2 K_2) + \bar{J} \otimes \bar{B}_2 K_3]\varsigma_y(t) + (I_{N-1} \otimes \bar{A}_{22})\bar{\varsigma}_y(t) \\
\qquad + [\tilde{U} \otimes (\bar{A}_{21} + \bar{B}_2 K_1)]h(t) + (\tilde{U} \otimes \bar{B}_2)v(t)
\end{cases}
$$

$$(4-43)$$

下述定理给出了集群系统(4-39)实现时变输出编队 $h(t)$ 的充要条件。

定理 4.4： 集群系统(4-39)实现时变输出编队 $h(t)$ 的充要条件是

$$\lim_{t \to \infty} \varsigma_y(t) = 0$$

证明： 定义 $\tilde{y}_C(t) = (U \otimes I)[\theta_y^H(t), 0]^H$。注意到 $[\theta_y^H(t), 0]^H = e_1 \otimes \theta_y(t)$。存在 $\alpha_r(t)$ $(r = 1, 2, \cdots, q)$，使得

$$\tilde{y}_C(t) = 1 \otimes \theta_y(t) = \sum_{r=1}^{q} \alpha_r(t)p_r \in \mathbb{C}(U) \qquad (4-44)$$

类似地，令 $\tilde{y}_{\bar{C}}(t) = (U \otimes I)[0, \varsigma_y^H(t)]^H$，则存在 $\alpha_j(t)$ $(j = q+1, q+2, \cdots, qN)$ 使得

$$\tilde{y}_{\bar{C}}(t) = \sum_{i=2}^{N} \sum_{r=1}^{q} \alpha_{(i-1)q+r}(t)(e_i \otimes c_r) = \sum_{j=q+1}^{Nq} \alpha_j(t)p_j \in \bar{\mathbb{C}}(U) \qquad (4-45)$$

由于 $[\theta_y^H(t), \varsigma_y^H(t)]^H = (U^{-1} \otimes I)\tilde{y}(t)$，可知：

$$\tilde{y}(t) = \tilde{y}_C(t) + \tilde{y}_{\bar{C}}(t) \qquad (4-46)$$

根据**引理 4.2**、**引理 2.3** 和式(4-44)~式(4-46)，可以得到集群系统

(4-39)实现时变输出编队 $h(t)$ 的充要条件是 $\lim\limits_{t\to\infty}\tilde{y}_{\bar{C}}(t)=0$。由于 $U\otimes I$ 是非奇异的,上述充要条件也等价于 $\lim\limits_{t\to\infty}\varsigma_y(t)=0$。证毕。

下述定理给出了输出编队参考函数的一个显式表达式。

定理 4.5：如果集群系统(4-39)实现了输出编队 $h(t)$,则输出编队参考函数 $r(t)$ 满足：

$$\lim_{t\to\infty}(r(t)-r_0(t)-r_v(t)-r_h(t))=0$$

其中,

$$r_0(t)=Ce^{(A+BK_1C+BK_2C)t}(\tilde{u}_1^H\otimes I)x(0)$$

$$r_v(t)=C\int_0^t e^{(A+BK_1C+BK_2C)(t-\tau)}B(\tilde{u}_1^H\otimes I)v(\tau)\mathrm{d}\tau$$

$$r_h(t)=-(\tilde{u}_1^H\otimes I)h(t)-C\int_0^t e^{(A+BK_1C+BK_2C)(t-\tau)}BK_2(\tilde{u}_1^H\otimes I)h(\tau)\mathrm{d}\tau$$

证明：由**定理 4.4** 可知,如果集群系统(4-39)实现编队 $h(t)$,则

$$\lim_{t\to\infty}(\tilde{y}(t)-\tilde{y}_C(t))=\lim_{t\to\infty}(\tilde{y}(t)-1\otimes\theta_y(t))=0 \tag{4-47}$$

即输出编队参考函数由子系统(4-42)决定。令 $\tilde{\theta}_y(t)=[\theta_y^H(t),\bar{\theta}_y^H(t)]^H$。子系统(4-42)可以被写为

$$\dot{\tilde{\theta}}_y(t)=T(A+BK_1C+BK_2C)T^{-1}\tilde{\theta}_y(t)+T\left(\tilde{u}_1^H\otimes AT^{-1}\begin{bmatrix}I\\0\end{bmatrix}+\tilde{u}_1^H\otimes BK_1\right)h(t)$$

$$+(\tilde{u}_1^H\otimes TB)v(t)-\left(\tilde{u}_1^H\otimes\begin{bmatrix}I\\0\end{bmatrix}\right)\dot{h}(t)$$

$$\tag{4-48}$$

容易证明：

$$\int_0^t e^{(A+BK_1C+BK_2C)(t-\tau)}\left(\tilde{u}_1^H\otimes\begin{bmatrix}I\\0\end{bmatrix}\right)\dot{h}(\tau)\mathrm{d}\tau$$

$$=\left(\tilde{u}_1^H\otimes\begin{bmatrix}I\\0\end{bmatrix}\right)h(t)-e^{(A+BK_1C+BK_2C)t}\left(\tilde{u}_1^H\otimes\begin{bmatrix}I\\0\end{bmatrix}\right)h(0) \tag{4-49}$$

$$+\int_0^t e^{(A+BK_1C+BK_2C)(t-\tau)}\left(\tilde{u}_1^H\otimes(A+BK_1C+BK_2C)\begin{bmatrix}I\\0\end{bmatrix}\right)h(\tau)\mathrm{d}\tau$$

可以得到 $\theta_y(0)=(\tilde{u}_1^H\otimes I)(y(0)-h(0))$ 及 $\bar{\theta}_y(0)=(\tilde{u}_1^H\otimes I)\bar{y}(0)$。由 $y(0)=(I\otimes C)x(0)$, $\bar{y}(0)=(I\otimes\bar{C})x(0)$,可知：

$$\theta_y(0) = (\tilde{u}_1^H \otimes C)x(0) - (\tilde{u}_1^H \otimes I)h(0) \qquad (4-50)$$

$$\bar{\theta}_y(0) = (\tilde{u}_1^H \otimes \bar{C})x(0) \qquad (4-51)$$

根据式(4-47)~式(4-51)可以得到**定理 4.5** 的结论。

注释 4.16：在**定理 4.5** 中，$r_0(t)$ 被称为输出一致函数。$r_v(t)$ 和 $r_h(t)$ 分别描述了 $v(t)$ 和 $h(t)$ 对输出编队参考的影响。如果 $h(t) \equiv 0$(或者 $h(t) \equiv 0$ 且 $C = I$)，$r(t)$ 就成为输出一致函数(或者状态一致函数)。此外,从**定理 4.5** 还可以看到 K_1 和 K_2 都可以用来对输出编队参考的部分运动模态进行配置。但是,由于 K_1 会被用来对可行的输出编队集合进行扩展,因此,只有 K_2 可以用来对输出编队参考的部分运动模态进行配置。

4.3.3 输出编队可行性分析及协议设计

在式(4-42)和式(4-43)中,以 $\theta_y(t)$ 和 $\varsigma_y(t)$ 为状态的两个子系统可以分别用来确定群系(4-41)的输出一致和非一致部分。可以看出只有 $(\bar{A}_{22}, \bar{A}_{12})$ 的能观部分对以 $\varsigma_y(t)$ 为状态的子系统有影响。因此,首先对 $(\bar{A}_{22}, \bar{A}_{12})$ 进行能观性分解。令 $\tilde{T}$ 为满足:

$$(\tilde{T}^{-1}\bar{A}_{22}\tilde{T}, \bar{A}_{12}\tilde{T}) = \left(\begin{bmatrix} \tilde{D}_1 & 0 \\ \tilde{D}_2 & \tilde{D}_3 \end{bmatrix}, \begin{bmatrix} \tilde{E}_1 & 0 \end{bmatrix} \right)$$

的非奇异矩阵,其中,$\tilde{D}_1 \in \mathbb{R}^g$，$(\tilde{D}_1, \tilde{E}_1)$ 是完全能观的。定义 $\tilde{\varsigma}_i(t) = \tilde{T}^{-1}\tilde{\varsigma}_{yi}(t) = [\tilde{\varsigma}_{io}^T(t), \tilde{\varsigma}_{i\bar{o}}^T(t)]^T (i = 1, 2, \cdots, N)$，$\tilde{\varsigma}_{yo}(t) = [\tilde{\varsigma}_{1o}^T(t), \tilde{\varsigma}_{2o}^T(t), \cdots, \tilde{\varsigma}_{No}^T(t)]^T$，$\tilde{\varsigma}_{y\bar{o}}(t) = [\tilde{\varsigma}_{1\bar{o}}^T(t), \tilde{\varsigma}_{2\bar{o}}^T(t), \cdots, \tilde{\varsigma}_{N\bar{o}}^T(t)]^T$，$\tilde{T}^{-1}\bar{A}_{21} = [\tilde{F}_1^T, \tilde{F}_2^T]^T$ 及 $\tilde{T}^{-1}\bar{B}_2 = [\tilde{B}_1^T, \tilde{B}_2^T]^T$。则集群系统(4-43)可以进一步分解为

$$\begin{cases} \dot{\varsigma}_y(t) = [I_{N-1} \otimes (\bar{A}_{11} + \bar{B}_1K_1 + \bar{B}_1K_2) + \bar{J} \otimes \bar{B}_1K_3]\varsigma_y(t) + (I_{N-1} \otimes \tilde{E}_1)\tilde{\varsigma}_{yo}(t) \\ \qquad + [\tilde{U} \otimes (\bar{A}_{11} + \bar{B}_1K_1)]h(t) - (\tilde{U} \otimes I)\dot{h}(t) + (\tilde{U} \otimes \bar{B}_1)v(t) \\ \dot{\tilde{\varsigma}}_{yo}(t) = [I_{N-1} \otimes (\tilde{F}_1 + \tilde{B}_1K_1 + \tilde{B}_1K_2) + \bar{J} \otimes \tilde{B}_1K_3]\varsigma_y(t) + (I_{N-1} \otimes \tilde{D}_1)\tilde{\varsigma}_{yo}(t) \\ \qquad + [\tilde{U} \otimes (\tilde{F}_1 + \tilde{B}_1K_1)]h(t) + (\tilde{U} \otimes \tilde{B}_1)v(t) \\ \dot{\tilde{\varsigma}}_{y\bar{o}}(t) = [I_{N-1} \otimes (\tilde{F}_2 + \tilde{B}_2K_1 + \tilde{B}_2K_2) + \bar{J} \otimes \tilde{B}_2K_3]\varsigma_y(t) + (I_{N-1} \otimes \tilde{D}_2)\tilde{\varsigma}_{yo}(t) \\ \qquad + (I_{N-1} \otimes \tilde{D}_3)\tilde{\varsigma}_{y\bar{o}}(t) + [\tilde{U} \otimes (\tilde{F}_2 + \tilde{B}_2K_1)]h(t) + (\tilde{U} \otimes \tilde{B}_2)v(t) \end{cases}$$

$$(4-52)$$

对于 $\bar{B}_1$ 和 $\tilde{B}_1$，存在非奇异矩阵 $\bar{T} = \begin{bmatrix} \bar{T}_{11} & \bar{T}_{12} \\ \bar{T}_{21} & \bar{T}_{22} \end{bmatrix}$ 和 $\hat{T}$，其中 $\hat{T}^{-1} = \begin{bmatrix} \hat{F}_1 \\ \hat{F}_2 \end{bmatrix}$ 使得

$$\bar{T}\begin{bmatrix}\bar{B}_1 \\ \bar{B}_1\end{bmatrix}\hat{T} = \begin{bmatrix}I & 0 \\ 0 & 0\end{bmatrix} \tag{4-53}$$

定理 4.6: 对于集群系统 (4-39),在任意给定的有界初始状态下,时变输出编队 $h(t)$ 可行的充要条件是

(i) 对 $\forall i \in \{1, 2, \cdots, N\}$ 和 $j \in N_i$,

$$\lim_{t\to\infty}\big[(\bar{T}_{21}\bar{A}_{11} + \bar{T}_{22}\tilde{F}_1)(h_i(t) - h_j(t)) - \bar{T}_{21}(\dot{h}_i(t) - \dot{h}_j(t))\big] = 0$$

(ii) 如下 $N-1$ 个矩阵满足 Hurwitz 条件,

$$\bar{Y}_i = \begin{bmatrix}\bar{A}_{11} + \bar{B}_1 K_1 + \bar{B}_1 K_2 + \lambda_i \bar{B}_1 K_3 & \tilde{E}_1 \\ \tilde{F}_1 + \tilde{B}_1 K_1 + \tilde{B}_1 K_2 + \lambda_i \tilde{B}_1 K_3 & \tilde{D}_1\end{bmatrix}, \ i = 2, 3, \cdots, N \tag{4-54}$$

证明: 必要性。如果对于集群系统 (4-39),时变输出编队 $h(t)$ 是可行的,则存在 $K_i (i = 1, 2, 3)$ 和 $v(t)$ 使得 $h(t)$ 可实现。由**定理 4.4** 可知:

$$\lim_{t\to\infty}\varsigma_y(t) = 0 \tag{4-55}$$

根据式 (4-52) 和**引理 2.12**,如若对于任意给定的有界初始状态,式 (4-55) 均成立,则需要:

$$\lim_{t\to\infty}\left(\begin{bmatrix}\tilde{U} \otimes (\bar{A}_{11} + \bar{B}_1 K_1) \\ \tilde{U} \otimes (\tilde{F}_1 + \tilde{B}_1 K_1)\end{bmatrix}h(t) - \begin{bmatrix}\tilde{U} \otimes I \\ 0\end{bmatrix}\dot{h}(t) + \begin{bmatrix}\tilde{U} \otimes \bar{B}_1 \\ \tilde{U} \otimes \tilde{B}_1\end{bmatrix}v(t)\right) = 0 \tag{4-56}$$

并且系统:

$$\dot{\xi}_y(t) = \begin{bmatrix}I_{N-1} \otimes (\bar{A}_{11} + \bar{B}_1 K_1 + \bar{B}_1 K_2) + \bar{J} \otimes \bar{B}_1 K_3 & I_{N-1} \otimes \tilde{E}_1 \\ I_{N-1} \otimes (\tilde{F}_1 + \tilde{B}_1 K_1 + \tilde{B}_1 K_2) + \bar{J} \otimes \tilde{B}_1 K_3 & I_{N-1} \otimes \tilde{D}_1\end{bmatrix}\xi_y(t) \tag{4-57}$$

是渐近稳定的。

重新定义 $\tilde{U} = [\hat{u}_1, \hat{u}_2, \cdots, \hat{u}_N]$,其中 $\hat{u}_i \in \mathbb{R}^{(N-1)\times 1}(i = 1, 2, \cdots, N)$。由于 $\tilde{U}1_N = 0$ 且 $\tilde{U}$ 是行满秩的,存在 $k \in \{1, 2, \cdots, N\}$ 使得

$$\hat{u}_k = -\hat{U}1_{N-1} \tag{4-58}$$

其中, $\hat{U} = [\hat{u}_1, \hat{u}_2, \cdots, \hat{u}_{k-1}, \hat{u}_{k+1}, \cdots, \hat{u}_N]$。定义 $\bar{h}_y(t) = [h_1^\mathrm{T}(t), h_2^\mathrm{T}(t), \cdots, h_{k-1}^\mathrm{T}(t), h_{k+1}^\mathrm{T}(t), \cdots h_N^\mathrm{T}(t)]^\mathrm{T}$, $\bar{v}_y(t) = [v_1^\mathrm{T}(t), v_2^\mathrm{T}(t), \cdots, v_{k-1}^\mathrm{T}(t), v_{k+1}^\mathrm{T}(t), \cdots, v_N^\mathrm{T}(t)]^\mathrm{T}$。由式 (4-56) 式 (4-58) 可知:

$$\lim_{t \to \infty} (\hat{U} \otimes I)(\Phi_{\bar{h}_y} - \Phi_{h_k}) = 0 \tag{4-59}$$

其中，

$$\Phi_{\bar{h}_y} = \left(I_{N-1} \otimes \begin{bmatrix} \bar{A}_{11} + \bar{B}_1 K_1 \\ \tilde{F}_1 + \tilde{B}_1 K_1 \end{bmatrix}\right) \bar{h}_y(t) - \left(I_{N-1} \otimes \begin{bmatrix} I \\ 0 \end{bmatrix}\right) \dot{\bar{h}}_y(t) + \left(I_{N-1} \otimes \begin{bmatrix} \bar{B}_1 \\ \tilde{B}_1 \end{bmatrix}\right) \bar{v}_y(t)$$

$$\Phi_{h_k} = \left(1_{N-1} \otimes \begin{bmatrix} \bar{A}_{11} + \bar{B}_1 K_1 \\ \tilde{F}_1 + \tilde{B}_1 K_1 \end{bmatrix}\right) h_k(t) - \left(1_{N-1} \otimes \begin{bmatrix} I \\ 0 \end{bmatrix}\right) \dot{h}_k(t) + \left(1_{N-1} \otimes \begin{bmatrix} \bar{B}_1 \\ \tilde{B}_1 \end{bmatrix}\right) v_k(t)$$

对式(4-59)左乘 $\hat{U}^{-1} \otimes I$ 可知，对 $\forall i \in \{1, 2, \cdots, k-1, k+1, \cdots, N\}$，下式成立：

$$\lim_{t \to \infty} \left(\begin{bmatrix} \bar{A}_{11} + \bar{B}_1 K_1 \\ \tilde{F}_1 + \tilde{B}_1 K_1 \end{bmatrix} (h_i(t) - h_k(t)) - \begin{bmatrix} I \\ 0 \end{bmatrix} (\dot{h}_i(t) - \dot{h}_k(t)) + \begin{bmatrix} \bar{B}_1 \\ \tilde{B}_1 \end{bmatrix} (v_i(t) - v_k(t)) \right) = 0 \tag{4-60}$$

上式同时意味着对 $\forall i \in \{1, 2, \cdots, N\}$ 和 $j \in N_i$，下式成立：

$$\lim_{t \to \infty} \left(\begin{bmatrix} \bar{A}_{11} + \bar{B}_1 K_1 \\ \tilde{F}_1 + \tilde{B}_1 K_1 \end{bmatrix} (h_i(t) - h_j(t)) - \begin{bmatrix} I \\ 0 \end{bmatrix} (\dot{h}_i(t) - \dot{h}_j(t)) + \begin{bmatrix} \bar{B}_1 \\ \tilde{B}_1 \end{bmatrix} (v_i(t) - v_j(t)) \right) = 0 \tag{4-61}$$

由式(4-53)可知：

$$\bar{T} \begin{bmatrix} \bar{B}_1 \\ \tilde{B}_1 \end{bmatrix} = \begin{bmatrix} \hat{F}_1 \\ 0 \end{bmatrix} \tag{4-62}$$

对式(4-61)左乘 $\bar{A}$ 可得

$$\lim_{t \to \infty} \left(\left(\bar{T} \begin{bmatrix} \bar{A}_{11} \\ \tilde{F}_1 \end{bmatrix} + \begin{bmatrix} \hat{F}_1 K_1 \\ 0 \end{bmatrix} \right) (h_i(t) - h_j(t)) - \bar{T} \begin{bmatrix} I \\ 0 \end{bmatrix} (\dot{h}_i(t) - \dot{h}_j(t)) + \begin{bmatrix} \hat{F}_1 \\ 0 \end{bmatrix} (v_i(t) - v_j(t)) \right) = 0 \tag{4-63}$$

把 $\bar{T} = \begin{bmatrix} \bar{T}_{11} & \bar{T}_{12} \\ \bar{T}_{21} & \bar{T}_{22} \end{bmatrix}$ 代入式(4-63)可得

$$\lim_{t \to \infty} \left[(\bar{T}_{11}\bar{A}_{11} + \bar{T}_{12}\tilde{F}_1 + \hat{F}_1 K_1)(h_i(t) - h_j(t)) - \bar{T}_{11}(\dot{h}_i(t) - \dot{h}_j(t)) + \hat{F}_1(v_i(t) - v_j(t)) \right] = 0 \tag{4-64}$$

以及

$$\lim_{t \to \infty} \left[(\bar{T}_{21}\bar{A}_{11} + \bar{T}_{22}\tilde{F}_1)(h_i(t) - h_j(t)) - \bar{T}_{21}(\dot{h}_i(t) - \dot{h}_j(t)) \right] = 0 \tag{4-65}$$

因为 $\hat{F}_1$ 是行满秩的,故存在适当的 $v_i(t)$ ($i = 1, 2, \cdots, N$) 使得式(4-64)对所有 $i \in \{1, 2, \cdots, N\}$ 及 $j \in N_i$ 均成立。由式(4-65)可知条件(i)是必需的。由于 $\bar{J}$ 包含了对应于 $\lambda_i (i = 2, 3, \cdots, N)$ 的约当块,为了保证系统(4-57)的渐近稳定性,条件(ii)是必需的。

充分性:对 $\forall i \in \{1, 2, \cdots, N\}$ 和 $j \in N_i$,可以找到满足式(4-64)的 $v_i(t) - v_j(t)$。如果条件(i)成立,由式(4-64)和式(4-65)可知式(4-63)成立。既然 $\bar{T}$ 是非奇异的,由式(4-62)和式(4-63)可得,对 $\forall i \in \{1, 2, \cdots, N\}$ 和 $j \in N_i$,式(4-61)成立。进一步有

$$\lim_{t \to \infty} \left(\begin{bmatrix} L \otimes (\bar{A}_{11} + \bar{B}_1 K_1) \\ L \otimes (\tilde{F}_1 + \bar{B}_1 K_1) \end{bmatrix} h(t) - \begin{bmatrix} L \otimes I \\ 0 \end{bmatrix} \dot{h}(t) + \begin{bmatrix} L \otimes \bar{B}_1 \\ L \otimes \bar{B}_1 \end{bmatrix} v(t) \right) = 0$$

$$(4-66)$$

把 $L = UJU^{-1}$ 代入式(4-66)并对式(4-66)左乘 $\mathrm{diag}\{U^{-1} \otimes I, U^{-1} \otimes I\}$,可得

$$\lim_{t \to \infty} \left(\begin{bmatrix} \bar{J}\tilde{U} \otimes (\bar{A}_{11} + \bar{B}_1 K_1) \\ \bar{J}\tilde{U} \otimes (\tilde{F}_1 + \bar{B}_1 K_1) \end{bmatrix} h(t) - \begin{bmatrix} \bar{J}\tilde{U} \otimes I \\ 0 \end{bmatrix} \dot{h}(t) + \begin{bmatrix} \bar{J}\tilde{U} \otimes \bar{B}_1 \\ \bar{J}\tilde{U} \otimes \bar{B}_1 \end{bmatrix} v(t) \right) = 0$$

$$(4-67)$$

由于作用拓扑具有生成树,根据**引理 2.1** 和矩阵 U 的结构特性可知 $\bar{J}$ 是非奇异的。对式(4-67)左乘 $\mathrm{diag}\{\bar{J}^{-1} \otimes I, \bar{J}^{-1} \otimes I\}$ 得到:

$$\lim_{t \to \infty} \left(\begin{bmatrix} \tilde{U} \otimes (\bar{A}_{11} + \bar{B}_1 K_1) \\ \tilde{U} \otimes (\tilde{F}_1 + \bar{B}_1 K_1) \end{bmatrix} h(t) - \begin{bmatrix} \tilde{U} \otimes I \\ 0 \end{bmatrix} \dot{h}(t) + \begin{bmatrix} \tilde{U} \otimes \bar{B}_1 \\ \tilde{U} \otimes \bar{B}_1 \end{bmatrix} v(t) \right) = 0$$

$$(4-68)$$

由条件(ii)可知系统式(4-57)是渐近稳定的。因此,根据式(4-57)和式(4-68)可以得到 $\lim_{t \to \infty} \varsigma_y(t) = 0$。结合**定理 4.4** 可以看到时变输出编队 $h(t)$ 是可实现的。因此,输出编队 $h(t)$ 对集群系统(4-39)是可行的。至此完成**定理 4.6** 的证明。

注释 4.17: **定理 4.6** 揭示了时变输出编队 $h(t)$ 的可行性与智能体的动力学特性、$(\bar{A}_{22}, \bar{A}_{12})$ 的能观部分、外部指令 $v(t)$ 及作用拓扑有关。由式(4-61)、式(4-64)和式(4-65)可以看出 $v(t)$ 的应用拓展了输出编队 $h(t)$ 的可行集合,在 $v(t)$ 存在的情况下 K_1 对可行集合没有直接影响。

注释 4.18: 如果 $K_1 = 0$, $K_2 = 0$, $h(t) \equiv 0$、$v(t) \equiv 0$(或 $C = I$、$K_2 = 0$, $h(t) \equiv 0$, $v(t) \equiv 0$),本节中的时变输出编队问题就转化为文献[137]中讨论的输出一致问题(或文献[133]中讨论的状态一致问题)。此外,文献[137]中的**定理 3.6** 和文

献[133]中的**定理 1** 都是**定理 4.6** 的特例。

根据**定理 4.6** 可以直接得到下述推论。

推论 4.3：如果 $v_i(t) \equiv 0$ $(i = 1, 2, \cdots, N)$，对于集群系统(4-39)，在任意给定的有界初始状态下，时变输出编队 $h(t)$ 可行的充要条件是**定理 4.6** 中条件(ii)成立，同时对 $\forall i \in \{1, 2, \cdots, N\}$，

$$\lim_{t \to \infty} \left(\begin{bmatrix} \bar{A}_{11} + \bar{B}_1 K_1 \\ \tilde{F}_1 + \tilde{B}_1 K_1 \end{bmatrix} (h_i(t) - h_j(t)) - \begin{bmatrix} I \\ 0 \end{bmatrix} (\dot{h}_i(t) - \dot{h}_j(t)) \right) = 0, \ j \in N_i$$

$$(4-69)$$

注释 4.19：由式(4-69)可知在 $v(t) \equiv 0$ 的情况下，K_1 可以用来对可行的时变输出编队集合进行扩展。

定义：

$$A_o = \begin{bmatrix} \bar{A}_{11} + \bar{B}_1 K_1 + \bar{B}_1 K_2 & \tilde{E}_1 \\ \tilde{F}_1 + \tilde{B}_1 K_1 + \tilde{B}_1 K_2 & \tilde{D}_1 \end{bmatrix}, \ B_o = \begin{bmatrix} \bar{B}_1 \\ \tilde{B}_1 \end{bmatrix}, \ C_o = \begin{bmatrix} I & 0 \end{bmatrix}$$

则式(4-54)中的 $\bar{Y}_i (i = 2, 3, \cdots, N)$ 可写为

$$\bar{Y}_i = A_o + \lambda_i B_o K_3 C_o, \ i = 2, 3, \cdots, N \tag{4-70}$$

由式(4-70)可以看出 $\bar{Y}_i (i = 2, 3, \cdots, N)$ 满足 Hurwitz 条件的充要条件是子系统 $(A_o, \lambda_i B_o, C_o)$ $(i = 2, 3, \cdots, N)$ 可以被以 K_3 为增益矩阵的静态输出反馈控制器同时镇定。对于任意给定的实数矩阵 R 和任意 $\lambda \in \mathbb{C}$，定义 $\Lambda_R = \text{blockdiag}\{R, R\}$，$\Psi_\lambda = \begin{bmatrix} \text{Re}(\lambda)I & -\text{Im}(\lambda)I \\ \text{Im}(\lambda)I & \text{Re}(\lambda)I \end{bmatrix}$。利用实部和虚部分解容易知道，$\bar{Y}_i (i = 2, 3, \cdots, N)$ 满足 Hurwitz 条件又等价于子系统 $(\Lambda_{A_o}, \Psi_{\lambda_i} \Lambda_{B_o}, \Lambda_{C_o})$ $(i = 2, 3, \cdots, N)$ 可以被以 Λ_{K_3} 为增益矩阵的静态输出反馈控制器同时镇定。令 $\tilde{\lambda}_{1,2} = \text{Re}(\lambda_2) \pm j\mu_{\bar{N}}$，$\tilde{\lambda}_{3,4} = \text{Re}(\lambda_N) \pm j\mu_{\bar{N}}$，其中，$j^2 = -1$，$\mu_{\bar{N}} = \max\{\text{Im}(\lambda_i), \ i = 2, 3, \cdots, N\}$。分别定义 Ω_0、Ω_1 和 Ω_2 为与 $\lambda_i (i = 2, 3, \cdots, N)$ 和 $\tilde{\lambda}_i (i = 1, 2, 3, 4)$ 无关的实对称矩阵。下述引理成立。

引理 4.3[133]：如果 $\Omega_0 + \text{Re}(\tilde{\lambda}_i)\Omega_1 + \text{Im}(\tilde{\lambda}_i)\Omega_2 < 0$ $(i = 1, 2, 3, 4)$，那么 $\Omega_0 + \text{Re}(\lambda_i)\Omega_1 + \text{Im}(\lambda_i)\Omega_2 < 0$ $(i = 2, 3, \cdots, N)$。

定理 4.7：如果**定理 4.6** 中的条件(i)成立并且存在实数矩阵 K_3 和 $R_o = R_o^T > 0$ 使得

$$(\Lambda_{A_o} + \Psi_{\tilde{\lambda}_i} \Lambda_{B_o} \Lambda_{K_3} \Lambda_{C_o})^T R_o + R_o (\Lambda_{A_o} + \Psi_{\tilde{\lambda}_i} \Lambda_{B_o} \Lambda_{K_3} \Lambda_{C_o}) < 0, \ i = 1, 2, 3, 4$$

$$(4-71)$$

则对于任意给定的有界初始状态,集群系统(4-36)在协议(4-38)作用下可以实现时变输出编队 $h(t)$。

证明:令 $\Pi_i = (\Lambda_{A_o} + \Psi_{\lambda_i}\Lambda_{B_o}\Lambda_{K_3}\Lambda_{C_o})^{\mathrm{T}}R_o + R_o(\Lambda_{A_o} + \Psi_{\lambda_i}\Lambda_{B_o}\Lambda_{K_3}\Lambda_{C_o})$ $(i = 2,$ $3, \cdots, N)$,则存在 Ω_0、Ω_1 和 Ω_2,使得 Π_i 可重写为

$$\Pi_i = \Omega_0 + \mathrm{Re}(\lambda_i)\Omega_1 + \mathrm{Im}(\lambda_i)\Omega_2 \qquad (4-72)$$

类似地,令 $\tilde{\Pi}_i = (\Lambda_{A_o} + \Psi_{\tilde{\lambda}_i}\Lambda_{B_o}\Lambda_{K_3}\Lambda_{C_o})^{\mathrm{T}}R_o + R_o(\Lambda_{A_o} + \Psi_{\tilde{\lambda}_i}\Lambda_{B_o}\Lambda_{K_3}\Lambda_{C_o})$ $(i = 1, 2, 3,$ $4)$,则

$$\tilde{\Pi}_i = \Omega_0 + \mathrm{Re}(\tilde{\lambda}_i)\Omega_1 + \mathrm{Im}(\tilde{\lambda}_i)\Omega_2 \qquad (4-73)$$

由式(4-72)、式(4-73)和**引理 4.3** 可知,如果条件(4-71)成立,那么 $\Pi_i < 0$ $(i = 2, 3, \cdots, N)$。

考虑如下子系统的稳定性:

$$\dot{\varphi}_i(t) = (\Lambda_{A_o} + \Psi_{\lambda_i}\Lambda_{B_o}\Lambda_{K_3}\Lambda_{C_o})\varphi_i(t) \qquad (4-74)$$

其中,$i \in \{2, 3, \cdots, N\}$。 构造如下李雅普诺夫函数候选:

$$V_i(t) = \varphi_i^{\mathrm{T}}(t)R_o\varphi_i(t) \qquad (4-75)$$

沿式(4-74)的轨迹对 $V_i(t)$ 求导可得

$$\dot{V}_i(t) = \varphi_i^{\mathrm{T}}(t)(\Lambda_{A_o} + \Psi_{\lambda_i}\Lambda_{B_o}\Lambda_{K_3}\Lambda_{C_o})^{\mathrm{T}}R_o\varphi_i(t) + \varphi_i^{\mathrm{T}}(t)R_o(\Lambda_{A_o} + \Psi_{\lambda_i}\Lambda_{B_o}\Lambda_{K_3}\Lambda_{C_o})\varphi_i(t)$$

因为 $\Pi_i < 0$ $(i = 2, 3, \cdots, N)$,所以 $\dot{V}_i(t) < 0$,即 $\bar{Y}_i (i = 2, 3, \cdots, N)$ 满足 Hurwitz 条件。根据**定理 4.6** 可以得到**定理 4.7** 的结论。

注释 4.20: **定理 4.7** 把**定理 4.6** 中的 $N - 1$ 个子系统的同时镇定问题转化为 4 个子系统的同时镇定问题。由于集群系统的一个主要特点是智能体数量的大规模性,因此所给出判据的可解性是十分重要的。注意到**定理 4.7** 中的条件(4-71)与智能体的数量无关。因此,对于具有大量智能体的高阶集群系统,**定理 4.7** 的计算复杂度比**定理 4.6** 明显低。

利用可镇定性的 PBH 判据可以证明如果 (A, B) 是可镇定的,则 $(\Lambda_{A_o},$ $\Psi_{\tilde{\lambda}_i}\Lambda_{B_o})$ $(i = 1, 2, 3, 4)$ 是可镇定的。由于 $(\tilde{D}_1, \tilde{E}_1)$ 是完全能观的,利用能观性的 PBH 判据可以得到 $(\Lambda_{C_o}, \Lambda_{A_o})$ 是能观的结论。在这种情况下,He 和 Wang[138] 提出的算法就可以用来求解**定理 4.7** 中的二次形矩阵不等式并且算法的收敛性也可以得到保证。**算法 4.2** 给出了求解增益矩阵 K_3 的一种方法。它主要包含一个凸补线性化算法和一个迭代线性矩阵不等式子算法。其中,前者主要用来确定 R_o 的初态,后者在前者的基础上确定增益矩阵 K_3。

算法 4.2：

第一部分，凸补线性化子算法。

步骤 1：设置 $k = 1$、$R_0 = I$、$Q_0 = I$。给定常数阈值 $\chi_1 > 0, \chi_2 > 0$。

步骤 2：求解如下优化问题得到 R_k、Q_k、M_1 和 M_2。

优化 1：

$$\text{minimize trace}(R_k Q_{k-1} + Q_k R_{k-1})$$

$$\text{subject to } \Lambda_{A_o} R_k + R_k \Lambda_{A_o}^{\mathrm{T}} + \Psi_{\tilde{\lambda}_i} \Lambda_{B_o} M_1 + M_1^{\mathrm{T}} \Lambda_{B_o}^{\mathrm{T}} \Psi_{\tilde{\lambda}_i}^{\mathrm{T}} < 0 \ (i = 1, 2, 3, 4)$$

$$Q_k \Lambda_{A_o} + \Lambda_{A_o}^{\mathrm{T}} Q_k + M_2 \Lambda_{C_o} + \Lambda_{C_o}^{\mathrm{T}} M_2^{\mathrm{T}} < 0$$

$$\begin{bmatrix} R_k & I \\ I & Q_k \end{bmatrix} \geq 0$$

步骤 3：如果 $\text{trace}(R_k Q_k) - 2(q + g) < \chi_1$，选取 $R = R_k$ 转至第二部分。

步骤 4：如果 $\text{trace}(R_k Q_k) - \text{trace}(R_{k-1} Q_{k-1}) < \chi_2$，转至步骤 6。

步骤 5：设置 $k = k + 1$，返回到步骤 2。

步骤 6：集群系统（4-36）可能无法通过协议（4-38）实现时变输出编队 $h(t)$。算法终止。

第二部分，迭代线性矩阵不等式子算法。

步骤 1：设置 $k = 1$，$R_1 = R$。给定常数阈值 $\chi_3 > 0$。

步骤 2：对于给定的 R_k 求解如下优化问题得到增益矩阵 K_3。

优化 2：

$$\text{minimize } \mu_k$$

$$\text{subject to} (\Lambda_{A_o} + \Psi_{\tilde{\lambda}_i} \Lambda_{B_o} \Lambda_{K_3} \Lambda_{C_o}) R_k + R_k (\Lambda_{A_o} + \Psi_{\tilde{\lambda}_i} \Lambda_{B_o} \Lambda_{K_3} \Lambda_{C_o})^{\mathrm{T}} - \mu_k R_k < 0$$

$$(4-76)$$

步骤 3：如果 $\mu_k \leq 0$，得到增益矩阵 K_3。算法结束。

步骤 4：设置 $k = k + 1$，对于给定的 K_3 求解如下优化问题得到 R_k。

优化 3：

$$\text{minimize } \mu_k$$
$$\text{subject to 式}(4-76)$$

步骤 5：如果 $\mu_k \leq 0$，得到增益矩阵 K_3。算法结束。

步骤 6：对于给定的 K_3 和 μ_k，求解如下优化问题得到 R_k。

优化 4：

$$\text{minimize trace}(R_k)$$

$$\text{subject to 式}(4-76)$$

步骤 7：如果 $\|R_k - R_{k-1}\| / \|R_k\| < \chi_3$，转至步骤 8；否则，设置 $k = k + 1$，$R_k = R_{k-1}$ 返回步骤 2。

步骤 8：集群系统（4-36）可能无法通过协议（4-38）实现时变输出编队 $h(t)$。算法终止。

在以上结果的基础上，可以总结出如下算法来对协议（4-38）进行设计。

算法 4.3：

步骤 1：检验**定理 4.6** 中的可行条件（i）是否满足。如果满足，利用式（4-69）确定 $v_j(t)$（$j = 1, 2, \cdots, N$）。此时，K_1 可以选取为任意维数匹配的矩阵，如 $K_1 = 0$。如果不满足，算法终止。

在 $v(t) \equiv 0$ 的情况下，求解式（4-69）来检验增益矩阵 K_1 是否存在。如果存在满足式（4-69）的 K_1，算法继续；否则算法终止。

步骤 2：选取适当的增益矩阵 K_2 把 $A + BK_1C + BK_2C$ 的部分特征值配置在复平面内期望的位置，进而实现对输出编队参考运动模态的部分配置。

步骤 3：利用**算法 4.2** 来确定增益矩阵 K_3 使得系统（4-57）渐近稳定。

注释 4.21：根据公式（4-64）确定的 $v_i(t)$（$i = 1, 2, \cdots, N$）并不唯一。因 $\hat{F}_1$ 是行满秩的，故存在矩阵 $\bar{F}_1$ 使得 $\bar{F}_1 \hat{F}_1 = I$。在这种情况下，可以先任意指定一个 $v_i(t)$（$i \in \{1, 2, \cdots, N\}$），然后再通过式（4-64）确定其他的 $v_j(t)$（$j \in \{1, 2, \cdots, N\}, j \neq i$）。

4.3.4　数值仿真

考虑一个具有 8 个智能体的六阶集群系统。集群系统对应的有向作用拓扑如图 4-7 所示。每个智能体的动力学特性由式（4-36）描述，其中，$x_i(t) = [x_{i1}(t), x_{i2}(t), \cdots, x_{i6}(t)]^{\mathrm{T}}$，$y_i(t) = [y_{i1}(t), y_{i2}(t), y_{i3}(t)]^{\mathrm{T}}$（$i = 1, 2, \cdots, 8$），

$$A = \begin{bmatrix} -3.25 & -2.5 & -1 & 1.25 & -1.75 & -1.5 \\ -1.5 & 2 & -1 & -1.5 & 4.5 & 2 \\ -4.25 & 1.5 & 0 & -1.75 & 4.25 & 2.5 \\ 8.5 & 2 & 1 & 0.5 & -3.5 & 0 \\ 3.25 & -2.5 & 2 & 1.75 & -5.25 & -1.5 \\ 3 & 0 & -3 & 2 & -4 & -3 \end{bmatrix}, B = \begin{bmatrix} -1 \\ -1 \\ 1 \\ 1 \\ 1 \\ 0 \end{bmatrix}$$

$$C = \begin{bmatrix} 1 & 0 & 1 & 0 & 0 & 0 \\ 0 & 1 & 1 & 0 & 0 & 0 \\ 0 & 0 & 1 & -1 & 1 & 0 \end{bmatrix}$$

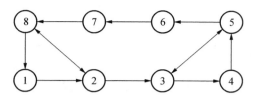

图 4-7 有向作用拓扑 G 选择

$$\bar{C} = \begin{bmatrix} 0 & 0 & 0 & 0 & 0 & 1 \\ 0 & 0 & 0 & 1 & 0 & 0 \\ 0 & 0 & 0 & 0 & 1 & 0 \end{bmatrix}$$

可以验证 (A, B) 是可镇定的且 $(\bar{A}_{22}, \bar{A}_{12})$ 是不完全能观的。选取如下非奇异矩阵 $\tilde{T}$：

$$\tilde{T} = \begin{bmatrix} 1 & 0 & 1 \\ 0 & -1 & 2 \\ 0 & 1 & 0 \end{bmatrix}$$

可以得到：

$$\bar{T} = \begin{bmatrix} 0 & 0 & 0 & 0 & 1 \\ 0 & 1 & 0 & 0 & 0 \\ 0 & 0 & 1 & 0 & -1 \\ 0 & 0 & 0 & 1 & 1 \\ 1 & 0 & 0 & 0 & 0 \end{bmatrix}, \; \hat{T}^{-1} = \begin{bmatrix} 1 & 0 & 0 & 0 & 0 \\ 0 & 1 & 0 & 0 & 0 \\ 0 & 0 & 1 & 0 & 0 \\ 0 & 0 & 0 & 1 & 0 \\ 0 & 0 & 0 & 0 & 1 \end{bmatrix}$$

这 8 个智能体的输出一方面需要形成一个周期性变化的平行八边形，另一方面需要围绕时变的输出编队参考进行旋转运动。时变输出编队的定义如下：

$$h_i(t) = \begin{bmatrix} 10\sin\left(t + \dfrac{(i-1)\pi}{4}\right) \\ 10\cos\left(t + \dfrac{(i-1)\pi}{4}\right) \\ -10\sin\left(t + \dfrac{(i-1)\pi}{4}\right) \end{bmatrix}, \; i = 1, 2, \cdots, 8$$

如果上述给定的 $h_i(t)$（$i = 1, 2, \cdots, 8$）被实现了，那么 8 个智能体的输出会分别位于一个平行八边形的 8 个顶点同时保持 1 rad/s 的自转运动。此外，平行八边形的边长也是周期性变化的。

可以验证**定理 4.6** 中的条件 (i) 是满足的。根据**算法 4.3**，可以选取 $K_1 = [0, 0, 0]$，同时获得如下 $v_i(t)$：

$$v_i(t) = 20\sin\left[t + \frac{\pi}{3}(i-1)\right] - 40\cos\left[t + \frac{\pi}{3}(i-1)\right], \; i = 1, 2, \cdots, 8$$

选择 $K_2 = [-6, -2, -5.3]$ 把 $A + BK_1C + BK_2C$ 的特征值配置在 -8.249 8、

－0.621 5 + 3.887 5j、－0.621 5 － 3.887 5j、－2、－0.826 1、0.018 9，其中 $j^2 =$ －1。在这种情况下，输出编队参考将会以一个相对较小的速度缓慢发散。根据**算法 4.2** 可以得到如下 K_3 使得系统(4-57)渐近稳定：

$$K_3 = [0.422\ 7,\ -0.036\ 3,\ 0.118\ 3]$$

　　为了简化描述，8 个智能体的初始状态选取如下：$x_{ij}(0) = i(\Theta - 0.5)$（$i = 1,$ $2, \cdots, 8; j = 1, 2, \cdots, 6$）。图 4-8 给出了 8 个智能体的输出轨迹和时变输出编队参考轨迹在不同时刻的截图，其中智能体的输出分别用点、圆、×符号、星号、正方形、菱形、三角形和加号来表示，输出编队参考用五角星来表示。从图 4-8(a) 和 (b) 可以看出 8 个智能体的输出实现了一个平行八边形并且编队参考 $r(t)$ 位于八边形的中心。图 4-8(b)、(c)、(d) 揭示出所实现的输出编队在围绕时变的编队参考进行自转并且平行八边形的边长是时变的。因此，集群系统实现了期望的时变输出编队。

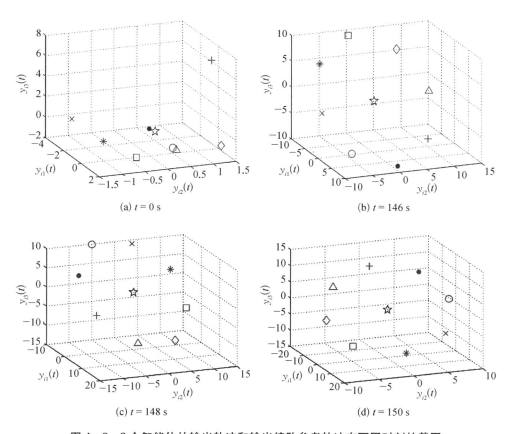

图 4-8　8 个智能体的输出轨迹和输出编队参考轨迹在不同时刻的截图

4.4　无人机集群时变编队控制及实验验证

本节将第 4.2 节中针对一般高阶集群系统时变状态编队控制的理论结果应用于实际无人机集群系统。首先,针对无人机的具体模型给出了无人机集群系统实现时变状态编队的充要条件和状态编队参考函数的显式表达式,提出了对状态编队参考运动模态进行配置的方法及对控制协议进行设计的方法。其次,证明了通过适当选取无人机的初始状态可以避免无人机编队过程中的碰撞问题。最后,在 5 架四旋翼无人机组成的编队平台上实现了室外环境下自主时变编队飞行,验证了本节的理论结果。

4.4.1　问题描述

考虑一个具有 N 架无人机的集群系统。对于每架无人机,由于其位置环的时间常数要远大于姿态环,所以在仅考虑位置和速度编队的情况下,可以把编队控制器按照内外环的双回路架构来分层进行设计[139, 140]。在这种配置下,外环回路可以用来驱动无人机以指定的速度达到期望的位置,而内环回路用来对姿态进行跟踪。双回路的编队控制原理框图如图 4-9 所示。本节主要对外环回路的设计进行研究。因此,在编队控制层面,每架无人机可以被视为一个质点模型并且每架无人机的动力学特性可以近似用如下双积分器来描述[141-144]:

$$\begin{cases} \dot{x}_i(t) = v_i(t) \\ \dot{v}_i(t) = u_i(t) \end{cases} \tag{4-77}$$

其中,$i = 1, 2, \cdots, N$,$x_i(t) \in \mathbb{R}^n$ 和 $v_i(t) \in \mathbb{R}^n$ 分别表示第 i 架无人机的位置和速度向量,$u_i(t) \in \mathbb{R}^n$ 表示控制输入。假设作用拓扑具有生成树。为了简化描述,在本节的分析中,如果没有特殊说明均假设 $n = 1$。在 $n > 1$ 时,与 $n = 1$ 的情况下类似的分析过程可以通过使用 Kronecker 积直接得到,并且本节所有的理论结果均可以直接拓展到 $n > 1$ 的情况。

为了充分利用二阶积分器的结构特性,定义 $\zeta_i(t) = [x_i(t), v_i(t)]^{\mathrm{T}}$,$B_1 =$

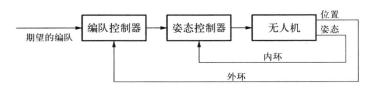

图 4-9　无人机编队控制双回路原理框图

$[1, 0]^\mathrm{T}$，$B_2 = [0, 1]^\mathrm{T}$。无人机集群系统(4-77)又可描述为

$$\dot{\zeta}_i(t) = B_1 B_2^\mathrm{T} \zeta_i(t) + B_2 u_i(t) \tag{4-78}$$

令 $h_i(t) = [h_{ix}(t), h_{iv}(t)]^\mathrm{T} (i = 1, 2, \cdots, N)$ 为分段连续可微的向量，$h(t) = [h_1^\mathrm{T}(t), h_2^\mathrm{T}(t), \cdots, h_N^\mathrm{T}(t)]^\mathrm{T} \in \mathbb{R}^{2N}$。考虑如下时变状态编队协议：

$$u_i(t) = K_1(\zeta_i(t) - h_i(t)) + K_2 \sum_{j \in N_i} w_{ij}[(\zeta_j(t) - h_j(t)) - (\zeta_i(t) - h_i(t))] + \dot{h}_{iv}(t) \tag{4-79}$$

其中，$i = 1, 2, \cdots, N$，$K_1 = [k_{11}, k_{12}]$，$K_2 = [k_{21}, k_{22}]$。

定义 $\zeta(t) = [\zeta_1^\mathrm{T}(t), \zeta_2^\mathrm{T}(t), \cdots, \zeta_N^\mathrm{T}(t)]^\mathrm{T}$，$h_x(t) = [h_{1x}(t), h_{2x}(t), \cdots, h_{Nx}(t)]^\mathrm{T}$，$h_v(t) = [h_{1v}(t), h_{2v}(t), \cdots, h_{Nv}(t)]^\mathrm{T}$。在协议(4-79)的作用下，无人机集群系统(4-78)具有如下闭环形式：

$$\begin{aligned}\dot{\zeta}(t) = &[I_N \otimes (B_2 K_1 + B_1 B_2^\mathrm{T}) - L \otimes (B_2 K_2)]\zeta(t) + (I_N \otimes B_2)\dot{h}_v(t) \\ &- [I_N \otimes (B_2 K_1) - L \otimes (B_2 K_2)]h(t)\end{aligned} \tag{4-80}$$

本节主要针对无人机集群系统(4-80)开展如下三个方面的研究：
(i) 在什么条件下可以实现时变状态编队 $h(t)$。
(ii) 如何对状态编队协议(4-79)进行设计。
(iii) 如何把理论结果在实际四旋翼无人机平台上进行实验验证。

4.4.2　无人机集群时变编队分析及协议设计

构造与 4.3 节中相同的变换矩阵 U 和 U^{-1}，使得 $U^{-1}LU = J$。令 $\tilde{\zeta}_i(t) = \zeta_i(t) - h_i(t)$ $(i = 1, 2, \cdots, N)$。则无人机集群系统(4-80)可进一步表示为

$$\dot{\tilde{\zeta}}(t) = [I_N \otimes (B_2 K_1 + B_1 B_2^\mathrm{T}) - L \otimes (B_2 K_2)]\tilde{\zeta}(t) + (I_N \otimes B_1)(h_v(t) - \dot{h}_x(t)) \tag{4-81}$$

引理 4.4：无人机集群系统(4-80)实现时变状态编队 $h(t)$ 的充要条件是集群系统(4-81)实现状态一致。

令第 2.2 节中的 $\nu = 2$。定义 $\theta_U(t) = (\bar{u}_1^H \otimes I_2)\tilde{\zeta}(t)$、$\varsigma_U(t) = (\tilde{U} \otimes I_2)\tilde{\zeta}(t)$，则集群系统(4-81)可变换为

$$\dot{\theta}_U(t) = (B_2 K_1 + B_1 B_2^\mathrm{T})\theta_U(t) + (\bar{u}_1^H \otimes B_1)(h_v(t) - \dot{h}_x(t)) \tag{4-82}$$

$$\dot{\varsigma}_U(t) = [I_{N-1} \otimes (B_2 K_1 + B_1 B_2^\mathrm{T}) - \bar{J} \otimes (B_2 K_2)]\varsigma_U(t) + (\tilde{U} \otimes B_1)(h_v(t) - \dot{h}_x(t)) \tag{4-83}$$

引理 4.5[51]：定义 A_U 是一个 2×2 的复矩阵并且对应的特征多项式为 $f(s) = s^2 + a_1 s + a_2$，其中 s 是一个复变量。系统 $\dot{\varphi}(t) = A_U \varphi(t)$ 渐近稳定的充要条件是 $\mathrm{Re}(a_1) > 0$ 且 $\mathrm{Re}(a_1)\mathrm{Re}(a_1 \bar{a}_2) - \mathrm{Im}(a_2)^2 > 0$。

下面的定理给出了无人机集群系统（4-80）实现时变状态编队 $h(t)$ 的充要条件。

定理 4.8：对于任意给定的有界初始状态，无人机集群系统（4-80）实现时变状态编队 $h(t)$ 的充要条件是

（i）对任意 $i \in \{1, 2, \cdots, N\}$，

$$\lim_{t \to \infty} \left[(h_{iv}(t) - h_{jv}(t)) - (\dot{h}_{ix}(t) - \dot{h}_{jx}(t)) \right] = 0, j \in N_i \qquad (4-84)$$

（ii）对任意 $i \in \{2, 3, \cdots, N\}$，

$$-k_{12} + \mathrm{Re}(\lambda_i) k_{22} > 0 \qquad (4-85)$$

$$(-k_{12} + \mathrm{Re}(\lambda_i) k_{22}) \psi_i - \mathrm{Im}(\lambda_i)^2 k_{21}^2 > 0 \qquad (4-86)$$

其中，

$$\psi_i = k_{12}k_{11} - \mathrm{Re}(\lambda_i)(k_{12}k_{21} + k_{11}k_{22}) + (\mathrm{Re}(\lambda_i)^2 + \mathrm{Im}(\lambda_i)^2)k_{21}k_{22}$$

证明：定义 $\tilde{\zeta}_C(t) = (U \otimes I_2)[\theta_U^H(t), 0]^H$，$\tilde{\zeta}_{\bar{C}}(t) = (U \otimes I_2)[0, \varsigma_U^H(t)]^H$。由于 c_1 和 c_2 是线性无关的向量，所以存在 $\alpha_1(t)$、$\alpha_2(t)$ 及 $\alpha_{2i+k}(t)$（$i = 1, 2, \cdots, N-1; k = 1, 2$）使得 $\theta_U(t) = \alpha_1(t)c_1 + \alpha_2(t)c_2$ 且 $\varsigma_U(t) = [\alpha_3(t)c_1^H + \alpha_4(t)c_2^H, \cdots, \alpha_{2N-1}(t)c_1^H + \alpha_{2N}(t)c_2^H]^H$。又因为 $[\theta_U^H(t), 0]^H = e_1 \otimes \theta_U(t)$，可得

$$\tilde{\zeta}_C(t) = (U \otimes I_2)(e_1 \otimes \theta_U(t)) = \bar{u}_1 \otimes \theta_U(t) = \alpha_1(t)p_1 + \alpha_2(t)p_2 \in \mathbb{C}(U) \qquad (4-87)$$

根据 $p_j(j = 3, 4, \cdots, 2N)$ 的结构可知：

$$\tilde{\zeta}_{\bar{C}}(t) = \sum_{i=2}^{N} \left[\alpha_{2i-1}(t)(\bar{u}_i \otimes c_1) + \alpha_{2i}(t)(\bar{u}_i \otimes c_2) \right] = \sum_{j=3}^{2N} \alpha_j(t)p_j \in \bar{\mathbb{C}}(U) \qquad (4-88)$$

注意到 $[\theta_U^H(t), \varsigma_U^H(t)]^H = (U^{-1} \otimes I_2)\tilde{\zeta}(t)$，可得 $\tilde{\zeta}(t) = \tilde{\zeta}_C(t) + \tilde{\zeta}_{\bar{C}}(t)$。结合**引理 4.4 和引理 2.3**，可知无人机集群系统（4-80）实现时变状态编队 $h(t)$ 当且仅当 $\lim\limits_{t \to \infty} \tilde{\zeta}_{\bar{C}}(t) = 0$，即

$$\lim_{t \to \infty} \varsigma_U(t) = 0 \qquad (4-89)$$

定义：

$$\dot{\tilde{\zeta}}_U(t) = \left[I_{N-1} \otimes (B_2 K_1 + B_1 B_2^{\mathrm{T}}) - \bar{J} \otimes (B_2 K_2) \right] \tilde{\varsigma}_U(t) \tag{4-90}$$

由式(4-83)和式(4-89)可知,无人机集群系统(4-80)实现时变编队 $h(t)$ 当且仅当系统(4-90)是渐近稳定的,且

$$\lim_{t \to \infty} (\tilde{U} \otimes B_1)(h_v(t) - \dot{h}_x(t)) = 0 \tag{4-91}$$

下面将会证明**定理 4.8** 中的条件(i)和(ii)分别与式(4-91)成立和系统(4-90)渐近稳定等价。

如果式(4-84)成立,则

$$\lim_{t \to \infty} (L \otimes B_1)(h_v(t) - \dot{h}_x(t)) = 0 \tag{4-92}$$

把 $L = UJU^{-1}$ 代入式(4-92)并且对式(4-92)左乘 $U^{-1} \otimes I$,可得

$$\lim_{t \to \infty} (\bar{J}\tilde{U} \otimes B_1)(h_v(t) - \dot{h}_x(t)) = 0 \tag{4-93}$$

因 G 具有生成树,可知 $\bar{J}$ 是非奇异的。对式(4-93)左乘 $\bar{J}^{-1} \otimes I_2$ 可以得到式(4-91),也就是说条件(i)对式(4-91)而言是充分的。

如果式(4-91)成立,令 $\tilde{U} = [\hat{U}, \hat{u}]$,其中,$\hat{U} \in \mathbb{C}^{(N-1)\times(N-1)}$,$\hat{u} \in \mathbb{C}^{(N-1)\times 1}$,$\hat{u}$ 为 $\tilde{U}$ 的最后一列。由于 $\mathrm{rank}(\tilde{U}) = N - 1$,不失一般性,假设 $\mathrm{rank}(\hat{U}) = N - 1$。由式(4-91)可得

$$\lim_{t \to \infty} ([\hat{U}, \hat{u}] \otimes B_1)(h_v(t) - \dot{h}_x(t)) = 0 \tag{4-94}$$

由于 $\tilde{U}1_N = 0$,那么

$$\hat{u} = -\hat{U}1_{N-1} \tag{4-95}$$

令 $\bar{h}_x(t) = [h_{1x}(t), h_{2x}(t), \cdots, h_{(N-1)x}(t)]^{\mathrm{T}}$、$\bar{h}_v(t) = [\dot{h}_{1v}(t), \dot{h}_{2v}(t), \cdots, \dot{h}_{(N-1)v}(t)]^{\mathrm{T}}$。结合式(4-94)和式(4-95)可知:

$$\lim_{t \to \infty} (\hat{U} \otimes I_2)\left[(I_{N-1} \otimes B_1)(\bar{h}_v(t) - \dot{\bar{h}}_x(t)) - (1_{N-1} \otimes B_1)(h_{Nv}(t) - \dot{h}_{Nx}(t)) \right] = 0 \tag{4-96}$$

对式(4-96)两边同时左乘 $\hat{U}^{-1} \otimes I_2$ 可得,对 $\forall i \in \{1, 2, \cdots, N-1\}$,

$$\lim_{t \to \infty} \left[(h_{iv}(t) - h_{Nv}(t)) - (\dot{h}_{ix}(t) - \dot{h}_{Nx}(t)) \right] = 0 \tag{4-97}$$

由式(4-97)可知条件(i)成立。因此,**定理 4.8** 中条件(i)与式(4-91)是等价的。

根据 $\bar{J}$ 的结构可以看出系统(4-90)的稳定性与如下 $N-1$ 个子系统的稳定性等价:

$$\dot{\bar{\varsigma}}_{Ui}(t) = [B_2(K_1 - \lambda_i K_2) + B_1 B_2^{\mathrm{T}}] \bar{\varsigma}_{Ui}(t),\ i = 2, 3, \cdots, N \qquad (4-98)$$

子系统(4-98)的特征多项式为$f_i(s) = s^2 - (k_{12} - \lambda_i k_{22})s - (k_{11} - \lambda_i k_{21})$ $(i = 2,$ $3, \cdots, N)$。利用**引理4.5**的结论可得系统(4-90)渐近稳定的充要条件是条件(ii)成立。至此完成**定理4.8**的证明。

注释4.22：文献[59]、[62]研究了如式(4-78)所示的二阶集群系统的编队控制问题并给出了集群系统实现时不变编队的充分条件。本节中的**定理4.8**则给出了充要条件。此外,根据**定理4.8**可以直接证明文献[62]中的充分条件同时也是必要的。

如果无人机集群系统(4-80)实现了时变状态编队$h(t)$,则随着$t \to \infty$有$\tilde{\zeta}_i(t) - \theta_U(t) \to 0$。因此,子系统(4-82)可以用来确定编队参考函数。利用4.2节类似的分析方法可以得到无人机集群系统编队参考函数的显式表达式。

引理4.6：如果无人机集群系统(4-80)实现了时变编队$h(t)$,则编队参考函数$r(t)$满足：

$$\lim_{t \to \infty} (r(t) - r_0(t) - r_h(t)) = 0$$

其中,

$$r_0(t) = \mathrm{e}^{(B_2 K_1 + B_1 B_2^{\mathrm{T}})t} (\tilde{u}_1^H \otimes I_2) \zeta(0)$$

$$r_h(t) = \int_0^t \mathrm{e}^{(B_2 K_1 + B_1 B_2^{\mathrm{T}})(t-\tau)} (\tilde{u}_1^H \otimes B_2)(\dot{h}_v(\tau) - k_{12} h_v(\tau) - k_{11} h_x(\tau)) \mathrm{d}\tau - (\tilde{u}_1^H \otimes I_2) h(t)$$

定理4.9：假设**定理4.8**中的条件(i)成立,令$K_2 = [\mathrm{Re}(\lambda_2)]^{-1} B_2^{\mathrm{T}} P_U$,其中$P_U$是如下代数 Riccati 方程的正定解：

$$P_U(B_2 K_1 + B_1 B_2^{\mathrm{T}}) + (B_2 K_1 + B_1 B_2^{\mathrm{T}})^{\mathrm{T}} P_U - P_U B_2 B_2^{\mathrm{T}} P_U + I = 0 \qquad (4-99)$$

则对于任意给定的有界初始状态,无人机集群系统(4-78)在协议(4-79)的作用下可以实现时变状态编队$h(t)$。

证明：对于如式(4-98)所示的$N-1$个子系统,构造如下李雅普诺夫函数候选：

$$V_i(t) = \bar{\varsigma}_{Ui}^H(t) P_U \bar{\varsigma}_{Ui}(t),\ i = 2, 3, \cdots, N \qquad (4-100)$$

令$K_2 = [\mathrm{Re}(\lambda_2)]^{-1} B_2^{\mathrm{T}} P_U$。沿式(4-98)的解对$V_i(t)$求导可得

$$\dot{V}_i(t) = -\bar{\varsigma}_{Ui}^H(t) \bar{\varsigma}_{Ui}(t) + (1 - 2\mathrm{Re}(\lambda_i)[\mathrm{Re}(\lambda_2)]^{-1}) \bar{\varsigma}_{Ui}^H(t) P_U B_2 B_2^{\mathrm{T}} \bar{P}_U \bar{\varsigma}_{Ui}(t)$$

$$(4-101)$$

因为$0 < \mathrm{Re}(\lambda_2) \leqslant \cdots \leqslant \mathrm{Re}(\lambda_N)$,所以由式(4-101)可得$\dot{V}_i(t) \leqslant -\bar{\varsigma}_{Ui}^H(t) \bar{\varsigma}_{Ui}(t)$

$(i = 2, 3, \cdots, N)$。根据李雅普诺夫稳定性判据,可知如式(4-98)所示的 $N-1$ 个子系统是渐近稳定的。结合**定理 4.8** 的证明可知无人机集群系统(4-78)在协议(4-79)的作用下可以实现时变状态编队 $h(t)$。

在以上结果的基础上,可以总结出如下针对状态编队协议(4-79)的设计流程:首先,选取适当的 K_1 来对编队参考的运动模态进行配置。既然 $(B_1 B_2^{\mathrm{T}}, B_2)$ 是完全能控的,总可以找到适当的 K_1 使得 $B_2 K_1 + B_1 B_2^{\mathrm{T}}$ 的特征值配置到复平面内的期望位置。然后,利用**定理 4.9** 设计出满足条件(4-86)的 K_2。

下面证明,通过选取合适的初始条件可以避免无人机在编队过程中的碰撞问题。

令 $U = [\bar{u}_1, \bar{U}]$。因为 $\bar{u}_1 = 1_N$、$\tilde{\zeta}(t) = (U \otimes I) [\theta_U^H(t), \varsigma_U^H(t)]^H$,所以

$$\tilde{\zeta}(t) = (1_N \otimes I) \theta_U(t) + (\bar{U} \otimes I) \varsigma_U(t) \tag{4-102}$$

选择 $h_v(t)$ 和 $\dot{h}_x(t)$ 使得

$$(\tilde{U} \otimes B_1)(h_v(t) - \dot{h}_x(t)) = 0 \tag{4-103}$$

由式(4-83)和式(4-103)可得

$$\varsigma_U(t) = e^{A_\varsigma t} \varsigma_U(0) = e^{A_\varsigma t} (\tilde{U} \otimes I) \tilde{\zeta}(0) \tag{4-104}$$

其中,

$$A_\varsigma = I_{N-1} \otimes (B_2 K_1 + B_1 B_2^{\mathrm{T}}) - \bar{J} \otimes (B_2 K_2)$$

那么式(4-102)可整理为

$$\tilde{\zeta}(t) = (1_N \otimes I) \theta_U(t) + (\bar{U} \otimes I) \varsigma_U(t) \tag{4-105}$$

定义:

$$\eta_i(t) = \begin{bmatrix} \eta_{ix}(t) \\ \eta_{iv}(t) \end{bmatrix} = (e_i^{\mathrm{T}} \bar{U} \otimes I) e^{A_\varsigma t} (\tilde{U} \otimes I) \tilde{\zeta}(0) \tag{4-106}$$

如果**定理 4.8** 成立,则 A_ς 是渐近稳定的并且 $\lim\limits_{t \to \infty} \eta_i(t) = 0$。因此,存在一个非负常数 α_ς 使得

$$|\eta_{ix}(t)| \leqslant \alpha_\varsigma \|\tilde{\zeta}(0)\| \tag{4-107}$$

由式(4-105)和式(4-106)可知 $\tilde{\zeta}_i(t) = \theta_U(t) + \eta_i(t)$。因为 $\tilde{\zeta}_i(t) = \zeta_i(t) - h_i(t)$,所以

$$x_i(t) - x_j(t) = h_{ix}(t) - h_{jx}(t) + \eta_{ix}(t) - \eta_{jx}(t) \tag{4-108}$$

由式(4-108)可得

$$| x_i(t) - x_j(t) | \geqslant | h_{ix}(t) - h_{jx}(t) | - | \eta_{ix}(t) - \eta_{jx}(t) | \qquad (4-109)$$

不等式(4-109)意味着如果

$$| h_{ix}(t) - h_{jx}(t) | > | \eta_{ix}(t) - \eta_{jx}(t) |, \ \forall t \geqslant 0 \qquad (4-110)$$

则无人机之间不会发生碰撞。结合式(4-107)和式(4-110)可以看出如果对
$\forall t \geqslant 0, | h_{ix}(t) - h_{jx}(t) | > 2\alpha_\varsigma \parallel \tilde{\zeta}(0) \parallel$，那么式(4-110)成立。因此,如果初
始时刻无人机集群系统的编队误差足够小并且编队满足式(4-103),则可以保证
避碰。在式(4-91)成立时也可以得到类似的分析结果。

4.4.3　四旋翼无人机编队平台介绍

研究中使用的四旋翼无人机编队平台搭建于 2012 年,包含 5 架带有飞控系统
的四旋翼无人机和一个地面站,如图 4-10 所示。四旋翼无人机的碳纤维机体、直
流无刷电机、螺旋桨及电调采用的都是 Xaircraft 公司的产品,而飞行控制系统由作
者团队自研。每架四旋翼无人机最大长度为 65 cm、重量为 1.6 kg、最大起飞重量
为 1.8 kg、飞行时间约为 12 min。

图 4-10　四旋翼无人机编队平台

飞控系统处理器采用的是 TI 公司生产的型号为 TMS320F28335 的数字信号处
理(digital signal processing, DSP)芯片。四旋翼无人机的姿态及加速度信息基于三
个单轴陀螺仪、一个三轴加速度计和一个三轴磁力计的测量值来进行估算。四旋
翼无人机的位置和速度信息则主要通过一个误差为 1.2 米圆概率误差(circular
error probable, CEP)的 GPS 模块以 10 Hz 的频率来提供。四旋翼无人机在低空和
高空飞行时的高度信息可分别通过超声测距模块和数字气压计来获得。每架四旋
翼无人机上还配备了一个 2 GB 的 Micro-SD 卡对飞行数据进行在线记录。四旋

翼无人机之间以及四旋翼无人机和地面站之间的通信通过 Zigbee 模块来实现。地面站可以通过 Zigbee 网络把控制命令点对点发送给单个四旋翼无人机或者广播给所有四旋翼无人机,同时所有四旋翼无人机的飞行数据及关键参数也可以通过 Zigbee 网络传送到地面站上进行实时监控。虽然在编队的过程中不需要遥控,但是为了便于在意外情况下对四旋翼无人机进行紧急控制,每架四旋翼无人机上均保留了一个遥控接收机。图 4‑11 给出了四旋翼无人机的硬件结构框图。

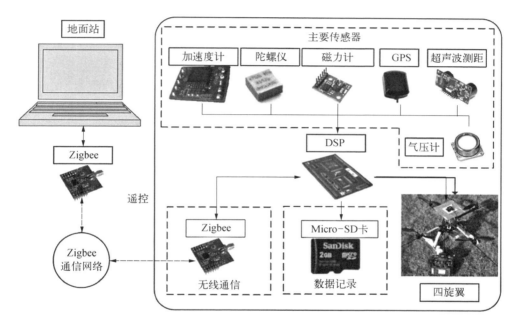

图 4‑11　四旋翼无人机硬件结构框图

4.4.4　基于四旋翼无人机的时变编队仿真及实验

假设 5 架四旋翼无人机的编队在 XY 平面内进行。在这种情况下式(4‑77)中 $n=2$。5 架四旋翼无人机之间的作用拓扑如图 4‑12 所示。每架四旋翼无人机沿 X 轴和 Y 轴平动的外环回路由编队控制器 (4‑79)来控制,相应的内环回路由文献[145]中所述的 PD 控制器来控制。高度及偏航角被设为固定值。编队控制器和姿态控制器的控制频率分别为 10 Hz 和 100 Hz。需要特别强调的是,5 架四旋翼无人机在编队实现的过程中既不需要遥控也不需要地面站的指令信号,即

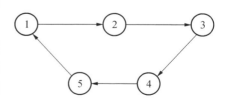

图 4‑12　5 架四旋翼无人机之间的有向作用拓扑 G

编队是自主的。

令 $\zeta_i(t) = [x_{iX}(t), v_{iX}(t), x_{iY}(t), v_{iY}(t)]^T$、$h_i(t) = [h_{ixX}(t), h_{ivX}(t), h_{ixY}(t),$ $h_{ivY}(t)]^T$。四旋翼无人机在 $n = 2$ 时的动力学模型为

$$\dot{\zeta}_i(t) = (I_2 \otimes B_1 B_2^T)\zeta_i(t) + (I_2 \otimes B_2)u_i(t)$$

实验1：5架四旋翼无人机数字8时变编队。

考虑如下时变状态编队：

$$h_i(t) = \begin{bmatrix} r\left(\cos\left(\omega t + \dfrac{2\pi(i-1)}{5}\right) - 1\right)g_i(t) \\[2mm] -\omega r\sin\left(\omega t + \dfrac{2\pi(i-1)}{5}\right)g_i(t) \\[2mm] r\sin\left(\omega t + \dfrac{2\pi(i-1)}{5}\right) \\[2mm] \omega r\cos\left(\omega t + \dfrac{2\pi(i-1)}{5}\right) \end{bmatrix}, \quad i = 1, 2, \cdots, 5$$

其中，$r = 7$ m，$\omega = 0.214$ rad/s，$g_i(t) = \mathrm{sign}\{\sin[\omega t/2 + \pi(i-1)/5]\}$（$i = 1,$ $2, \cdots, 5$）。由 $h_i(t)$（$i = 1, 2, \cdots, 5$）可以看出，如果四旋翼无人机集群系统实现了期望的时变状态编队，那么5架四旋翼无人机将会在保持 $2\pi/5$rad 相位差的同时按照数字8的形状飞行。需要指出的是，与文献[136]、[146]、[147]中研究的无人机编队不同，本例中编队实现后所有无人机的速度都是不同的。受飞行场地及编队飞行需要在视野范围内进行的限制，$B_2 K_1 + B_1 B_2^T$ 的特征值通过 $K_1 = I_2 \otimes$ $[-2, -1.2]$ 被配置在 $-0.6 + 1.28$j 和 $-0.6 - 1.28$j，其中 $j^2 = -1$。这意味着，如果四旋翼无人机集群系统形成了期望的编队，编队参考是静止不动的。同时，为了避免四旋翼无人机之间的碰撞，每架四旋翼无人机的初始状态会选择在与编队轨迹比较接近的位置。可以验证**定理4.8**中的条件(i)是成立的。根据**定理4.8**可以求出 $K_2 = I_2 \otimes [0.3416, 0.7330]$。

5架四旋翼无人机的初始状态选取如下：$\zeta_1(0) = [-0.16, 0.03, -0.07,$ $-0.01]^T$、$\zeta_2(0) = [-4.92, -0.08, 6.38, -0.04]^T$、$\zeta_3(0) = [-12.37, -0.26,$ $4.08, -0.03]^T$、$\zeta_4(0) = [-12.73, 0.03, -4.56, -0.04]^T$、$\zeta_5(0) = [-4.63,$ $-0.05, -6.9, 0.02]^T$。图4-13和图4-14分别给出了5架四旋翼无人机及编队参考在180 s内的仿真和实验曲线，其中5架四旋翼无人机的初态和 $r(0)$ 用圆表示，而末态分别用正方形、菱形、下三角形、上三角形、左三角形和五角星表示。图4-15给出了5架四旋翼无人机的状态曲线和 $r(t)$ 的曲线在实验中从16 s到21 s的截图。图4-16展示了四旋翼无人机数字8时变编队飞行的实验截图。从图4-13~图4-16可以看出5架四旋翼无人机在仿真和实验中均实现了期望的时变状态编队。

数字8时
变编队飞
行实验视
频

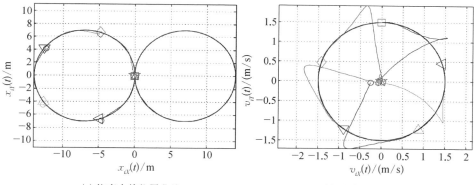

(a) 仿真中的位置曲线　　　　　　　　(b) 仿真中的速度曲线

图 4 - 13　5 架四旋翼无人机数字 8 编队仿真中状态曲线和编队参考曲线

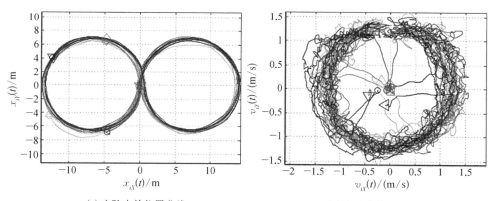

(a) 实验中的位置曲线　　　　　　　　(b) 实验中的速度曲线

图 4 - 14　5 架四旋翼无人机数字 8 编队实验中状态曲线和编队参考曲线

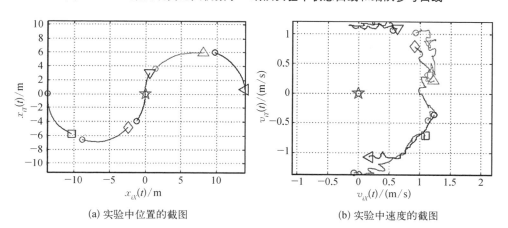

(a) 实验中位置的截图　　　　　　　　(b) 实验中速度的截图

图 4 - 15　$t \in [16\,\text{s}, 21\,\text{s}]$ 时 5 架四旋翼无人机数字 8 编队实验中状态和编队参考截图

图 4‑16   5 架四旋翼无人机数字 8 时变编队飞行实验截图

实验 2：5 架四旋翼无人机李萨如时变编队。

考虑如下时变状态编队：

$$
h_i(t) = \begin{bmatrix} r\sin(\omega t) + d\cos\left(\dfrac{2\pi(i-1)}{5}\right) \\ \omega r\cos(\omega t) \\ r\sin(2\omega t) + d\sin\left(\dfrac{2\pi(i-1)}{5}\right) \\ 2\omega r\cos(2\omega t) \end{bmatrix}, \quad i = 1, 2, \cdots, 5
$$

其中，$r = 7\,\text{m}$，$d = 5\,\text{m}$，$\omega = 0.143\,\text{rad/s}$。由 $h(t)$ 可以看出，如果四旋翼无人机集群系统实现了期望的时变状态编队，那么 5 架四旋翼无人机将会保持一个正五边形的编队同时按照李萨如曲线的轨迹飞行。选择实验 1 中的 K_1，可以验证**定理 4.8** 中的条件（i）是成立的，同时实验 1 中的 K_2 可以保证集群系统实现指定的编队。

5 架四旋翼无人机的初始状态选取如下：$\zeta_1(0) = [5.19, 0, -0.04, 0]^{\text{T}}$、$\zeta_2(0) = [1.89, -0.12, 4.38, -0.11]^{\text{T}}$、$\zeta_3(0) = [-3.65, -0.29, 2.71, -0.05]^{\text{T}}$、$\zeta_4(0) = [-3.90, -0.18, -3.60, 0.08]^{\text{T}}$、$\zeta_5(0) = [2.00, -0.02, -5.13, 0.02]^{\text{T}}$。图 4‑17 和图 4‑18 分别给出了 5 架四旋翼无人机及编队参考在 130 s 内的仿真和实验曲线。图 4‑19 给出了 5 架四旋翼无人机的状态曲线和 $r(t)$ 的曲线在实验中从 18 s 到 58 s 的截图。

图 4‑20 给出了 5 架四旋翼无人机实际飞行的截图。从图 4‑17~图 4‑20 可以看出 5 架四旋翼无人机在仿真和实验中均实现了指定的编队。

李萨如时
变编队飞
行实验视
频

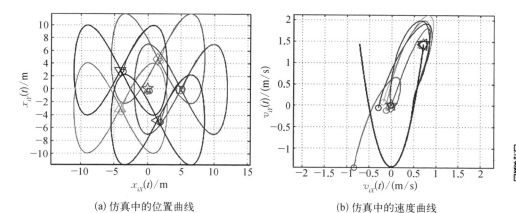

(a) 仿真中的位置曲线　　　　　　　　(b) 仿真中的速度曲线

图 4 - 17　5 架四旋翼无人机李萨如编队仿真中状态曲线和编队参考曲线

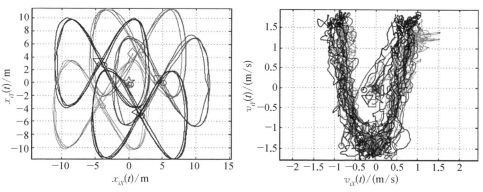

(a) 实验中的位置曲线　　　　　　　　(b) 实验中的速度曲线

图 4 - 18　5 架四旋翼无人机李萨如编队实验中状态曲线和编队参考曲线

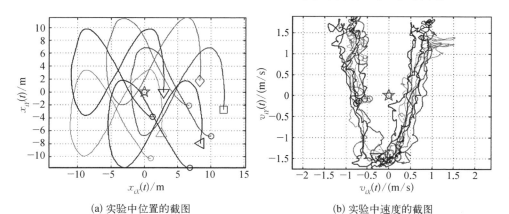

(a) 实验中位置的截图　　　　　　　　(b) 实验中速度的截图

图 4 - 19　$t \in [18\,\mathrm{s},\,58\,\mathrm{s}]$ 时 5 架四旋翼无人机李萨如编队实验中状态和编队参考截图

图 4 - 20　5 架四旋翼无人机李萨如时变编队飞行实验截图

4.5　本章小结

　　本章首先对一般高阶线性定常集群系统在延迟存在情况下的时变状态编队问题进行了研究。给出了延迟集群系统实现时变状态编队的充要条件、状态编队可行的充要条件和状态编队参考函数的显式表达式，提出了配置状态编队参考运动模态的方法、扩展可行状态编队集合的方法以及对编队协议进行设计的方法。上述结果对无延迟下的状态编队问题同样适用。其次，利用基于静态输出反馈的输出编队协议对高阶集群系统时变输出编队进行了研究。给出了集群系统实现时变输出编队的充要条件、输出编队可行的充要条件和输出编队参考函数的显式表达式，提出了配置输出编队参考运动模态的方法、扩展可行输出编队集合的方法以及对输出编队协议进行设计的方法。最后，结合无人机的具体模型给出了无人机集群系统实现时变状态编队的充要条件和状态编队参考函数的显式表达式，提出了配置无人机状态编队参考运动模态的方法及对编队协议进行设计的方法。证明了通过选取合适的初始状态可以避免无人机编队过程中的碰撞问题。基于一个包含 5 架四旋翼无人机的编队平台，完成了室外环境下的时变编队实验，对理论结果进行了验证。

　　需要指出的是，一致性问题是编队控制问题的特例，当 $h(t) \equiv 0$ 时本章的所有结论均可以直接用来解决相应的一致性问题。此外，我们还对切换拓扑情况下高阶集群系统的时变状态编队问题进行了研究，基于状态变换和状态空间分解的方法以及共同李雅普诺夫函数等，给出了具有切换拓扑的集群系统实现状态时变编队的充要条件及编队可行的充要条件等结果。

第5章

拓扑切换条件下的集群系统编队控制

5.1 引言

在实际应用中,由于编队队形的改变、复杂地形环境影响以及电磁干扰等原因,集群系统交互用的数据链等可能会发生断开或重连等现象,导致交互拓扑发生切换。拓扑切换所带来的集群系统连通性及智能体之间的交互关系的改变对编队控制的影响不容忽视,轻者会降低编队控制的精度,重者会导致集群系统崩溃。当拓扑发生切换时,集群系统协同控制的分析和设计都变得非常复杂。因此,需要对拓扑切换条件下集群系统时变编队控制问题进行深入研究。

对于使用数据链进行通信的集群系统,无向交互拓扑意味着智能体之间的通信是双向的,会加倍消耗通信和能量资源。这使得有向拓扑更加实用。因此,研究有向拓扑切换条件下的集群系统时变编队控制问题更具有实际意义。此外,无向拓扑的拉普拉斯矩阵是对称的,而有向拓扑的拉普拉斯矩阵不具有对称结构,对应的拉普拉斯矩阵的特征值可能是复数,这使得分析和设计更加复杂。

针对以上问题,本章5.2节研究了具有切换拓扑的一般高阶线性定常集群系统的时变编队控制问题。基于一致性方法给出了拓扑切换条件下集群系统实现时变编队的充分必要条件,并提出了一种适应拓扑切换的时变编队控制协议的设计算法。本章5.3节研究了有向拓扑切换条件下的集群系统时变编队控制的分析和设计问题。最后,在5.4节将拓扑切换条件下的一般高阶集群系统时变编队控制的理论结果应用于实际无人机集群系统。针对无人机的具体模型给出了无人机集群系统拓扑切换下实现时变状态编队的充要条件和状态编队参考函数的显式表达式,提出了控制协议的设计方法。最后介绍了一种基于四旋翼无人机的编队控制实验平台,并开展了数值仿真和实物实验。

5.2   无向拓扑切换下的时变状态编队控制

本节研究了拓扑切换条件下的一般高阶线性集群系统的时变编队控制问题。首先提出了一个一般性的编队控制协议。然后使用基于一致性的方法,提出具有切换拓扑结构的集群系统实现给定时变编队的充分必要条件,并给出了时变编队参考函数的显式表达式。此外,给出了编队可行性的充分必要条件及一种扩展编队可行域的方法,提供了一种算法来设计切换拓扑下的时变编队控制协议。

5.2.1   问题描述

考虑一个具有 N 个智能体的集群系统,每个智能体之间采用无向交互拓扑。假设每个智能体 i 都满足以下线性时不变动力学模型:

$$\dot{x}_i(t) = Ax_i(t) + Bu_i(t) \tag{5-1}$$

其中,$i = 1, 2, \cdots, N$,$x_i(t) \in \mathbb{R}^n$ 为状态,$u_i(t) \in \mathbb{R}^m$ 为控制输入。

假设 5.1: B 是列满秩的。

时变编队由分段连续可微的向量 $h(t) = [h_1^{\mathrm{T}}(t), h_2^{\mathrm{T}}(t), \cdots, h_N^{\mathrm{T}}(t)]^{\mathrm{T}} \in \mathbb{R}^{nN}$ 描述。

定义 5.1: 如果存在一个向量值函数 $r(t) \in \mathbb{R}^n$,使得

$$\lim_{t \to \infty} (x_i(t) - h_i(t) - r(t)) = 0, \ i = 1, 2, \cdots, N$$

则称集群系统(5-1)实现了时变编队 $h(t)$,其中 $r(t)$ 称为编队参考函数。

定义 5.2: 如果存在控制输入 $u_i(t)$ $(i = 1, 2, \cdots, N)$ 使得集群系统(5-1)实现时变编队 $h(t)$,那么编队 $h(t)$ 对于集群系统(5-1)是可行的。

定义 5.3: 如果存在一个向量值函数 $c(t) \in \mathbb{R}^n$,使得

$$\lim_{t \to \infty} (x_i(t) - c(t)) = 0, \ i = 1, 2, \cdots, N$$

则称集群系统(5-1)实现了一致性,其中 $c(t)$ 称为一致性函数。

考虑下列具有切换拓扑的一般性控制协议:

$$\begin{aligned}
u_i(t) = {} & K_1 x_i(t) + K_2 (x_i(t) - h_i(t)) \\
& + K_3 \sum_{j \in N_i(t)} w_{ij}(t) [(x_j(t) - h_j(t)) - (x_i(t) - h_i(t))] + v_i(t)
\end{aligned}$$

$$\tag{5-2}$$

其中, $i = 1, 2, \cdots, N$, K_1、K_2 和 K_3 是具有适当维数的常增益矩阵, $N_i(t)$ 是时变邻居集, $v_i(t) \in \mathbb{R}^m$ 表示时变编队 $h_i(t)$ 的补偿信号。

考虑拓扑切换的情况。有限集合 $\bar{S}$ 表示索引集合为 $\bar{I} \subset \mathbb{N}$ 的所有可能的交互拓扑,其中 $\mathbb{N}$ 为自然数集合。$\sigma(t) : [0, +\infty) \to \bar{I}$ 是切换信号,其在 t 时刻的值为对应的拓扑索引, $G_{\sigma(t)}$ 和 $L_{\sigma(t)}$ 分别表示对应的交互拓扑和拉普拉斯矩阵。

假设 5.2: 切换时刻 $t_i(i \in \mathbb{N})$ 满足 $0 < t_1 < \cdots < t_k < \cdots$ 和 $\inf_k(t_{k+1} - t_k) = T_d > 0$。

假设 5.3: $\bar{S}$ 中的所有交互拓扑都是连通的。

定义 5.4: 如果存在可实现的 $K_i(i = 1, 2, 3)$ 和 $v_i(t)$ $(i = 1, 2, \cdots, N)$,则在控制协议(5-2)下集群系统(5-1)的时变编队 $h(t)$ 是可行的。

令 $x(t) = [x_1^{\mathrm{T}}(t), x_2^{\mathrm{T}}(t), \cdots, x_N^{\mathrm{T}}(t)]^{\mathrm{T}}$ 及 $v(t) = [v_1^{\mathrm{T}}(t), v_2^{\mathrm{T}}(t), \cdots, v_N^{\mathrm{T}}(t)]^{\mathrm{T}}$,则在控制协议(5-2)下,集群系统(5-1)可以写成如下紧凑形式:

$$\begin{aligned}
\dot{x}(t) = {} & [I_N \otimes (A + BK_1 + BK_2) - L_{\sigma(t)} \otimes BK_3]x(t) \\
& + (L_{\sigma(t)} \otimes BK_3 - I_N \otimes BK_2)h(t) + (I_N \otimes B)v(t)
\end{aligned} \tag{5-3}$$

本小节主要研究具有切换拓扑的集群系统(5-3)中的两个问题:

(1)在什么条件下可以实现时变编队 $h(t)$。

(2)如何设计控制协议(5-2)来实现时变编队 $h(t)$。

5.2.2 无向拓扑切换下的时变编队收敛性分析

在本小节中,首先给出了具有切换拓扑的集群系统(5-3)实现时变编队 $h(t)$ 的充要条件,然后给出了编队参考函数的显式表达式。

令 $z_i(t) = x_i(t) - h_i(t)$ 和 $z(t) = [z_1^{\mathrm{T}}(t), z_2^{\mathrm{T}}(t), \cdots, z_N^{\mathrm{T}}(t)]^{\mathrm{T}}$,则具有切换拓扑的集群系统(5-3)可以写成如下形式:

$$\begin{aligned}
\dot{z}(t) = {} & [I_N \otimes (A + BK_1 + BK_2) - L_{\sigma(t)} \otimes BK_3]z(t) + (I_N \otimes B)v(t) \\
& + [I_N \otimes (A + BK_1)]h(t) - (I_N \otimes I_n)\dot{h}(t)
\end{aligned}$$

$$\tag{5-4}$$

根据定义可以得到如下的引理。

引理 5.1: 具有切换拓扑的集群系统(5-3)实现时变编队 $h(t)$ 的充分必要条件是集群系统(5-4)实现一致。

令 $U = [\bar{u}_1, \bar{u}_2, \cdots, \bar{u}_N]$ 是正交常数矩阵,且有 $\bar{u}_1 = 1_N / \sqrt{N}$,可以得到 $U^{\mathrm{T}} L_{\sigma(t)} U = \mathrm{diag}\{0, \tilde{U}^{\mathrm{T}} L_{\sigma(t)} \tilde{U}\}$,其中 $\tilde{U} = [\bar{u}_2, \bar{u}_3, \cdots, \bar{u}_N]$。令 $\theta(t) = (\bar{u}_1^{\mathrm{T}} \otimes I_n)z(t)$ 和 $\varsigma(t) = (\tilde{U}^{\mathrm{T}} \otimes I_n)z(t)$,则集群系统(5-4)可以转化为

$$\dot{\theta}(t) = (A + BK_1 + BK_2)\theta(t) + \frac{1}{\sqrt{N}}(1_N^T \otimes B)v(t) \tag{5-5}$$
$$+ \frac{1}{\sqrt{N}}[1_N^T \otimes (A + BK_1)]h(t) - \frac{1}{\sqrt{N}}(1_N^T \otimes I_n)\dot{h}(t)$$

$$\dot{\varsigma}(t) = [I_{N-1} \otimes (A + BK_1 + BK_2) - (\tilde{U}^T L_{\sigma(t)} \tilde{U}) \otimes BK_3]\varsigma(t) + (\tilde{U}^T \otimes B)v(t)$$
$$+ [\tilde{U}^T \otimes (A + BK_1)]h(t) - (\tilde{U}^T \otimes I_n)\dot{h}(t)$$
$$\tag{5-6}$$

下面的定理给出了对于集群系统(5-3)实现编队 $h(t)$ 的充分必要条件。

定理 5.1：切换拓扑下的集群系统(5-3)实现时变编队，当且仅当 $\lim\limits_{t\to\infty}\varsigma(t) = 0$。

证明：令

$$z_C(t) = \frac{1}{\sqrt{N}}1_N \otimes \theta(t) \tag{5-7}$$

$$z_{\bar{C}}(t) = z(t) - z_C(t) \tag{5-8}$$

记 $e_1 \in \mathbb{R}^N$ 表示第一个元素为1,其他元素为0的向量,则 $[\theta^T(t), 0]^T = e_1 \otimes \theta(t)$,有

$$z_{\bar{C}}(t) = (U \otimes I_n)[0, \varsigma^T(t)]^T \tag{5-9}$$

由于 $[\theta^T(t), \varsigma^T(t)]^T = (U^T \otimes I_n)z(t)$,根据式(5-7)、式(5-8)和式(5-9)可以得到：

$$z_{\bar{C}}(t) = (U \otimes I_n)[0, \varsigma^T(t)]^T \tag{5-10}$$

由于 $U^T \otimes I_n$ 非奇异,根据式(5-9)和式(5-10),可得 $z_C(t)$ 和 $z_{\bar{C}}(t)$ 是线性无关的。因此,从式(5-7)和式(5-8)可以看出,状态为 $z_C(t)$ 和 $z_{\bar{C}}(t)$ 的子系统分别描述了集群系统(5-4)的一致性动力学和非一致动力学。从**引理 5.1**可知,集群系统(5-3)实现时变编队 $h(t)$ 当且仅当 $\lim\limits_{t\to\infty} z_{\bar{C}}(t) = 0$, 即 $\lim\limits_{t\to\infty}\varsigma(t) = 0$。

接下来,基于上述分析,给出了编队参考函数的显式表达式。

定理 5.2：如果集群系统(5-3)实现了时变编队 $h(t)$,则

$$\lim\limits_{t\to\infty}(r(t) - r_0(t) - r_v(t) - r_h(t)) = 0$$

其中,

$$r_0(t) = \mathrm{e}^{(A+BK_1+BK_2)t}\left(\frac{1}{N}\sum_{i=1}^{N}x_i(0)\right)$$

$$r_v(t) = \int_0^t \left[e^{(A+BK_1+BK_2)(t-\tau)} B\left(\frac{1}{N} \sum_{i=1}^N v_i(\tau) \right) \right] \mathrm{d}\tau$$

$$r_h(t) = -\frac{1}{N} \sum_{i=1}^N h_i(t) - \int_0^t e^{(A+BK_1+BK_2)(t-\tau)} BK_2\left(\frac{1}{N} \sum_{i=1}^N h_i(\tau) \right) \mathrm{d}\tau$$

证明：如果集群系统(5-3)实现编队 $h(t)$，则 $\lim\limits_{t\to\infty} \varsigma(t) = 0$。由式(5-7)~式(5-10)可得

$$\lim_{t\to\infty} \left(z_i(t) - \frac{1}{\sqrt{N}} \theta(t) \right) = 0 \tag{5-11}$$

可以证明：

$$\theta(0) = \frac{1}{\sqrt{N}} (1_N^{\mathrm{T}} \otimes I_n) z(0) = \frac{1}{\sqrt{N}} (1_N^{\mathrm{T}} \otimes I_n)(x(0) - h(0)) \tag{5-12}$$

和

$$\int_0^t e^{(A+BK_1+BK_2)(t-\tau)} (\bar{u}_1^{\mathrm{T}} \otimes I_n) \dot{h}(\tau) \mathrm{d}\tau = (\bar{u}_1^{\mathrm{T}} \otimes I_n) h(t) - e^{(A+BK_1+BK_2)t} (\bar{u}_1^{\mathrm{T}} \otimes I_n) h(0)$$

$$+ \int_0^t e^{(A+BK_1+BK_2)(t-\tau)} [\bar{u}_1^{\mathrm{T}} \otimes (A + BK_1 + BK_2)] h(\tau) \mathrm{d}\tau \tag{5-13}$$

由式(5-5)以及式(5-11)~式(5-13)，可得**定理 5.2** 的结论。证明完毕。

注释 5.1：在**定理 5.2** 中，$r_0(t)$ 是描述不含 $v(t)$ 和 $r_h(t)$ 集群系统的参考编队的一致性函数。$r_v(t)$ 和 $r_h(t)$ 分别表示 $v(t)$ 和 $h(t)$ 的影响。如果 $h(t) \equiv 0$，$r(t)$ 为一致性函数的显式形式。此外，从**定理 5.2** 可以看出，切换拓扑对 $r(t)$ 没有影响，K_2 可以用来配置参考编队的运动模态。

5.2.3　无向拓扑切换下的时变编队可行性及协议设计

在本小节中，介绍了时变编队可行性的充分必要条件，并给出了具有切换拓扑的集群系统实现时变编队所需控制协议的设计算法。

根据**假设 5.1**，存在非奇异矩阵 $\hat{B} = [\bar{B}^{\mathrm{T}}, \tilde{B}^{\mathrm{T}}]^{\mathrm{T}}$，$\bar{B} \in \mathbb{R}^{m \times n}$，$\tilde{B} \in \mathbb{R}^{(n-m) \times n}$，使得 $\bar{B}B = I_m$，$\tilde{B}B = 0$。

定理 5.3：对于具有任意有界初始状态的集群系统(5-3)，时变编队 $h(t)$ 是可行的，当且仅当以下条件同时满足：

(i) 对于 $\forall i \in \{1, 2, \cdots, N\}$，

$$\lim_{t\to\infty} [\tilde{B}A(h_i(t) - h_j(t)) - \tilde{B}(\dot{h}_i(t) - \dot{h}_j(t))] = 0, j \in N_i(t) \tag{5-14}$$

（ii）以下系统渐近稳定，

$$\dot{\varphi}(t) = [I_{N-1} \otimes (A + BK_1 + BK_2) - (\tilde{U}^{\mathrm{T}} L_{\sigma(t)} \tilde{U}) \otimes BK_3]\varphi(t) \quad (5-15)$$

证明：必要性：对于集群系统（5-3），如果时变编队 $h(t)$ 是可行的，则存在 K_i （$i = 1, 2, 3$）和 $v(t)$ 使得编队 $h(t)$ 实现，即

$$\lim_{t\to\infty}(z_i(t) - c(t)) = 0, \ i = 1, 2, \cdots, N \quad (5-16)$$

由**定理 5.1** 和式（5-6），可得

$$\lim_{t\to\infty}\{[\tilde{U}^{\mathrm{T}} \otimes (A + BK_1)]h(t) - (\tilde{U}^{\mathrm{T}} \otimes I_n)\dot{h}(t) + (\tilde{U}^{\mathrm{T}} \otimes B)v(t)\} = 0$$
$$(5-17)$$

并且由式（5-15）描述的系统是渐近稳定的是式（5-16）成立的必要条件。因此，需要满足条件（ii）。

令 $\tilde{U}^{\mathrm{T}} = [\hat{U}, \hat{u}]$，其中 $\hat{U} \in \mathbb{R}^{(N-1)\times(N-1)}$，$\hat{u} \in \mathbb{R}^{(N-1)\times 1}$。因为 $\mathrm{rank}(\tilde{U}^{\mathrm{T}}) = N - 1$，不失一般性，假设 $\mathrm{rank}(\hat{U}) = N - 1$。由式（5-17）可得

$$\lim_{t\to\infty}\{[[\hat{U}, \hat{u}] \otimes (A + BK_1)]h(t) - ([\hat{U}, \hat{u}] \otimes I_n)\dot{h}(t) + ([\hat{U}, \hat{u}] \otimes B)v(t)\} = 0$$
$$(5-18)$$

注意到 $\tilde{U}^{\mathrm{T}}1_N = 0$，因此

$$\hat{u} = -\hat{U}1_{N-1} \quad (5-19)$$

令 $\bar{h}(t) = [h_1^{\mathrm{T}}(t), h_2^{\mathrm{T}}(t), \cdots, h_{N-1}^{\mathrm{T}}(t)]^{\mathrm{T}}$，$\bar{v}(t) = [v_1^{\mathrm{T}}(t), v_2^{\mathrm{T}}(t), \cdots, v_{N-1}^{\mathrm{T}}(t)]^{\mathrm{T}}$。由式（5-18）和式（5-19）可得

$$\lim_{t\to\infty}(\hat{U} \otimes I_n)(\Xi_{\bar{h}} - \Xi_{h_N}) = 0 \quad (5-20)$$

其中，

$$\Xi_{\bar{h}} = [I_{N-1} \otimes (A + BK_1)]\bar{h}(t) - (I_{N-1} \otimes I_n)\dot{\bar{h}}(t) + (I_{N-1} \otimes B)\bar{v}(t)$$

$$\Xi_{h_N} = [1_{N-1} \otimes (A + BK_1)]h_N(t) - (1_{N-1} \otimes I_n)\dot{h}_N(t) + (1_{N-1} \otimes B)v_N(t)$$

由于 $\hat{U}$ 是非奇异的，由式（5-20）可得，对于 $\forall i \in \{1, 2, \cdots, N-1\}$，有

$$\lim_{t\to\infty}[(A + BK_1)(h_i(t) - h_N(t)) - (\dot{h}_i(t) - \dot{h}_N(t)) + B(v_i(t) - v_N(t))] = 0$$
$$(5-21)$$

方程（5-21）表示对于 $\forall i \in \{1, 2, \cdots, N\}$ 和 $j \in N_i(t)$，有

$$\lim_{t\to\infty}[(A + BK_1)(h_i(t) - h_j(t)) - (\dot{h}_i(t) - \dot{h}_j(t)) + B(v_i(t) - v_j(t))] = 0$$
$$(5-22)$$

对式(5-22)两侧左乘 $\hat{B}$ 得到:

$$\lim_{t\to\infty}\left[\bar{B}(A+BK_1)(h_i(t)-h_j(t))-\bar{B}(\dot{h}_i(t)-\dot{h}_j(t))+v_i(t)-v_j(t)\right]=0$$

$$(5-23)$$

$$\lim_{t\to\infty}\left[\tilde{B}A(h_i(t)-h_j(t))-\tilde{B}(\dot{h}_i(t)-\dot{h}_j(t))\right]=0 \qquad (5-24)$$

选择合适的 $v(t)$,能够保证式(5-23)对于所有的 $i,j\in\{1,2,\cdots,N\}$ 成立。由式(5-24)可得,条件(i)是必要的。

充分性:如果条件(i)对于时变编队 $h(t)$ 成立,则对于 $\forall i\in\{1,2,\cdots,N\}$ 且 $j\in N_i(t)$,有

$$\lim_{t\to\infty}\left[\tilde{B}(A+BK_1)(h_i(t)-h_j(t))-\tilde{B}(\dot{h}_i(t)-\dot{h}_j(t))\right]=0 \qquad (5-25)$$

对于 $\forall i,j\in\{1,2,\cdots,N\}$,可以找到 $v_i(t)-v_j(t)$ 满足式(5-23)。由式(5-23)和式(5-25)可得

$$\lim_{t\to\infty}\left[\hat{B}(A+BK_1)(h_i(t)-h_j(t))-\hat{B}(\dot{h}_i(t)-\dot{h}_j(t))+\hat{B}B(v_i(t)-v_j(t))\right]=0$$

$$(5-26)$$

对式(5-26)两侧左乘 $\hat{B}^{-1}$,可得

$$\lim_{t\to\infty}\left[(A+BK_1)(h_i(t)-h_j(t))-(\dot{h}_i(t)-\dot{h}_j(t))+B(v_i(t)-v_j(t))\right]=0$$

$$(5-27)$$

由式(5-27)可得

$$\lim_{t\to\infty}\left\{\left[L_{\sigma(t)}\otimes(A+BK_1)\right]h(t)-(L_{\sigma(t)}\otimes I_n)\dot{h}(t)+(L_{\sigma(t)}\otimes B)v(t)\right\}=0$$

$$(5-28)$$

将 $L_{\sigma(t)}=U\mathrm{diag}\{0,\tilde{U}^{\mathrm{T}}L_{\sigma(t)}\tilde{U}\}U^{\mathrm{T}}$ 代入式(5-28),并在两侧左乘 $U^{\mathrm{T}}\otimes I_n$,可得

$$\lim_{t\to\infty}\left[(\tilde{U}^{\mathrm{T}}L_{\sigma(t)}\tilde{U})\otimes I_n\right]\left\{\left[(\tilde{U}^{\mathrm{T}}\otimes(A+BK_1)\right]h(t)-(\tilde{U}^{\mathrm{T}}\otimes I_n)\dot{h}(t)+(\tilde{U}^{\mathrm{T}}\otimes B)v(t)\right\}=0$$

$$(5-29)$$

由于交互拓扑是连通的,由**引理 2.2** 及 U 的结构可得 $\tilde{U}^{\mathrm{T}}L_{\sigma(t)}\tilde{U}$ 是非奇异的且

$$\lim_{t\to\infty}\left\{\left[\tilde{U}^{\mathrm{T}}\otimes(A+BK_1)\right]h(t)-(\tilde{U}^{\mathrm{T}}\otimes I_n)\dot{h}(t)+(\tilde{U}^{\mathrm{T}}\otimes B)v(t)\right\}=0$$

$$(5-30)$$

方程(5-6)、方程(5-30)及条件(ii)保证 $\lim_{t\to\infty}\varsigma(t)=0$。然后根据**定理 5.1** 可以得到对于任意有界初始状态的集群系统(5-3),时变编队 $h(t)$ 是可行的。证明完毕。

注释 5.2:定理 5.3 表明时变编队 $h(t)$ 的可行性取决于每个智能体的动力

学、切换拓扑和补偿信号 $v(t)$。由式(5-23)和式(5-24)可知，$v(t)$ 的应用可以扩展时变编队 $h(t)$ 的可行域，当 $v(t)$ 作用时，K_1 对 $h(t)$ 的可行域没有直接影响。

由**定理 5.3** 可直接得到以下推论。

推论 5.1：如果 $v(t) \equiv 0$，当且仅当**定理 5.3** 中的条件(ii)成立，并且对于任意 $i \in \{1, 2, \cdots, N\}$，有

$$\lim_{t \to \infty} [(A + BK_1)(h_i(t) - h_j(t)) - (\dot{h}_i(t) - \dot{h}_j(t))] = 0, j \in N_i(t)$$

$$(5-31)$$

时变编队 $h(t)$ 对于任意有界初始状态的集群系统(5-3)是可行的。

注释 5.3：从式(5-31)可以发现，在 $v(t) \equiv 0$ 的情况下，K_1 可用于扩展时变编队 $h(t)$ 的可行域。此外，如果 $h(t) \equiv 0$，**推论 5.1** 提出了切换交互拓扑下集群系统(5-3)实现一致性的充分必要条件。

推论 5.2：如果 $v(t) \equiv 0$ 以及给定常向量 h 作为编队函数，那么当且仅当**定理 5.3** 中的条件(ii)以及对于 $\forall i \in \{1, 2, \cdots, N\}$，

$$(A + BK_1)(h_i - h_j) = 0, j \in N_i(t) \tag{5-32}$$

成立时，编队 h 对于任意有界初始状态的集群系统(5-3)是可行的。

注释 5.4：在**推论 5.2** 中，如果编队 h 对于切换拓扑下集群系统(5-3)是可行的，那么对于 $\forall i \in \{1, 2, \cdots, N\}$ 及 $j \in N_i(t)$，$h_i - h_j$ 一定属于 $A + BK_1$ 的右零空间。此外，K_1 可用于扩展编队 h 的可行域。

令 $\lambda_{\sigma(t)}^i (i = 1, 2, \cdots, N)$ 是拉普拉斯矩阵 $L_{\sigma(t)}$ 的特征值，其中 $\lambda_{\sigma(t)}^1 = 0$，对应的特征向量 $\bar{u}_1 = 1/\sqrt{N}$，其他特征值满足 $0 < \lambda_{\sigma(t)}^2 \leqslant \cdots \leqslant \lambda_{\sigma(t)}^N$。令 $\lambda_{\min} = \min\{\lambda_k^i(\forall k \in \bar{I}; i = 2, 3, \cdots, N)\}$。以下定理给出了确定 K_3 的方法。

定理 5.4：如果**定理 5.3** 中的条件(i)成立且 (A, B) 是可镇定的，通过控制协议(5-2)且 $K_3 = \lambda_{\min}^{-1} R_o^{-1} B^T P_o / 2$，集群系统(5-3)可以实现时变编队 $h(t)$，其中 P_o 是如下 Riccati 方程的正定解。

$$P_o(A + BK_1 + BK_2) + (A + BK_1 + BK_2)^T P_o - P_o BR_o^{-1} B^T P_o + Q_o = 0$$

$$(5-33)$$

其中，$R_o = R_o^T > 0$，$Q_o = D_o^T D_o \geqslant 0$，$(A + BK_1 + BK_2, D_o)$ 是可检测的。

证明：如果 (A, B) 是可镇定的，那么 $(A + BK_1 + BK_2, B)$ 也是可镇定的。因此，对于任意给定的 $R_o = R_o^T > 0$，$Q_o = D_o^T D_o \geqslant 0$，$(A + BK_1 + BK_2, D_o)$ 是可检测的，Riccati 方程(5-33)有唯一的解 $P_o^T = P_o > 0$。

考虑如下李雅普诺夫函数候选：

$$\bar{V}(t) = \varphi^T(t)(I_{N-1} \otimes P_o)\varphi(t) \tag{5-34}$$

沿着系统(5-15)的轨迹对 $\bar{V}(t)$ 关于时间 t 求导可得

$$\dot{\bar{V}}(t) = \varphi^{\mathrm{T}}(t)\left[I_{N-1} \otimes \Xi - (\tilde{U}^{\mathrm{T}}L_{\sigma(t)}\tilde{U}) \otimes (K_3^{\mathrm{T}}B^{\mathrm{T}}P_o + P_o B K_3)\right]\varphi(t)$$

$$(5-35)$$

其中, $\Xi = (A + BK_1 + BK_2)^{\mathrm{T}}P_o + P_o(A + BK_1 + BK_2)$。

由于 $U^{\mathrm{T}}L_{\sigma(t)}U = \mathrm{diag}\{0, \tilde{U}^{\mathrm{T}}L_{\sigma(t)}\tilde{U}\}$ 和 U 是正交的, 可以得到 $\tilde{U}^{\mathrm{T}}L_{\sigma(t)}\tilde{U}$ 的特征值为 $\lambda_{\sigma(t)}^2$, $\lambda_{\sigma(t)}^3$, $\cdots$, $\lambda_{\sigma(t)}^N$。 注意到 $\tilde{U}^{\mathrm{T}}L_{\sigma(t)}\tilde{U}$ 是对称的, 那么存在正交矩阵 $\bar{U}_{\sigma(t)}$ 使得

$$\bar{U}_{\sigma(t)}^{\mathrm{T}}\tilde{U}^{\mathrm{T}}L_{\sigma(t)}\tilde{U}\bar{U}_{\sigma(t)} = \mathrm{diag}\{\lambda_{\sigma(t)}^2, \lambda_{\sigma(t)}^3, \cdots, \lambda_{\sigma(t)}^N\} \qquad (5-36)$$

令 $\xi_{\sigma(t)}(t) = (\bar{U}_{\sigma(t)}^{\mathrm{T}} \otimes I_n)\varphi(t) = [(\xi_{\sigma(t)}^2(t))^{\mathrm{T}}, (\xi_{\sigma(t)}^3(t))^{\mathrm{T}}, \cdots, (\xi_{\sigma(t)}^N(t))^{\mathrm{T}}]^{\mathrm{T}}$, 根据式(5-35)和式(5-36)可得

$$\dot{\bar{V}}(t) = \sum_{i=2}^{N}(\xi_{\sigma(t)}^i(t))^{\mathrm{T}}[\Xi - \lambda_{\sigma(t)}^i(K_3^{\mathrm{T}}B^{\mathrm{T}}P_o + P_o B K_3)]\xi_{\sigma(t)}^i(t) \qquad (5-37)$$

将 $K_3 = \lambda_{\min}^{-1}R_o^{-1}B^{\mathrm{T}}P_o/2$ 代入上式, 根据式(5-33)可得

$$\dot{\bar{V}}(t) = \sum_{i=2}^{N}(\xi_{\sigma(t)}^i(t))^{\mathrm{T}}[-Q_o + (1 - \lambda_{\sigma(t)}^i\lambda_{\min}^1)P_o B R_o^{-1}B^{\mathrm{T}}P_o]\xi_{\sigma(t)}^i(t)$$

因为 $Q_o^{\mathrm{T}} = Q_o > 0$, $R_o^{\mathrm{T}} = R_o > 0$ 及 $1 - \lambda_{\sigma(t)}^i\lambda_{\min}^{-1} < 0$, 由**假设 5.2** 可知, 当且仅当 $\xi_{\sigma(t)}^i(t) \equiv 0$ $(i = 2, 3, \cdots, N)$ 即 $\xi_{\sigma(t)}(t) \equiv 0$ 时, $\dot{\bar{V}}(t) \equiv 0$。 由于 $\xi_{\sigma(t)}(t) = (\bar{U}_{\sigma(t)}^{\mathrm{T}} \otimes I_n)\varphi(t)$, 当且仅当 $\varphi(t) \equiv 0$ 时 $\dot{\bar{V}}(t) \equiv 0$。 因此, 系统(5-15)是渐近稳定的。由**定理 5.3** 可知, 在控制协议(5-2)作用下集群系统(5-1)可以实现时变编队 $h(t)$。 证明完毕。

根据上述结果, 对于集群系统(5-3)实现时变编队 $h(t)$ 的 $K_i(i = 1, 2, 3)$ 和 $v_i(t)$ $(i = 1, 2, \cdots, N)$ 的确定过程可以总结如下。

步骤 1: 检查可行性条件(5-14), 如果满足, 则 $v_i(t)$ $(i = 1, 2, \cdots, N)$ 可以由方程(5-23)获得, K_1 是任意适当维数的常矩阵, 例如, $K_1 = 0$; 如果 $h(t)$ 不满足可行性条件, 停止算法。

如果要求 $v(t) \equiv 0$, 求解可行性条件(5-31)获得 K_1。 如果存在常增益矩阵 K_1 满足条件(5-31), 则继续; 如果 $h(t)$ 不满足可行性条件, 停止算法。

步骤 2: 选择 K_2, 通过配置 $A + BK_1 + BK_2$ 在复平面中期望位置的特征值来指定参考编队的运动模式。因为 (A, B) 是能控的, 所以可以保证 K_2 的存在性。

步骤 3: 利用**定理 5.4** 中的方法设计 K_3 使系统(5-15)渐近稳定。

注释 5.5: 由式(5-23)不能唯一确定 $v_i(t)$ $(i = 1, 2, \cdots, N)$。 可以指定 $v_i(t)$ $(i \in \{1, 2, \cdots, N\})$, 然后通过方程(5-23)确定另一个 $v_j(t)$ $(j \in \{1, 2, \cdots, N\}, j \neq i)$。

5.2.4 数值仿真

在这一小节中,给出数值示例来说明在前几小节中得到的理论结果的有效性。为简化描述,假设在本例中,集群系统的交互拓扑从由 4 个无向交互拓扑组成的拓扑集合 $\bar{S}$ 中随机选取,时间间隔为 T_d,如图 5-1 所示,交互拓扑为 0-1 加权。

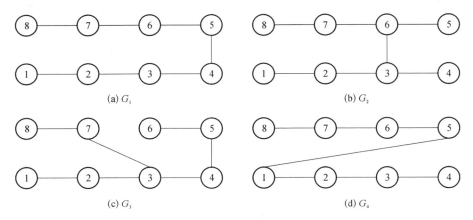

图 5-1 交互拓扑

考虑一个具有 8 个智能体的三阶集群系统,其中每个智能体的动力学用式 (5-1) 表示,其中 $x_i(t) = [x_{i1}(t), x_{i2}(t), x_{i3}(t)]^{\mathrm{T}}(i = 1, 2, \cdots, 8)$,

$$A = \begin{bmatrix} 4 & -2 & 2 \\ 1 & 3 & 5 \\ 2 & 7 & 4 \end{bmatrix}, B = \begin{bmatrix} 0 & 0 \\ 1 & 0 \\ 0 & 1 \end{bmatrix}$$

这 8 个智能体需要保持周期性的时变平行八边形结构编队,并保持围绕预定义的时变参考编队旋转。编队定义如下:

$$h_i(t) = \begin{bmatrix} r\sin\left(\omega t + \dfrac{(i-1)\pi}{3}\right) \\ 2r\sin\left(\omega t + \dfrac{(i-1)\pi}{3}\right) \\ r\cos\left(\omega t + \dfrac{(i-1)\pi}{3}\right) \end{bmatrix}, i = 1, 2, \cdots, 8$$

如果实现上述 $h_i(t)$ $(i = 1, 2, \cdots, 8)$ 指定的队形,8 个智能体将分别位于平行八边形的八个顶点上,并以角速度 ω 保持旋转。此外,所需平行八边形的边长是周期性时变的。选择 $r = 6$ 及 $\omega = 2$。根据算法,K_1 为任意适当维数的常矩阵,例如,$K_1 = 0$ 且

$$v_i(t) = \begin{bmatrix} -42\sin\left(2t + \dfrac{\pi}{4}(i-1)\right) - 6\cos\left(2t + \dfrac{\pi}{4}(i-1)\right) \\ -108\sin\left(2t + \dfrac{\pi}{4}(i-1)\right) - 24\cos\left(2t + \dfrac{\pi}{4}(i-1)\right) \end{bmatrix}, \ i = 1, 2, \cdots, 8$$

参考编队的运动模态被置于 $-2j$、$2j$ 及 0.01，其中 $j^2 = -1$，

$$K_2 = \begin{bmatrix} 3.9988 & -4.9905 & -3.0122 \\ -7.0005 & -4.9783 & -5.9995 \end{bmatrix}$$

使用**定理 5.4** 中的方法，可以得到 K_3 使系统 (5-15) 渐近稳定，

$$K_3 = \begin{bmatrix} -13.9520 & 8.5232 & -2.4500 \\ 7.0585 & -2.4500 & 5.0634 \end{bmatrix}$$

为简化描述，设每个智能体 i 的初始状态为 $x_{ij}(0) = i(\bar{\Theta} - 0.5)$（$i = 1, 2, \cdots,$ 8; $j = 1, 2, 3$），其中 $\bar{\Theta}$ 是在区间 $(0, 1)$ 上均匀分布的伪随机值。选择 $T_d = 10\ \mathrm{s}$。图 5-2 为不同时间下智能体和预定义参考编队的状态截图，其中 8 个智能体的状

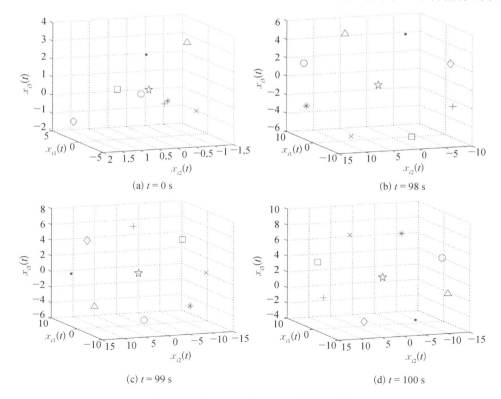

图 5-2　8 个智能体和 $r(t)$ 的状态截图

态分别用点、三角形、圆形、星号、×符号、正方形、加号和菱形表示,预定义参考编队的状态用五角星表示。图5-3给出了切换信号。从图5-2(a)和图5-2(b)可以看出,集群系统实现了一个平行八边形编队,并且预定义参考编队对应的点位于编队的中心。从图5-2(b)、图5-2(c)和图5-2(d)可以看出,所实现的编队围绕参考编队不断旋转,平行八边形编队的边长和参考编队都是时变的。因此,集群系统在切换拓扑下实现了时变编队。

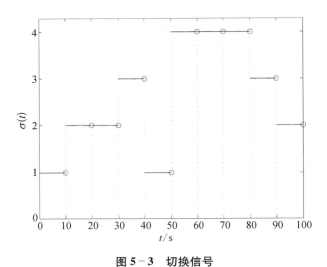

图5-3　切换信号

5.3　有向拓扑切换下的时变状态编队控制

本节研究了具有一般线性动力学和有向拓扑切换的集群系统的时变编队分析和设计问题。与以往的结果不同,本节的编队可以由指定的分段连续可微向量定义,并且切换拓扑是有向的。首先,提出了具有有向拓扑切换的一般线性集群系统实现时变编队的充要条件,给出了时变编队可行域的描述和扩展编队可行域的方法。然后推导了时变编队参考函数的显式表达式,以描述整个编队的宏观运动,提供了一种配置编队参考运动模态的方法。此外,还提出了一种由四个步骤组成的编队控制协议设计算法。在给定时变编队属于编队可行域的情况下,证明了通过使用所提出的算法设计编队协议,当驻留时间大于阈值时,具有一般线性动力学和有向拓扑切换的集群系统可以实现时变编队。最后,通过数值仿真验证了理论结果的有效性。

假设集群系统的有向拓扑是切换的,存在一个一致有界非重叠时间间隔的无

限序列 $[t_k, t_{k+1})(k \in \mathbb{N})$，其中 $t_1 = 0, 0 < \tau_0 \leqslant t_{k+1} - t_k \leqslant \tau_1$，并且 $\mathbb{N}$ 为自然数的集合。时间序列 $t_k(k \in \mathbb{N})$ 被称为切换序列，在该序列处交互拓扑发生变化。τ_0 被称为驻留时间，在此期间，交互拓扑保持固定。设 $\sigma(t)$：$[0, +\infty) \to \{1, 2, \cdots, p\}$ 是一种切换信号，其时间值是拓扑的索引。定义 $G_{\sigma(t)}$ 和 $L_{\sigma(t)}$ 为相应的交互拓扑和 $\sigma(t)$ 处的拉普拉斯矩阵。设 $N^i_{\sigma(t)}$ 为 $\sigma(t)$ 处第 i 个智能体的邻居集。对于给定的 $\sigma(t) \in \{1, 2, \cdots, p\}$，如果 $G_{\sigma(t)}$ 有一个生成树，那么拉普拉斯矩阵 $L_{\sigma(t)}$ 具有**引理 2.1** 的结论。

5.3.1 问题描述

考虑由 N 个智能体组成的集群系统。假设每个智能体 i 都具有以下描述的一般线性动力学：

$$\dot{x}_i(t) = Ax_i(t) + Bu_i(t), \ i \in \{1, 2, \cdots, N\} \tag{5-38}$$

其中，$A \in \mathbb{R}^{n \times n}$，$B \in \mathbb{R}^{n \times m}$，$x_i(t) \in \mathbb{R}^n$ 和 $u_i(t) \in \mathbb{R}^m$ 分别是第 i 个智能体的状态和控制输入。

假设 5.4：矩阵 B 是列满秩的矩阵，即 $\text{rank}(B) = m$。

注释 5.6：假设 5.4 意味着各列相互独立，不存在冗余控制输入通道，该假设在实际应用中比较容易实现。

假设 5.5：每个可能的拓扑图 $G_{\sigma(t)}$ 都包含一个生成树。

期望的时变编队由向量 $h(t) = [h_1^{\mathrm{T}}(t), h_2^{\mathrm{T}}(t), \cdots, h_N^{\mathrm{T}}(t)]^{\mathrm{T}} \in \mathbb{R}^{nN}$ 表示，$h_i(t)$ $(i = 1, 2, \cdots, N)$ 分段连续可微。应该指出的是，$h(t)$ 仅用于描述所需的时变编队，而不是为每个智能体提供参考轨迹。

定义 5.5：如果对于任意给定的有界初始状态，存在向量值函数 $r(t) \in \mathbb{R}^n$，使得 $\lim_{t \to \infty}(x_i(t) - h_i(t) - r(t)) = 0$ $(i = 1, 2, \cdots, N)$，则集群系统(5 - 38)可以实现时变编队 $h(t)$，其中 $r(t)$ 称为编队参考函数。

考虑具有有向拓扑切换的时变编队控制协议：

$$
\begin{aligned}
u_i(t) = &\ K_1 x_i(t) + K_2(x_i(t) - h_i(t)) \\
&+ \alpha K_3 \sum_{j \in N^i_{\sigma(t)}} w_{ij} \big[(x_j(t) - h_j(t)) - (x_i(t) - h_i(t)) \big] + v_i(t)
\end{aligned}
$$

$$\tag{5-39}$$

其中，$i = 1, 2, \cdots, N$，K_1、K_2、$K_3 \in \mathbb{R}^{m \times n}$ 是常数增益矩阵，α 是正耦合强度，$v_i(t) \in \mathbb{R}^m$ 表示依赖于 $h_i(t)$ 的编队补偿信号。

注释 5.7：在控制协议(5 - 39)中，增益矩阵 K_1 和补偿信号 $v_i(t)$ $(i = 1, 2, \cdots, N)$ 用于扩展时变编队的可行域。增益矩阵 K_2 用于指定时变编队参考 $r(t)$

的运动模态。增益矩阵 K_3 和常数 α 可用于调节集群系统(5-38)的状态,以在有向拓扑切换下实现所需的时变编队。应该指出的是 K_1、K_2 和 $v_i(t)$ $(i=1, 2, \cdots, N)$ 对于集群系统(5-38)实现某些时变编队是非必要的。

令 $x(t) = [x_1^{\mathrm{T}}(t), x_2^{\mathrm{T}}(t), \cdots, x_N^{\mathrm{T}}(t)]^{\mathrm{T}}$,$v(t) = [v_1^{\mathrm{T}}(t), v_2^{\mathrm{T}}(t), \cdots, v_N^{\mathrm{T}}(t)]^{\mathrm{T}}$,在具有有向拓扑切换的控制协议(5-39)下,集群系统可以写成如下紧凑形式:

$$\dot{x}(t) = [I_N \otimes (A + BK_1 + BK_2) - \alpha L_{\sigma(t)} \otimes BK_3] x(t) \\ + (\alpha L_{\sigma(t)} \otimes BK_3 - I_N \otimes BK_2) h(t) + (I_N \otimes B) v(t) \tag{5-40}$$

本小节主要研究具有有向拓扑切换的集群系统(5-40)的两个问题:(i)在什么条件下可以实现 $h(t)$ 指定的时变编队;(ii)如何设计编队控制协议(5-39)。

5.3.2　有向拓扑切换下的时变编队收敛性分析

在本小节中,首先给出了具有有向拓扑切换的集群系统(5-40)实现 $h(t)$ 指定的时变编队的充分必要条件。然后给出了编队参考函数的显式表达式来描述整个编队的宏观运动。

令 $\phi_i(t) = x_i(t) - h_i(t)$,$\phi(t) = [\phi_1^{\mathrm{T}}(t), \phi_2^{\mathrm{T}}(t), \cdots, \phi_N^{\mathrm{T}}(t)]^{\mathrm{T}}$,具有有向拓扑切换的集群系统(5-40)可以重写为

$$\dot{\phi}(t) = [I_N \otimes (A + BK_1 + BK_2) - \alpha L_{\sigma(t)} \otimes BK_3] \phi(t) \\ + [I_N \otimes (A + BK_1)] h(t) - (I_N \otimes I_n) \dot{h}(t) + (I_N \otimes B) v(t) \tag{5-41}$$

令 $U = [\tilde{u}_1, \tilde{U}] \in \mathbb{R}^{N \times N}$ 是一个非奇异矩阵,$\tilde{u}_1 = 1_N$,$\tilde{U} = [\tilde{u}_2, \tilde{u}_3, \cdots, \tilde{u}_N]$。令 $U^{-1} = [\bar{u}_1^{\mathrm{T}}, \bar{U}^{\mathrm{T}}]^{\mathrm{T}}$,其中 $\bar{U} = [\bar{u}_2^{\mathrm{T}}, \bar{u}_3^{\mathrm{T}}, \cdots, \bar{u}_N^{\mathrm{T}}]^{\mathrm{T}}$,$\bar{u}_i \in \mathbb{R}^{1 \times N}$。有 $U^{-1} L_{\sigma(t)} U = \begin{bmatrix} \bar{u}_1 \\ \bar{U} \end{bmatrix} L_{\sigma(t)} [\tilde{u}_1, \tilde{U}] = \begin{bmatrix} 0 & \bar{u}_1 L_{\sigma(t)} \tilde{U} \\ 0 & \bar{U} L_{\sigma(t)} \tilde{U} \end{bmatrix}$。如果假设 5.5 满足,则由**引理 2.1** 得出 $\bar{U} L_{\sigma(t)} \tilde{U}$ 的所有特征值都有正实部,这意味 $\bar{U} L_{\sigma(t)} \tilde{U}$ 是非奇异的。

令 $\theta(t) = (U^{-1} \otimes I_n) \phi(t) = [\theta_1^{\mathrm{T}}, \theta_2^{\mathrm{T}}, \cdots, \theta_N^{\mathrm{T}}]^{\mathrm{T}}$,$\vartheta(t) = [\theta_2^{\mathrm{T}}, \theta_3^{\mathrm{T}}, \cdots, \theta_N^{\mathrm{T}}]^{\mathrm{T}}$。集群系统(5-41)转换为

$$\dot{\theta}_1(t) = (A + BK_1 + BK_2) \theta_1(t) - \alpha(\bar{u}_1 L_{\sigma(t)} \tilde{U}) \otimes BK_3 \vartheta(t) \\ + [\bar{u}_1 \otimes (A + BK_1)] h(t) - (\bar{u}_1 \otimes I_n) \dot{h}(t) + (\bar{u}_1 \otimes B) v(t) \tag{5-42}$$

$$\dot{\vartheta}(t) = [I_{N-1} \otimes (A + BK_1 + BK_2) - \alpha(\bar{U} L_{\sigma(t)} \tilde{U}) \otimes BK_3] \vartheta(t) \\ + [\bar{U} \otimes (A + BK_1)] h(t) - (\bar{U} \otimes I_n) \dot{h}(t) + (\bar{U} \otimes B) v(t) \tag{5-43}$$

根据**假设** 5.4,存在一个非奇异矩阵 $T = [\tilde{B}^{\mathrm{T}}, \bar{B}^{\mathrm{T}}]^{\mathrm{T}}$,其中 $\tilde{B} \in \mathbb{R}^{m \times n}$ 和 $\bar{B} \in \mathbb{R}^{(n-m) \times n}$ 使得 $\tilde{B}B = I_m$ 和 $\bar{B}B = 0$。设 $h_{ij}(t) = h_i(t) - h_j(t)$,$v_{ij}(t) = v_i(t) - v_j(t)$($i$,$j \in \{1, 2, \cdots, N\}$)。下面的定理给出了集群系统(5-40)实现 $h(t)$ 指定的时变编队的充要条件。

定理 5.5:具有有向拓扑切换的集群系统(5-40)实现期望时变编队 $h(t)$,当且仅当 $\forall i \in \{1, 2, \cdots, N\}$,以下编队可行性条件成立:

$$\lim_{t \to \infty}(\bar{B}Ah_{ij}(t) - \bar{B}\dot{h}_{ij}(t)) = 0, j \in N_{\sigma(t)}^i \tag{5-44}$$

且下述线性切换系统:

$$\dot{\vartheta}(t) = [I_{N-1} \otimes (A + BK_1 + BK_2) - \alpha(\bar{U}L_{\sigma(t)}\tilde{U}) \otimes BK_3]\vartheta(t) \tag{5-45}$$

是渐近稳定的。

证明:将辅助变量 $\phi_C(t)$ 和 $\phi_{\bar{C}}(t)$ 定义为

$$\phi_C(t) = (U \otimes I_n)[\theta_1^{\mathrm{T}}(t), 0]^{\mathrm{T}} \tag{5-46}$$

$$\phi_{\bar{C}}(t) = (U \otimes I_n)[0, \vartheta^{\mathrm{T}}(t)]^{\mathrm{T}} \tag{5-47}$$

可以看出,$[\theta_1^{\mathrm{T}}(t), 0]^{\mathrm{T}} = e_1 \otimes \theta_1(t)$,其中 $e_1 \in \mathbb{R}^N$ 的第一个元素是 1,其他元素是 0。因此

$$\phi_C(t) = (U \otimes I_n)(e_1 \otimes \theta_1(t)) = Ue_1 \otimes \theta_1(t) = 1_N \otimes \theta_1(t) \tag{5-48}$$

其中,$\theta(t) = [\theta_1^{\mathrm{T}}(t), \vartheta^{\mathrm{T}}(t)]^{\mathrm{T}}$,$\phi(t) = (U \otimes I_n)\theta(t)$。在式(5-46)和式(5-47)中,有

$$\phi(t) = \phi_C(t) + \phi_{\bar{C}}(t) \tag{5-49}$$

因为 $U \otimes I_n$ 非奇异,由式(5-46)和式(5-47)可以看出 $\phi_C(t)$ 和 $\phi_{\bar{C}}(t)$ 是线性独立的。由式(5-48)和式(5-49)可以得到:

$$\phi_{\bar{C}}(t) = \phi(t) - 1_N \otimes \theta_1(t) \tag{5-50}$$

考虑到 $U \otimes I_n$ 非奇异,由式(5-47)和式(5-50)可知 $\lim_{t \to \infty}(\phi(t) - 1_N \otimes \theta_1(t)) = 0$ 当且仅当 $\lim_{t \to \infty} \vartheta(t) = 0$。$\phi(t) - 1_N \otimes \theta_1(t)$ 可以写作 $x_i(t) - h_i(t) - \theta_1(t)$($i = 1$, $2, \cdots, N$)。因此,集群系统(5-40)实现时变编队,当且仅当

$$\lim_{t \to \infty} \vartheta(t) = 0 \tag{5-51}$$

这意味着 $\vartheta(t)$ 描述了时变编队误差。由式(5-43)可以得到,对于任意给定的有界初始状态,式(5-51)成立当且仅当

$$\lim_{t \to \infty} \{ (\bar{U} \otimes B)v(t) + [\bar{U} \otimes (A + BK_1)]h(t) - (\bar{U} \otimes I_n)\dot{h}(t) \} = 0$$

$$(5 - 52)$$

并且式(5-45)所描述的线性切换系统是渐近稳定的。

在下文中,将证明条件(5-52)等同于条件(5-44)。

必要性:如果条件(5-44)成立,对于 $\forall i \in \{1, 2, \cdots, N\}$,$j \in N^i_{\sigma(t)}$,有

$$\lim_{t \to \infty} [\bar{B}(A + BK_1)h_{ij}(t) - \bar{B}\dot{h}_{ij}(t) + \bar{B}Bv_{ij}(t)] = 0 \qquad (5 - 53)$$

对于 $\forall i \in \{1, 2, \cdots, N\}$ 并且 $j \in N^i_{\sigma(t)}$,可以得到 $v_i(t)$ 和 $v_j(t)$ 满足:

$$\lim_{t \to \infty} [\tilde{B}(A + BK_1)h_{ij}(t) - \tilde{B}\dot{h}_{ij}(t) + v_{ij}(t)] = 0 \qquad (5 - 54)$$

由式(5-53)和式(5-54)可知:

$$\lim_{t \to \infty} [T(A + BK_1)h_{ij}(t) - T\dot{h}_{ij}(t) + TBv_{ij}(t)] = 0 \qquad (5 - 55)$$

上式两侧同乘 T^{-1},对于 $\forall i \in \{1, 2, \cdots, N\}$ 且 $j \in N^i_{\sigma(t)}$,有

$$\lim_{t \to \infty} [(A + BK_1)h_{ij}(t) - \dot{h}_{ij}(t) + Bv_{ij}(t)] = 0 \qquad (5 - 56)$$

根据式(5-56),可得

$$\lim_{t \to \infty} \{ [L_{\sigma(t)} \otimes (A + BK_1)]h(t) - (L_{\sigma(t)} \otimes I_n)\dot{h}(t) + (L_{\sigma(t)} \otimes B)v(t) \} = 0$$

$$(5 - 57)$$

将 $L_{\sigma(t)} = U \begin{bmatrix} 0 & \bar{u}_1 L_{\sigma(t)} \tilde{U} \\ 0 & \bar{U}L_{\sigma(t)} \tilde{U} \end{bmatrix} U^{-1}$ 代入式(5-57),式(5-57)的两侧左乘 $U^{-1} \otimes I_n$ 得

$$\lim_{t \to \infty} \{ [\bar{U}L_{\sigma(t)}\tilde{U}\bar{U} \otimes (A + BK_1)]h(t) - (\bar{U}L_{\sigma(t)}\tilde{U}\bar{U} \otimes I_n)\dot{h}(t)$$
$$+ (\bar{U}L_{\sigma(t)}\tilde{U}\bar{U} \otimes B)v(t) \} = 0 \qquad (5 - 58)$$

因为 $\bar{U}L_{\sigma(t)}\tilde{U}$ 是可逆的,式(5-58)的两侧左乘 $(\bar{U}L_{\sigma(t)}\tilde{U})^{-1} \otimes I_n$ 得到:

$$\lim_{t \to \infty} \{ [\bar{U} \otimes (A + BK_1)]h(t) - (\bar{U} \otimes I_n)\dot{h}(t) + (\bar{U} \otimes B)v(t) \} = 0$$

也就是说,条件(5-52)是必要的。

充分性:由于 $\mathrm{rank}(\bar{U}) = N - 1$。不失一般性,令 $\bar{U} = [\hat{u}, \hat{U}]$,其中 $\hat{u} \in \mathbb{R}^{(N-1) \times 1}$,并且 $\hat{U} \in \mathbb{R}^{(N-1) \times (N-1)}$ 满秩。如果条件(5-52)成立,则有

$$\lim_{t \to \infty} ([\hat{u}, \hat{U}] \otimes B)v(t) + [[\hat{u}, \hat{U}] \otimes (A + BK_1)]h(t) - ([\hat{u}, \hat{U}] \otimes I_n)\dot{h}(t) = 0$$

$$(5 - 59)$$

由于 $\bar{U}1 = 0$, 得到 $\hat{u} = -\hat{U}1$。令 $\hat{h}(t) = [h_2^{\mathrm{T}}(t), h_3^{\mathrm{T}}(t), \cdots, h_N^{\mathrm{T}}(t)]^{\mathrm{T}}$, $\hat{v}(t) = [v_2^{\mathrm{T}}(t), v_3^{\mathrm{T}}(t), \cdots, v_N^{\mathrm{T}}(t)]^{\mathrm{T}}$, 由式(5-59)可以得出:

$$\lim_{t\to\infty}(\hat{U}\otimes I_n)(\bar{Y} - \tilde{Y}) = 0 \tag{5-60}$$

其中, $\bar{Y} = [I_{N-1}\otimes(A+BK_1)]\hat{h}(t) - (I_{N-1}\otimes I_n)\dot{\hat{h}}(t) + (I_{N-1}\otimes B)\hat{v}(t)$, $\tilde{Y} = [1\otimes(A+BK_1)]h_1(t) - (1\otimes I_n)\dot{h}_1(t) + (1\otimes B)v_1(t)$。由于 $\hat{U}$ 可逆, 式(5-60)两侧左乘 $\hat{U}^{-1}\otimes I_n$ 可得

$$\lim_{t\to\infty}[(A+BK_1)h_{i1}(t) - \dot{h}_{i1}(t) + Bv_{i1}(t)] = 0, i = 2, 3, \cdots, N \tag{5-61}$$

从上式可以得出,对于任意 $i \in \{1, 2, \cdots, N\}$ 和 $j \in N_{\sigma(t)}^i$,

$$\lim_{t\to\infty}[(A+BK_1)h_{ij}(t) - \dot{h}_{ij}(t) + Bv_{ij}(t)] = 0 \tag{5-62}$$

式(5-62)两侧左乘 $\lim_{t\to\infty}(\bar{B}Ah_{ij}(t) - \bar{B}\dot{h}_{ij}(t)) = 0$ ($i = 1, 2, \cdots, N, j \in N_{\sigma(t)}^i$)。因此,式(5-52)等同于式(5-44)。证明完毕。

注释 5.8:由式(5-44)可知,对于任意 $i \in \{1, 2, \cdots, N\}$, $j \in N_{\sigma(t)}^i$, $Ah_{ij}(t) - \dot{h}_{ij}(t)$ 必须属于 $\bar{B}$ 的右零空间或核空间,这意味着并不是所有的时变编队都可以通过具有有向拓扑切换的一般高阶集群系统来实现。换句话说,约束式(5-44)描述了由每个智能体的动力学和有向拓扑切换确定的时变编队可行域,并且只能实现属于编队可行域内的编队队形。由式(5-44)和式(5-56)可以看出, $v(t)$ 的应用扩展了编队可行域。条件(5-45)是线性切换系统的渐近稳定性约束。对于像式(5-45)这样的线性切换系统,文献中没有得到系统渐近稳定的可检验的充要条件,迄今为止获得的最佳稳定性结果是,对于任意 σ, $I_{N-1}\otimes(A+BK_1+BK_2) - \alpha(\bar{U}L_{\sigma(t)}\tilde{U})\otimes BK_3$ 满足 Hurwitz 条件且驻留时间足够大,则系统(5-45)渐近稳定。基于**定理 5.5** 的结果,后续会给出控制协议(5-39)下集群系统(5-38)实现时变编队可检验的充分条件。

注释 5.9:本小节中的拉普拉斯矩阵是不对称的,并且不能找到正交矩阵。在 $v(t) \equiv 0$ 的情况下,可以直接从**定理 5.5** 得到以下推论。

推论 5.3:如果 $v(t) \equiv 0$,具有有向拓扑切换的集群系统(5-40)实现期望时变编队 $h(t)$,当且仅当 $\forall i \in \{1, 2, \cdots, N\}$ 满足:

$$\lim_{t\to\infty}[(A+BK_1)h_{ij}(t) - \dot{h}_{ij}(t)] = 0, j \in N_{\sigma(t)}^i \tag{5-63}$$

且以下线性切换系统:

$$\dot{\vartheta}(t) = [I_{N-1}\otimes(A+BK_1+BK_2) - \alpha(\bar{U}L_{\sigma(t)}\tilde{U})\otimes BK_3]\bar{\vartheta}(t)$$

是渐近稳定的。

注释 5.10：从**推论 5.3** 中的约束(5-63)可以看出，当 $v(t) \equiv 0$，K_1 可用于扩展时变编队可行域。

编队参考代表整个编队的宏观运动。以下定理揭示有向拓扑切换、每个智能体的动力学、所有智能体的初始状态和时变编队对编队参考演化的影响。

定理 5.6：如果具有有向拓扑切换的集群系统(5-40)实现了期望时变编队 $h(t)$，则编队参考函数 $r(t)$ 满足：

$$\lim_{t \to \infty} \big[r(t) - \big(r_0(t) + r_\vartheta(t) + r_v(t) + r_h(t) \big) \big] = 0$$

其中，

$$r_0(t) = \mathrm{e}^{(A + BK_1 + BK_2)t} (\bar{u}_1 \otimes I_n) x(0)$$

$$r_\vartheta(t) = -\int_0^t \mathrm{e}^{(A + BK_1 + BK_2)(t-\tau)} \alpha (\bar{u}_1 L_{\sigma(t)} \tilde{U}) \otimes (BK_3) \vartheta(\tau) \mathrm{d}\tau$$

$$r_v(t) = \int_0^t \big[\mathrm{e}^{(A + BK_1 + BK_2)(t-\tau)} (\bar{u}_1 \otimes B) v(\tau) \big] \mathrm{d}\tau$$

$$r_h(t) = -(\bar{u}_1 \otimes I_n) h(t) - \int_0^t \mathrm{e}^{(A + BK_1 + BK_2)(t-\tau)} (\bar{u}_1 \otimes BK_2) h(\tau) \mathrm{d}\tau$$

证明：如果集群系统(5-40)实现了期望时变编队 $h(t)$，则根据**定理 5.5**，编队误差在 $t \to \infty$ 收敛到 0，即 $\lim_{t \to \infty} \vartheta(t) = 0$。从式(5-47)和式(5-50)可以得到：

$$\lim_{t \to \infty} \big(\phi_i(t) - \theta_1(t) \big) = 0, \ i = 1, 2, \cdots, N \tag{5-64}$$

考虑到：

$$\theta_1(0) = (\bar{u}_1 \otimes I_n) \big(x(0) - h(0) \big) \tag{5-65}$$

可以得出：

$$\int_0^t \mathrm{e}^{(A + BK_1 + BK_2)(t-\tau)} (\bar{u}_1 \otimes I_n) \dot{h}(\tau) \mathrm{d}\tau$$

$$= \mathrm{e}^{(A + BK_1 + BK_2)(t-\tau)} (\bar{u}_1 \otimes I_n) h(\tau) \Big|_{\tau=0}^{\tau=t} - \int_0^t \frac{\mathrm{d}}{\mathrm{d}\tau} \big(\mathrm{e}^{(A + BK_1 + BK_2)(t-\tau)} \big) (\bar{u}_1 \otimes I_n) h(\tau) \mathrm{d}\tau$$

$$= (\bar{u}_1 \otimes I_n) h(t) - \mathrm{e}^{(A + BK_1 + BK_2)t} (\bar{u}_1 \otimes I_n) h(0) - \int_0^t \mathrm{e}^{(A + BK_1 + BK_2)(t-\tau)}$$

$$\times \big[-(A + BK_1 + BK_2) \big] (\bar{u}_1 \otimes I_n) h(\tau) \mathrm{d}\tau \tag{5-66}$$

并且

$$(\bar{u}_1 \otimes I_n) h(\tau) = \big[\bar{u}_1 \otimes (A + BK_1 + BK_2) \big] h(\tau) \tag{5-67}$$

根据式(5-42)和式(5-64)~式(5-67),可以得出**定理5.6**的结论。证明完毕。

注释5.11:**定理5.6**给出了描述整个时变编队宏观运动的编队参考函数$r(t)$的显式表达式。从**定理5.6**可以看出,$r(t)$由$r_0(t)$、$r_\vartheta(t)$、$r_v(t)$和$r_h(t)$共同决定,其中$r_0(t)$是由每个智能体和初始状态的动力学确定的标称分量,$r_\vartheta(t)$描述了有向拓扑切换和时变编队误差的影响,$r_v(t)$、$r_h(t)$分别表示$v(t)$和$h(t)$对于$r(t)$的贡献。需要指出的是,虽然可以得到编队参考函数的显式表达式,但编队参考的轨迹不能预先任意指定。然而,根据**定理5.6**,K_2可以通过在复平面的所需位置指定$A+BK_1+BK_2$的特征值来指定编队参考的运动模态。此外,如果$h(t)\equiv 0$,$r(t)$成为具有有向拓扑切换的一般线性集群系统一致性函数的显式表达式。

5.3.3　有向拓扑切换下的时变编队可行性分析及协议设计

在这一部分中,首先提出了一种设计时变编队控制协议(5-39)的算法。然后证明了在满足编队可行性条件且驻留时间大于阈值的情况下,使用该算法,具有有向拓扑切换的集群系统(5-40)可以实现时变编队。

由于交互拓扑$G_{\sigma(t)}$具有生成树,根据**引理2.1**和U的结构可以得到,$\bar{U}L_{\sigma(t)}\tilde{U}$的所有特征值的实部都是正的。令$\hat{\mu}_{\sigma(t)}=\min\{\mathrm{Re}(\lambda_i(\bar{U}L_{\sigma(t)}\tilde{U})),i=1,2,\cdots,N-1\}$,其中$\lambda_i(\bar{U}L_{\sigma(t)}\tilde{U})$表示$\bar{U}L_{\sigma(t)}\tilde{U}$的第$i$个特征值。可以得出,对于任意的$0<\mu_{\sigma(t)}<\hat{\mu}_{\sigma(t)}$,存在正定对称矩阵$\Xi_{\sigma(t)}\in\mathbb{R}^{(N-1)\times(N-1)}$使得

$$(\bar{U}L_{\sigma(t)}\tilde{U})^{\mathrm{T}}\Xi_{\sigma(t)}+\Xi_{\sigma(t)}(\bar{U}L_{\sigma(t)}\tilde{U})>2\mu_{\sigma(t)}\Xi_{\sigma(t)} \tag{5-68}$$

引理5.2:对于任意正定矩阵$M_1\in\mathbb{R}^{n\times n}$和对称矩阵$M_2\in\mathbb{R}^{n\times n}$,下式成立:

$$x^{\mathrm{T}}(t)M_2x(t)\leqslant\lambda_{\max}(M_1^{-1}M_2)x^{\mathrm{T}}(t)M_1x(t)$$

在下文中,提出了一个包含四个步骤的设计过程,以确定时变编队控制协议(5-39)中的控制参数。

算法5.1:具有有向拓扑切换的时变编队控制协议(5-39)可按以下步骤进行设计。

步骤1:检查时变编队可行性条件(5-44)。如果满足,$v_i(t)$($i=1,2,\cdots,N$)可通过求解式(5-54)确定,且K_1可为具有适当维数的任何常数矩阵。注意,满足式(5-54)的$v_i(t)$($i=1,2,\cdots,N$)不是唯一的。首先可以指定$v_k(t)$($k\in\{1,2,\cdots,N\}$),然后由式(5-54)确定$v_j(t)$($j\in\{1,2,\cdots,N\}$,$j\neq k$)。如果不满足可行性条件(5-44),则期望时变编队$h(t)$不可行,算法停止。如果$v(t)\equiv 0$,求解时变编队可行性条件(5-63)来确定K_1。如果存在K_1满足式(5-63),则算法继续,否则期望时变编队$h(t)$不可行,算法停止。

步骤2:选择K_2,通过将$A+BK_1+BK_2$的特征值配置在复平面中所需的位置

来指定编队参考 $r(t)$ 的运动模态。如果 (A, B) 能控,则可以保证 K_2 的存在。

步骤 3:对于给定 $\beta > 0$,通过以下线性矩阵不等式求解正定对称矩阵 P,

$$(A + BK_1 + BK_2)P + P(A + BK_1 + BK_2)^{\mathrm{T}} - BB^{\mathrm{T}} + \beta P < 0 \quad (5-69)$$

然后 K_3 可以由 $K_3 = B^{\mathrm{T}}P^{-1}$ 给出。可以证明,如果 (A, B) 能控,那么对于任意给定的 $\beta > 0$,约束(5-69)都是可行的。

步骤 4:选择满足 $\alpha > 1/(2\bar{\mu})$ 的耦合强度 α,其中 $\bar{\mu} = \min(\mu_{\sigma(t)}, \sigma(t) \in \{1, 2, \cdots, p\})$。

基于**算法** 5.1,可以得到以下定理。

定理 5.7:在满足**定理** 5.5 中的时变编队可行性条件(5-44)的情况下,如果编队控制协议(5-39)由**算法** 5.1 设计且有向拓扑切换的驻留时间满足:

$$\tau_0 > \frac{\ln \gamma}{\beta} \quad (5-70)$$

则具有有向拓扑切换的集群系统(5-40)可以实现由 $h(t)$ 指定的时变编队。

证明:考虑线性切换系统(5-45)的稳定性。选择以下分段李雅普诺夫函数,

$$V(t) = \bar{\vartheta}^{\mathrm{T}}(t)(\Xi_{\sigma(t)} \otimes P^{-1})\bar{\vartheta}(t)$$
$$\Xi_{\sigma(t)} \in \{\Xi_1, \Xi_2, \cdots, \Xi_p\} \quad (5-71)$$

其中,$\Xi_{\sigma(t)}$、P 由式(5-68)和式(5-69)定义。对于 $t \in [t_1, t_2]$,交互拓扑 $G_{\sigma(t)}$ 是固定的。对 $V(t)$ 沿线性切换系统(5-45)的轨迹求取时间的导数,可以得到 $\forall t \in [t_1, t_2]$,有

$$\dot{V}(t) = \bar{\vartheta}^{\mathrm{T}}(t)(\Xi_{\sigma(t)} \otimes \Psi - \alpha \Phi_{\sigma(t)})\bar{\vartheta}(t) \quad (5-72)$$

其中,$\Psi = (A + BK_1 + BK_2)^{\mathrm{T}}P^{-1} + P^{-1}(A + BK_1 + BK_2)$,$\Phi_{\sigma(t)} = (\bar{U}L_{\sigma(t)}\tilde{U})^{\mathrm{T}}\Xi_{\sigma(t)} \otimes (BK_3)^{\mathrm{T}}P^{-1} + \Xi_{\sigma(t)}(\bar{U}L_{\sigma(t)}\tilde{U}) \otimes P^{-1}BK_3$。将 $K_3 = B^{\mathrm{T}}P^{-1}$ 代入式(5-72),得出:

$$\dot{V}(t) = \bar{\vartheta}^{\mathrm{T}}(t)(\Xi_{\sigma(t)} \otimes \Psi - \alpha \bar{\Phi}_{\sigma(t)})\bar{\vartheta}(t) \quad (5-73)$$

其中,$\bar{\Phi}_{\sigma(t)} = [(\bar{U}L_{\sigma(t)}\tilde{U})^{\mathrm{T}}\Xi_{\sigma(t)} + \Xi_{\sigma(t)}(\bar{U}L_{\sigma(t)}\tilde{U})] \otimes P^{-1}BB^{\mathrm{T}}P^{-1}$。

令 $\tilde{\vartheta}(t) = (I_{N-1} \otimes P)\bar{\vartheta}(t)$,根据式(5-73)可知:

$$\dot{V}(t) = \tilde{\vartheta}^{\mathrm{T}}(t)(\Xi_{\sigma(t)} \otimes \tilde{\Psi} - \alpha \tilde{\Phi}_{\sigma(t)})\tilde{\vartheta}(t) \quad (5-74)$$

其中,$\tilde{\Psi} = P(A + BK_1 + BK_2)^{\mathrm{T}} + (A + BK_1 + BK_2)P$,$\tilde{\Phi}_{\sigma(t)} = [(\bar{U}L_{\sigma(t)}\tilde{U})^{\mathrm{T}}\Xi_{\sigma(t)} + \Xi_{\sigma(t)}(\bar{U}L_{\sigma(t)}\tilde{U})] \otimes BB^{\mathrm{T}}$。由式(5-68)、式(5-69)和式(5-74),可以得到:

$$\dot{V}(t) \leqslant \tilde{\vartheta}^{\mathrm{T}}(t)[\Xi_{\sigma(t)} \otimes (BB^{\mathrm{T}} - \beta P) - \alpha(2\mu_{\sigma(t)}\Xi_{\sigma(t)}) \otimes BB^{\mathrm{T}}]\tilde{\vartheta}(t) \quad (5-75)$$

将 $\alpha > 1/(2\bar{\mu})$ 代入式 $(5-75)$ 得到 $\dot{V}(t) \leqslant -\beta\tilde{\vartheta}^{\mathrm{T}}(t)(\Xi_{\sigma(t)} \otimes P)\tilde{\vartheta}(t)$。同时有 $\tilde{\vartheta}(t) = (I_{N-1} \otimes P^{-1})\bar{\vartheta}(t)$，对于 $\forall t \in [t_1, t_2]$，有

$$\dot{V}(t) \leqslant -\beta\bar{\vartheta}^H(t)(\Xi_{\sigma(t)} \otimes P^{-1})\bar{\vartheta}(t) = -\beta V(t) \tag{5-76}$$

由于集群系统 $(5-40)$ 在 $t = t_2$ 切换，因此从式 $(5-76)$ 可以看出：

$$V(t_2^-) < \mathrm{e}^{-\beta(t_2-t_1)}V(t_1) < \mathrm{e}^{-\beta\tau_0}V(t_1) \tag{5-77}$$

因为 $\vartheta(t)$ 是连续的，从式 $(5-71)$ 和**引理 5.2** 可以得到：

$$V(t_2) \leqslant \gamma V(t_2^-) \tag{5-78}$$

由式 $(5-77)$ 和式 $(5-78)$ 可以得到 $V(t_2) < \gamma\mathrm{e}^{-\beta\tau_0}V(t_1) = \mathrm{e}^{(\ln\gamma-\beta\tau_0)}V(0)$。令 $\nu = \beta - (\ln\gamma)/\tau_0$，如果不等式 $(5-70)$ 成立，那么 $\nu > 0$ 并且 $V(t_2) < \mathrm{e}^{-\nu\tau_0}V(0)$。对于任意给定的 $t > t_2$，存在满足 $b \geqslant 2$ 的正整数。当 $t \in (t_b, t_{b+1})$ 时，使用递归方法可得

$$V(t) < \mathrm{e}^{-[\beta(t-t_b)+(b-1)\nu\tau_0]}V(0) < \mathrm{e}^{-(b-1)\nu\tau_0}V(0) \tag{5-79}$$

注意到 $t \leqslant b\tau_1$ 和 $b \geqslant 2$。根据式 $(5-79)$ 可知对于 $\forall t \in (t_b, t_{b+1})$，有

$$V(t) < \mathrm{e}^{-\frac{(b-1)\tau_0\nu}{b\tau_1}t}V(0) < \mathrm{e}^{-\frac{\tau_0\nu}{2\tau_1}t}V(0) \tag{5-80}$$

如果 $t = t_{b+1}$，可得

$$V(t) < \mathrm{e}^{-\frac{\tau_0\nu}{\tau_1}t}V(0) \tag{5-81}$$

由式 $(5-80)$ 和式 $(5-81)$ 可以得到 $\lim\limits_{t\to\infty}\vartheta(t) = 0$。由于满足编队可行性条件 $(5-44)$ 且线性切换系统 $(5-45)$ 渐近稳定，因此从**定理 5.5** 可以看出，具有有向拓扑切换的集群系统 $(5-40)$ 实现了期望时变编队 $h(t)$。证明完毕。

注释 5.12：如果 $h(t) \equiv 0$，本小节讨论的问题可以退化为一致性问题。具有有向拓扑切换的一般线性集群系统获得一致性的充要条件和一致性控制协议设计过程可以直接从**定理 5.5** 和**算法 5.1** 中得到。一致性函数的显式表达式和驻留时间的阈值可分别从**定理 5.6** 和**定理 5.7** 中导出。

注释 5.13：从**定理 5.7** 可以看出，非奇异变换矩阵是本节中处理时变编队控制问题的有力工具。该构造利用了如果所有可能的切换拓扑 $G_{\sigma(t)}(\sigma(t) = 1, 2, \cdots, p)$ 都包含一个生成树，那么 0 是拉普拉斯矩阵 $L_{\sigma(t)}$ 的简单特征值以及相关的右特征向量为 1_N 的性质。对于理论分析，U 可以是任何非奇异矩阵，1_N 为 U 中的某一列。在不失一般性的情况下，选择 $\bar{u}_1 = 1_N$。请注意，对 U 的选择不是唯一的。为了简单起见，可以选择 $U = \begin{bmatrix} 1 & 0 \\ 1_{N-1} & I_{N-1} \end{bmatrix}$。

5.3.4　数值仿真

在这一小节中,给出了一个数值仿真例子来验证前面几节中获得的理论结果的有效性。

考虑具有 6 个智能体的三阶集群系统,其中每个智能体的动态由式(5-38)描述,其中 $x_i(t) = [x_{i1}(t), x_{i2}(t), x_{i3}(t)]^\mathrm{T}(i = 1, 2, \cdots, 6)$, $A = \begin{bmatrix} 0 & -4 & 1 \\ 2 & 2 & -1 \\ 3 & 5 & 7 \end{bmatrix}$,

$B = \begin{bmatrix} 0 \\ 0 \\ 1 \end{bmatrix}$。假设有三种不同的 0-1 加权的有向拓扑,即 G_1、G_2 和 G_3,如图 5-4 所示。

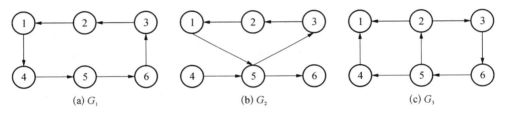

(a) G_1　　　　　(b) G_2　　　　　(c) G_3

图 5-4　有向拓扑切换

这 6 个智能体需要保持周期性的时变平行六边形队形,同时围绕参考函数 $r(t) = [r_1(t), r_2(t), r_3(t)]^\mathrm{T}$ 旋转。时变编队描述如下:

$$h_i(t) = \begin{bmatrix} 15\cos\left(2t + \dfrac{(i-1)\pi}{3}\right) \\ 15\sin\left(2t + \dfrac{(i-1)\pi}{3}\right) \\ 30\cos\left(2t + \dfrac{(i-1)\pi}{3}\right) \end{bmatrix}, \quad i = 1, 2, \cdots, 6$$

可以验证 $\mathrm{rank}(B) = 1$。选择 $\bar{B} = [0, 0, 1]$,$\bar{B} = \begin{bmatrix} 1 & 0 & 0 \\ 0 & 1 & 0 \end{bmatrix}$,$U = \begin{bmatrix} 1 & 0 \\ 1_{N-1} & I_{N-1} \end{bmatrix}$。可以证明满足**定理 5.5** 中的编队可行性约束(5-44)。根据**算法 5.1**,增益矩阵 K_1 可以选择为 $K_1 = [0, 0, 0]$,选择 $v_i(t)$ 为

$$v_i(t) = -285\sin\left[2t + \frac{\pi}{3}(i-1)\right] + 15\cos\left[2t + \frac{\pi}{3}(i-1)\right]$$

其中,$i = 1, 2, \cdots, 6$。在 $K_2 = 0$ 的情况下,可以得到 $A + BK_1 + BK_2$ 的特征值为 7.043 9、0.978 0 + 3.043 8j 和 0.978 0 − 3.043 8j,其中 $j^2 = -1$,这意味着编队参考的运动模态不稳定,整个编队将以指数形式发散。为了保持整个时变编队在可视范围内移动,可以使用**算法 5.1** 步骤 2 中的方法指定要振荡的编队参考的运动模态。为此,选择 $K_2 = [3.812 5, 0.062 5, -10]$ 指定 $A + BK_1 + BK_2$ 配置特征值: − 1、0.5j 和 − 0.5j。选择 $\beta = 0.2$。求解不等式 (5 − 69),得到 $K_3 = [-1.024 1, -9.974, 2.911 2]$。可以得出 $\alpha > 2.765 1, \tau_0 > 12.676 2$ s。因此,选择 $\alpha = 3$,驻留时间为 15 s。

假设 6 个智能体的初始状态满足 $x_{ij}(0) = i(\Theta - 0.5)$ $(i = 1, 2, \cdots, 6; j = 1, 2, 3)$,其中 Θ 是位于 0 和 1 之间的随机值。图 5 − 5 显示了 6 个智能体和编队参考,其中 6 个智能体和编队参考的状态分别由三角形、星号、点、加号、正方形、菱形和五角星表示。图 5 − 6 显示了编队参考 $r(t)$ 的轨迹,其中初始状态由圆圈表示。图 5 − 7 显示了编队误差 $\vartheta(t)$ 的曲线。

从图 5 − 5 可以观察到以下现象:① 6 个智能体的状态构成平行六边形的形状;② 平行六边形的边是时变的;③ 编队参考沿一个圆移动并位于时变编队的中

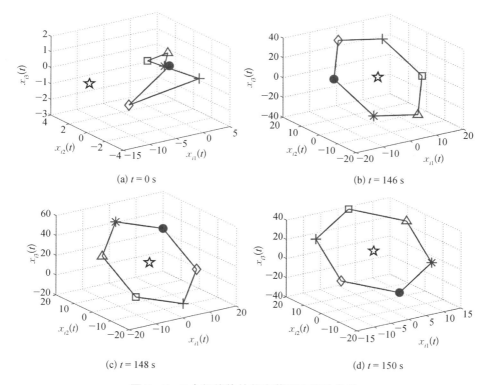

图 5 − 5　6 个智能体的状态截图和编队参考

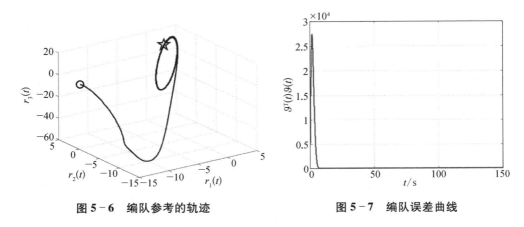

图 5-6　编队参考的轨迹　　　　　　　　图 5-7　编队误差曲线

心;④ 平行六边形围绕编队参考旋转。因此,集群系统(5-40)在有向拓扑切换下实现了指定的时变编队。

5.4　拓扑切换下的无人机集群时变编队控制及实验验证

本节将第 5.2 节中取得的针对一般高阶集群系统切换拓扑下时变状态编队控制的理论结果应用于实际无人机集群系统。首先,针对无人机的具体模型给出了无人机集群系统拓扑切换下实现时变状态编队的充要条件和状态编队参考函数的显式表达式,提出了对状态编队参考运动模态进行配置的方法及对控制协议进行设计的方法。然后介绍了一种基于四旋翼无人机的编队控制实验平台,最后在四旋翼编队平台上进行了数值仿真和实物实验。

5.4.1　问题描述

考虑一个由 N 架无人机组成的无人机集群系统[139-153]。对于每一架无人机,由于位置运动学的时间常数比姿态动力学大得多,编队控制可以解耦为内环控制与外环控制,其中内环控制器稳定姿态,外环控制器用于驱动无人机向所需位置移动[139,140]。编队控制双回路结构示意图如图 5-8 所示,其中 $h(t)$、$\Phi_d(t)$、$\Phi(t)$、$\Gamma(t)$ 和 $\xi(t)$ 分别表示期望的编队、期望的姿态、姿态、控制力矩、位置和速度向量。本小节研究的编队控制问题主要涉及外回路,而内回路的姿态稳定和跟踪控制可以通过 PD 控制器来实现[145]。如文献[144]所示,无人机 i($i \in \{1, 2, \cdots, N\}$)在位置回路运动学模型可以近似描述为

$$\begin{cases} \dot{x}_i(t) = v_i(t) \\ \dot{v}_i(t) = u_i(t) \end{cases} \tag{5-82}$$

其中，$x_i(t) \in \mathbb{R}^n$、$v_i(t) \in \mathbb{R}^n$、$u_i(t) \in \mathbb{R}^n$ 分别表示无人机 i 的位置、速度和控制输入向量。为了方便描述，如果没有特别指定，假定维数 $n = 1$，但是所有的结果都可以通过克罗内克积直接推广到高维情况。N 架无人机之间的交互拓扑用无向图 $G = \{V, E, W\}$ 来描述。需要指出的是，拉普拉斯矩阵在集群系统的协同控制中起着重要的作用，它可以揭示集群系统实现协同目标的拓扑需求。例如，称拉普拉斯矩阵的第二个最小特征值为代数连通性，其决定了一致性算法的收敛速度[154]。

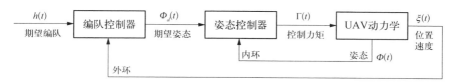

图 5-8　编队控制的双回路结构示意图

无人机集群系统(5-82)的交互拓扑可以切换。用 S 表示具有索引集 $I \subset \mathbb{N}$ 的所有可能的交互拓扑，其中 $\mathbb{N}$ 表示自然数集。设 $\sigma(t): [0, +\infty) \to I$ 为切换信号，其值为拓扑在 t 处的索引。分别用 $G_{\sigma(t)}$ 和 $L_{\sigma(t)}$ 表示 t 处的交互拓扑和相应的拉普拉斯矩阵。设 $N_{\sigma(t)}^i$ 是智能体 i 在 $\sigma(t)$ 处的邻居集。假设可容许的切换信号的时间间隔 $T_d > 0$，并且 S 中的所有交互拓扑都是连通的。

定义 $\xi_i(t) = [x_i(t), v_i(t)]^T$，$B_1 = [1, 0]^T$，$B_2 = [0, 1]^T$，则无人机集群系统(5-82)可重写为

$$\dot{\xi}_i(t) = B_1 B_2^T \xi_i(t) + B_2 u_i(t) \qquad (5-83)$$

$h(t) = [h_1^T(t), h_2^T(t), \cdots, h_N^T(t)]^T \in \mathbb{R}^{2N}$ 表示时变编队，其中 $h_i(t) = [h_{ix}(t), h_{iv}(t)]^T (i = 1, 2, \cdots, N)$ 是分段连续可微的向量。

定义 5.6：如果存在向量值函数 $r(t) \in \mathbb{R}^2$，使得

$$\lim_{t \to \infty}(\xi_i(t) - h_i(t) - r(t)) = 0, \; i = 1, 2, \cdots, N$$

成立，则称无人机集群系统(5-83)实现时变编队 $h(t)$，其中 $r(t)$ 为编队参考函数。

图 5-9 展示了由 3 架无人机组成的集群系统的在 XY 平面上的三角形编队。由图 5-9 可知，在 $t \to \infty$ 时，如果 $\xi_i(t) - h_i(t) - r(t) \to 0$，对所有 $i = 1, 2, 3$ 成立，则有 $\lim_{t \to \infty}[(\xi_i(t) - \xi_j(t)) - (h_i(t) - h_j(t))] = 0(i, j \in$

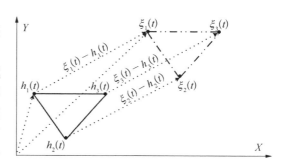

图 5-9　XY 平面上 $N = 3$ 时的一个三角形编队

$\{1, 2, 3\}$），即由 $h_i(t)$ 和 $\xi_i(t)$ $(i = 1, 2, 3)$ 组成的两个三角形是全等的，从而形成三角形编队。

对于无人机 i $(i \in \{1, 2, \cdots, N\})$，考虑如下具有切换拓扑的时变编队控制协议：

$$u_i(t) = K_1(\xi_i(t) - h_i(t)) + K_2 \sum_{j \in N_{\sigma(t)}^i} w_{ij}[(\xi_j(t) - h_j(t)) - (\xi_i(t) - h_i(t))] + \dot{h}_{iv}(t) \tag{5-84}$$

其中，$K_1 \in \mathbb{R}^{1 \times 2}$ 和 $K_2 \in \mathbb{R}^{1 \times 2}$ 是常数增益矩阵。

注释 5.14：在控制协议（5-84）中，增益矩阵 K_1 的作用是指定时变编队参考的运动模态。如果 $K_1 = 0$ 和 $\dot{h}_{iv}(t) \equiv 0$，则控制协议（5-84）成为只使用邻居相对信息的控制协议。不同于文献 [141]、[146]、[147] 中的控制协议，控制协议（5-84）中每架无人机的邻居可以切换。需要指出的是，控制协议（5-84）中没有考虑避碰和控制输入饱和。在设计编队时，需要保持无人机之间的相对安全距离，并考虑各无人机机动能力的约束。

令 $\xi(t) = [\xi_1^T(t), \xi_2^T(t), \cdots, \xi_N^T(t)]^T$，$h_x(t) = [h_{1x}(t), h_{2x}(t), \cdots, h_{Nx}(t)]^T$，$h_v(t) = [h_{1v}(t), h_{2v}(t), \cdots, h_{Nv}(t)]^T$。在控制协议（5-84）的作用下，无人机集群系统（5-83）的闭环紧凑形式可以写为

$$\dot{\xi}(t) = [I_N \otimes (B_2K_1 + B_1B_2^T) - L_{\sigma(t)} \otimes (B_2K_2)]\xi(t)$$
$$- [I_N \otimes (B_2K_1) - L_{\sigma(t)} \otimes (B_2K_2)]h(t) + (I_N \otimes B_2)\dot{h}_v(t) \tag{5-85}$$

5.4.2　拓扑切换下的无人机时变编队分析及协议设计

在本小节中，构造了一个非奇异变换，通过该变换，将闭环无人机集群系统（5-85）转化为两个子系统，一个子系统描述编队误差，另一个子系统用于确定编队参考函数。证明了无人机集群系统（5-85）的时变编队控制问题等价于误差子系统的渐近稳定性问题。利用这种变换，将控制协议（5-84）的设计转化为选择合适的增益矩阵来稳定误差子系统。

令 $\tilde{\xi}_i(t) = \xi_i(t) - h_i(t)$ $(i = 1, 2, \cdots, N)$ 和 $\tilde{\xi}(t) = [\tilde{\xi}_1^T(t), \tilde{\xi}_2^T(t), \cdots, \tilde{\xi}_N^T(t)]^T$，则无人机集群系统（5-85）可以重写为

$$\dot{\tilde{\xi}}(t) = [I_N \otimes (B_2K_1 + B_1B_2^T) - L_{\sigma(t)} \otimes (B_2K_2)]\tilde{\xi}(t) + (I_N \otimes B_1)(h_v(t) - \dot{h}_x(t)) \tag{5-86}$$

下面将基于**引理 2.2** 对时变编队控制问题进行分析。定义 $U = [\bar{u}_1, \bar{u}_2, \cdots,$

$\bar{u}_N$] 是一个正交常数矩阵满足 $\bar{u}_1 = 1_N / \sqrt{N}$ 和 $\tilde{U} = [\bar{u}_2 , \bar{u}_3 \cdots , \bar{u}_N]$，则有 $U^\mathrm{T} L_{\sigma(t)} U =$ $\mathrm{diag}\{0, \tilde{U}^\mathrm{T} L_{\sigma(t)} \tilde{U}\}$。令 $\zeta(t) = (\bar{u}_1^\mathrm{T} \otimes I)\tilde{\xi}(t)$ 和 $\varsigma(t) = (\tilde{U}^\mathrm{T} \otimes I)\tilde{\xi}(t)$，则

$$\dot{\zeta}(t) = (B_2 K_1 + B_1 B_2^\mathrm{T})\zeta(t) + \frac{1}{\sqrt{N}}(1_N^\mathrm{T} \otimes B_1)(h_v(t) - \dot{h}_x(t)) \quad (5-87)$$

$$\begin{aligned} \dot{\varsigma}(t) = &[I_{N-1} \otimes (B_2 K_1 + B_1 B_2^\mathrm{T}) - (\tilde{U}^\mathrm{T} L_{\sigma(t)} \tilde{U}) \otimes B_2 K_2]\varsigma(t) \\ &+ (\tilde{U}^\mathrm{T} \otimes B_1)(h_v(t) - \dot{h}_x(t)) \end{aligned} \quad (5-88)$$

以下引理将具有切换拓扑的无人机集群系统(5-85)的编队控制问题转化为线性切换系统的稳定性问题。

引理 5.3：具有切换拓扑的无人机集群系统(5-85)实现期望时变编队 $h(t)$ 当且仅当编队误差子系统(5-88)是渐近稳定的，即 $\lim\limits_{t \to \infty} \varsigma(t) = 0$。

证明：设向量 $e_1 \in \mathbb{R}^N$ 的第一个分量为 1，其他分量为 0。定义，

$$\tilde{\xi}_c(t) = (U \otimes I_2)[\zeta^\mathrm{T}(t) , 0]^\mathrm{T} \quad (5-89)$$

$$\tilde{\xi}_{\bar{c}}(t) = (U \otimes I_2)[0, \varsigma^\mathrm{T}(t)]^\mathrm{T} \quad (5-90)$$

把 $[\zeta^\mathrm{T}(t) , 0]^\mathrm{T} = e_1 \otimes \zeta(t)$ 代入式(5-89)可得

$$\tilde{\xi}_c(t) = (U e_1 \otimes \zeta(t)) = \frac{1}{\sqrt{N}} 1_N \otimes \zeta(t) \quad (5-91)$$

注意 $[\zeta^\mathrm{T}(t) , \varsigma^\mathrm{T}(t)] = (U^\mathrm{T} \otimes I_2)\tilde{\xi}(t)$，由式(5-89)和式(5-90)可得

$$\tilde{\xi}(t) = \tilde{\xi}_c(t) + \tilde{\xi}_{\bar{c}}(t) \quad (5-92)$$

由于 $U^\mathrm{T} \otimes I_2$ 是非奇异的，由式(5-89)和式(5-90)可以得到 $\tilde{\xi}_c(T)$ 和 $\tilde{\xi}_{\bar{c}}(t)$ 是线性无关的。由式(5-91)和式(5-92)可得

$$\tilde{\xi}_{\bar{c}}(t) = \tilde{\xi}(t) - \frac{1}{\sqrt{N}} 1_N \otimes \zeta(t) \quad (5-93)$$

因此，当且仅当 $\lim\limits_{t \to \infty} \tilde{\xi}_{\bar{c}}(t) = 0$，$\lim\limits_{t \to \infty}(\xi(t) - h(t) - 1/\sqrt{N} 1_N \otimes \zeta(t)) = 0$。由式(5-90)可知，因为 $U^\mathrm{T} \otimes I_2$ 是非奇异的，无人机集群系统(5-85)实现时变编队 $h(t)$ 当且仅当 $\lim\limits_{t \to \infty} \varsigma(t) = 0$，且 $\varsigma(t)$ 表征了时变编队误差。证明完毕。

用 $\lambda_{\sigma(t)}^i (i = 1, 2, \cdots, N)$ 表示拉普斯矩阵 $L_{\sigma(t)}$ 的特征值。不失一般性，假定 $\lambda_{\sigma(t)}^1 \leqslant \lambda_{\sigma(t)}^2 \leqslant \cdots \leqslant \lambda_{\sigma(t)}^N$。令 $\Lambda_{\sigma(t)} = \mathrm{diag}\{\lambda_{\sigma(t)}^2 , \lambda_{\sigma(t)}^3 , \cdots , \lambda_{\sigma(t)}^N\}$。此外，从**引理 2.2** 可以看出 $\lambda_{\sigma(t)}^1 = 0$ 对应的特征向量为 $\bar{u}_1 = 1/\sqrt{N}$。定义 $\lambda_{\min} = \min\{\lambda_m^i (\forall m \in I; i = 2, 3, \cdots, N)\}$。

定理 5.8：具有切换拓扑的无人机集群系统(5-85)实现时变编队 $h(t)$ 当且仅当

(i) 对于所有 $i \in \{1, 2, \cdots, N\}$，

$$\lim_{t \to \infty} [(h_{iv}(t) - h_{jv}(t)) - (\dot{h}_{ix}(t) - \dot{h}_{jx}(t))] = 0, j \in N^i_{\sigma(t)} \quad (5-94)$$

(ii) 以下线性切换系统是渐近稳定的，

$$\dot{\theta}(t) = [I_{N-1} \otimes (B_2 K_1 + B_1 B_2^T) - \Lambda_{\sigma(t)} \otimes B_2 K_2] \theta(t) \quad (5-95)$$

证明：必要性。如果具有切换拓扑的无人机集群系统(5-85)实现了由 $h(t)$ 刻画的时变编队，则由**引理 5.3** 和式(5-88)可知：

$$\lim_{t \to \infty} (\tilde{U}^T \otimes B_1)(h_v(t) - \dot{h}_x(t)) = 0 \quad (5-96)$$

以及系统：

$$\dot{\bar{\varsigma}}(t) = [I_{N-1} \otimes (B_2 K_1 + B_1 B_2^T) - (\tilde{U}^T L_{\sigma(t)} \tilde{U}) \otimes B_2 K_2] \bar{\varsigma}(t) \quad (5-97)$$

是渐近稳定的，其中 $\bar{\varsigma}(t)$ 为式(5-97)所描述的系统的状态。令 $\tilde{U}^T = [\hat{U}, \hat{u}]$，其中 $\hat{U} \in \mathbb{R}^{(N-1) \times (N-1)}$。由于 $\tilde{U}^T$ 行满秩，在不失一般性的前提下，假定 $\hat{U}$ 为行满秩。由于 $\tilde{U}^T 1_N = 0$，得到：

$$\hat{u} = -\hat{U} 1_{N-1} \quad (5-98)$$

定义 $\hat{h}_v(t) = [h_{1v}(t), h_{2v}(t), \cdots, h_{(N-1)v}(t)]^T$ 和 $\hat{h}_x(t) = [h_{1x}(t), h_{2x}(t), \cdots, h_{(N-1)x}(t)]^T$。由式(5-96)和式(5-98)可知：

$$\lim_{t \to \infty} (\hat{U} \otimes B_1)[\hat{h}_v(t) - \dot{\hat{h}}_x(t) - 1_{N-1} \otimes (h_{Nv}(t) - \dot{h}_{Nx}(t))] = 0 \quad (5-99)$$

由于 $\hat{U}$ 是非奇异的，在式(5-99)两侧左乘 $\hat{U}^{-1} \otimes I$ 得到：

$$\lim_{t \to \infty} [h_{iv}(t) - h_{Nv}(t) - (\dot{h}_{ix}(t) - \dot{h}_{Nx}(t))] = 0, i = 1, 2, \cdots, N-1$$

$$(5-100)$$

从式(5-100)可以看出条件(i)是必需的。由于 $\tilde{U}^T L_{\sigma(t)} \tilde{U}$ 是对称的，可以找到一个正交矩阵 $\bar{U}_{\sigma(t)}$ 满足 $\bar{U}^T_{\sigma(t)} \tilde{U}^T L_{\sigma(t)} \tilde{U} \bar{U}_{\sigma(t)} = \Lambda_{\sigma(t)}$。令 $\theta(t) = (\bar{U}^T_{\sigma(t)} \otimes I) \bar{\varsigma}(t)$，则系统(5-97)可以转化为

$$\dot{\theta}(t) = [I_{N-1} \otimes (B_2 K_1 + B_1 B_2^T) - \Lambda_{\sigma(t)} \otimes B_2 K_2] \theta(t)$$

即条件(ii)成立。

充分性：如果条件(ii)成立，可得

$$\lim_{t \to \infty} B_1 \big[(h_{iv}(t) - h_{jv}(t)) - (\dot{h}_{ix}(t) - \dot{h}_{jx}(t)) \big] = 0, \ i = 1, 2, \cdots, N; j \in N_{\sigma(t)}^i \tag{5-101}$$

因此,

$$\lim_{t \to \infty} (L_{\sigma(t)} \otimes B_1)(h_v(t) - \dot{h}_x(t)) = 0 \tag{5-102}$$

将 $L_{\sigma(t)} = U \mathrm{diag}\{0, \tilde{U}^{\mathrm{T}} L_{\sigma(t)} \tilde{U}\} U^{\mathrm{T}}$ 代入式(5-102),在式(5-102)两侧左乘 $U^{\mathrm{T}} \otimes I_2$,得

$$\lim_{t \to \infty} (\tilde{U}^{\mathrm{T}} L_{\sigma(t)} \tilde{U} \tilde{U} \otimes B_1)(h_v(t) - \dot{h}_x(t)) = 0 \tag{5-103}$$

因为 $\tilde{U}^{\mathrm{T}} L_{\sigma(t)} \tilde{U}$ 是非奇异的,由式(5-103)可得

$$\lim_{t \to \infty} (\tilde{U} \otimes B_1)(h_v(t) - \dot{h}_x(t)) = 0 \tag{5-104}$$

如果条件(ii)成立,则系统(5-97)渐近稳定。由式(5-97)、式(5-104)和式(5-88)得到 $\lim_{t \to \infty} \varsigma(t) = 0$。 由**引理 5.3** 可得**定理 5.8** 成立。证明完毕。

注释 5.15:由**定理 5.8** 的条件(i)可知,对于无人机集群系统(5-85),并非所有的时变编队都能实现,可以实现的编队必须满足式(5-94)。这个要求是合理的。例如,3 架无人机不可能实现位置分量保持固定三角形而速度分量不相等的编队。此外,由式(5-88)、式(5-95)和式(5-97),可以得到状态 $\theta(t)$、$\bar{\varsigma}(t)$ 与编队误差 $\varsigma(t)$ 之间的关系:$\theta(t) = (\bar{U}_{\sigma(t)}^{\mathrm{T}} \otimes I) \bar{\varsigma}(t)$,在方程(5-96)成立的情况下,$\bar{\varsigma}(t)$ 等价于 $\varsigma(t)$。

定理 5.9:如果**定理 5.8** 中的条件(i)成立,无人机集群系统(5-83)通过控制协议(5-84)可以实现时变编队 $h(t)$,如果 $K_2 = (2\lambda_{\min})^{-1} B_2^{\mathrm{T}} P$,其中 P 为以下代数 Riccati 方程的正定解,

$$P(B_2 K_1 + B_1 B_2^{\mathrm{T}}) + (B_2 K_1 + B_1 B_2^{\mathrm{T}})^{\mathrm{T}} P - P B_2 B_2^{\mathrm{T}} P + I = 0 \tag{5-105}$$

证明:考虑系统(5-95)的稳定性。构造下面的李雅普诺夫候选函数,

$$V(t) = \theta^{\mathrm{T}}(t) (\tilde{U} \bar{U}_{\sigma(t)} \otimes I_2)^{\mathrm{T}} (I_{N-1} \otimes P)(\tilde{U} \bar{U}_{\sigma(t)} \otimes I_2) \theta(t) \tag{5-106}$$

因为 $\tilde{\xi}_{\bar{C}}(t)$ 是连续可微的,如果**定理 5.8** 中的条件(i)成立,则从式(5-90)可知:

$$\tilde{\xi}_{\bar{C}}(t) = \begin{bmatrix} 0 \\ (\tilde{U} \bar{U}_{\sigma(t)} \otimes I_2) \theta(t) \end{bmatrix} \tag{5-107}$$

因此, $(\tilde{U} \bar{U}_{\sigma(t)} \otimes I_2) \theta(t)$ 和 $V(t)$ 是连续可微的。由于 $(\tilde{U} \bar{U}_{\sigma(t)} \otimes I_2)^{\mathrm{T}} = ((\tilde{U} \bar{U}_{\sigma(t)})^{\mathrm{T}} \otimes I_2)$,$V(t)$ 可重写为

$$V(t) = \theta^{\mathrm{T}}(t)(I_{N-1} \otimes P)\theta(t) \tag{5-108}$$

对 $V(t)$ 沿着系统(5‑95)的轨迹求导,得到:

$$\dot{V}(t) = \theta^{\mathrm{T}}(t)\left[I_{N-1} \otimes \Xi - \Lambda_{\sigma(t)} \otimes (K_2^{\mathrm{T}} B_2^{\mathrm{T}} P + P B_2 K_2) \right]\theta(t) \quad (5\text{-}109)$$

其中, $\Xi = (B_2 K_1 + B_1 B_2^{\mathrm{T}})^{\mathrm{T}} P + P(B_2 K_1 + B_1 B_2^{\mathrm{T}})$, 即

$$\dot{V}(t) = \sum_{i=2}^{N} \theta_i^{\mathrm{T}}(t)\left[\Xi - \lambda_{\sigma(t)}^{i}(K_2^{\mathrm{T}} B_2^{\mathrm{T}} P + P B_2 K_2) \right]\theta_i(t) \quad (5\text{-}110)$$

将 $K_2 = (2\lambda_{\min})^{-1} B_2^{\mathrm{T}} P$ 和 $\Xi = P B_2 B_2^{\mathrm{T}} P - I$ 代入式(5‑110),得到:

$$\dot{V}(t) = \sum_{i=2}^{N} \theta_i^{\mathrm{T}}(t)\left[-I + (1 - \lambda_{\sigma(t)}^{i}\lambda_{\min^{-1}}) P B_2 B_2^{\mathrm{T}} P \right]\theta_i(t)$$

根据 $\lambda_{\min}$ 的定义,对于任意 $\sigma(t) \in I$ 和 $i \in \{2, 3, \cdots, N\}$,都有 $\lambda_{\min} \leqslant \lambda_{\delta(t)}^{i}$,这意味着 $1 - \lambda_{\sigma(t)}^{i}\lambda_{\min^{-1}} \leqslant 0$。因为 $1 - \lambda_{\sigma(t)}^{i}\lambda_{\min^{-1}} \leqslant 0$,可得 $\dot{V}(t) \leqslant 0$。注意 $T_d > 0$, $\dot{V}(t) \equiv 0$ 当且仅当 $\theta_i(t) \equiv 0$ ($i = 2, 3, \cdots, N$),这意味着 $\theta(t) \equiv 0$。因此,**定理 5.8** 中的条件(ii)成立。由**定理 5.8**可知,无人机集群系统(5‑83)通过控制协议(5‑84)实现了时变编队 $h(t)$,证明完毕。

如果无人机集群系统(5‑85)实现时变编队,则可得到编队参考函数的显式表达式,用以描述整个无人机编队的宏观运动情况。

推论 5.4:若无人机群集系统(5‑85)在切换拓扑下实现时变编队,则编队参考函数 $r(t)$ 为

$$\lim_{t \to \infty}(r(t) - r_0(t) - r_h(t)) = 0$$

其中,

$$r_0(t) = \mathrm{e}^{(B_2 K_1 + B_1 B_2^{\mathrm{T}})t}\left(\frac{1}{N}\sum_{i=1}^{N} \xi_i(0) \right)$$

$$r_h(t) = -\frac{1}{N}\sum_{i=1}^{N} h_i(t) + \int_0^t \mathrm{e}^{(B_2 K_1 + B_1 B_2^{\mathrm{T}})(t-s)} B_2\left(\frac{1}{N}\sum_{i=1}^{N} \dot{h}_{iv}(s) - \frac{1}{N}\sum_{i=1}^{N} K_1 h_i(s) \right) \mathrm{d}s$$

证明:如果无人机集群系统(5‑85)在切换拓扑下实现时变编队,则 $\lim\limits_{t \to \infty}\varsigma(t) = 0$。由式(5‑93)得

$$\lim_{t \to \infty}\left(\tilde{\xi}(t) - \frac{1}{\sqrt{N}}1_N \otimes \zeta(t) \right) = 0 \quad (5\text{-}111)$$

可以证明:

$$\zeta(0) = \frac{1}{\sqrt{N}}(1_N^{\mathrm{T}} \otimes I_2)\tilde{\xi}(t) = \frac{1}{\sqrt{N}}(1_N^{\mathrm{T}} \otimes I_2)(\xi(0) - h(0)) \quad (5\text{-}112)$$

和

$$\int_0^t e^{(B_2 K_1 + B_1 B_2^T)(t-s)} \frac{1}{\sqrt{N}} (1_N^T \otimes B_1)(h_v(s) - \dot{h}_x(s)) ds$$

$$= -\frac{1}{N} \sum_{i=1}^N h_i(t) + e^{(B_2 K_1 + B_1 B_2^T)t} \frac{1}{N} \sum_{i=1}^N h_i(0) \tag{5-113}$$

$$+ \int_0^t e^{(B_2 K_1 + B_1 B_2^T)(t-s)} B_2 \left(\frac{1}{N} \sum_{i=1}^N \dot{h}_{iv}(s) - \frac{1}{N} \sum_{i=1}^N K_1 h_i(s) \right) ds$$

由式(5-87)和式(5-111)~式(5-113)可以得到**推论5.4**的结论。证明完毕。

注释5.16：由**推论5.4**可得，切换拓扑对编队参考函数没有影响。此外，通过将 $B_2 K_1 + B_1 B_2^T$ 的特征值放置在复平面的期望位置，总可以找到合适的 K_1 来配置编队参考的运动模态。

根据上述结果，K_1 和 K_2 的确定过程可以总结如下。

步骤1：对于给定的编队，检查编队可行性条件(5-94)，如果满足则继续；否则无人机集群系统(5-83)在控制协议(5-84)下无法实现此编队，算法停止。

步骤2：通过指定 $B_2 K_1 + B_1 B_2^T$ 的特征值，选择 K_1 来指定编队参考的运动模态在复平面的期望位置。

步骤3：求解代数 Riccati 方程(5-105)得到 P，进而求出 $K_2 = (2\lambda_{\min})^{-1} B_2^T P$。

5.4.3　四旋翼无人机编队平台介绍

图 5-10 显示了 2012 年所搭建的基于四旋翼无人机的编队控制验证平台，包括一个地面控制站(ground control station，GCS)和四个带有飞行控制系统(flight control system，FCS)的四旋翼。四旋翼无人机的翼展为 65 cm，重量为 1 600 g。每个四旋翼无人机的最大起飞重量为 1 800 g，最大飞行时间约为 12 分钟。

作者团队基于 135 MHz 的 TMS320F28335 DSP 开发了 FCS。FCS 采用三个单轴陀螺仪、一个三轴磁力计和一个三轴加速度计来估计四旋翼的姿态和加速度。每个四旋翼无人机的位置和速度由全球定位系统(global positioning system，GPS)模块测量，精度为 1.2m 圆概率误差(CEP)，速率为 10 Hz。当四旋翼无人机接近地面时，高度由超声波测距仪测量。机上使用 2G Micro-SD 卡记录主要飞行参数。通过 Zigbee 模块实现四旋翼无人机与地面通信系统以及四旋翼无人机之间的无线通信。控制命令通过 Zigbee 网络发送到指定的四旋翼无人机或广播到所有四旋翼无人机。所有四旋翼无人机的状态发送给 GCS，由 GCS 上的实时显示模块监控。在编队过程中，每个四旋翼无人机既不需要遥控器的控制，也不需要 GCS 的控制。然而，为了应对紧急情况，每个四旋翼无人机上都有一个 RC(radio control)接收器，在出现异常情况的时候可以通过遥控器介入转为手动遥控模式。图 5-11 为四旋翼无人机的硬件结构框图。

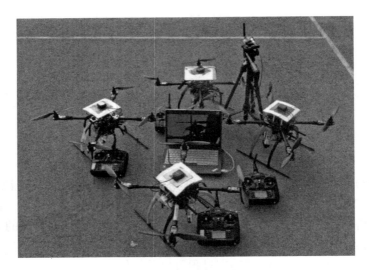

图 5‑10　四旋翼无人机编队平台

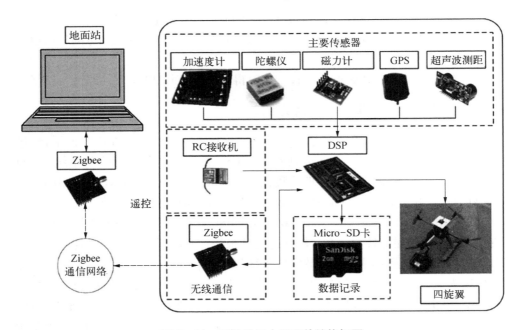

图 5‑11　四旋翼无人机硬件结构框图

5.4.4　基于四旋翼无人机的时变编队仿真及实验

四旋翼无人机集群系统的编队控制在水平面($n=2$)实现,即四旋翼无人机沿 X 轴和 Y 轴的运动由编队协议(5‑84)控制,速率为 5 Hz。每个四旋翼无人机的高度指定为常数。每个四旋翼无人机的俯仰、滚转和偏航角由三个解耦 PD 控制器控制,如文献[145]所示,其内环速率为 500 Hz。注意,每个四旋翼无人机沿着 X 轴和 Y 轴的运动是解耦的。基于克罗内克积,四旋翼无人机集群系统在水平面上的动力学可以通过式(5-83)描述,且 $\xi_i(t) = [x_{iX}(t), v_{iX}(t), x_{iY}(t), v_{iY}(t)]^{\mathrm{T}}$, $u_i(t) = [u_{iX}(t), u_{iY}(t)]^{\mathrm{T}}$, $h_i(t) = [h_{ixX}(t), h_{ivX}(t), h_{ixY}(t), h_{ivY}(t)]^{\mathrm{T}}(i = 1, 2, \cdots, N)$, $B_1 = I_2 \otimes [1, 0]^{\mathrm{T}}$, $B_2 = I_2 \otimes [0, 1]^{\mathrm{T}}$,其中, $i = 1, 2, \cdots, N$, $x_{iX}(t)$、$v_{iX}(t)$、$u_{iX}(t)$、$h_{ixX}(t)$、$h_{ivX}(t)$ 和 $x_{iY}(t)$、$v_{iY}(t)$、$u_{iY}(t)$、$h_{ixY}(t)$、$h_{ivY}(t)$ 分别为四旋翼无人机 i 沿 X 轴和 Y 轴的位置、速度、控制输入和期望的编队分量。

　　从编队控制协议(5-84)可以看出,只需每个四旋翼无人机及其邻居的位置和速度就可以构造控制器。在实验中,每个四旋翼的位置和速度是由互补滤波器(参见文献[155]、[156]获取更多细节)提供,它结合了加速度计测量和 GPS 测量。相邻的位置和速度通过 Zigbee 网络传输。由于每个四旋翼无人机沿 X 轴和 Y 轴的运动是解耦的,因此可以分别设计每个四旋翼无人机沿 X 轴和 Y 轴的控制协议。为简单起见,假设本小节中的所有拓扑都是 0-1 加权的。

　　例 5.1:切换拓扑下 4 架四旋翼无人机编队控制实验与仿真。

　　考虑下列的时变编队:

$$h_i(t) = \begin{bmatrix} r\cos(\omega t + (i-1)\pi/2) \\ -\omega r\sin(\omega t + (i-1)\pi/2) \\ r\sin(\omega t + (i-1)\pi/2) \\ \omega r\cos(\omega t + (i-1)\pi/2) \end{bmatrix}, i = 1, 2, 3, 4$$

其中, $r = 10\,\mathrm{m}$ 和 $\omega = 0.1\,\mathrm{rad/s}$。为简单起见,假设集合 S 中存在 4 种交互拓扑(图 5-12)。交互拓扑从 S 中随机选取,间隔 $T_d = 10\,\mathrm{s}$。如果四旋翼无人机集群系统在切换交互拓扑下实现 $h(t)$,则 4 架四旋翼无人机的位置和速度分别位于 XY 平面内一个旋转正方框的顶点上。可以证明**定理 5.8** 中的条件(i)是满足的。由于飞行空间的限制和要求实验在视觉范围内进行,编队参考 $r(t)$ 的运动模态被设计成稳定的,通过选择 $K_1 = I_2 \otimes [-1, -0.8]$,配置 $B_2K_1 + B_1B_2^{\mathrm{T}}$ 的特征值为 $-0.4 + 0.9165\mathrm{j}$、$-0.4 + 0.9165\mathrm{j}$、$-0.4 - 0.9165\mathrm{j}$ 和 $-0.4 - 0.9165\mathrm{j}$,其中 $\mathrm{j}^2 = -1$。

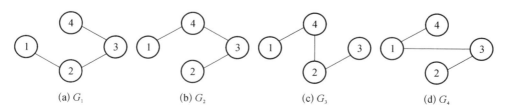

(a) G_1　　　　(b) G_2　　　　(c) G_3　　　　(d) G_4

图 5-12　例 5.1 中切换拓扑

在这种配置中,当期望的编队实现时,编队参考 $r(t)$ 将是固定的。由图 5-12 可知,4 个拉普拉斯矩阵的最小非零特征值分别为 0.585 8、0.585 8、1 和 0.585 8,即 $\lambda_{\min} = 0.585\ 8$。利用**定理 5.9** 中的方法,可以得到矩阵 P 为

$$P = I_2 \otimes \begin{bmatrix} 1.421\ 9 & 0.414\ 2 \\ 0.414\ 2 & 0.771\ 1 \end{bmatrix}$$

以及控制增益矩阵 $K_2 = I_2 \otimes [0.353\ 5,\ 0.658\ 2]$。选择 4 架四旋翼无人机的初始状态为 $\xi_1(0) = [9.84,\ -0.11,\ 0.19,\ 0.07]^T$, $\xi_2(0) = [-0.41,\ 0.04,\ 10.51,\ 0.22]^T$, $\xi_3(0) = [-10.47,\ 0.08,\ 0.48,\ 0.02]^T$ 和 $\xi_4(0) = [-0.93,\ -0.08,\ -9.11,\ -0.25]^T$。

图 5-13 和图 5-14 分别给出仿真与实验中,4 架四旋翼无人机与编队参考在

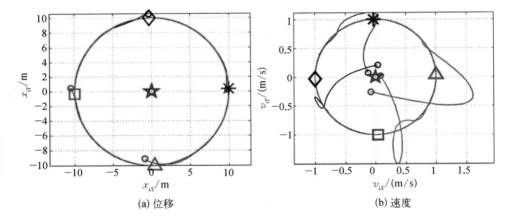

(a) 位移　　　　　　　　(b) 速度

图 5-13　4 架四旋翼无人机状态轨迹与 $r(t)$ 仿真曲线

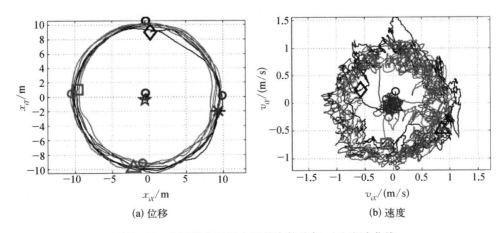

(a) 位移　　　　　　　　(b) 速度

图 5-14　4 架四旋翼无人机状态轨迹与 $r(t)$ 实验曲线

$t = 126\,\mathrm{s}$ 内的状态轨迹,其中 4 架四旋翼无人机与编队参考的初始状态用圆形表示,最终状态分别用星号、菱形、三角形、正方形和五角星表示。定义编队误差的能量为 $\varsigma^H(t)\varsigma(t)$。

图 5-15 描述了仿真和实验中编队误差 $\varsigma(t)$ 的能量曲线。图 5-16 与图 5-17 分别给出了仿真和实验中 4 架四旋翼在 X 轴和 Y 轴上的控制输入。图 5-18 为四旋翼无人机编队飞行实验图片。从图 5-14 到图 5-18 可以看到,在仿真和实验中,四旋翼集群系统在切换交互拓扑下实现了预设的时变编队。需要指出的是,由于实验中存在外界干扰、传感器误差和通信延迟等因素,实验结果与仿真结果相比存在一定的小误差。例如,图 5-13 中的编队参考 $r(t)$ 是静止的,而图 5-14 中的编队参考 $r(t)$ 在一个小范围内运动,编队误差 $\varsigma(t)$ 在图 5-15(a)中的能量收敛到零,而在图 5-15(b)中的能量收敛到一个小的误差界。实验中出

切换拓扑
下的编队
控制飞行
实验视频

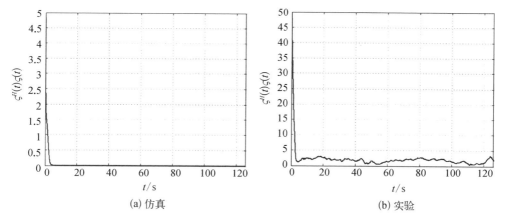

图 5-15　编队误差 $\varsigma(t)$ 的能量曲线

(a) 仿真　　　　(b) 实验

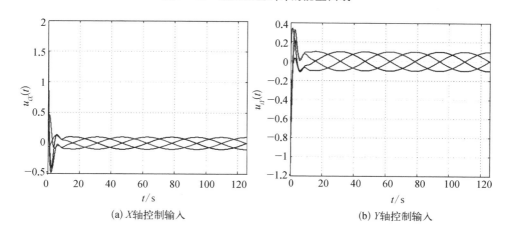

(a) X 轴控制输入　　　　(b) Y 轴控制输入

图 5-16　仿真中 4 个四旋翼无人机的控制输入

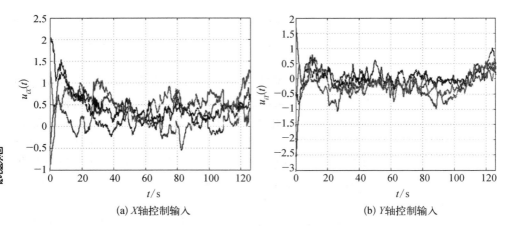

(a) X 轴控制输入 　　　　　　　　(b) Y 轴控制输入

图 5 - 17　实验中 4 个四旋翼无人机的控制输入

图 5 - 18　编队飞行实验图片

现的这些误差是不可避免的,也是合理的。

　　例 5.2:切换拓扑下 10 架四旋翼无人机编队控制仿真。

　　考虑一个有 10 架四旋翼无人机的四旋翼集群系统。10 架四旋翼无人机所需的时变编队为

$$
h_i(t) = \begin{bmatrix} r\sin(\omega t + (i-1)\pi/5) \\ r\omega\cos(\omega t + (i-1)\pi/5) \\ r\cos(\omega t + (i-1)\pi/5) \\ -\omega r\sin(\omega t + (i-1)\pi/5) \end{bmatrix}, \quad i = 1, 2, \cdots, 10
$$

其中, $r = 20$ m 和 $\omega = 0.15$ rad/s。假设集合 S 中存在四种交互拓扑,如图 5 - 19 所示。交互拓扑从 S 中随机选取,区间 $T_d = 6$ s。如果四旋翼集群系统在切换交互拓

扑下实现 $h(t)$，则 10 架四旋翼无人机在水平面上分别围绕编队参考旋转时，其位置和速度都将形成正十边形。可以证明**定理 5.8** 中的条件 (i) 是满足的。与例 5.1 不同的是，通过选择 $K_1 = I_2 \otimes [-0.36, 0]$ 来配置 $B_2K_1 + B_1B_2^T$ 的特征值为 $-0.6j$、$-0.6j$、$0.6j$ 与 $0.6j$，将编队参考 $r(t)$ 的运动模态设计为振荡的。在这种情况下，编队参考将周期性地移动。从图 5 - 19 中可以得到 4 个拓扑对应的拉普拉斯矩阵最小的非零特征值分别为 0.382 0、0.208 7、0.148 7 和 0.097 9，即 $\lambda_{\min} =$ 0.097 9。利用**定理 5.9** 中的方法，可以得到矩阵 $P = I_2 \otimes \begin{bmatrix} 1.648\ 5 & 0.702\ 8 \\ 0.702\ 8 & 1.551\ 0 \end{bmatrix}$ 和矩阵 $K_2 = I_2 \otimes [3.589\ 5, 7.921\ 4]$。选择 10 架四旋翼无人机的初始状态为

$\xi_1(0) = [1, 2.5, 18.3, -0.6]^T$，$\xi_2(0) = [12.1, 1.9, 16.7, -2.2]^T$，

$\xi_3(0) = [20.3, 1.4, 6.6, -3.5]^T$，$\xi_4(0) = [21.7, -1.3, -6.3, -2.1]^T$，

$\xi_5(0) = [12.7, -3.4, -14.1, -2.7]^T$，$\xi_6(0) = [1.4, -3.5, -20.8, -0.8]^T$，

$\xi_7(0) = [-8.7, -3.4, -17.4, 2.6]^T$，$\xi_8(0) = [-14.6, -0.5, -5.2, 2]^T$，

$\xi_9(0) = [-13.9, 1.2, 8.3, 1.8]^T$，$\xi_{10}(0) = [-12.6, 1.5, 15.6, 0.3]^T$。

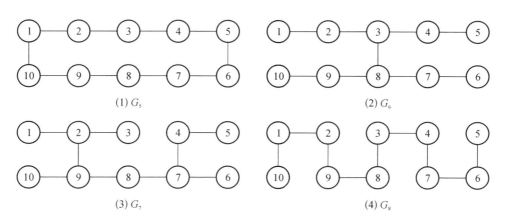

图 5 - 19　例 5.2 中切换拓扑

图 5 - 20 显示了 10 架四旋翼无人机的状态轨迹和编队参考在 $t = 60$ s 内的仿真曲线，四旋翼无人机与编队参考的初始状态和最终状态分别用点和五角星表示。图 5 - 21 描述了仿真中编队误差 $\varsigma(t)$ 的能量曲线。图 5 - 22 分别显示了 10 架四旋翼无人机沿 X 轴和 Y 轴的控制输入。由图 5 - 20 可以看到以下现象：① 10 架四旋翼无人机的位置分量和速度分量均构成规则的十边形编队；② 十边形编队保持围绕编队参考 $r(t)$ 旋转；③ 编队参考状态周期性运动，即整个时变编队周期性

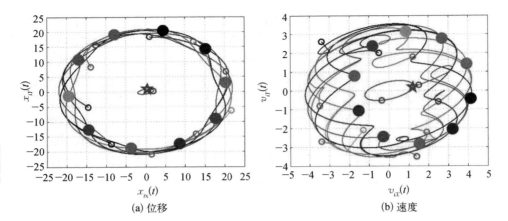

(a) 位移　　　　　　　　　　　(b) 速度

图 5 - 20　10 架四旋翼无人机状态与 $r(t)$ 轨迹曲线

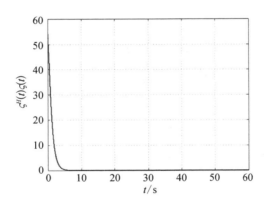

图 5 - 21　例 5.2 中编队误差 $\varsigma(t)$ 的能量曲线

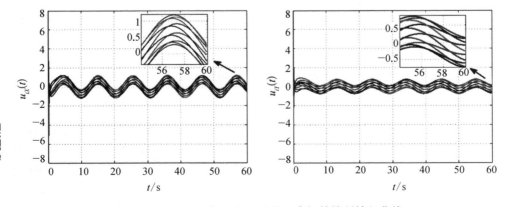

图 5 - 22　例 5.2 中 10 架四旋翼无人机的控制输入曲线

运动。因此,在切换拓扑下,10 架四旋翼无人机可以实现所需的时变编队。此外,由于控制协议(5-84)中每架四旋翼无人机只使用邻居信息,求解控制协议中增益矩阵的计算复杂度与四旋翼无人机数量无关,所得结果具有良好的可扩展性。

5.5　本章小结

本章针对切换拓扑约束条件下集群系统的时变编队控制问题,首先研究了具有无向切换拓扑的一般高阶线性集群系统的时变编队分析和可行性问题,给出了具有切换拓扑的集群系统实现期望时变编队的充要条件;推导了时变编队参考函数的显式表达式;提出了编队可行性的充要条件,并提出了扩大编队可行域的方法;针对具有切换拓扑的集群系统,给出了实现期望时变编队的控制协议设计算法。随后研究了更为一般的具有有向拓扑切换的一般线性集群系统的时变编队控制问题,提出了具有有向拓扑切换结构的线性集群系统时变编队控制协议以实现时变编队;给出了时变编队可行域的描述和时变编队参考函数的显式表达式;给出了扩展可行编队集和分配编队参考运动模态的方法;提出了设计控制协议的算法,利用该算法设计的编队控制协议,可以使具有一般线性动力学和有向拓扑切换的集群系统在期望编队属于编队可行域且驻留时间大于阈值的条件下实现时变编队。最后研究了拓扑切换条件下无人机集群系统的时变编队控制问题,构造了一种适用拓扑切换的时变编队控制协议;提出控制协议的设计算法。利用所设计的协议,给出了无人机集群系统实现期望时变编队控制的充分条件;介绍了一个包括 4 架四旋翼无人机的实验平台,并通过该平台开展了拓扑切换条件下时变编队控制的飞行实验,验证了所提出理论和方法的有效性。

第6章

集群系统自适应编队控制

6.1 引言

在很多现有的应用中,并不是所有智能体的状态都能直接获得。在实际情况下,往往只能获得智能体的部分状态信息,也即输出信息。例如,在无人机的编队飞行过程中,无人机的位置或者相对距离很容易通过卫星导航定位系统或者相对测距系统获得,但是速度很难通过传感器直接有效量测,只能通过对位置信息的差分来得到近似估计,这种差分通常会带来很大的噪声误差,难以直接应用。又如在轮式机器人的编队控制中,用来进行速度测量的转速计会经常受到噪声的干扰而导致无法精确测量。因此,如何基于输出信息反馈来实现想要的协同行为就成了具有重要实用价值的问题。此外,复杂环境下,集群系统交互所依赖的数据链等手段会因为故障、干扰、遮蔽等而间歇性失效或恢复,导致交互拓扑的跳变或者切换。已有的方法中,在求取控制协议的时候往往要用到集群拓扑对应的拉普拉斯矩阵的特征值。拉普拉斯矩阵特征值的求取建立在拉普拉斯矩阵已知的基础上,而拉普拉斯矩阵往往被认为是一种全局信息。如何在输出信息反馈下,形成不依赖于交互拓扑切换和拉普拉斯矩阵的时变编队控制更具有挑战性和实用价值。

针对固定交互拓扑与切换交互拓扑条件下的集群系统自适应编队控制问题,国内外学者针对一致性控制已经开展了一系列基础性研究。文献[157]基于一阶积分器模型,获得了更具一般性的成果,即证明了当集群系统存在切换拓扑时,如果任意切换时间段内交互拓扑子图的联合图都包含有向生成树,则集群系统可实现一致性。文献[26]—[28]研究了集群系统存在时变延迟和切换拓扑情况下的一致性问题。文献[158]—[160]研究了有限收敛时间的一致性问题。文献[161]—[163]研究了异步一致性问题。文献[164]提出了一种基于动态输出反馈的控制协议以及实现状态一致的判据和协议设计方法;进一步地,在文献[164]的研究基础上,文献[56]提出了一种分布式自适应动态输出反馈控制协议,并且给出了独立于拓扑全局信息的协议设计方法。文献[165]、[166]研究了切换拓扑条件下的高阶系统一致性控制问题。上述围绕一致性控制的相关研究成果较为丰硕,但就基于输出反馈信息解决一般线性集群系统在切换拓扑条件下的自适应时变编队控制及编队可行性问题,还鲜有相关研究成果的报道。

本章针对上述问题,首先通过调整耦合权重的分配,提出了适用于切换拓扑的边基式自适应状态时变编队控制协议,通过状态反馈信息构建了交互拓扑边的耦合权重的自适应变化律。接着给出了边基式自适应状态时变编队控制协议的具体设计算法。该算法包含了状态编队可行性条件和扩展可行状态编队的方法。通过状态变换方法把状态时变编队控制问题转化为稳定性问题,给出了一般线性集群系统在切换拓扑条件下,基于状态反馈实现全分布式期望状态时变编队的充分条件。随后,设计了适用于切换拓扑条件的基于输出反馈的自适应状态时变编队控制协议,通过引入动态输出反馈设计了交互拓扑边的耦合权重的自适应更新律,进而给出了切换拓扑下边基式自适应状态时变编队控制协议的算法。算法中包含了状态编队可行的条件和扩展可行状态编队的方法。通过状态变换、系统扩维的方法把状态时变编队控制问题转化为稳定性问题,同时给出在仅有输出信息反馈条件下,具有无向拓扑切换的一般线性集群系统采用全分布式方式实现期望状态时变编队的充分条件。该结果同样适用于研究一致性控制问题、固定编队和基于状态反馈固定/切换拓扑下的时变编队控制问题。最后,基于李雅普诺夫稳定性理论,证明了所提出的基于输出反馈的全分布式编队控制方法在切换拓扑条件下可以实现期望的时变编队。

本章其余部分组织如下:6.2 节研究了固定拓扑条件下的输出反馈自适应编队控制问题以及相应的控制协议设计与仿真验证等;6.3 节研究了切换拓扑条件下自适应编队控制问题,并给出了对应控制协议的设计方法;6.4 节研究了切换拓扑条件下输出反馈自适应编队控制问题及相应控制协议的设计问题;6.5 节对本章工作进行总结。

6.2　固定拓扑下的输出反馈自适应编队控制

本节主要研究在有向交互拓扑下,一般线性集群系统使用自适应输出反馈的方法实现全分布式状态时变编队的问题。相比于之前的编队控制结果,集群系统可以在有向交互拓扑下仅仅基于输出信息反馈实现期望的状态时变编队,且不需要使用任何拓扑相关的全局信息。本节首先基于动态输出反馈和序列观测器构建了一种分布式自适应状态时变编队控制协议。然后,提出了一种利用邻居智能体间的局部输出信息来确定自适应状态时变编队控制协议中增益矩阵的算法。在有向交互拓扑和仅有输出反馈信息可用的条件下,本节给出了相应的编队可行性条件。最后,基于李雅普诺夫稳定性理论,给出了集群系统以全分布式的方式实现期望时变编队的充分条件。

6.2.1　问题描述

考虑一个具有 N 个智能体的集群系统。定义智能体的下标集合为 $I_N = \{1,$ $2, \cdots, N\}$。假设该系统每个智能体都具有以下一般高阶线性的动力学模型：

$$\begin{cases} \dot{x}_i(t) = Ax_i(t) + Bu_i(t) \\ y_i(t) = Cx_i(t) \end{cases} \quad (6-1)$$

其中，$x_i(t) \in \mathbb{R}^r$ 表示智能体 i 的状态，$u_i(t) \in \mathbb{R}^q$ 表示智能体 i 的控制输入，$y_i(t) \in \mathbb{R}^p$ 表示智能体 i 的可测输出。

本节的主要目的是设计可行的分布式自适应状态时变编队控制协议，使得集群系统（6-1）能够在有向交互拓扑下，仅根据相对输出反馈信息实现期望的状态时变编队，且不依赖于拓扑的全局信息。

6.2.2　自适应状态时变编队控制协议设计与分析

假设 6.1： 集群系统的交互拓扑图 G 是有向且强连通的。

考虑如下基于自适应输出反馈的状态时变编队控制协议：

$$\begin{cases} \dot{\xi}_i(t) = (A + BF_1C)\xi_i(t) + BF_2\vartheta_i(t) + F_3(C\xi_i(t) - y_i(t) + Ch_i(t)) \\ \dot{\vartheta}_i(t) = (A + BF_1C + BF_2)\vartheta_i(t) + (c_i(t) + \mu_i)F_3C(\psi_i(t) - \varphi_i(t)) \\ \qquad + F_3(C\xi_i(t) - y_i(t) + Ch_i(t)) \\ \dot{c}_i(t) = (\psi_i(t) - \varphi_i(t))^{\mathrm{T}}C^{\mathrm{T}}C(\psi_i(t) - \varphi_i(t)) \\ u_i(t) = F_1y_i(t) + F_2\vartheta_i(t) + m_i(t) \end{cases}$$

$$(6-2)$$

其中，$i \in I_N$、$\xi_i(t) \in \mathbb{R}^r$ 和 $\vartheta_i(t) \in \mathbb{R}^r$ 是控制协议的状态，$\varphi_i(t) = \sum\limits_{j=1}^{N} w_{ij}(\xi_i(t) - \xi_j(t))$，$\psi_i(t) = \sum\limits_{j=1}^{N} w_{ij}(\vartheta_i(t) - \vartheta_j(t))$，$c_i(t)$ 表示智能体 i 的时变耦合权重，且满足 $c_i(0) > 0$。$\mu_i(\varepsilon)$ 是一个以 ε 为自变量的连续单调递增的函数，当 $\varepsilon > 0$，$\mu_i(\varepsilon) > 0$。$F_1 \in \mathbb{R}^{q \times p}$、$F_2 \in \mathbb{R}^{q \times r}$ 和 $F_3 \in \mathbb{R}^{r \times p}$ 表示反馈增益矩阵。$m_i(t) \in \mathbb{R}^r$ 表示基于 $h_i(t)$ 的编队补偿信号。

在自适应状态时变编队控制协议（6-2）中，$C\xi_i(t)$ 和 $C\vartheta_i(t)$ 分别对应于智能体 i 的内部控制器状态 $\xi_i(t)$ 和 $\vartheta_i(t)$ 的虚拟控制器输出。$C(\psi_i(t) - \varphi_i(t))$ 的作用在于将智能体的虚拟控制器输出通过交互拓扑传递给其邻居智能体。$\dot{\xi}_i(t)$ 是一个局部观测器，其作用在于用智能体 i 的局部输出估计智能体 i 的状态。$\dot{\vartheta}_i(t)$ 是另一个观测器,其目的是基于估计的状态提供反馈信息,并且生成相应的控制输入。自适应状态时变编队控制协议($6-2$)中的每个反馈增益矩阵也都有其对应的作用。增益矩阵 F_1 和补偿信号 $m_i(t)$($i \in I_N$)主要用于扩展可行的时变编队集合。F_2 用来配置局部观测器 $\dot{\xi}_i(t)$ 的运动模态。F_3 和 $c_i(t)$ 用来驱动集群系统实现期望的时变编队。

需要指出的是集群系统在实现期望时变编队的过程中 F_1 和 $m_i(t)$ 并不是必需的。如果 $F_1 = 0$、$m_i(t) \equiv 0$ 和 $h_i(t) \equiv 0$,文献[167]中控制协议则为本节自适应状态时变编队控制协议($6-2$)的一种特殊情况。相对于基于状态反馈的自适应状态时变编队控制协议,由于本节构建的自适应状态时变编队控制协议仅仅使用相对输出信息,因此具有更广泛的适用性。

在自适应状态时变编队控制协议($6-2$)的作用下,集群系统($6-1$)可以转化为

$$
\begin{cases}
\dot{x}_i(t) = Ax_i(t) + BF_1 y_i(t) + BF_2 \vartheta_i(t) + Bm_i(t) \\
\dot{\xi}_i(t) = (A + BF_1 C)\xi_i(t) + BF_2 \vartheta_i(t) + F_3(C\xi_i(t) - y_i(t) + Ch_i(t)) \\
\dot{\vartheta}_i(t) = (A + BF_1 C + BF_2)\vartheta_i(t) + (c_i(t) + \mu_i)F_3 C(\psi_i(t) - \varphi_i(t)) \\
\qquad\quad + F_3(C\xi_i(t) - y_i(t) + Ch_i(t)) \\
\dot{c}_i(t) = (\psi_i(t) - \varphi_i(t))^\mathrm{T} C^\mathrm{T} C(\psi_i(t) - \varphi_i(t))
\end{cases}
$$

$$(6-3)$$

由于矩阵 B 是列满秩的,存在矩阵 $\hat{B} \in \mathbb{R}^{q \times r}$ 使得 $\hat{B}B = I_q$;存在矩阵 $\tilde{B} \in \mathbb{R}^{(r-q) \times r}$ 使得 $\tilde{B}B = 0$,且有 $\bar{B} = [\hat{B}^\mathrm{T}, \tilde{B}^\mathrm{T}]^\mathrm{T}$ 组合而成的是一个非奇异矩阵。构造一个新的变量 $m_{ij}(t)$ 满足 $m_{ij}(t) = m_i(t) - m_j(t)$。

下面将详细介绍设计自适应状态时变编队控制协议($6-2$)的具体**算法 6.1**。

算法 6.1:自适应状态时变编队控制协议($6-2$)设计算法。

可以通过如下步骤设计自适应状态时变编队控制协议。

步骤 1:对于 $\forall i \in I_N$ 和 $j \in N_i$,测试以下时变编队可行性条件($6-4$)是否满足。

$$
\lim_{t \to \infty}(\tilde{B}Ah_{ij}(t) - \tilde{B}\dot{h}_{ij}(t)) = 0 \tag{6-4}
$$

如果条件($6-4$)满足,求解条件($6-5$)进一步获得 $m_i(t)$($\forall i \in I_N$),并且随意选取匹配维数的常值矩阵 F_1。

$$
\lim_{t \to \infty}[\hat{B}(A + BF_1 C)h_{ij}(t) - \hat{B}\dot{h}_{ij}(t) + m_{ij}(t)] = 0 \tag{6-5}
$$

如果条件($6-4$)不满足,则 $h(t)$ 不可行,算法停止。如果要求 $m(t) \equiv 0$,则对于 $\forall i \in I_N$ 和 $j \in N_i$,测试时变编队可行性条件($6-6$)。如果存在一个定常增益矩阵 F_1 满足条件($6-6$),算法继续;否则时变编队 $h(t)$ 不可行,算法停止。

$$\lim_{t \to \infty} \left[(A + BF_1 C) h_{ij}(t) - \dot{h}_{ij}(t) \right] = 0 \tag{6-6}$$

步骤 2：选取 F_2 使得矩阵 $(A + BF_1 C + BF_2)$ 满足 Hurwitz 条件。

步骤 3：选取 $F_3 = -Q^{-1} C^{\mathrm{T}}$，其中正定对称矩阵 Q 是如下线性矩阵不等式的解。

$$Q(A + BF_1 C) + (A + BF_1 C)^{\mathrm{T}} Q - 2C^{\mathrm{T}} C < 0 \tag{6-7}$$

令 $\hat{A} = A + BF_1 C$。如果 $(\hat{A}, C)$ 可观测，则一定存在一个 Q 满足上述线性矩阵不等式。

步骤 4：选取 $\mu_i(t) = (\psi_i(t) - \varphi_i(t))^{\mathrm{T}} Q(\psi_i(t) - \varphi_i(t))$。

从编队可行性条件可以看出，对于 $\forall i \in I_N$ 和 $j \in N_i$，$A h_{ij}(t) - \dot{h}_{ij}(t)$ 必须满足 $\bar{B}$ 的右零空间。由编队可行性条件（6-4）可知并不是所有编队构型都可以被实现，可行的时变编队构型需要根据每个智能体的动力学和有向交互拓扑的连接情况确定。$m(t)$ 的作用在于满足拓展编队可行性条件（6-4）。在 $m(t) \equiv 0$ 的情况下，F_1 可以用来拓展可行的编队集合。如果 $m(t) \equiv 0$、$F_1 = 0$、$\dot{h}_{ij}(t) \equiv 0$，编队可行性条件（6-6）退化为文献 [67] 的固定编队可行性条件。在文献 [168] 中，编队可行性条件被限定为 $\dot{h}_i(t) = A h_i(t)$ $(i \in I_N)$。在自适应状态时变编队控制协议（6-2）和编队可行性条件（6-4）中，时变编队的导数信息影响了 F_1 的选取，进而影响了整个时变编队控制协议的设计。

通过以下定理，我们给出了集群系统（6-1）在自适应状态时变编队控制协议（6-2）作用下实现期望时变编队的充分条件。

定理 6.1：如果集群系统的交互拓扑是强连通的，期望时变编队 $h(t)$ 满足编队可行性条件（6-4），(A, B) 可镇定，$(\hat{A}, C)$ 可观测，那么集群系统（6-1）可以用**算法 6.1** 设计的自适应状态时变编队控制协议（6-2）实现期望的时变编队 $h(t)$，且不使用任何拓扑相关的全局信息。

证明：令 $z_i(t) = x_i(t) - h_i(t)$，根据式（6-3）可得

$$\begin{cases} \dot{z}_i(t) = (A + BF_1 C) z_i(t) + BF_2 \vartheta_i(t) + Bm_i(t) + (A + BF_1 C) h_i(t) - \dot{h}_i(t) \\ \dot{\xi}_i(t) = (A + BF_1 C) \xi_i(t) + BF_2 \vartheta_i(t) + F_3(C\xi_i(t) - Cz_i(t)) \\ \dot{\vartheta}_i(t) = (A + BF_1 C + BF_2) \vartheta_i(t) + (c_i(t) + \mu_i) F_3 C(\psi_i(t) - \varphi_i(t)) \\ \qquad\quad + F_3(C\xi_i(t) - Cz_i(t)) \\ \dot{c}_i(t) = (\psi_i(t) - \varphi_i(t))^{\mathrm{T}} C^{\mathrm{T}} C(\psi_i(t) - \varphi_i(t)) \end{cases} \tag{6-8}$$

令 $z(t) = [z_1^{\mathrm{T}}(t), z_2^{\mathrm{T}}(t), \cdots, z_N^{\mathrm{T}}(t)]^{\mathrm{T}}$、$m(t) = [m_1^{\mathrm{T}}(t), m_2^{\mathrm{T}}(t), \cdots, m_N^{\mathrm{T}}(t)]^{\mathrm{T}}$、$\xi(t) = [\xi_1^{\mathrm{T}}(t), \xi_2^{\mathrm{T}}(t), \cdots, \xi_N^{\mathrm{T}}(t)]^{\mathrm{T}}$、$\vartheta(t) = [\vartheta_1^{\mathrm{T}}(t), \vartheta_2^{\mathrm{T}}(t), \cdots, \vartheta_N^{\mathrm{T}}(t)]^{\mathrm{T}}$、$\varphi(t) = [\varphi_1^{\mathrm{T}}(t), \varphi_2^{\mathrm{T}}(t), \cdots, \varphi_N^{\mathrm{T}}(t)]^{\mathrm{T}}$、$\psi(t) = [\psi_1^{\mathrm{T}}(t), \psi_2^{\mathrm{T}}(t), \cdots, \psi_N^{\mathrm{T}}(t)]^{\mathrm{T}}$，则式（6-8）可以写成如下的表达形式：

$$
\begin{cases}
\dot{z}(t) = [I_N \otimes (A + BF_1C)]z(t) + (I_N \otimes BF_2)\vartheta(t) + (I_N \otimes B)m(t) \\
\quad\quad + [I_N \otimes (A + BF_1C)]h(t) - (I_N \otimes I_r)\dot{h}(t) \\
\dot{\xi}(t) = [I_N \otimes (A + BF_1C)]\xi(t) + (I_N \otimes BF_2)\vartheta(t) \\
\quad\quad + (I_N \otimes F_3C)\xi(t) - (I_N \otimes F_3C)z(t) \\
\dot{\vartheta}(t) = [I_N \otimes (A + BF_1C + BF_2)]\vartheta(t) \\
\quad\quad + [(C_a + \mu) \otimes F_3C](\psi(t) - \varphi(t)) \\
\quad\quad + (I_N \otimes F_3C)\xi(t) - (I_N \otimes F_3C)z(t) \\
\dot{c}_i(t) = (\psi_i(t) - \varphi_i(t))^{\mathrm{T}} C^{\mathrm{T}} C(\psi_i(t) - \varphi_i(t))
\end{cases}
\tag{6-9}
$$

其中，$C_a = \mathrm{diag}\{c_1(t), c_2(t), \cdots, c_N(t)\}$，$\mu = \mathrm{diag}\{\mu_1(t), \mu_2(t), \cdots, \mu_N(t)\}$。令 $\phi_i(t) = \sum_{j=1}^{N} w_{ij}(z_i(t) - z_j(t))$，$\phi(t) = [\phi_1^{\mathrm{T}}(t), \phi_2^{\mathrm{T}}(t), \cdots, \phi_N^{\mathrm{T}}(t)]^{\mathrm{T}}$，可得 $\phi(t) = (L \otimes I_r)z(t)$，$\varphi(t) = (L \otimes I_r)\xi(t)$，$\psi(t) = (L \otimes I_r)\vartheta(t)$。因此，公式（6-9）可以改写成：

$$
\begin{cases}
\dot{\phi}(t) = [I_N \otimes (A + BF_1C)]\phi(t) + (I_N \otimes BF_2)\psi(t) \\
\quad\quad + [L \otimes (A + BF_1C)]h(t) - (L \otimes I_r)\dot{h}(t) \\
\quad\quad + (L \otimes B)m(t) \\
\dot{\varphi}(t) = [I_N \otimes (A + BF_1C)]\varphi(t) + (I_N \otimes BF_2)\psi(t) \\
\quad\quad + (I_N \otimes F_3C)(\varphi(t) - \phi(t)) \\
\dot{\psi}(t) = [I_N \otimes (A + BF_1C + BF_2)]\psi(t) \\
\quad\quad + [L(C_a + \mu) \otimes F_3C](\psi(t) - \varphi(t)) \\
\quad\quad + (I_N \otimes F_3C)(\varphi(t) - \phi(t)) \\
\dot{c}_i(t) = (\psi_i(t) - \varphi_i(t))^{\mathrm{T}} C^{\mathrm{T}} C(\psi_i(t) - \varphi_i(t))
\end{cases}
\tag{6-10}
$$

令 $\upsilon(t) = [\upsilon_1(t), \upsilon_2(t), \cdots, \upsilon_N(t)]^{\mathrm{T}}$，其中 $\upsilon_i(t) = \varphi_i(t) - \phi_i(t)$，$\omega(t) = [\omega_1(t), \omega_2(t), \cdots, \omega_N(t)]^{\mathrm{T}}$，其中 $\omega_i(t) = \psi_i(t) - \varphi_i(t)$，可得

$$
\begin{cases}
\dot{\psi}(t) = [I_N \otimes (A + BF_1C + BF_2)]\psi(t) \\
\quad\quad + (I_N \otimes F_3C)\upsilon(t) + [L(C_a + \mu) \otimes F_3C]\omega(t) \\
\dot{\upsilon}(t) = [I_N \otimes (A + BF_1C + F_3C)]\upsilon(t) - (L \otimes B)m(t) \\
\quad\quad - [L \otimes (A + BF_1C)]h(t) + (L \otimes I_r)\dot{h}(t) \\
\dot{\omega}(t) = [I_N \otimes (A + BF_1C) + L(C_a + \mu) \otimes F_3C]\omega(t) \\
\dot{c}_i(t) = \omega_i^{\mathrm{T}}(t) C^{\mathrm{T}} C\omega_i(t)
\end{cases}
\tag{6-11}
$$

考虑如下的李雅普诺夫函数：

$$V_1(t) = \frac{1}{2} \sum_{i=1}^{N} \zeta_i (2c_i(t) + \mu_i) \omega_i^{\mathrm{T}}(t) Q \omega_i(t) + \frac{1}{2} \sum_{i=1}^{N} \zeta_i (c_i(t) - \delta)^2 \quad (6-12)$$

其中，δ 是一个待定的正常数。由于**假设 6.1** 成立，根据**引理 6.1** 中的定义，则有 $\zeta_i (i \in I_N)$ 是拉普拉斯矩阵 L 与其 0 特征值对应的特征向量。然后令 $\Xi = \mathrm{diag}\{\zeta_1, \zeta_2, \cdots, \zeta_N\}$，可得 $\Xi > 0$。由于 $\mu_i = \omega_i^{\mathrm{T}}(t) Q \omega_i(t)$，对 $V_1(t)$ 求导可得

$$\dot{V}_1(t) = \frac{1}{2} \sum_{i=1}^{N} \zeta_i [(2\dot{c}_i(t) + \dot{\mu}_i) \mu_i + (2c_i(t) + \mu_i) \dot{\mu}_i] + \sum_{i=1}^{N} \zeta_i (c_i(t) - \delta) \dot{c}_i(t)$$

$$(6-13)$$

将 μ_i 和 $\dot{c}_i(t)$ 代入式(6-13)可得

$$\dot{V}_1(t) = 2\omega^{\mathrm{T}}(t) [(C_a + \mu) \Xi \otimes Q] \dot{\omega}(t) + \omega^{\mathrm{T}}(t) (\mu \Xi \otimes C^{\mathrm{T}} C) \omega(t)$$
$$+ \omega^{\mathrm{T}}(t) [(C_a - \delta I_N) \Xi \otimes C^{\mathrm{T}} C] \omega(t)$$

$$(6-14)$$

进一步有

$$\dot{V}_1(t) = 2\omega^{\mathrm{T}}(t) [(C_a + \mu) \Xi \otimes Q] [(I_N \otimes (A + B F_1 C) + L(C_a + \mu) \otimes F_3 C) \omega(t)]$$
$$+ \omega^{\mathrm{T}}(t) (\mu \Xi \otimes C^{\mathrm{T}} C) \omega(t) + \omega^{\mathrm{T}}(t) [(C_a - \delta I_N) \Xi \otimes C^{\mathrm{T}} C] \omega(t)$$

$$(6-15)$$

将**算法 6.1** 中设计的 F_3 代入式(6-15)，可得

$$\dot{V}_1(t) = \omega^{\mathrm{T}}(t) \{ (C_a + \mu) \Xi \otimes [Q(A + B F_1 C) + (A + B F_1 C)^{\mathrm{T}} Q]$$
$$- (C_a + \mu)(\Xi L + L^{\mathrm{T}} \Xi)(C_a + \mu) \otimes C^{\mathrm{T}} C \qquad (6-16)$$
$$+ (\mu \Xi + C_a \Xi - \delta \Xi) \otimes C^{\mathrm{T}} C \} \omega(t)$$

令 $\tilde{\omega}(t) = [(C_a + \mu) \otimes I_N] \omega(t)$，可得

$$\omega^{\mathrm{T}}(t) [(C_a + \mu)(\Xi L + L^{\mathrm{T}} \Xi)(C_a + \mu) \otimes I_r] \omega(t) = \tilde{\omega}^{\mathrm{T}}(t) (\hat{L} \otimes I_r) \tilde{\omega}(t)$$

$$(6-17)$$

其中，$\hat{L} = \Xi L + L^{\mathrm{T}} \Xi$。那么

$$\tilde{\omega}^{\mathrm{T}}(t) (\hat{L} \otimes I_r) \tilde{\omega}(t) \geqslant \frac{\lambda_{2\hat{L}}}{N} \tilde{\omega}^{\mathrm{T}}(t) \tilde{\omega}(t) \qquad (6-18)$$

进而可得以下不等式：

$$\omega^{\mathrm{T}}(t) [(C_a + \mu) \Xi \otimes C^{\mathrm{T}} C] \omega(t) \leqslant \frac{\lambda_{2\hat{L}}}{4N} \omega^{\mathrm{T}}(t) [(C_a + \mu)^2 \otimes C^{\mathrm{T}} C] \omega(t)$$
$$+ \frac{N}{\lambda_{2\hat{L}}} \omega^{\mathrm{T}}(t) (\Xi^2 \otimes C^{\mathrm{T}} C) \omega(t)$$

$$(6-19)$$

选择 $\delta \geqslant \dfrac{5N\lambda_{\max}(\Xi)}{\lambda_{2\hat{L}}}$，其中 $\lambda_{\max}(\Xi)$ 是 Ξ 的最大特征值。进一步，有如下结果：

$$
\begin{aligned}
-2\omega^{\mathrm{T}}(t)\big[(C_{\mathrm{a}}+\mu)\Xi\otimes C^{\mathrm{T}}C\big]\omega(t) \geqslant & -\frac{\lambda_{2\hat{L}}}{4N}\omega^{\mathrm{T}}(t)\big[(C_{\mathrm{a}}+\mu)^2\otimes C^{\mathrm{T}}C\big]\omega(t) \\
& -\omega^{\mathrm{T}}(t)\bigg[\bigg(\delta\Xi-\frac{N}{\lambda_{2\hat{L}}}\Xi^2\bigg)\otimes C^{\mathrm{T}}C\bigg]\omega(t)
\end{aligned}
$$

$$(6-20)$$

将式（6-18）、式（6-19）和式（6-20）代入式（6-17）中，有

$$
\begin{aligned}
\dot{V}_1(t) \leqslant & \ \omega^{\mathrm{T}}(t)\big[(C_{\mathrm{a}}+\mu)\Xi\otimes(Q(A+BF_1C)+(A+BF_1C)^{\mathrm{T}}Q)\big]\omega(t) \\
& -\frac{\lambda_{2\hat{L}}}{2N}\omega^{\mathrm{T}}(t)\big[(C_{\mathrm{a}}+\mu)^2\otimes C^{\mathrm{T}}C\big]\omega(t)-2\omega^{\mathrm{T}}(t)\big[(C_{\mathrm{a}}+\mu)\Xi\otimes C^{\mathrm{T}}C\big]\omega(t)
\end{aligned}
$$

$$(6-21)$$

然后，根据式（6-21）可得

$$
\begin{aligned}
\dot{V}_1(t) \leqslant & \ \omega^{\mathrm{T}}(t)\big[(C_{\mathrm{a}}+\mu)\Xi\otimes(Q(A+BF_1C) \\
& +(A+BF_1C)^{\mathrm{T}}Q-2C^{\mathrm{T}}C)\big]\omega(t)
\end{aligned}
$$

$$(6-22)$$

由于 $C_{\mathrm{a}}>C_{\mathrm{a}}(0)>0$，并且 $\mu>0$ 和 Q 满足**算法 6.1** 中的线性矩阵不等式，因此由式（6-22）可得

$$
\dot{V}_1(t) \leqslant \omega^{\mathrm{T}}(t)\big[(C_{\mathrm{a}}(0))\Xi\otimes(Q\hat{A}+\hat{A}^{\mathrm{T}}Q-2C^{\mathrm{T}}C)\big]\omega(t)\leqslant 0 \quad (6-23)
$$

因此 $V_1(t)$ 有界。进一步，根据 LaSalle 不变集原理，有 $\omega(t)$ 渐近收敛到 0，这意味着 $\lim\limits_{t\to\infty}(\psi_i(t)-\varphi_i(t))=0$ $(i\in I_N)$。由式（6-23）可得每个耦合权重 $c_i(t)$ 都是有界的。由于 $\dot{c}_i(t)\geqslant 0$，所以每个 $c_i(t)$ 会收敛到有限值，且 C 有界。因此，有 $[L(C_{\mathrm{a}}+\mu)\otimes F_3C]\omega(t)$ 渐近收敛到 0。将 F_1 和 F_3 代入式（6-10）的第二个等式中。根据**算法 6.1** 中的线性矩阵不等式可得

$$
\begin{aligned}
& Q(A+BF_1C-Q^{-1}C^{\mathrm{T}}C)+(A+BF_1C-Q^{-1}C^{\mathrm{T}}C)^{\mathrm{T}}Q \\
& =Q(A+BF_1C)+(A+BF_1C)^{\mathrm{T}}Q-2C^{\mathrm{T}}C\leqslant 0
\end{aligned}
$$

$$(6-24)$$

因此 $A+BF_1C+F_3C$ 满足 Hurwitz 条件。基于这一结果 $\lim\limits_{t\to\infty}\upsilon(t)=0$ 成立的条件是当且仅当

$$
\lim_{t\to\infty}\big\{[L\otimes(A+BF_1C)]h(t)-(L\otimes I_r)\dot{h}(t)+(L\otimes B)m(t)\big\}=0
$$

$$(6-25)$$

由于**算法 6.1** 中的编队可行性条件（6-4）成立，对于 $\forall i\in I_N$ 和 $j\in N_i$，都有

$$\lim_{t \to \infty}[\tilde{B}(A + BF_1C)h_{ij}(t) - \tilde{B}\dot{h}_{ij}(t) + \tilde{B}Bm_{ij}(t)] = 0 \qquad (6-26)$$

其中，$m_{ij}(t)$ 满足条件(6-5)。因此可得

$$\lim_{t \to \infty}[\bar{B}(A + BF_1C)h_{ij}(t) - \bar{B}\dot{h}_{ij}(t) + \bar{B}Bm_{ij}(t)] = 0 \qquad (6-27)$$

将式(6-27)左右两边乘以 $\bar{B}^{-1}$，对 $\forall i \in I_N$ 和 $j \in N_i$，则有

$$\lim_{t \to \infty}[(A + BF_1C)h_{ij}(t) - \dot{h}_{ij}(t) + Bm_{ij}(t)] = 0 \qquad (6-28)$$

从而进一步可以根据式(6-28)推出条件(6-25)是成立的。因此，根据**算法 6.1** 可以推出 $v(t)$ 渐近收敛到 0。

因为 $A + BF_1C + BF_2$ 满足 Hurwitz 条件，结合 $\omega(t)$ 和 $v(t)$ 渐近收敛到 0 的结果，根据式(6-11)中的第一个等式可知 $\psi(t)$ 渐近收敛到 0。所以，根据以上这些结果可得 $\omega(t)$、$v(t)$ 和 $\psi(t)$ 均渐近收敛到 0。

根据 $\omega(t)$、$v(t)$ 和 $\psi(t)$ 的定义，综合可得 $\phi(t)$ 渐近收敛到 0，也即 $\lim_{t \to \infty}(x_{ij}(t) - h_{ij}(t)) = 0$。因此，集群系统(6-1)在所设计的自适应状态时变编队控制协议(6-2)的作用下实现了期望的时变编队。证明完毕。

注释 6.1：文献[169]、[170]研究了多无人机系统的时变编队控制问题。然而，在这些研究成果中都需要使用交互拓扑的全局信息和每架无人机的全状态信息作为反馈量，进而设计相应的控制律。如果本节中的系统矩阵选定为 $A = \begin{bmatrix} 0 & 1 \\ 0 & 0 \end{bmatrix}$，$B = \begin{bmatrix} 0 \\ 1 \end{bmatrix}$ 和 $C = \begin{bmatrix} 1 & 0 \\ 0 & 1 \end{bmatrix}$，本节中的方法可以用来解决全分布式无人机集群系统的编队控制问题。需要指出的是，本节中的方法仅需要基于无人机之间的相对位置信息，不需要基于无人机之间的相对速度信息，即可解决多无人机系统的分布式时变编队控制问题。由于时变编队的导数信息影响了本节中的自适应状态时变编队控制协议的设计，因此文献[167]中研究一致性控制问题的**定理 1** 无法直接推广来解决本节的时变编队控制问题。

6.2.3 数值仿真

为了方便在三维空间下展示集群系统的运动轨迹，考虑一个由 6 个智能体组成的集群系统。集群系统的有向交互拓扑关系如图 6-1 所示。每个智能体的动力学表达如式(6-1)所示，其中系统参数为

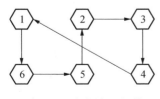

图 6-1 有向交互拓扑

$$A = \begin{bmatrix} 0 & -2 & 1 \\ 4 & -3 & -2 \\ 7 & -4 & -1 \end{bmatrix}, B = \begin{bmatrix} 0 & 0 \\ 1 & 0 \\ 0 & 1 \end{bmatrix}, C = \begin{bmatrix} 1 & 0 & 0 \\ 0 & 1 & 1 \end{bmatrix}$$

每个智能体的状态变量为 $x_i(t) = [x_i^1(t), x_i^2(t), x_i^3(t)]^T$。每个智能体的初始状态为 $x_i(0) = [2(\gamma_1 - 0.5), 3(\gamma_1 - 0.5), 4(\gamma_1 - 0.5)]^T$,控制协议的内部状态的初始值选取为 $\xi_i(0) = [(\gamma_2 - 0.5), 2(\gamma_2 - 0.5), 3(\gamma_2 - 0.5)]^T$ 和 $\vartheta_i(0) = [(\gamma_3 - 0.5), 2(\gamma_3 - 0.5), 3(\gamma_3 - 0.5)]^T$,其中 $i \in I_6$,γ_1、γ_2 和 γ_3 分别为 1~6 的随机数。期望的时变六边形状态编队的表达式为

$$
h_i(t) = \begin{bmatrix} 10\sin(t)\cos\left(2t + \dfrac{(i-1)\pi}{3}\right) \\[2mm] 10\sin(t)\sin\left(2t + \dfrac{(i-1)\pi}{3}\right) \\[2mm] 10\cos(t)\cos\left(2t + \dfrac{(i-1)\pi}{3}\right) \end{bmatrix}
$$

其中,$i \in I_6$。这里对所有的 $i \in I_6$,选取 $c_i(0) = 1$。为了满足**算法 6.1** 中的编队可行性条件(6-4),选取:

$$
\tilde{B} = [\,1 \quad 0 \quad 0\,], \quad \hat{B} = \begin{bmatrix} 0 & 1 & 0 \\ 0 & 0 & 1 \end{bmatrix}
$$

根据**算法 6.1**,解得自适应状态时变编队控制协议(6-2)中的增益矩阵为

$$
F_1 = \begin{bmatrix} -3 & 5 \\ -2 & -6 \end{bmatrix}, \quad F_2 = \begin{bmatrix} -3 & -2 & 4 \\ 1 & 0 & -6 \end{bmatrix}, \quad F_3 = \begin{bmatrix} 0.2309 & 0.0672 \\ -0.1367 & 0.1685 \\ 0.2039 & -0.8580 \end{bmatrix}
$$

根据条件(6-4)可以求解出编队补偿信号 $m_i(t)$ 为

$$
m_i(t) = 10 \begin{bmatrix} 1 & 1 & -2 & -3 \\ -6 & -2 & -10 & -7 \end{bmatrix} \begin{bmatrix} \sin(t)\cos\left(2t + \dfrac{(i-1)\pi}{3}\right) \\[2mm] \cos(t)\sin\left(2t + \dfrac{(i-1)\pi}{3}\right) \\[2mm] \sin(t)\sin\left(2t + \dfrac{(i-1)\pi}{3}\right) \\[2mm] \cos(t)\cos\left(2t + \dfrac{(i-1)\pi}{3}\right) \end{bmatrix}
$$

这里需要指出的是 F_1、F_2、F_3 和 $m_i(t)$ 值的选取都独立于拓扑相关的全局信息。令 $r_i(t) = x_{i1}(t) - h_{i1}(t)$ $(i = 2, 3, \cdots, 6)$,$r(t) = [r_2^T(t), r_3^T(t), \cdots, r_6^T(t)]^T$。定义 $\hat{r}(t) = r^T(t)r(t)$ 为集群系统的时变编队误差。

图 6-2 展示出了 6 个智能体分别在 $t=0\,\mathrm{s}$、$t=15\,\mathrm{s}$、$t=30\,\mathrm{s}$ 和 $t=40\,\mathrm{s}$ 时刻下的瞬时位置截图。由图 6-2 中可以看到,集群系统形成了一个具有时变边长的六边形编队。图 6-3 描绘了集群系统在 $t=40\,\mathrm{s}$ 内的整个编队过程。为了更加清晰地展示出期望的编队构型,这里分别用图 6-3(a)、(b) 和 (c) 画出了整个编队过程在 x^1x^2 平面、x^1x^3 平面和 x^2x^3 平面下的投影。红色矩形、蓝色五角星、紫色菱形、绿色菱形、红色星形和黑色星形所代表的智能体的轨迹分别用红色点线、蓝色虚线、紫色点线、绿色点线、红色虚线和黑色虚线来描绘。在图 6-3 中进一步使用青色实线和青色点划线分别展示了在 $t=0\,\mathrm{s}$ 和 $t=40\,\mathrm{s}$ 时的 6 个智能体的瞬时编队构型。图 6-4 和图 6-5 分别给出了集群系统的编队误差变化曲线和耦合权重变化曲线。从图中可以看出,编队误差曲线渐近收敛到 0,耦合权重变化曲线渐近递增最终收敛到有界固定值。因此,在有向交互拓扑下,该集群系统通过设计的自适应状态时变编队控制协议实现了期望的状态时变编队。

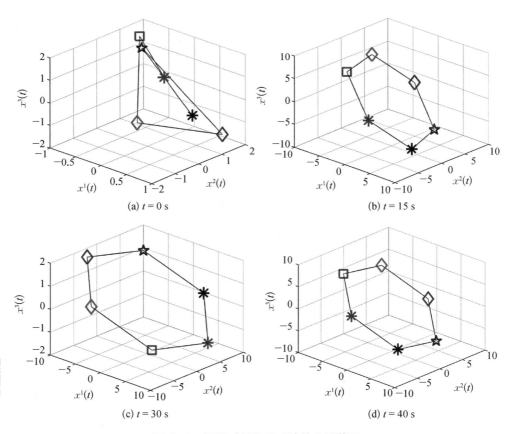

图 6-2   不同时刻集群系统的位置截图

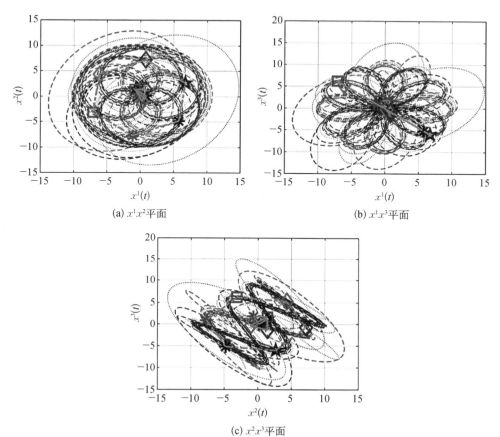

(a) x^1x^2平面

(b) x^1x^3平面

(c) x^2x^3平面

图 6-3　集群系统在 $t=40$ s 内的位置轨迹及编队情况

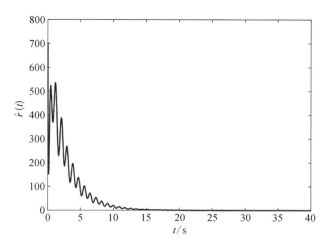

图 6-4　状态时变编队控制协议作用下的编队误差曲线

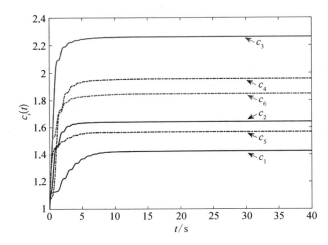

图 6 - 5   状态时变编队控制协议作用下的时变耦合权重变化曲线

6.3   切换拓扑下的状态反馈自适应编队控制

本节主要研究具有拓扑切换的一般高阶线性集群系统在状态反馈信息作用下,如何实现全分布式的状态时变编队。首先,构建了一种分布式状态时变编队控制协议,其中采用一种自适应增益调制技术来动态调整交互拓扑中每条边的耦合权重,即构建了一种边基式的自适应状态时变编队控制协议。然后,给出了设计该边基式自适应状态时变编队控制协议的具体算法,以及拓展可行编队集合的方法。最后,根据李雅普诺夫稳定性理论,证明了当编队可行性条件满足时,能够保证所提出的时变编队控制算法的收敛性,即集群系统能够在本节提出的边基式自适应状态时变编队控制协议作用下,自主实现期望的状态时变编队。

6.3.1   问题描述

考虑一个包含 N 个智能体的一般高阶线性集群系统,每个智能体的动力学参数满足如下表达式:

$$\dot{x}_i(t) = Ax_i(t) + Bu_i(t) \qquad (6-29)$$

其中, $i = 1, 2, \cdots, N$, $x_i(t) \in \mathbb{R}^r$ 表示智能体的状态, $u_i(t) \in \mathbb{R}^n$ 表示控制输入, $A \in \mathbb{R}^{r \times r}$ 和 $B \in \mathbb{R}^{r \times n}$ 为系统矩阵。集群系统在切换信号 $\delta(t)$ 时刻的交互拓扑可以用无向图 $G_{\delta(t)}$ 来表征。图 $G_{\delta(t)}$ 属于有界交互拓扑集合 $\mathbb{G}$ 中的元素之一。图 $G_{\delta(t)}$ 中的每一个节点代表集群系统中的一个智能体。定义 $w_{ij}(t)$ 是图 $G_{\delta(t)}$ 非负邻接矩

阵的第 (i, j) 个元素。对于 $i, j \in I_N$，智能体 i 和智能体 j 之间的交互链路在切换拓扑中用边 e_{ij} 表示，其对应的通信强度为 $w_{ij}(t)$。定义智能体 i 在 $\delta(t)$ 时刻的邻居集合为 $N_i^{\delta(t)}$。

　　本节的主要目的是在切换拓扑下设计可行的自适应状态时变编队控制协议，使得集群系统(6-29)能够以定义所描述的方式实现期望的状态时变编队，且不依赖于拓扑全局信息。

6.3.2　自适应状态时变编队控制协议设计与分析

　　假设 6.2：有界交互拓扑集合 $\mathbb{G}$ 中所有可能的交互拓扑图均是连通的。

　　对切换拓扑下的每个智能体，考虑如下基于自适应原理的状态时变编队控制协议：

$$
\begin{cases}
u_i(t) = K_1 x_i(t) + K_2 \sum_{j=N_i^{\delta(t)}}^{N} c_{ij}(t) w_{ij}(t) (x_{ij}(t) - h_{ij}(t)) \\
\dot{c}_{ij}(t) = \varepsilon_{ij} w_{ij}(t) (x_{ij}(t) - h_{ij}(t))^{\mathrm{T}} \boldsymbol{\Phi} (x_{ij}(t) - h_{ij}(t))
\end{cases}
\tag{6-30}
$$

其中，$x_{ij}(t) = x_i(t) - x_j(t)$，$h_{ij}(t) = h_i(t) - h_j(t)$。边 e_{ij} 所对应的时变耦合权重表示为 $c_{ij}(t)$，其中 $c_{ij}(0) = c_{ji}(0)$。$\varepsilon_{ij} = \varepsilon_{ji}$ 是给定正常数。控制器中的 K_1、$K_2 \in \mathbb{R}^{n \times r}$，$\boldsymbol{\Phi} \in \mathbb{R}^{r \times r}$ 都是反馈增益矩阵。

　　在自适应状态时变编队控制协议(6-30)中，切换拓扑条件下的可行编队集合可以用 K_1 进行拓展。K_2 和 $c_{ij}(t)$ 主要用于驱动集群系统在切换拓扑条件下实现期望的时变编队。$c_{ij}(t)$（$i \in I_N$，$j = N_i^{\delta(t)}$）代表交互拓扑边的耦合权重，主要用来调整邻居智能体之间的交互强度。因此不同于点基式自适应状态时变编队控制协议，本节中的自适应状态时变编队控制协议(6-30)称为边基式自适应状态时变编队控制协议。

　　引入自适应调整机制，通过设计 $c_{ij}(t)$ 可以避免在后续控制器设计过程中对全局信息拉普拉斯矩阵 $L_{\delta(t)}$ 的最小非零特征值的使用。此外，自适应状态时变编队控制协议(6-30)具有较强的适用性。如果 $K_1 = 0$，$\dot{c}_{ij}(t) = 0$ 且 $c_{ij}(0) = 1$，文献[67]中的编队控制器(3)则为所设计的控制器(6-30)的一种特殊情况。相比前几章的研究成果，本节所提出的自适应时变状态控制器能够应用于切换拓扑且不需要任何全局信息，具有更加广泛的适用性。

　　在自适应状态时变编队控制协议(6-30)的作用下，集群系统(6-29)可以写为

$$
\begin{cases}
\dot{x}_i(t) = (A + BK_1) x_i(t) + BK_2 \sum_{j=N_i^{\delta(t)}}^{N} c_{ij}(t) w_{ij}(t) (x_{ij}(t) - h_{ij}(t)) \\
\dot{c}_{ij}(t) = \varepsilon_{ij} w_{ij}(t) (x_{ij}(t) - h_{ij}(t))^{\mathrm{T}} \boldsymbol{\Phi} (x_{ij}(t) - h_{ij}(t))
\end{cases}
\tag{6-31}
$$

下面给出本节设计自适应状态时变编队控制协议(6-30)的算法。

算法 6.2：自适应状态时变编队控制协议(6-30)设计算法。

基于边的自适应状态时变编队控制协议(6-30)的控制参数可以按照如下步骤设计。

步骤 1：对于所有的 $i \in I_N$ 和 $j = N_i^{\delta(t)}$，首先测试时变编队可行性条件(6-32)。如果存在一个定常增益矩阵 K_1 满足条件(6-32)，算法继续；否则时变编队 $h(t)$ 对于集群系统(6-29)在状态时变编队控制协议(6-30)作用下不可行，算法停止。

$$\lim_{t \to \infty}[(A + BK_1)h_{ij}(t) - \dot{h}_{ij}(t)] = 0 \tag{6-32}$$

步骤 2：求解如下线性矩阵不等式获得正定对称矩阵 Q。然后 K_2 和 Φ 可以按照如下的方式给定：$K_2 = -B^{\mathrm{T}}Q^{-1}$，$\Phi = Q^{-1}BB^{\mathrm{T}}Q^{-1}$。

$$Q(A + BK_1)^{\mathrm{T}} + (A + BK_1)Q - 2BB^{\mathrm{T}} < 0 \tag{6-33}$$

当 (A, B) 可镇定时，一定存在一个 Q 满足上述线性矩阵不等式。

切换拓扑条件下，依然需要通过使用合适的 K_1 来拓展可行的编队集合。K_1 的选取对切换拓扑下集群系统基于状态反馈信息实现期望的时变编队过程没有影响。文献[170]、[171]研究了一些具有异构特性的集群系统在切换拓扑下时变编队控制问题，但是文献[170]、[171]中的编队可行性条件受到了严格限制，必须保证 $\dot{h}_i(t) = Ah_i(t)$ ($i = 1, 2, \cdots, N$)。与之相比，本节的可行编队集合范围更大。当 $K_1 = 0$，$\dot{h}_i(t) \equiv 0$ 的时候，本节的编队可行性条件(6-32)退化为文献[170]针对固定编队设置的编队可行性条件。

根据**算法 6.2**，可以得到以下定理。

定理 6.2：当交互拓扑 $G_{\delta(t)}$ 在给定的有界交互拓扑集合 $\mathbb{G}$ 中任意切换时，如果**假设 6.2** 满足，(A, B) 可镇定，期望时变编队满足编队可行性条件(6-32)，则集群系统(6-29)可以在用**算法 6.2** 设计的自适应状态时变编队控制协议(6-30)作用下实现期望的状态时变编队，且不需要使用任何交互拓扑相关的全局信息。

证明：令 $z_i(t) = x_i(t) - h_i(t)$ ($i = 1, 2, \cdots, N$)。根据集群系统(6-31)可得

$$\begin{cases} \dot{z}_i(t) = (A + BK_1)z_i(t) + (A + BK_1)h_i(t) - \dot{h}_i(t) \\ \qquad + BK_2 \sum_{j = N_i^{\delta(t)}}^{N} c_{ij}(t)w_{ij}(t)(z_i(t) - z_j(t)) \\ \dot{c}_{ij}(t) = \varepsilon_{ij}w_{ij}(t)(z_i(t) - z_j(t))^{\mathrm{T}}\Phi(z_i(t) - z_j(t)) \end{cases} \tag{6-34}$$

令 $\varsigma_i(t) = z_i(t) - \dfrac{1}{N}\sum_{j=1}^{N} z_j(t)$，$\varsigma(t) = [\varsigma_1^{\mathrm{T}}(t), \varsigma_2^{\mathrm{T}}(t), \cdots, \varsigma_N^{\mathrm{T}}(t)]^{\mathrm{T}}$，$z(t) = [z_1^{\mathrm{T}}(t),$

$z_2^T(t)$ ，$\cdots$，$z_N^T(t)]^T$。 则有 $\varsigma(t) = (\Theta \otimes I_r)z(t)$，其中 $\Theta = I_N - (1/N)1_N 1_N^T$。$\Theta$ 具有一个简单特征值 0，与 0 特征值对应的特征向量是 1_N。 由于 $\varepsilon_{ij} = \varepsilon_{ji}$，且 $c_{ij}(0) = c_{ji}(0)$，所以根据自适应状态时变编队控制协议（6-30）对于 $\forall t \geqslant 0$ 有 $c_{ij}(t) = c_{ji}(t)$。 根据 $\varsigma(t)$ 的定义，可得

$$\begin{cases} \dot{\varsigma}_i(t) = \dot{z}_i(t) - \dfrac{1}{N}\sum_{j=1}^{N} \dot{z}_j(t) \\ \dot{c}_{ij}(t) = \varepsilon_{ij} w_{ij}(t)(\varsigma_i(t) - \varsigma_j(t))^T \Phi(\varsigma_i(t) - \varsigma_j(t)) \end{cases} \quad (6-35)$$

将式（6-34）代入式（6-35）中，可得

$$\begin{cases} \dot{\varsigma}_i(t) = (A + BK_1)\varsigma_i(t) + \dfrac{1}{N}\sum_{j=1}^{N}\big[(A + BK_1)h_{ij}(t) - \dot{h}_{ij}(t)\big] \\ \qquad\quad + BK_2 \sum_{j=1}^{N} c_{ij}(t)w_{ij}(t)(\varsigma_i(t) - \varsigma_j(t)) \\ \dot{c}_{ij}(t) = \varepsilon_{ij} w_{ij}(t)(\varsigma_i(t) - \varsigma_j(t))^T \Phi(\varsigma_i(t) - \varsigma_j(t)) \end{cases} \quad (6-36)$$

考虑如下李雅普诺夫函数：

$$V_1(t) = \frac{1}{2}\sum_{i=1}^{N} \varsigma_i^T(t) Q^{-1} \varsigma_i(t) + \sum_{i=1}^{N}\sum_{j=1, j\neq i}^{N} \frac{(c_{ij}(t) - \beta)^2}{4\varepsilon_{ij}} \quad (6-37)$$

其中，β 是一个待定的正常数。将 $V_1(t)$ 对时间求导，可得

$$\dot{V}_1(t) = \sum_{i=1}^{N} \varsigma_i^T(t) Q^{-1}\dot{\varsigma}_i(t) + \sum_{i=1}^{N}\sum_{j=1, j\neq i}^{N} \frac{(c_{ij}(t) - \beta)}{2\varepsilon_{ij}}\dot{c}_{ij}(t) \quad (6-38)$$

将式（6-36）代入式（6-38），则有

$$\dot{V}_1(t) = \dot{V}_{11}(t) + \dot{V}_{12}(t) + \dot{V}_{13}(t) + \dot{V}_{14}(t) \quad (6-39)$$

其中，

$$\dot{V}_{11}(t) = \sum_{i=1}^{N} \varsigma_i^T(t) Q^{-1}(A + BK_1)\varsigma_i(t)$$

$$\dot{V}_{12}(t) = \sum_{i=1}^{N}\sum_{j=1}^{N} \varsigma_i^T(t) Q^{-1} BK_2 c_{ij}(t) w_{ij}(t)(\varsigma_i(t) - \varsigma_j(t))$$

$$\dot{V}_{13}(t) = \sum_{i=1}^{N}\sum_{j=1}^{N} \varsigma_i^T(t) Q^{-1}\frac{1}{N}\big[(A + BK_1)h_{ij}(t) - \dot{h}_{ij}(t)\big]$$

$$\dot{V}_{14}(t) = \frac{1}{2}\sum_{i=1}^{N}\sum_{j=1, j\neq i}^{N} (c_{ij}(t) - \beta)w_{ij}(t)(\varsigma_i(t) - \varsigma_j(t))^T \Phi(\varsigma_i(t) - \varsigma_j(t))$$

然后,对于 $\dot{V}_{14}(t)$ 有

$$\dot{V}_{14}(t) = \sum_{i=1}^{N} \sum_{j=1}^{N} (c_{ij}(t) - \beta) w_{ij}(t) \varsigma_i^{\mathrm{T}}(t) \Phi(\varsigma_i(t) - \varsigma_j(t)) \quad (6-40)$$

和

$$\dot{V}_{14}(t) = \sum_{i=1}^{N} \sum_{j=1}^{N} (c_{ij}(t) - \beta) w_{ij}(t) \varsigma_i^{\mathrm{T}}(t) Q^{-1} B B^{\mathrm{T}} Q^{-1} (\varsigma_i(t) - \varsigma_j(t)) \quad (6-41)$$

进一步, $\dot{V}_1(t)$ 可以改写为

$$\dot{V}_1(t) = \dot{V}_{11}(t) + \dot{V}_{13}(t) - \dot{V}_{15}(t) \quad (6-42)$$

其中,

$$\dot{V}_{15}(t) = \beta \sum_{i=1}^{N} \sum_{j=1}^{N} w_{ij}(t) \varsigma_i^{\mathrm{T}}(t) Q^{-1} B B^{\mathrm{T}} Q^{-1} (\varsigma_i(t) - \varsigma_j(t))$$

令 $\tilde{\varsigma}_i(t) = Q^{-1} \varsigma_i(t)$, 可得

$$\dot{V}_{11}(t) = \frac{1}{2} \sum_{i=1}^{N} \tilde{\varsigma}_i^{\mathrm{T}}(t) [(A + BK_1)Q + Q(A + BK_1)^{\mathrm{T}}] \tilde{\varsigma}_i(t) \quad (6-43)$$

$$\dot{V}_{13}(t) = \sum_{i=1}^{N} \sum_{j=1}^{N} \tilde{\varsigma}_i^{\mathrm{T}}(t) \frac{1}{N} [(A + BK_1) h_{ij}(t) - \dot{h}_{ij}(t)] \quad (6-44)$$

以及

$$\dot{V}_{15}(t) = \beta \sum_{i=1}^{N} \sum_{j=1}^{N} w_{ij}(t) \tilde{\varsigma}_i^{\mathrm{T}}(t) B B^{\mathrm{T}} \tilde{\varsigma}_i(t) \quad (6-45)$$

令 $\tilde{\varsigma}(t) = [\tilde{\varsigma}_1^{\mathrm{T}}(t), \tilde{\varsigma}_2^{\mathrm{T}}(t), \cdots, \tilde{\varsigma}_N^{\mathrm{T}}(t)]^{\mathrm{T}}$。 根据式(6-43)、式(6-44)和式(6-45),有如下等式成立:

$$\begin{aligned}
\dot{V}_1(t) = &\frac{1}{2} \tilde{\varsigma}^{\mathrm{T}}(t) [I_N \otimes (Q(A + BK_1)^{\mathrm{T}} \\
&+ (A + BK_1)Q - 2\beta L_{\delta(t)} \otimes B B^{\mathrm{T}})] \tilde{\varsigma}(t) \\
&+ \tilde{\varsigma}^{\mathrm{T}}(t) [\Theta \otimes (A + BK_1)] h(t) - \tilde{\varsigma}^{\mathrm{T}}(t) [\Theta \otimes I_r] \dot{h}(t)
\end{aligned} \quad (6-46)$$

其中, $L_{\delta(t)}$ 是对应于图 $G_{\delta(t)}$ 的拉普拉斯矩阵。由于 $G_{\delta(t)}$ 是连通的,且 $\Theta 1_N = 0$, $(1_N^{\mathrm{T}} \otimes I) \tilde{\varsigma}(t) = 0$, 因此可得 $\tilde{\varsigma}^{\mathrm{T}}(t) (L_{\delta(t)} \otimes I) \tilde{\varsigma}(t) \geqslant \lambda_2^{\min} \tilde{\varsigma}^{\mathrm{T}}(t) \tilde{\varsigma}(t)$, 其中对于任意 $G_{\delta(t)} \in \mathbb{G}$, $\lambda_2^{\min}$ 是代表对应 $L_{\delta(t)}$ 的最小非零特征值。

因此进一步有如下不等式成立:

$$
\begin{aligned}
\dot{V}_1(t) &\leqslant \frac{1}{2}\tilde{\varsigma}^{\mathrm{T}}(t)\big[I_N \otimes (Q(A+BK_1)^{\mathrm{T}} \\
&\quad + (A+BK_1)Q - 2\beta\lambda_2^{\min}BB^{\mathrm{T}})\big]\tilde{\varsigma}(t) \\
&\quad + \tilde{\varsigma}^{\mathrm{T}}(t)\big[\Theta \otimes (A+BK_1)\big]h(t) - \tilde{\varsigma}^{\mathrm{T}}(t)\big[\Theta \otimes I_r\big]\dot{h}(t)
\end{aligned}
\tag{6-47}
$$

选择足够大的 β，使其满足 $\beta\lambda_2^{\min} \geqslant 1$，然后有

$$
\begin{aligned}
&Q(A+BK_1)^{\mathrm{T}} + (A+BK_1)Q - 2\beta\lambda_2^{\min}BB^{\mathrm{T}} \\
&\leqslant Q(A+BK_1)^{\mathrm{T}} + (A+BK_1)Q - 2BB^{\mathrm{T}} < 0
\end{aligned}
\tag{6-48}
$$

令

$$
\vartheta(t) = \frac{1}{2}\tilde{\varsigma}^{\mathrm{T}}(t)\big[I_N \otimes (Q(A+BK_1)^{\mathrm{T}} + (A+BK_1)Q - 2\beta\lambda_2^{\min}BB^{\mathrm{T}})\big]\tilde{\varsigma}(t)
$$

$$
\xi(t) = \tilde{\varsigma}^{\mathrm{T}}(t)\big[\Theta \otimes (A+BK_1)\big]h(t) - \tilde{\varsigma}^{\mathrm{T}}(t)\big[\Theta \otimes I_r\big]\dot{h}(t)
$$

从而可得 $\vartheta(t) \leqslant 0$。由于已经选择出合适的 K_1，且 $h(t)$ 满足编队可行性条件 $(6-32)$，则有 $\lim\limits_{t\to\infty}\xi(t) = 0$。所以存在一个有限时间 t'，使得 $\vartheta(t') + \xi(t') \leqslant 0$ 成立。然后可得 $\lim\limits_{t\in[t',\infty]}\dot{V}_1(t) \leqslant 0$。根据 LaSalle-Yoshizawa 定理，会有 $\lim\limits_{t\in[t',\infty]}\tilde{\varsigma}(t) = 0$，该结果进一步指向 $\lim\limits_{t\in[t',\infty]}\varsigma(t) = 0$，也意味着 $\lim\limits_{t\in[t',\infty]}\big[(x_i(t) - x_j(t)) - (h_i(t) - h_j(t))\big] = 0$ $(i \in I_N, j = N_i^{\delta(t)})$。所以在自适应状态时变编队控制协议 $(6-30)$ 的作用下，集群系统能够实现期望状态时变编队 $h(t)$。证明完毕。

注释 6.2： 与已有的切换拓扑下的集群系统时变编队控制问题研究结果相比，本节提出的定理表明自适应状态时变编队控制协议可以在不需要交互拓扑全局信息的条件下进行全分布式设计。然而，文献[172]、[173]具备相同的局限，即设计的状态时变编队控制协议都需要获取拉普拉斯矩阵的最小特征值。因为该特征值的计算需要使用集群系统交互拓扑的全局信息，所以集群系统无法仅仅依靠邻居智能体之间的局部信息，采用分布式的方式实现期望的时变编队。而本节所提出的自适应状态时变编队控制协议则可以弥补这个缺陷。

6.3.3　数值仿真

本节给出两个仿真算例来验证理论结果的有效性。第一个算例将考虑一个由 10 个智能体组成的三阶集群系统，使用自适应状态时变编队控制协议 $(6-30)$ 在切换拓扑下实现期望时变编队。第二个算例中，本节的理论结果被用于解决多机器人系统协同搜索问题。

考虑一个由 10 个智能体组成的三阶集群系统，每个智能体的动力学参数满足

式(6-29),其中对应系统矩阵为

$$A = \begin{bmatrix} 1 & -1 & -2 \\ 5 & 0 & 2 \\ -2 & -0.1 & 0 \end{bmatrix}, B = \begin{bmatrix} 0 & 0 \\ 1 & 0 \\ 0 & 1 \end{bmatrix}$$

此处每个智能体的状态为 $x_i(t) = [x_i^1(t), x_i^2(t), x_i^3(t)]^T (i = 1, 2, \cdots, 10)$。如图 6-6 所示,令 $G_{\delta(t)}$ 每隔 5 s 在图 G_1、G_2、G_3 和 G_4 之间随机切换。该集群系统要求实现且保持一个周期变化的十边形编队,期望的十边形编队数学表达为

$$h_i(t) = \begin{bmatrix} r\sin\left(\omega t + \dfrac{(i-1)\pi}{5}\right) + r\cos\left(\omega t + \dfrac{(i-1)\pi}{5}\right) \\ r\sin\left(\omega t + \dfrac{(i-1)\pi}{5}\right) - r\cos\left(\omega t + \dfrac{(i-1)\pi}{5}\right) \\ r\sin\left(\omega t + \dfrac{(i-1)\pi}{5}\right) \end{bmatrix}$$

其中,$i = 1, 2, \cdots, 10$,$r = 10$ m 为最大半径,$\omega = 2$ rad/s 为时变编队旋转角速度。

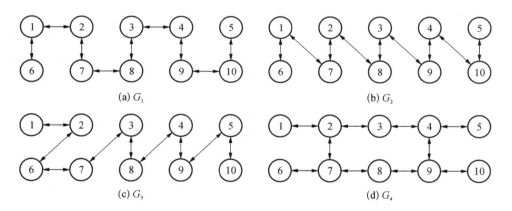

(a) G_1　　　　　　　　　　　　　　　　(b) G_2

(c) G_3　　　　　　　　　　　　　　　　(d) G_4

图 6-6　三阶集群系统的切换拓扑集 $\mathbb{G}$

选取 $c_{ij}(0) = c_{ji}(0) = 0$,初始化每个智能体的状态为 $x_i^k(0) = i(\kappa - 0.5)$ $(i = 1, 2, \cdots, 10; k = 1, 2, 3)$,其中 κ 是 0~1 的一个随机值。令自适应状态时变编队控制协议中 $\varepsilon_{ij} = \varepsilon_{ji} = 0.01$ $(i, j = 1, 2, \cdots, 10)$。使用算法可以求解出自适应状态时变编队控制协议中的各个增益矩阵为

$$K_1 = \begin{bmatrix} -6 & -3 & 4 \\ 3 & -0.9 & 0 \end{bmatrix}$$

$$K_2 = \begin{bmatrix} -3.132\,1 & -4.278\,3 & 7.823\,9 \\ 7.924\,6 & 7.823\,9 & -18.337\,4 \end{bmatrix}$$

$$\Phi = \begin{bmatrix} 72.610\,3 & 75.402\,0 & -169.823\,0 \\ 75.402\,0 & 79.517\,6 & -176.943\,3 \\ -169.823\,0 & -176.943\,3 & 397.473\,7 \end{bmatrix}$$

需要强调的是此处 K_1、K_2 和 Φ 的求解没有使用任何交互拓扑的全局信息。智能体分别在 $t = 0\,\text{s}$、$t = 20\,\text{s}$、$t = 35\,\text{s}$ 和 $t = 50\,\text{s}$ 时刻的位置状态截图如图 6-7 所示。图 6-7 的(a)和(b)显示了集群系统实现期望的十边形编队。图 6-7 的(c)和(d)显示出十边形编队的边长在随着时间变化。图 6-8 给出了集群系统的交互拓扑切换信号,其中 $\delta(t)$ 的取值分别对应图 6-6 相应序号下的交互拓扑,其交互拓扑切换顺序为 $G_3 \to G_1 \to G_4 \to G_3 \to G_4 \to G_3 \to G_2 \to G_3 \to G_1$。令 $\tilde{e}_i(t) = x_{i1}(t) - h_{i1}(t)$ $(i = 2, 3, \cdots, N)$,$\tilde{e}(t) = [\tilde{e}_2^{\text{T}}(t), \tilde{e}_3^{\text{T}}(t), \cdots, \tilde{e}_N^{\text{T}}(t)]^{\text{T}}$,定义该三阶集群系

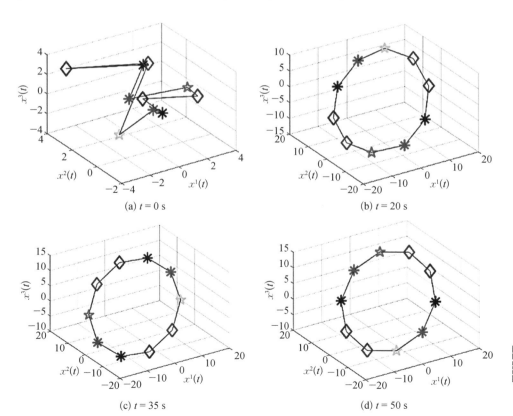

(a) $t = 0\,\text{s}$　　(b) $t = 20\,\text{s}$

(c) $t = 35\,\text{s}$　　(d) $t = 50\,\text{s}$

图 6-7　不同时刻集群系统时变状态轨迹截图

统的时变编队误差信号为 $\hat{e}(t) = \tilde{e}^{\mathrm{T}}(t)\tilde{e}(t)$。从图 6 - 9 可以看出集群系统的编队误差渐近收敛到 0。从图 6 - 10 可以看出集群系统的时变耦合权重 $c_{ij}(t)$ 渐近收敛到有限值。因此,使用本节提出的自适应状态时变编队控制协议,集群系统能够在切换拓扑下实现期望的状态时变编队。

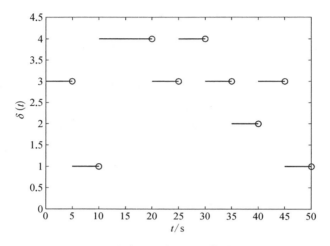

图 6 - 8   三阶集群系统交互拓扑的切换信号

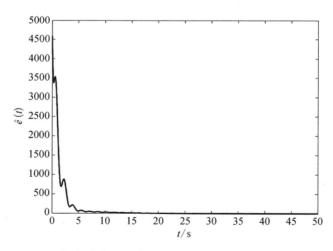

图 6 - 9   状态时变编队控制协议作用下的编队误差变化曲线

考虑一个装有不同性能传感器的多机器人系统,为了最大限度地搜索未知区域。首先,要求该多机器人系统形成一个编队。然后,所形成的编队需要保持旋转以保证每一个方向都可以被不同特性的传感器探测到。由于通信约束和连接不确定性,多机器人系统的交互拓扑可能发生变化。为了不失一般性,这里考虑切换的

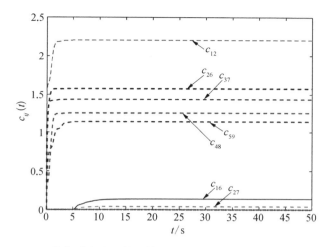

图 6 - 10 状态时变编队控制协议作用下的时变耦合权重变化曲线

交互拓扑。

假设 4 个移动机器人组成一个多机器人系统。每个机器人的运动学方程表达为

$$
\begin{cases}
\dot{P}_i^x(t) = V_i(t)\cos(\theta_i(t)) \\
\dot{P}_i^y(t) = V_i(t)\sin(\theta_i(t)) \\
\dot{\theta}_i(t) = \omega_i(t)
\end{cases}
$$

其中，$i = 1, 2, 3, 4$，$P_i^x(t) \in \mathbb{R}$ 和 $P_i^y(t) \in \mathbb{R}$ 表示第 i 个机器人在 XY 平面的位置。$\omega_i(t) \in \mathbb{R}$、$V_i(t) \in \mathbb{R}$ 和 $\theta_i(t) \in \mathbb{R}$ 分别表示第 i 个机器人的角速度、线速度和方向角。通过反馈线性化，多机器人系统的模型可以转化为如下的线性化系统，$x_i(t) = [P_i^x(t), V_i^x(t), P_i^y(t), V_i^y(t)]^{\mathrm{T}}$，$u_i(t) = [u_i^x(t), u_i^y(t)]^{\mathrm{T}}$，其中 $V_i^x(t) \in \mathbb{R}$ 和 $V_i^y(t) \in \mathbb{R}$ 分别表示 X 轴和 Y 轴的线速度，$u_i^x(t) \in \mathbb{R}$ 和 $u_i^y(t) \in \mathbb{R}$ 分别表示 X 轴和 Y 轴的控制输入。此时转换后的线性化系统的系统矩阵 A 和 B 分别为

$$
A = \begin{bmatrix} 0 & 1 & 0 & 0 \\ 0 & 0 & 0 & 0 \\ 0 & 0 & 0 & 1 \\ 0 & 0 & 0 & 0 \end{bmatrix}, \quad
B = \begin{bmatrix} 0 & 0 \\ 1 & 0 \\ 0 & 0 \\ 0 & 1 \end{bmatrix}
$$

多机器人系统的切换拓扑集合如图 6 - 11 所示。多机器人系统期望的状态时变编队表达式为

$$
h_i(t) = \begin{bmatrix} r\cos\!\left(\omega t + \dfrac{(i-1)\pi}{2}\right) \\[2mm] -r\omega\sin\!\left(\omega t + \dfrac{(i-1)\pi}{2}\right) \\[2mm] r\sin\!\left(\omega t + \dfrac{(i-1)\pi}{2}\right) \\[2mm] r\omega\cos\!\left(\omega t + \dfrac{(i-1)\pi}{2}\right) \end{bmatrix}, \; i = 1,\,2,\,3,\,4
$$

其中，$r = 10$ m，$\omega = 0.5$ rad/s。选择 $c_{ij}(0) = c_{ji}(0) = 0$，初始化多机器人系统的状态量为 $5(\kappa - 0.5)$，其中 κ 为一个列向量，其元素都是 $0{\sim}1$ 的随机值。令 $\varepsilon_{ij} = \varepsilon_{ji} = 1$（$i,\,j = 1,\,2,\,3,\,4$）。根据编队可行性条件和算法，解得各个增益矩阵为

$$
K_1 = \begin{bmatrix} 0 & 0.02 & 0.01 & -0.5 \\ 0.01 & 0.2 & -0.15 & -0.02 \end{bmatrix}
$$

$$
K_2 = \begin{bmatrix} -0.5636 & -1.7363 & -0.1948 & -0.0862 \\ 0.1636 & -0.0862 & -0.4466 & -1.550 \end{bmatrix}
$$

$$
\Phi = \begin{bmatrix} 0.3444 & 0.9644 & 0.0367 & -0.2053 \\ 0.9644 & 3.0221 & 0.3767 & 0.2833 \\ 0.0367 & 0.3767 & 0.2374 & 0.7099 \\ -0.2053 & 0.2833 & 0.7099 & 2.4161 \end{bmatrix}
$$

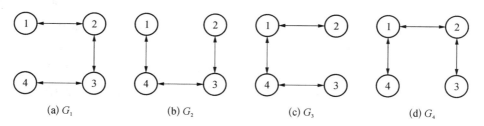

(a) G_1　　　　(b) G_2　　　　(c) G_3　　　　(d) G_4

图 6-11　多机器人系统的切换拓扑集合 $\mathbb{G}$

图 6-12(a) 和 (b) 中的蓝色实线分别描绘了多机器人系统从 $t = 0$ s 到 $t = 40$ s 的速度和位置轨迹。用星号、五角星、正方形和菱形分别代表每个机器人，切换拓扑下的多机器人系统的状态时变编队队形如图 6-12 所示，其中加粗点划线为 $t = 10$ s 时刻的队形，加粗虚线为 $t = 25$ s 时刻的队形，加粗点线为 $t = 40$ s 时刻的队形。从图 6-12 可以看出多机器人系统的速度和位置都实现了期望的矩形编队，并且实

现了矩形编队的旋转与边长的时变变化。图 6-13 给出了多机器人系统交互拓扑 $G_{\delta(t)}$ 的切换信号，其中 $\delta(t)$ 的取值分别对应图 6-11 中相应序号下的交互拓扑，每隔 1 s 切换一次。多机器人系统的交互拓扑 $G_{\delta(t)}$ 在 G_1、G_2、G_3 和 G_4 之间每隔 1 s 随机切换一次。图 6-14 表示多机器人系统的编队误差变化曲线，可以看到其编队误差渐近收敛到 0，实现了期望的时变编队。由图 6-15 可以看出当实现期望时变编队时，所有的时变耦合权重变化曲线都收敛到了有限值。因此，基于本节给出的自适应状态时变编队控制协议，多机器人系统能够在切换拓扑下实现期望的状态时变编队，完成协同探测的任务。

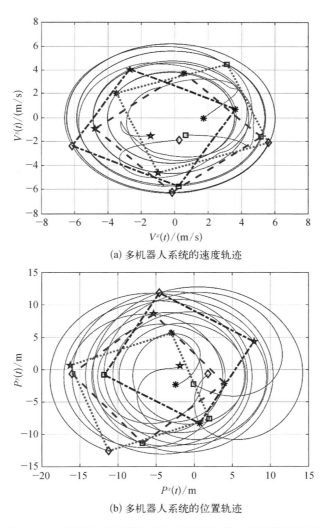

(a) 多机器人系统的速度轨迹

(b) 多机器人系统的位置轨迹

图 6-12　切换拓扑下的多机器人系统的状态时变编队队形

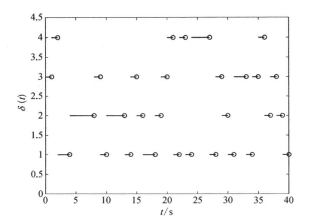

图 6 - 13　多机器人系统交互拓扑的切换信号

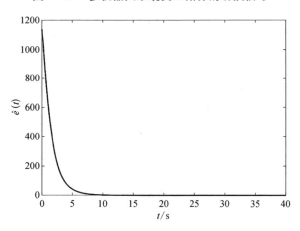

图 6 - 14　多机器人系统的误差变化曲线

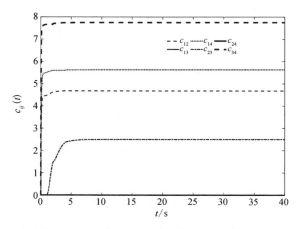

图 6 - 15　多机器人系统时变耦合权重变化曲线

6.4 切换拓扑下的输出反馈自适应编队控制

在前面章节中,已经基于输出反馈对固定拓扑条件下的集群系统的全分布式状态时变编队控制问题开展了研究,并且提出了一种基于输出反馈的点基式自适应状态时变编队控制协议。自适应状态时变编队控制协议主要用于调整交互拓扑中每个节点的耦合权重,控制协议的维数是与交互拓扑中的节点的数量成比例的。但是这样的自适应状态时变编队控制协议只能用于固定交互拓扑的情况,无法适用于切换拓扑的情况。

本节将在前面工作的基础上,进一步探讨基于相对输出信息反馈的一般高阶线性集群系统在切换拓扑条件下的全分布式状态时变编队控制问题。首先,基于相对输出信息,提出了一种边基式自适应状态时变编队控制协议,同时基于输出反馈信息构建了交互拓扑每条边的耦合权重自适应更新律。然后,给出了一般高阶线性集群系统在该边基式自适应状态时变编队控制协议作用下实现期望状态时变编队的充分条件。

6.4.1 问题描述

考虑一个由 N 个智能体组成的一般高阶线性集群系统。每个智能体的动力学方程可以描述如下:

$$\begin{cases} \dot{x}_i(t) = Ax_i(t) + Bu_i(t) \\ y_i(t) = Cx_i(t) \end{cases} \tag{6-49}$$

其中, $i \in 1, 2, \cdots, N$, $A \in \mathbb{R}^{r \times r}$、$B \in \mathbb{R}^{r \times q}$ 和 $C \in \mathbb{R}^{p \times r}$ 为系统矩阵。$x_i(t) \in \mathbb{R}^r$ 表示智能体 i 的状态向量, $u_i(t) \in \mathbb{R}^n$ 表示智能体 i 的控制输入向量, $y_i(t) \in \mathbb{R}^p$ 表示智能体 i 的可测输出向量。这里用无向图来表征集群系统在切换信号 $\delta(t)$ 时刻的交互拓扑。图 $G_{\delta(t)}$ 属于有界交互拓扑集合 $\mathbb{G}$ 中的元素。集群系统中的每个智能体都用图 $G_{\delta(t)}$ 中的一个节点来代表。定义 $w_{ij}(t)$ 是图 $G_{\delta(t)}$ 非负邻接矩阵的第 (i, j) 个元素。对于 $i, j \in I_N$,智能体 i 和智能体 j 之间的通信链路在切换拓扑中用边 e_{ij} 表示,其对应的通信强度为 $w_{ij}(t)$。与图 $G_{\delta(t)}$ 对应的拉普拉斯矩阵为 $L_{\delta(t)}$。智能体 i 在 $\delta(t)$ 时的邻居集合用 $N_i^{\delta(t)}$ 来表示。

本节的主要目的是在切换拓扑下设计可行的基于输出反馈信息的自适应状态时变编队控制协议,使得集群系统(6-49)能够实现期望的状态时变编队,且不依赖于交互拓扑相关的全局信息。

6.4.2　输出反馈自适应编队控制协议设计与分析

对于切换拓扑下的集群系统,本节提出如下基于输出反馈的边基式自适应状态时变编队控制协议:

$$
\begin{cases}
\dot{v}_i(t) = (A + BK_1C + BK_2)v_i(t) + K_3 \displaystyle\sum_{j \in N_i^{\delta(t)}} d_{ij}(t)w_{ij}(t)\left[Cv_{ij}(t) - y_{ij}(t) + Ch_{ij}(t)\right] \\[2mm]
\dot{d}_{ij}(t) = \tau_{ij}w_{ij}(t)\begin{bmatrix} y_{ij}(t) - Ch_{ij}(t) \\ Cv_{ij}(t) \end{bmatrix}^{\mathrm{T}} K_4 \begin{bmatrix} y_{ij}(t) - Ch_{ij}(t) \\ Cv_{ij}(t) \end{bmatrix} \\[2mm]
u_i(t) = K_1 y_i(t) + K_2 v_i(t)
\end{cases}
$$

$$(6-50)$$

其中,$v_i(t)$ 为控制器的状态,$v_{ij}(t) = v_i(t) - v_j(t)$,$d_{ij}(t) = d_{ji}(t)$ 表示为边 e_{ij} 配置的耦合权重,τ_{ij} 是一个正常数且有 $\tau_{ij} = \tau_{ji}$,$K_1 \in \mathbb{R}^{q \times p}$、$K_2 \in \mathbb{R}^{q \times r}$、$K_3 \in \mathbb{R}^{r \times p}$ 和 $K_4 \in \mathbb{R}^{2p \times 2p}$ 是反馈增益矩阵。在边基式自适应状态时变编队控制协议(6-50)作用下,集群系统(6-49)能够写成:

$$
\begin{cases}
\dot{x}_i(t) = Ax_i(t) + BK_1 y_i(t) + BK_2 v_i(t) \\[2mm]
\dot{v}_i(t) = (A + BK_1C + BK_2)v_i(t) \\[1mm]
\qquad\quad + K_3 \displaystyle\sum_{j \in N_i^{\delta(t)}} d_{ij}(t)w_{ij}(t)\left[Cv_{ij}(t) - y_{ij}(t) + Ch_{ij}(t)\right] \\[2mm]
\dot{d}_{ij}(t) = \tau_{ij}w_{ij}(t)\begin{bmatrix} y_{ij}(t) - Ch_{ij}(t) \\ Cv_{ij}(t) \end{bmatrix}^{\mathrm{T}} K_4 \begin{bmatrix} y_{ij}(t) - Ch_{ij}(t) \\ Cv_{ij}(t) \end{bmatrix}
\end{cases}
$$

$$(6-51)$$

下面将介绍一种设计边基式自适应状态时变编队控制协议(6-50)中反馈增益矩阵的算法。

算法 6.3:自适应状态时变编队控制协议(6-50)的设计算法。

作用于集群系统(6-49)的边基式自适应时变状态编队控制器(6-50)可以采用如下步骤进行设计。

步骤 1:对于所有的 $i \in I_N$,检查如下时变编队可行性条件是否满足。如果存在一个定常增益矩阵 K_1 满足条件(6-52),算法继续;否则时变编队 $h(t)$ 对于集群系统(6-49)在边基式自适应状态时变编队控制协议(6-50)作用下不可行,算法停止。

$$\lim_{t\to\infty}\left[(A + BK_1C)h_i(t) - \dot{h}_i(t)\right] = 0 \tag{6-52}$$

步骤 2：选取合适的 K_2 使得 $A + BK_1C + BK_2$ 满足 Hurwitz 条件。如果 (A, B) 可镇定，则存在一个 K_2 能够配置 $A + BK_1C + BK_2$ 满足 Hurwitz 条件。

步骤 3：求解如下线性矩阵不等式得到一个正定对称矩阵 P，然后计算 $K_3 = -P^{-1}C^{\mathrm{T}}$。

$$P(A + BK_1C) + (A + BK_1C)^{\mathrm{T}}P - C^{\mathrm{T}}C < 0 \tag{6-53}$$

令 $\hat{A} = A + BK_1C$。如果 $(\hat{A}, C)$ 可检测，上述线性矩阵不等式一定存在解 P。

步骤 4：选取 $K_4 = \begin{bmatrix} I_p & -I_p \\ -I_p & I_p \end{bmatrix}$。

切换拓扑下的集群系统在输出反馈约束下能够实现的状态时变编队 $h(t)$ 依然需要满足时变编队可行性条件(6-52)，其中可以通过 K_1 对可能实现的状态时变编队集合进行扩展。从**算法 6.3** 中可以看出，边基式的自适应状态时变编队控制(6-50)中的控制增益可以进行分布式的求解，不需要任何切换拓扑相关的全局信息。

如下的定理给出了在本节提出的边基式自适应状态时变编队控制协议作用下，集群系统在切换拓扑下基于输出反馈信息实现状态时变编队的充分条件。

定理 6.3：对于任意属于有界交互拓扑集合 $\mathbb{G}$ 的切换拓扑 $G_{\delta(t)}$，如果**假设 6.1** 成立，期望时变编队 $h(t)$ 满足编队可行性条件(6-52)，(A, B) 可镇定，$(\hat{A}, C)$ 可检测，则集群系统(6-49)可以在用**算法 6.3** 设计的自适应状态时变编队控制协议(6-50)作用下实现期望的状态时变编队 $h(t)$，且不需要使用任何交互拓扑相关的全局信息。

证明：根据 $z_i(t)$ 和 $z_{ij}(t)$ 的定义，由式(6-51)得

$$\begin{cases} \dot{z}_i(t) = (A + BK_1C)z_i(t) + BK_2v_i(t) \\ \qquad\quad + (A + BK_1C)h_i(t) - \dot{h}_i(t) \\ \dot{v}_i(t) = (A + BK_1C + BK_2)v_i(t) \\ \qquad\quad + K_3\sum_{j\in N_i^{\delta(t)}}d_{ij}(t)w_{ij}(t)\left[Cv_{ij}(t) - Cz_{ij}(t)\right] \\ \dot{d}_{ij}(t) = \tau_{ij}w_{ij}(t)\begin{bmatrix} Cz_{ij}(t) \\ Cv_{ij}(t) \end{bmatrix}^{\mathrm{T}}K_4\begin{bmatrix} Cz_{ij}(t) \\ Cv_{ij}(t) \end{bmatrix} \end{cases} \tag{6-54}$$

令 $\hat{\varsigma}_i(t) = [z_i^{\mathrm{T}}(t), v_i^{\mathrm{T}}(t)]^{\mathrm{T}}$, $\phi_i(t) = \hat{\varsigma}_i(t) - \dfrac{1}{N}\sum_{j=1}^{N}\hat{\varsigma}_i(t)$, $\phi_{ij}(t) = \phi_i(t) - \phi_j(t)$, $\phi(t) = [\phi_1^{\mathrm{T}}(t), \phi_2^{\mathrm{T}}(t), \cdots, \phi_N^{\mathrm{T}}(t)]^{\mathrm{T}}$, 则有

$$\begin{cases} \dot{\phi}_i(t) = K\phi_i(t) + \sum_{j=1}^{N} d_{ij}(t)w_{ij}(t)R\phi_{ij}(t) \\ \qquad + \begin{bmatrix} (1/N)\sum_{j=1}^{N}[(A+BK_1C)h_{ij}(t) - \dot{h}_{ij}(t)] \\ 0 \end{bmatrix} \\ \dot{d}_{ij}(t) = \tau_{ij}w_{ij}(t)\phi_{ij}^{\mathrm{T}}(t)F\phi_{ij}(t) \end{cases} \quad (6-55)$$

其中, K、R 和 F 的定义如下:

$$K = \begin{bmatrix} A+BK_1C & BK_2 \\ 0 & A+BK_1C+BK_2 \end{bmatrix}, \ R = \begin{bmatrix} 0 & 0 \\ -K_3C & K_3C \end{bmatrix}, \ F = (I_2 \otimes C^{\mathrm{T}})K_4(I_2 \otimes C)$$

考虑如下李雅普诺夫函数:

$$V_1(t) = \frac{1}{2}\sum_{i=1}^{N}\phi_i^{\mathrm{T}}(t)P\phi_i(t) + \sum_{i=1}^{N}\sum_{j=1,j\neq i}^{N}\frac{(d_{ij}(t)-\varphi)^2}{4\tau_{ij}} \quad (6-56)$$

其中, φ 是一个待定的正常数, $P = \begin{bmatrix} \gamma\bar{P}+P & -P \\ -P & P \end{bmatrix}$, 此处 P 满足**算法 6.3** 中的线性矩阵不等式 $(6-53)$, $\bar{P} > 0$ 满足 $\bar{P}(A+BK_1C+BK_2) + (A+BK_1C+BK_2)^{\mathrm{T}}\bar{P} < 0$, $V_2(t)$ 对时间求导可得

$$\dot{V}_1(t) = \sum_{i=1}^{N}\phi_i^{\mathrm{T}}(t)P\dot{\phi}_i(t) + \sum_{i=1}^{N}\sum_{j=1,j\neq i}^{N}\frac{(d_{ij}(t)-\varphi)}{2\tau_{ij}}\dot{d}_{ij}(t) \quad (6-57)$$

将式 $(6-54)$ 代入式 $(6-57)$ 中, 则有

$$\dot{V}_1(t) = \sum_{i=1}^{N}\phi_i^{\mathrm{T}}(t)P\left[K\phi_i(t) + \sum_{j=1}^{N} d_{ij}(t)w_{ij}(t)R\phi_{ij}(t)\right]$$

$$\qquad + \sum_{i=1}^{N}\phi_i^{\mathrm{T}}(t)P\begin{bmatrix} (1/N)\sum_{j=1}^{N}[(A+BK_1C)h_{ij}(t) - \dot{h}_{ij}(t)] \\ 0 \end{bmatrix} \quad (6-58)$$

$$\qquad + \frac{1}{2}\sum_{i=1}^{N}\sum_{j=1,j\neq i}^{N}(d_{ij}(t)-\varphi)w_{ij}(t)\phi_{ij}^{\mathrm{T}}(t)F\phi_{ij}(t)$$

由式 $(6-58)$ 可得

$$\dot{V}_1(t) = \sum_{i=1}^{N} \tilde{\phi}_i^{\mathrm{T}}(t) \tilde{P} \tilde{K} \tilde{\phi}_i(t) - \phi \sum_{i=1}^{N} \sum_{j=1}^{N} \tilde{\phi}_i^{\mathrm{T}}(t) w_{ij}(t) \tilde{F}(\tilde{\phi}_i(t) - \tilde{\phi}_j(t))$$

$$+ \sum_{i=1}^{N} \tilde{\phi}_i^{\mathrm{T}}(t) \tilde{P} S \begin{bmatrix} (1/N) \sum_{j=1}^{N} [(A + BK_1 C) h_{ij}(t) - \dot{h}_{ij}(t)] \\ 0 \end{bmatrix}$$

$$(6-59)$$

其中，$\tilde{\phi}_i(t) = S\phi_i(t)$，$\tilde{P}$、$\tilde{R}$、$\tilde{K}$ 和 $\tilde{F}$ 在本节中的定义如下：

$$\tilde{P} = S^{-\mathrm{T}} P S^{-1} = \begin{bmatrix} \gamma \bar{P} & 0 \\ 0 & P \end{bmatrix}$$

$$\tilde{R} = SRS^{-1} = \begin{bmatrix} 0 & 0 \\ 0 & -P^{-1} C^{\mathrm{T}} C \end{bmatrix}$$

$$\tilde{K} = SKS^{-1} = \begin{bmatrix} A + BK_1 C + BK_2 & BK_2 \\ 0 & A + BK_1 C \end{bmatrix}$$

$$\tilde{F} = S^{-\mathrm{T}} F S^{-1} = \begin{bmatrix} 0 & 0 \\ 0 & C^{\mathrm{T}} C \end{bmatrix}$$

令 $\tilde{\phi}(t) = [\tilde{\phi}_1^{\mathrm{T}}(t), \tilde{\phi}_2^{\mathrm{T}}(t), \cdots, \tilde{\phi}_N^{\mathrm{T}}(t)]^{\mathrm{T}}$。注意到 $\Theta = [I_N - (1/N)11^{\mathrm{T}}]$，进一步有

$$\dot{V}_1(t) = \frac{1}{2} \tilde{\phi}^{\mathrm{T}}(t) [I_N \otimes (\tilde{P} \tilde{K} + \tilde{K}^{\mathrm{T}} \tilde{P}) - 2\phi L_{\delta(t)} \otimes \tilde{F}] \tilde{\phi}(t)$$

$$+ \tilde{\phi}^{\mathrm{T}}(t) (I_N \otimes \tilde{P} S) [(\Theta \otimes I_2 \otimes (A + BK_1 C)) h(t) - (\Theta \otimes I_2 \otimes I_r) \dot{h}(t)]$$

$$(6-60)$$

由于 **假设 6.2** 成立，且 $(1^{\mathrm{T}} \otimes I_{2r}) \tilde{\phi}(t) = 0$，$\tilde{\phi}^{\mathrm{T}}(t) (L_{\delta(t)} \otimes I_{2r}) \tilde{\phi}(t) \geqslant \lambda_2^{\min} \tilde{\phi}^{\mathrm{T}}(t) \tilde{\phi}(t)$，其中 $\lambda_2^{\min}$ 是所有 $G_{\delta(t)} \in \mathbb{G}$ 对应的拉普拉斯矩阵 $L_{\delta(t)}$ 的最小非零特征值。因此有

$$\dot{V}_1(t) \leqslant \frac{1}{2} \tilde{\phi}^{\mathrm{T}}(t) [I_N \otimes (\tilde{P} \tilde{K} + \tilde{K}^{\mathrm{T}} \tilde{P} - 2\phi \lambda_2^{\min} \tilde{F})] \tilde{\phi}(t)$$

$$+ \tilde{\phi}^{\mathrm{T}}(t) (I_N \otimes \tilde{P} S) [(\Theta \otimes I_2 \otimes (A + BK_1 C)) h(t) - (\Theta \otimes I_2 \otimes I_r) \dot{h}(t)]$$

$$(6-61)$$

令 $\dot{V}_{1c}(t) = \frac{1}{2} \tilde{\phi}^{\mathrm{T}}(t) [I_N \otimes (\tilde{P} \tilde{K} + \tilde{K}^{\mathrm{T}} \tilde{P} - 2\varphi \lambda_2^{\min} \tilde{F})] \tilde{\phi}(t)$，$\dot{V}_{1f}(t) = \tilde{\phi}^{\mathrm{T}}(t) (\Theta \otimes$

$\tilde{P})\left[\left(I_N \otimes S(I_2 \otimes (A + BK_1 C))\right)h(t) - \left(I_N \otimes S(I_2 \otimes I_r)\right)\dot{h}(t)\right]$。可以选择足够大的 φ 使得 $\varphi \lambda_2^{\min} \geqslant 1$,同时选择足够小的 $\gamma > 0$,进而有 $\dot{V}_{1c}(t) \leqslant 0$ 的结论成立。用 $\lambda_{\max}^1 < 0$,$\tilde{P}\tilde{K} + \tilde{K}^{\mathrm{T}}\tilde{P} - 2\varphi\lambda_2^{\min}\tilde{F}$ 最大的特征值,我们可以得到如下的不等式:

$$\dot{V}_{1c}(t) \leqslant \frac{1}{2}\lambda_{\max}^1 \parallel \tilde{\phi}(t) \parallel^2 \leqslant 0 \qquad (6-62)$$

由于 0 是 Θ 的一个简单特征值,Θ 其他所有的特征值为 1,可得

$$V_1(t) \leqslant V_1(t_0) + \frac{1}{2}(\lambda_{\max}^1 + \eta\lambda_{\max}(\tilde{P}))\int_{t_0}^{t} \parallel \tilde{\phi}(\tau) \parallel^2 \mathrm{d}\tau$$
$$+ \frac{\lambda_{\max}(\tilde{P})}{2\eta}\int_{t_0}^{t} \parallel \hat{h}(\tau) \parallel^2 \mathrm{d}\tau \qquad (6-63)$$

其中,$\hat{h}(t)$ 和 $\lambda_{\max}(\tilde{P})$ 的定义如前文中所示,η 是一个待定的正常数。然后有

$$\dot{V}_1(t) \leqslant \frac{1}{2}(\lambda_{\max}^1 + \eta\lambda_{\max}(\tilde{P})) \parallel \tilde{\phi}(t) \parallel^2 + \frac{\lambda_{\max}(\tilde{P})}{2\eta} \parallel \hat{h}(t) \parallel^2 \quad (6-64)$$

由式(6-64)可得

$$V_1(t) \leqslant V_1(t_0) + \frac{1}{2}(\lambda_{\max}^1 + \eta\lambda_{\max}(\tilde{P}))\int_{t_0}^{t} \parallel \tilde{\phi}(\tau) \parallel^2 \mathrm{d}\tau$$
$$+ \frac{\lambda_{\max}(\tilde{P})}{2\eta}\int_{t_0}^{t} \parallel \hat{h}(\tau) \parallel^2 \mathrm{d}\tau \qquad (6-65)$$

存在一个足够小的 η 使得不等式 $\lambda_{\max}^1 + \eta\lambda_{\max}(\tilde{P}) < 0$ 成立,然后根据式(6-65)可得

$$\frac{1}{2} \parallel \lambda_{\max}^1 + \eta\lambda_{\max}(\tilde{P}) \parallel \int_{t_0}^{t} \parallel \tilde{\phi}(t) \parallel^2 \mathrm{d}\tau \leqslant V_1(t_0) + \frac{\lambda_{\max}(\tilde{P})}{2\eta}\int_{t_0}^{t} \parallel \hat{h}(\tau) \parallel^2 \mathrm{d}\tau$$
$$(6-66)$$

因此,有如下结果成立:

$$\frac{1}{2} \parallel \lambda_{\max}^1 + \eta\lambda_{\max}P \parallel \int_{t_0}^{t} \parallel \tilde{\phi}(t) \parallel^2 \mathrm{d}\tau < \infty \qquad (6-67)$$

根据 Barbalat 引理,可得 $\lim\limits_{t \to \infty} \tilde{\phi}(t) = 0$,进一步有 $\lim\limits_{t \to \infty} \tilde{\phi}(t) = 0$ 成立,因此 $\lim\limits_{t \to \infty}(x_{ij}(t) - h_{ij}(t)) = 0$ $(i \in I_N)$,$j \in N_i^{\delta(t)}$ 成立。综上分析可得,在本节设计的边基式自适应状

态时变编队控制协议(6-50)的作用下,集群系统在切换拓扑条件下,基于相对输出反馈信息实现了期望的时变编队。证明完毕。

6.4.3　数值仿真

考虑一个由 10 个智能体组成的三阶集群系统,该集群系统的交互拓扑在如图 6-16 所示的有限交互拓扑集合 G_1、G_2、G_3 和 G_4 中切换。每个智能体的动力学模型如式(6-49)所示,系统矩阵为

$$A = \begin{bmatrix} 0 & 1 & 0 \\ -4 & -1 & -1 \\ -6 & -2 & -2 \end{bmatrix}, \quad B = \begin{bmatrix} 0 & 0 \\ 1 & 0 \\ 0 & 1 \end{bmatrix}, \quad C = \begin{bmatrix} 0 & 1 & 0 \\ 0 & 0 & 1 \end{bmatrix}$$

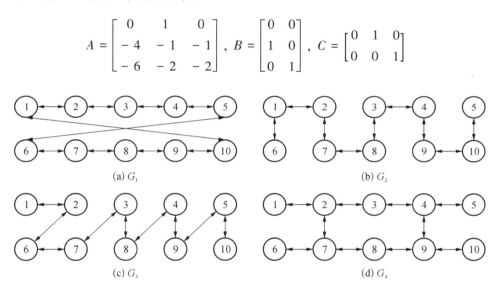

图 6-16　集群系统的有限切换拓扑集合 $\mathbb{G}$

给定该集群系统期望的时变十边形状态编队表达式为

$$h_i(t) = \begin{bmatrix} -4\sin\left(2t + \dfrac{(i-1)\pi}{5}\right) \\ -8\cos\left(2t + \dfrac{(i-1)\pi}{5}\right) \\ -8\sin\left(2t + \dfrac{(i-1)\pi}{5}\right) - 12\cos\left(2t + \dfrac{(i-1)\pi}{5}\right) \end{bmatrix}$$

其中,$i \in I_{10}$。对于所有的 $i,j \in I_{10}$,选取 $v_i(0) = 0$, $d_{ij}(0) = d_{ji}(0) = 0$, $\tau_{ij} = \tau_{ji} = 1$。初始化该集群系统的状态为 $x_i(0) = [(\kappa_2 - 0.5), 2(\kappa_2 - 0.5), 3(\kappa_2 - 0.5)]^{\mathrm{T}}$,其中 $i \in I_{10}$,κ_2 是 1~3 的一个随机数。

令 $G_{\delta(t)}$ 每隔 5 s 随机地在图 6-16 中的 G_1、G_2、G_3 和 G_4 之间切换。使用**算法**

6.3,求解出自适应状态时变编队控制协议(6−50)中所有的增益矩阵为

$$K_1 = \begin{bmatrix} 1 & 1 \\ 4 & 2 \end{bmatrix}, \quad K_2 = \begin{bmatrix} 2 & -3 & -1 \\ 8 & 0 & 0 \end{bmatrix}$$

$$K_3 = \begin{bmatrix} 0.2470 & 0.0501 \\ -2.1019 & -2.7678 \\ -2.7678 & -11.2708 \end{bmatrix}, \quad K_4 = \begin{bmatrix} 1 & 0 & -1 & 0 \\ 0 & 1 & 0 & -1 \\ -1 & 0 & 1 & 0 \\ 0 & -1 & 0 & 1 \end{bmatrix}$$

　　本节中集群系统的编队误差定义方式和第6.3节相同。在本节给出的边基式自适应状态时变编队控制协议(6−50)的作用下,具有切换拓扑的三阶集群系统在 $t=0\,\mathrm{s}$、$t=20\,\mathrm{s}$、$t=40\,\mathrm{s}$ 和 $t=60\,\mathrm{s}$ 时刻的状态轨迹截图如图6−18所示。从图6−18的(a)和(b)可得三阶集群系统由初始状态运动实现了期望的十边形编队。根据图6−18的(b)、(c)和(d)可以发现十边形编队处于旋转且边长变化中。图6−17给出了交互拓扑 $G_{\delta(t)}$ 每隔5s在4种随机切换的信号的变化情况。对应图6−16,交互拓扑切换顺序为 $G_3 \rightarrow G_1 \rightarrow G_2 \rightarrow G_3 \rightarrow G_2 \rightarrow G_4 \rightarrow G_3 \rightarrow G_4 \rightarrow G_3 \rightarrow G_2$。从图6−19和图6−20可以分别看出,三阶集群系统的编队误差曲线渐近收敛到0,所有的耦合权重都收敛到有限值。因此,在基于边基式自适应状态时变编队控制协议(6−50)的作用下,该三阶集群系统在切换拓扑条件下的全分布式状态时变编队控制问题得到解决。该仿真算例验证了本节理论结果的正确性。

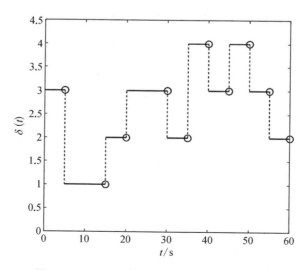

图6−17　三阶集群系统交互拓扑的切换信号

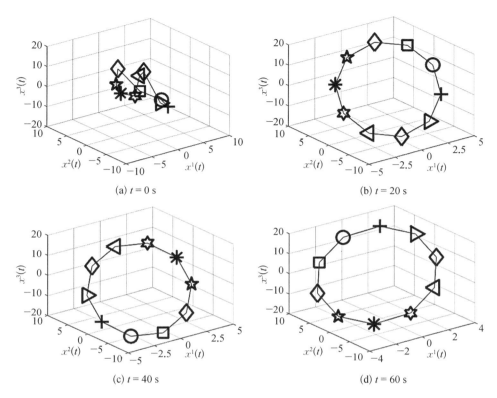

(a) $t = 0$ s

(b) $t = 20$ s

(c) $t = 40$ s

(d) $t = 60$ s

图 6 - 18　切换拓扑下基于输出反馈的 10 个智能体时变状态轨迹截图

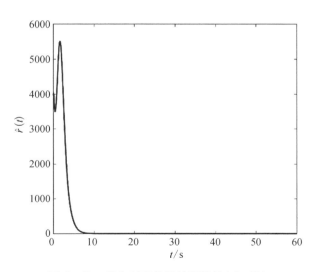

图 6 - 19　状态时变编队控制协议(6 - 50)
作用下的编队误差变化曲线

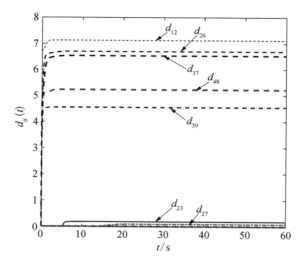

图 6 - 20   状态时变编队控制协议(6 - 50)作用下的
时变耦合权重变化曲线

6.5   本章小结

本章针对固定/切换拓扑约束条件下集群系统的自适应编队控制问题,首先基于状态反馈研究了具有固定拓扑的一般高阶线性集群系统的自适应时变编队控制的可行性问题,给出了相应的时变编队可行性条件及控制协议的设计算法,并通过李雅普诺夫稳定性理论对收敛性进行了证明。然后研究了一般线性集群系统在切换拓扑条件下的全分布式时变编队控制问题,同时考虑了状态反馈和输出反馈两种情况。通过引入自适应调节技术,分别提出了两种边基式的自适应状态时变编队控制协议。同时分别给出了设计这两种边基式的自适应状态时变编队控制协议的算法。经过进一步理论分析,分别给出了基于状态反馈和基于输出反馈时,具有切换拓扑约束的集群系统全分布式实现期望状态时变编队的充分条件。通过选取合适的共同李雅普诺夫函数,证明了算法的收敛性。通过数值仿真,分别验证了取得的理论结果的有效性。

第 *7* 章

集群系统编队跟踪控制

7.1 引言

时变编队控制强调的是编队队形的形成、保持和变换,不涉及对整个编队宏观运动的调控。当集群系统在执行巡逻、侦查以及围捕等具体任务的过程中,不仅需要形成特定的编队队形,还需要整个编队能够跟踪参考航迹或者特定目标进行运动[174-176]。在这些任务场景下,出现了集群系统的编队跟踪(formation tracking)控制问题,整个集群中的智能体就可以被划分为领导者(leader)和跟随者(follower)两大类,领导者可以为跟随者提供运动的参考或指令信号,跟随者则以特定的形式跟踪领导者运动。在文献[88]中,研究了具有一个领导者的跟踪控制问题。由于跟踪多个领导者和保持所需的队形之间存在潜在冲突,存在多个领导者的跟踪控制问题比只存在一个领导者的情况要更加复杂。文献[88]、[89]、[177]研究了固定编队跟踪问题与固定拓扑下的跟踪问题。由于时变编队对编队跟踪控制律的分析和设计都可能存在编队信息的导数,同时有向拓扑的拉普拉斯矩阵不对称的性质,导致文献[88]、[89]、[177]提出的方法不能直接适用于有向拓扑的情况。此外,文献[88]、[89]、[177]研究的智能体模型为一阶或二阶积分器。而高阶模型不具有一阶和二阶模型特有的结构性质,因此不能直接应用文献[88]、[89]、[177]中的结果来处理本节的问题。由于一阶模型和二阶模型都是高阶模型的特殊情况,因此研究高阶模型集群系统在有向拓扑下的编队跟踪控制问题具有更普遍的适用性。基于自抗扰控制、鲁棒控制、自适应控制、滑模控制和观测器理论,文献[178]—[181]研究了集群系统的不同类型的时变编队跟踪问题,其中跟随者的状态形成一个编队构型,在有向/无向的固定交互拓扑和切换拓扑条件下跟踪领导者的状态。

在编队跟踪控制的应用中,领导者既可以是表征己方整个编队宏观运动的参考轨迹,也可能是合作目标下的跟踪实体,甚至可能是非合作目标下的打击对象。例如,在多无人机协同察/打机动目标的场景中,可以将打击目标作为无人机集群系统的领导者,通过时变编队跟踪控制使得多无人机对目标形成围捕态势,提升打击效能。当领导者是非合作目标时,其控制输入对于所有跟随者来说都是未知的,并且往往是时变的。

另一方面,集群系统在编队跟踪运动过程中往往会受到干扰的影响,例如,多无人机编队飞行过程中存在的阵风、紊流等气流扰动,各无人机受到难以精确测量的未知干扰。干扰会严重影响集群系统的协同控制性能,甚至会使得集群系统无法形成期望的编队跟踪,导致编队崩溃。此外,由于编队队形的改变、复杂地形环境影响以及电磁干扰等原因,集群系统的通信链路容易发生断开或重连等现象,导致交互拓扑的切换,进而改变集群系统的连通性及智能体之间的相互作用关系,其对编队跟踪控制的影响不容忽视。因此,需要考虑存在领导者未知时变输入、未知干扰、切换作用拓扑等约束条件的影响,对高阶集群系统时变编队跟踪控制方法进行深入研究。

此外,在很多实际应用场景如执行协同围捕、协同搜索等任务时,期望集群系统能够形成多个小组,每个小组根据实际任务需求形成不同的时变编队队形,且期望各个小组之间存在相互协同的作用,即可以看作分组时变编队跟踪问题。由于期望各小组之间能够相互配合,分组时变编队跟踪问题不能简单看作时变编队跟踪问题的横向叠加。以无人机为核心的"蜂群"作战计划是分组时变编队跟踪控制技术的典型应用。该计划通过模拟自然界中动物的大规模集群行为,采用智能化作战体系,通过信息共享、在线决策等手段,对敌方的多个火力防御点以分组的形式实现协同的饱和打击,进而摧毁敌方防御体系。因此将研究方向从时变编队跟踪问题扩展到分组时变编队跟踪问题具有十分重要的现实意义。

针对以上问题,7.2 节介绍了具有多领导者的集群系统的编队跟踪问题,并利用拉普拉斯矩阵的性质,给出了集群系统实现时变编队跟踪的充要条件以及相关可行性约束。之后通过求解一个 Riccati 方程,提出了编队跟踪控制协议的设计方法,并给出仿真实例。7.3 节针对集群系统的分组时变编队跟踪问题,将集群系统设计为三层模型架构,即智能体被分为虚拟领导者、分组领导者和跟随者三类。给出了两种不同的自适应控制协议的设计方法以及所需参数的计算方法,对所提协议的收敛性进行了分析,并通过数值仿真对理论结果的有效性进行了验证。7.4 节则针对复杂环境下的无人机集群系统,考虑了拓扑切换条件下无人机集群时变编队跟踪控制的分析和设计问题,提出了对应的算法和收敛性判据,并基于自主搭建的四旋翼无人机编队跟踪控制实验平台,应用时变编队跟踪算法完成了 3 架四旋翼无人机对 1 架四旋翼无人机进行围捕的实飞验证。

7.2   具有多领导者的时变编队跟踪控制

本节主要介绍了具有多个领导者的集群系统的时变编队跟踪控制问题,首先利用拉普拉斯矩阵的性质,给出了集群系统在多个领导者同时存在的情况下实现时变编队跟踪的充要条件以及相关可行性约束。之后通过求解一个 Riccati 方程,提出了对编队跟踪控制协议进行设计的方法,并给出了一个三阶集群系统编队跟踪的仿真实例。

7.2.1　问题描述

考虑由 N 个智能体所构成的集群系统,将这 N 个智能体分成两部分,一部分为领导者,数量为 $N - M$ 个;另一部分为跟随者,数量为 M 个。领导者集合用 $E = \{M + 1, M + 2, \cdots, N\}$ 表示,跟随者集合则用 $F = \{1, 2, \cdots, M\}$ 表示。N 个智能体所构成的集群系统的动力学特性可以用下式进行描述:

$$\begin{cases} \dot{x}_k(t) = Ax_k(t), & k \in E \\ \dot{x}_i(t) = Ax_i(t) + Bu_i(t), & i \in F \end{cases} \quad (7-1)$$

其中,$x_k(t) \in \mathbb{R}^n$ 和 $x_i(t) \in \mathbb{R}^n$ 分别为领导者 k 和跟随者 i 的状态向量,可以包含位置、速度等各种状态量,$A \in \mathbb{R}^{n \times n}$,$B \in \mathbb{R}^{n \times m}(\text{rank}(B) = m)$ 为系统矩阵,$u_i(t) \in \mathbb{R}^n$ 为跟随者 i 的控制输入。

定义 7.1:如果集群系统中的某一智能体没有邻居,即没有其他智能体向其传递信息,则称其为领导者;如果智能体至少有一个邻居,则称其为跟随者(follower)。如果一个跟随者的邻居集包含所有的领导者,则称为全知的跟随者(well-informed follower);如果跟随者的邻居集不包含领导者,则称为无知的跟随者(uninformed follower)。

根据领导者与跟随者的定义,作用拓扑对应的拉普拉斯矩阵可以写成如下形式:

$$L = \begin{bmatrix} L_1 & L_2 \\ 0 & 0 \end{bmatrix}$$

其中,$L_1 \in \mathbb{R}^{M \times M}$,$L_2 \in \mathbb{R}^{M \times (N-M)}$。

跟随者的时变状态编队由 $h_F(t) = [h_1^T(t), h_2^T(t), \cdots, h_M^T(t)]^T \in \mathbb{R}^{M \times n}$ 表示,其中 $h_i(t) \in \mathbb{R}^n (i \in F)$ 是跟随者 i 的分段连续可微编队向量。值得注意的是 $h_i(t) \in \mathbb{R}^n (i \in F)$ 和状态向量 $x_i(t)$ 具有相同的维度,并且包括 $x_i(t)$ 中所有分量对应的偏移量。事实上,考虑到实际动态系统的状态是连续的,动态系统的状态不可能用非分段连续可微的 $h_i(t)$ 描述。因此,要求 $h_i(t)$ 分段连续可微是合理的。

定义 7.2:对于任意给定的有界初始状态,如果存在 $\alpha_k(k \in E)$ 满足 $\sum_{k=M+1}^{N} \alpha_k = 1$,并使下式成立:

$$\lim_{t \to \infty} \left(x_i(t) - h_i(t) - \sum_{k=M+1}^{N} \alpha_k x_k(t) \right) = 0, \quad i \in F \quad (7-2)$$

则认为具有多领导者的集群系统实现了期望的时变编队跟踪。

定义 7.2 表明,当实现期望的时变编队跟踪时,M 个跟随者的状态相对编队参考达成一致,即 $N-M$ 个领导者状态的凸组合并且保持相应的时变偏移量 $h_F(t)$。在只有一个领导者的情况下,即 $M=N-1$ 时,**定义 7.2** 成为具有一个领导者的时变编队跟踪的定义:$\lim\limits_{t\to\infty}(x_i(t)-h_i(t)-x_k(t))=0(i\in F,\ k\in E)$。在这种情况下,将 $\lim\limits_{t\to\infty}\sum\limits_{i=1}^{M}h_i(t)=0$ 代入**定义 7.3** 中可以得出 $\lim\limits_{t\to\infty}\left(\sum\limits_{i=1}^{M}x_i(t)/M-\sum\limits_{k=M+1}^{N}\alpha_k x_k(t)\right)=0$,这表示 $\sum\limits_{k=M+1}^{N}\alpha_k x_k(t)$ 位于由 $h_F(t)$ 所描述的时变编队(即 $\sum\limits_{i=1}^{M}x_i(t)/M$)的中心,则**定义 7.2** 也可以视作编队围捕或者编队追踪一个目标($M=N-1$)或多个目标的定义。

注意 $\mathrm{rank}(B)=m$,存在一个非奇异的矩阵 $T=[\bar{B}^{\mathrm{T}},\ \tilde{B}^{\mathrm{T}}]^{\mathrm{T}}$,其中 $\bar{B}\in\mathbb{R}^{m\times n}$、$\tilde{B}\in\mathbb{R}^{(n-m)\times n}$、$\bar{B}B=I_m$ 和 $\tilde{B}B=0$。考虑如下的时变编队跟踪控制协议:

$$\begin{aligned}
u_i(t)=&K\sum_{j=1}^{M}w_{ij}\big[(x_i(t)-h_i(t))-(x_j(t)-h_j(t))\big]\\
&+K\sum_{k=M+1}^{N}w_{ik}\big[(x_i(t)-h_i(t))-x_k(t)\big]+v_i(t)
\end{aligned}\tag{7-3}$$

其中,$i\in F$,K 是一个具有适当维数的常数增益矩阵,$v_i(t)$ 是由 $v_i(t)=-\bar{B}(Ah_i(t)-\dot{h}_i(t))$ 计算出的时变编队跟踪补偿信号。

可以看出时变编队跟踪控制协议(7-3)由与邻居跟随者的相对编队误差项 $K\sum\limits_{j=1}^{M}w_{ij}\big[(x_i(t)-h_i(t))-(x_j(t)-h_j(t))\big]$、直接可用的相对于领导者的编队跟踪误差项 $K\sum\limits_{k=M+1}^{N}w_{ik}\big[(x_i(t)-h_i(t))-x_k(t)\big]$,以及由智能体的动力学和时变编队向量 $h_i(t)$ 决定的时变编队跟踪补偿信号 $v_i(t)$ 共同构成。

令 $v_F(t)=[v_1^{\mathrm{T}}(t),\ v_2^{\mathrm{T}}(t),\ \cdots,\ v_M^{\mathrm{T}}(t)]^{\mathrm{T}}\in\mathbb{R}^{M\times m}$,$x_F(t)=[x_1^{\mathrm{T}}(t),\ x_2^{\mathrm{T}}(t),\ \cdots,\ x_M^{\mathrm{T}}(t)]^{\mathrm{T}}\in\mathbb{R}^{M\times n}$,$x_E(t)=[x_{M+1}^{\mathrm{T}}(t),\ x_{M+2}^{\mathrm{T}}(t),\ \cdots,\ x_N^{\mathrm{T}}(t)]^{\mathrm{T}}\in\mathbb{R}^{(N-M)\times n}$。则在控制协议(7-3)下,集群系统可以写成以下形式:

$$\begin{cases}
\dot{x}_F(t)=(I_M\otimes A+L_1\otimes BK)x_F(t)+(I_M\otimes B)v_F(t)\\
\qquad\quad+(L_2\otimes BK)x_F(t)-(L_1\otimes BK)h_F(t)\\
\dot{x}_E(t)=(I_{N-M}\otimes A)x_E(t)
\end{cases}\tag{7-4}$$

假设 7.1:在同时存在多个领导者的情况下,对于任意给定的跟随者,它只可能是全知的或者无知的。对于每个跟随者,至少有一个全知跟随者有一条指向它的有向路径。

为了在存在多个领导者的情况下实现所需的时变编队跟踪,所有的跟随者首先应能够就编队参考达成一致,然后再相对于编队参考保持期望的时变偏移量 $h_F(t)$。 如果不是所有的跟随者都是全知的,跟随者的状态会收敛于所有领导者状态的不同的凸组合。在这种情况下,因为存在多个不同的时变编队参考,跟随者无法就一个共同的编队参考达成共识,也就不可能形成所需要的时变编队。**假设7.1** 是所有跟随者能够就编队参考形成共识,达成一致的必备条件。在实际应用中,全知的跟随者可以装备功能和性能都比较强大的传感器和通信设备,而无知的跟随者的传感器和通信设备相对较差。在这种配置下,全知的跟随者就具备了获取所有领导者信息的能力,而无知的跟随者只能获取相邻跟随者的信息。

7.2.2　时变编队跟踪可行性条件分析

引理 7.1：如果对于每个跟随者,至少有一个领导者有指向它的路径,那么：

(1) L_1 的所有特征值都有正实部。

(2) $-L_1^{-1}L_2$ 的每一项都是非负的, $-L_1^{-1}L_2$ 的每一行和都等于 1。

证明：对于每个跟随者,至少有一个领导者有指向它的路径,则 L_1 是非奇异 M 矩阵(M 矩阵要求它自身的逆矩阵为一个非负矩阵)。

考虑如下新的拉普拉斯矩阵：

$$L = \begin{bmatrix} L_1 & L_2 1_{N-M} \\ 0_M^T & 0 \end{bmatrix} \tag{7-5}$$

将该组领导者视为新的领导者,并标记为 0。 我们可以推出,如果上述假设成立,即每个跟随者至少有一个领导者有指向它的路径,则变化后的图 G 具有有向生成树。图 G 具有有向生成树当且仅当 L 仅具有一个零特征值,因此,可知 L_1 是非奇异的。

由于 L_1 是正的对角占优的矩阵,可得出 L_1 的特征值具有非负实部。又因为 L_1 是非奇异的,因此 L_1 的所有特征值都具有正实部。

此外,可以知道 $L_1 1_M + L_2 1_{N-M} = 0_M$ 即 $-L_1^{-1}L_2 1_{N-M} = 1_M$, $-L_1^{-1}L_2$ 的每一行的和为 1。 由于 L_1 是非奇异的 M 矩阵,则可以推出 L_1^{-1} 中的每一项均是非负的,且 L_2 的所有项都是非正的,故有 $-L_1^{-1}L_2$ 的所有元素都是非负的,可以得出引理 7.1 的结论。证明完毕。

引理 7.2：如果有向拓扑 G 满足**假设 7.1**,那么 $-L_1^{-1}L_2$ 的所有行都是相同的,并且等于 $[b_{M+1}, b_{M+2}, \cdots, b_N] / \sum_{k=M+1}^{N} b_k$。

证明：由**假设 7.1** 和**引理 7.1** 可知 $-L_1^{-1}L_2 1_{N-M} = 1_M$,则可以得出：

$$L_1 1_M + L_2 1_{N-M} = 0 \tag{7-6}$$

分析各个领导者对跟随者的单独影响。假设仅存在一个领导者 j，用 $\bar{w}_{ij}$ 表示领导者 j 到跟随者 i ($i \in F$) 的权重，$\bar{w}_{ij} = \sum_{k=M+1}^{N} b_k (i \in F, e_{ij} \in E)$。根据**引理 7.1** 可得

$$L_1 1_M + [-\bar{w}_{1j}, -\bar{w}_{2j}, \cdots, -\bar{w}_{Mj}]^T = 0 \qquad (7-7)$$

继而可以推出：

$$-L_1^{-1}[-\bar{w}_{1j}, -\bar{w}_{2j}, \cdots, -\bar{w}_{Mj}]^T = 1_M \qquad (7-8)$$

令 $\bar{e}_j \in \mathbb{R}^{N-M} (j \in E)$ 为第 $j - M$ 位置的值为 1，其余位置为 0 的向量，将上式左乘 $\bar{e}_j^T \left(b_j \Big/ \sum_{k=M+1}^{N} b_k \right)$，可得

$$-L_1^{-1}[-\bar{w}_{1j}, -\bar{w}_{2j}, \cdots, -\bar{w}_{Mj}]^T \bar{e}_j^T \left(b_j \Big/ \sum_{k=M+1}^{N} b_k \right) = 1_M \bar{e}_j^T \left(b_j \Big/ \sum_{k=M+1}^{N} b_k \right) \quad (7-9)$$

根据 L_2 的定义可知

$$L_2 = \sum_{j=M+1}^{N} \left([-\bar{w}_{1j}, -\bar{w}_{2j}, \cdots, -\bar{w}_{Mj}]^T \bar{e}_j^T \left(b_j \Big/ \sum_{k=M+1}^{N} b_k \right) \right) \qquad (7-10)$$

其中，

$$\sum_{j=M+1}^{N} \left(1_M \bar{e}_j^T \left(b_j \Big/ \sum_{k=M+1}^{N} b_k \right) \right) = \left(1 \Big/ \sum_{k=M+1}^{N} b_k \right) (1_M \otimes [b_{M+1}, b_{M+2}, \cdots, b_N])$$
$$(7-11)$$

针对所有的 $j \in E$，将式 (7-9) 两边分别相加，并将式 (7-10) 与式 (7-11) 代入求和之后的公式可得

$$-L_1^{-1}L_2 = \left(1 \Big/ \sum_{k=M+1}^{N} b_k \right) (1_M \otimes [b_{M+1}, b_{M+2}, \cdots, b_N]) \qquad (7-12)$$

证明完毕。

从式 (7-12) 中来看，$-L_1^{-1}L_2$ 的每个元素都是非负的，$-L_1^{-1}L_2$ 的每一行的和都等于 1，即**引理 7.1** 中的结论 (2) 可以直接从式 (7-12) 中得到。因此，**引理 7.2** 进一步揭示了拉普拉斯矩阵 L 的性质，可以作为**假设 7.1** 下**引理 7.1** 的扩展。

定义 $U_F \in \mathbb{C}^{M \times M}$ 为非奇异矩阵，满足 $U_F^{-1} L_1 U_F = J_F$，其中 J_F 是 L_1 的约当标准型，对角线元素 $\lambda_i (i = 1, 2, \cdots, M)$ 满足 $\mathrm{Re}(\lambda_1) \leqslant \mathrm{Re}(\lambda_2) \leqslant \cdots \leqslant \mathrm{Re}(\lambda_M)$。

定理 7.1：在**假设 7.1** 成立的条件下，存在多领导者的集群系统实现时变编队跟踪，当且仅当对于 $i \in F$，$A + \lambda_1 BK$ 满足 Hurwitz 条件，同时，期望编队满足以下

的编队跟踪可行性条件。

$$\lim_{t \to \infty} (\bar{B}Ah_i(t) - \bar{B}\dot{h}_i(t)) = 0 \tag{7-13}$$

证明： 令 $\theta_i(t) = x_i(t) - h_i(t)$ $(i \in F)$，$\theta_F(t) = [\theta_1^T(t), \theta_2^T(t), \cdots, \theta_M^T(t)]^T$，则集群系统(7-4)可以转化为

$$\dot{\theta}_F(t) = (I_M \otimes A + L_1 \otimes BK)\theta_F(t) + (L_2 \otimes BK)x_E(t) + (I_M \otimes A)h_F(t)$$
$$- (I_M \otimes I_N)\dot{h}_F(t) + (I_M \otimes B)v_F(t) \tag{7-14}$$

$$\dot{x}_E(t) = (I_{N-M} \otimes A)x_E(t) \tag{7-15}$$

充分性证明： 令 $f_i(t) = \sum_{j=1}^{M} w_{ij}(\theta_i(t) - \theta_j(t)) + \sum_{k=M+1}^{N} w_{ik}(\theta_i(t) - x_k(t))$ $(i \in F)$，$f_F(t) = [f_1^T(t), f_2^T(t), \cdots, f_M^T(t)]^T$。可得

$$f_F(t) = (L_1 \otimes I_n)\theta_F(t) + (L_2 \otimes I_n)x_E(t) \tag{7-16}$$

由上式可以得出：

$$\theta_F(t) = (L_1^{-1} \otimes I_n)f_F(t) - (L_1^{-1}L_2 \otimes I_n)x_E(t) \tag{7-17}$$

将式(7-16)对 t 求导，并将式(7-14)、式(7-15)、式(7-16)代入，可得

$$\dot{f}_F(t) = (I_M \otimes A + L_1 \otimes BK)f_F(t) + (L_1 \otimes A)h_F(t)$$
$$- (L_1 \otimes I_n)\dot{h}_F(t) + (L_1 \otimes B)v_F(t) \tag{7-18}$$

令 $\bar{f}_F(t) = (U_F^{-1} \otimes I_N)f_F(t) = [\bar{f}_1^H(t), \bar{f}_2^H(t), \cdots, \bar{f}_M^H(t)]^H$，则式(7-18)可以转换为

$$\begin{aligned}
\dot{\bar{f}}_F(t) &= (U_F^{-1} \otimes I_n)\dot{f}_F(t)\\
&= (U_F^{-1} \otimes I_n)(I_M \otimes A + L_1 \otimes BK)f_F(t) + (U_F^{-1} \otimes I_n)(L_1 \otimes A)h_F(t)\\
&\quad - (U_F^{-1} \otimes I_n)(L_1 \otimes I_n)\dot{h}_F(t) + (U_F^{-1} \otimes I_n)(L_1 \otimes B)v_F(t)\\
&= (U_F^{-1} \otimes I_n)(I_M \otimes A + L_1 \otimes BK)(U_F^{-1} \otimes I_n)^{-1}\bar{f}_F(t)\\
&\quad + (U_F^{-1} \otimes I_n)(L_1 \otimes A)h_F(t) - (U_F^{-1} \otimes I_n)(L_1 \otimes I_n)\dot{h}_F(t)\\
&\quad + (U_F^{-1} \otimes I_n)(L_1 \otimes B)v_F(t)\\
&= (U_F^{-1}I_M U_F \otimes A + U_F^{-1}L_1 U_F \otimes BK)\bar{f}_F(t) + (U_F^{-1}L_1 \otimes A)h_F(t)\\
&\quad - (U_F^{-1}L_1 \otimes I_n)\dot{h}_F(t) + (U_F^{-1}L_1 \otimes B)v_F(t)\\
&= (I_M \otimes A + J_F \otimes BK)\bar{f}_F(t) + (U_F^{-1}L_1 \otimes A)h_F(t)\\
&\quad - (U_F^{-1}L_1 \otimes I_n)\dot{h}_F(t) + (U_F^{-1}L_1 \otimes B)v_F(t)
\end{aligned} \tag{7-19}$$

如果可行性条件(7-13)满足,则对于任意的 $i \in F$,

$$\lim_{t \to \infty}(\bar{B}Ah_i(t) - \bar{B}\dot{h}_i(t) + \bar{B}Bv_i(t)) = 0 \qquad (7-20)$$

令 $v_i(t) = -(\tilde{B}Ah_i(t) - \tilde{B}\dot{h}_i(t))$,则

$$\tilde{B}Ah_i(t) - \tilde{B}\dot{h}_i(t) + \tilde{B}Bv_i(t) = 0 \qquad (7-21)$$

由式(7-20)和式(7-21),以及 $T = [\tilde{B}^{\mathrm{T}}, \ \bar{B}^{\mathrm{T}}]^{\mathrm{T}}$ 且 T 为非奇异矩阵,可得

$$\lim_{t \to \infty}(Ah_i(t) - \dot{h}_i(t) + Bv_i(t)) = 0, \ i \in F \qquad (7-22)$$

$$\lim_{t \to \infty}[(I_M \otimes A)h_F(t) - (I_M \otimes I_n)\dot{h}_F(t) + (I_M \otimes B)v_F(t)] = 0 \quad (7-23)$$

等式两边同时左乘 $U_F^{-1}L_1 \otimes I_N$,可得

$$\lim_{t \to \infty}[(U_F^{-1}L_1 \otimes A)h_F(t) - (U_F^{-1}L_1 \otimes I_n)\dot{h}_F(t) + (U_F^{-1}L_1 \otimes B)v_F(t)] = 0$$

$$(7-24)$$

从 J_F 的结构可知,如果 $A + \lambda_i BK \ (i \in F)$ 满足 Hurwitz 条件,那么 $I_M \otimes A + J_F \otimes BK$ 也满足 Hurwitz 条件。当式(7-24)成立时,系统(7-19)渐近稳定,由于 U_F 是非奇异的,则可得

$$\lim_{t \to \infty}f_F(t) = 0 \qquad (7-25)$$

由式(7-16)~式(7-25)可得

$$\lim_{t \to \infty}[x_F(t) - h_F(t) - (-L_1^{-1}L_2 \otimes I_n)x_E(t)] = 0 \qquad (7-26)$$

因为**假设** 7.1 成立,由**引理** 7.2 以及上式可知:

$$\lim_{t \to \infty}\left[x_i(t) - h_i(t) - \sum_{j=M+1}^{N}\left(\frac{b_j}{\sum\limits_{k=M+1}^{N}b_k}x_j(t)\right)\right] = 0 \qquad (7-27)$$

这意味着在多个领导者存在时集群系统在控制协议的作用下能够实现时变编队跟踪,充分性得证。

必要性证明:假设具有多个领导者的集群系统在控制协议的作用下实现了时变编队跟踪,则必然存在非负常数 $\alpha_k(k \in E)$ 满足 $\sum\limits_{j=M+1}^{N}\alpha_k = 1$ 令 $x_E(0) = 0$。由式(7-17)可得 $\lim\limits_{t \to \infty}x_E(t) = 0$,这意味着当 $t \to \infty$ 时,状态 $x_k(t)(k \in E)$ 的凸组合收敛到 0。由**定义** 7.2 可知 $\lim\limits_{t \to \infty}\theta_F(t) = 0$。

对于任意的 $i \in F$，若不能满足 $A + \lambda_i BK$ 满足 Hurwitz 条件，那么 $I_M \otimes A + J_F \otimes BK$ 也不满足 Hurwitz 条件。由式(7 − 14)可知，对于给定的初始状态 $\theta_F(0)$ 和任意可行的时变编队 $h_F(t)$，当 $t \to \infty$ 时，$\theta_F(t)$ 的极限非零或不存在。因此，对于任意的 $i \in F$，$A + \lambda_i BK$ 满足 Hurwitz 条件是必要条件。

如果不能够满足**定理 7.1** 中的提到的时变编队跟踪可行性条件(7 − 13)，即 $\lim\limits_{t \to \infty}[(I_M \otimes A)h_F(t) - (I_M \otimes I_n)\dot{h}_F(t) + (I_M \otimes B)v_F(t)]$ 是非零的。由式(7 − 14)可得，对于任意初始状态 $\theta_F(0)$，当 $t \to \infty$ 时，$\theta_F(t)$ 极限非零或不存在。因此可行性条件也是必需的。

综上所述必要性得证。证明完毕。

下面推论给出了只有一个领导者，即 $M = N - 1$ 时，实现时变编队跟踪的条件。

推论 7.1 在**假设 7.1** 成立的条件下，具有一个领导者的集群系统在控制协议下能够实现时变编队跟踪，当且仅当对于任意的 $i \in F$，$A + \lambda_i BK$ 满足 Hurwitz 条件，同时时变编队满足可行性条件(7 − 13)。

7.2.3　时变编队跟踪控制协议设计

定理 7.2：在**假设 7.1** 成立的条件下，如果编队跟踪可行性条件(7 − 13)满足同时 (A, B) 是可镇定的，那么具有多领导者的集群系统(7 − 1)在控制协议(7 − 3)的作用下可以实现时变编队跟踪，且控制协议(7 − 3)中的控制参数可以通过如下的方式确定：

$$v_i(t) = - (\tilde{B}Ah_i(t) - \tilde{B}\dot{h}_i(t)) \ (i \in F), \ K = - \delta[\operatorname{Re}(\lambda_1)]^{-1}R^{-1}B^T P \tag{7 − 28}$$

其中，$\delta > 0.5$ 是给定常数，P 是如下代数 Riccati 方程的正定解：

$$PA + A^T P - PBR^{-1}B^T P + Q = 0 \tag{7 − 29}$$

其中，$R = R^T > 0$，$Q = Q^T > 0$ 是给定的常数矩阵。

证明：考虑如下子系统的稳定性，

$$\dot{\varphi}_i(t) = (A + \lambda_i BK)\varphi_i(t), \ i \in F \tag{7 − 30}$$

构造如下的李雅普诺夫函数候选，

$$V_i(t) = \varphi_i^H(t)P\varphi_i(t), \ i \in F \tag{7 − 31}$$

对 $V_i(t)$ 求导可得

$$\dot{V}_i(t) = \varphi_i^H(t)(PA + A^T P + \lambda_i(BK)^T P + \lambda_i PBK)\varphi_i(t) \tag{7 − 32}$$

将 $K = -\delta[\operatorname{Re}(\lambda_1)]^{-1} R^{-1} B^{\mathrm{T}} P$ 和 $PA + A^{\mathrm{T}} P = PBR^{-1} B^{\mathrm{T}} P - Q$ 代入上式可得

$$\dot{V}_i(t) = (1 - 2\delta[\operatorname{Re}(\lambda_1)]^{-1} \operatorname{Re}(\lambda_i)) \varphi_i^{\mathrm{H}}(t)(PBR^{-1}B^{\mathrm{T}}P)\varphi_i(t) - \varphi_i^{\mathrm{H}}(t) Q \varphi_i(t)$$

$$(7-33)$$

由 $\lambda_i (i \in F)$ 的定义可知,对于任意的 $i \in F$,有 $\operatorname{Re}(\lambda_1) \leqslant \operatorname{Re}(\lambda_i)$,且 $\delta > 0.5$,可推出 $1 - 2\delta[\operatorname{Re}(\lambda_1)]^{-1} \operatorname{Re}(\lambda_i) < 0$。因为 $P = P^{\mathrm{T}} > 0$,$R = R^{\mathrm{T}} > 0$,且 $Q = Q^{\mathrm{T}} > 0$,可推出 $PBR^{-1}B^{\mathrm{T}}P \geqslant 0$ 以及

$$(1 - 2\delta[\operatorname{Re}(\lambda_1)]^{-1} \operatorname{Re}(\lambda_i))(PBR^{-1}B^{\mathrm{T}}P) - Q < 0 \qquad (7-34)$$

由式(7-33)与式(7-34)可得 $\dot{V}_i(t) < 0$,即 $\lim\limits_{t \to \infty} \varphi_i(t) = 0$ 且 $A + \lambda_i BK$ 满足 Hurwitz 条件。再考虑到可行性条件(7-13)满足,则根据**定理 7.1** 可得具有多领导者的集群系统能够在所设计的控制协议的作用下实现时变编队跟踪。证明完毕。

7.2.4　数值仿真

考虑一个由 3 个领导者、10 个跟随者组成的三阶集群系统,交互拓扑如图 7-1 所示。

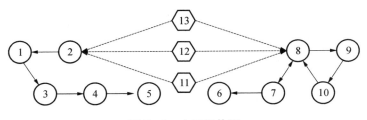

图 7-1　交互拓扑图

其动力学方程如式(7-1)所示,满足:

$$A = \begin{bmatrix} 0 & 1 & 1 \\ 1 & 2 & 1 \\ -2 & -6 & -3 \end{bmatrix}, \ B = \begin{bmatrix} 0 & 1 \\ -1 & 0 \\ 0 & 0 \end{bmatrix}$$

跟随者相对多个领导者要形成的时变编队描述为

$$h_i(t) = \begin{bmatrix} 15\sin\left(t + \dfrac{(i-1)\pi}{5}\right) \\ -15\cos\left(t + \dfrac{(i-1)\pi}{5}\right) \\ 30\cos\left(t + \dfrac{(i-1)\pi}{5}\right) \end{bmatrix}, \ i = 1, 2, \cdots, 10$$

由上述编队向量可以看出,如果形成了期望的时变编队跟踪,那么 10 个跟随者的状态在状态空间内对应的坐标将形成一个平行十边形,并且围绕着 3 个领导者的凸组合不断旋转。令 $\tilde{B} = \begin{bmatrix} 0 & -1 & 0 \\ 1 & 0 & 0 \end{bmatrix}$, $\bar{B} = [0, 0, 1]$。 可以证明上述编队满足编队跟踪可行性条件(7 - 13)。令 $\delta = 0.55$, $R = I$, $Q = I$, $v_i(t) = 0$,由**定理 7.2** 可得 $K = \begin{bmatrix} 1.005\,3 & 3.962\,5 & 0.557\,5 \\ -1.232\,0 & -1.005\,3 & -0.363\,7 \end{bmatrix}$。

所有领导者、跟随者在 $t = 50\ \text{s}$ 与 $t = 60\ \text{s}$ 时的状态截图如图 7 - 2(a)和(b)所示。

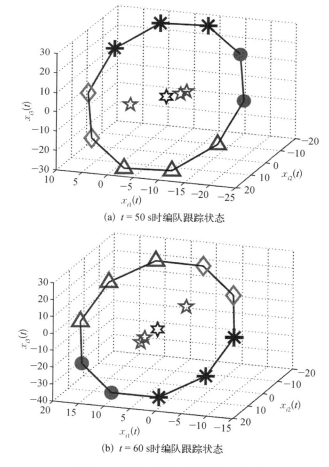

(a) $t = 50\ \text{s}$ 时编队跟踪状态

(b) $t = 60\ \text{s}$ 时编队跟踪状态

图 7 - 2　不同时刻集群编队跟踪状态

图 7 - 2 中跟随者状态依次由星号、圆形、菱形、三角形表示,分别用五角星和

六角星代表领导者状态以及其凸组合。可以看出：①10 个跟随者在绕着 3 个领导者状态旋转的同时，也形成了一个平行十边形编队；②3 个领导者的状态是时变的，它们的凸组合位于平行十边形的中心。由仿真结果可知，具有多领导者的集群系统实现了期望的时变编队跟踪。

7.3　自适应分组时变编队跟踪控制

本节研究集群系统的分组时变编队跟踪问题。在本节中，集群系统采用三层模型架构，即智能体被分为虚拟领导者、分组领导者和跟随者三类，随后给出了两种不同的自适应控制协议的设计方法以及所需参数的计算方法，并对闭环系统的收敛性进行了理论分析，最后通过数值仿真对理论结果的有效性进行了验证。

7.3.1　问题描述

考虑一个包括 1 个虚拟领导者、M 个分组领导者和 N 个跟随者的集群系统。虚拟领导者的动力学模型为

$$\dot{x}_1(t) = Ax_1(t) + Bu_1(t) \tag{7-35}$$

分组领导者和跟随者的动力学模型为

$$x_i(t) = Ax_i(t) + B(u_i(t) + d_i(t)) \tag{7-36}$$

其中，$i = 2, 3, \cdots, 1 + M + N$，$x_1$、$x_i \in \mathbb{R}^n$ 表示状态向量，u_1、$u_i \in \mathbb{R}^m$ 为控制输入向量，$d_i(t) \in \mathbb{R}^m$ 为未知扰动，$A \in \mathbb{R}^{n \times n}$ 表示系统矩阵，$B \in \mathbb{R}^{n \times m}$ 表示输入矩阵。为方便后续理论分析表述，定义 $d_1(t) \equiv 0$。

假设 7.2：集群系统的交互拓扑包含一个以虚拟领导者为根节点的生成树，虚拟领导者与分组领导者之间存在从虚拟领导者到分组领导者的有向连接，虚拟领导者与跟随者之间不存在直接连接，M 个分组领导者之间的连接方式为无向连接，N 个跟随者被分成 M 个小组，每个小组包含 1 个分组领导者和 $q_i(i \in \{2, 3, \cdots, 1 + M\})$ 个跟随者，且小组内分组领导者与跟随者之间存在从分组领导者到跟随者的有向连接，同一小组内跟随者之间的连接方式为无向连接，不同小组内的跟随者之间不存在连接。

定义 $t = t_0 = 0$ 为初始时刻，$t_{\beta+1}$ 为交互拓扑发生变化时刻，$\tau_\beta = t_{\beta+1} - t_\beta$ 为驻留时间即交互拓扑保持不变的时间，$\tau_{\min} = \min\{\tau_\beta, \beta = 0, 1, \cdots\}$ 为最小驻留时间。在 $t \in [t_\beta, t_{\beta+1})(\beta = 0, 1, \cdots)$ 内的邻接矩阵、度矩阵和拉普拉斯矩阵分别表示为

W^{β}、D^{β}、L^{β}。同时为了上下文表达的连贯性,后续符号中带有上标 β 均表示其位于 $[t_{\beta}, t_{\beta+1})$ 定义的时间间隔内。

由**假设 7.2** 可得 $\sum\limits_{i=2}^{1+M} q_i = N$,为方便后续理论分析表述,定义 $q_1 = M$,分组领导者标号为 $g = 2, 3, \cdots, 1+M$,跟随者标号为 $f = 2+M, 3+M, \cdots, 1+M+N$,跟随者 f 所在小组的分组领导者标号为 $g_f \in \{2, 3, \cdots, 1+M\}$。图 7-3 给出了基于**假设 7.2** 的集群系统交互拓扑关系示意图,图中假设跟随者为顺序标号,即分组领导者 2 对应的跟随者标号为 $f = 2+M, 3+M, \cdots, 1+M+q_2$,分组领导者 3 对应的跟随者标号为 $f = 2+M+q_2, 3+M+q_2, \cdots, 1+M+q_2+q_3$,以此类推,定义 $\bar{N}_1 = 0$ 和 $\bar{N}_{g_f} = \sum\limits_{i=1}^{g_f-1} q_i$,则分组领导者 g_f 对应的跟随者标号为 $f = 2+\bar{N}_{g_f}, 3+\bar{N}_{g_f}, \cdots, 1+q_{g_f}+\bar{N}_{g_f}$。集群系统交互拓扑在 $t \in [t_{\beta}, t_{\beta+1})$ 内的拉普拉斯矩阵可写为如下分块矩阵形式:

$$
L^{\beta} = \begin{bmatrix}
0 & 0 & 0 & 0 & 0 \\
\bar{L}_1^{\beta} & L_1^{\beta} & 0 & \cdots & 0 \\
0 & \bar{L}_2^{\beta} & L_2^{\beta} & \cdots & 0 \\
\vdots & \vdots & \vdots & \ddots & \vdots \\
0 & \bar{L}_{1+M}^{\beta} & 0 & \cdots & L_{1+M}^{\beta}
\end{bmatrix}
\tag{7-37}
$$

分析式(7-37)可知,L_1^{β} 表征的是虚拟领导者与分组领导者共同构成的小组(下标为 1)的交互拓扑关系。$L_i^{\beta}(i = 2, 3, \cdots, 1+M)$ 表征的是分组领导者 i 与其对应的跟随者共同构成的小组(标号为 i)的交互拓扑关系。定义 $L_{\text{diag}}^{\beta} = \text{diag}\{L_1^{\beta}, L_2^{\beta}, \cdots, L_{1+M}^{\beta}\}$,可知 L_{diag}^{β} 为正定实对称矩阵。

注释 7.1: 由于假设跟随者为顺序标号,因此集群系统的拉普拉斯矩阵可写为式(7-37)的形式,如果跟随者标号是任意的,但仍然满足**假设 7.2**,则通过简单的矩阵行列变换,仍然可以得到形如式(7-37)的拉普拉斯矩阵,为方便后续理论分析表述,本节后续部分讨论分组时变编队跟踪问题时,分组领导者和跟随者标号均采用上述顺序标号方式,即拉普拉斯矩阵均采用式(7-37)的形式。

假设 7.3: 模型(7-35)和模型(7-36)中虚拟领导者、分组领导者以及跟随者的控制输入 $u_1(t)$、$u_i(t)$ 以及分组领导者和跟随者的未知扰动 $d_i(t)$ 是有界的,但其界限的具体数值未知,表达成数学关系即为 η_1、η_2、η_3 是未知正实数。

定义 7.3: 对于任意给定有界初始状态,如果下列等式成立,则称集群系统能够实现分组时变编队跟踪控制。

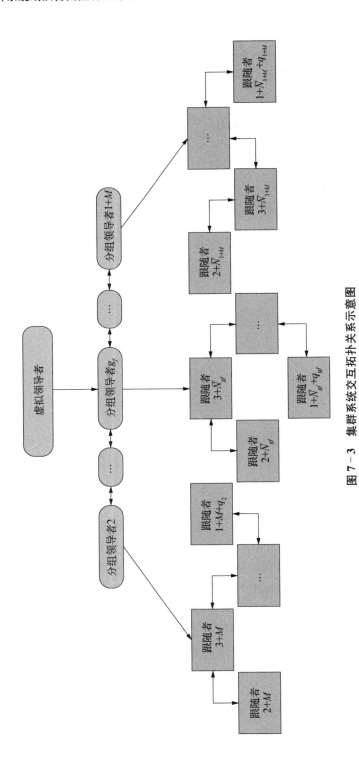

图 7 - 3   集群系统交互拓扑关系示意图

$$\begin{cases} \lim\limits_{t\to\infty}\big[\,x_g(t)-z_g(h_1(t))-x_1(t)\,\big]=0 \\ \lim\limits_{t\to\infty}\big[\,x_f(t)-z_f(h_{g_f}(t))-x_{g_f}(t)\,\big]=0 \end{cases} \tag{7-38}$$

其中，$z_g(h_1(t))\in\mathbb{R}^n$ 表示分组领导者 g 与虚拟领导者之间的相对关系，$h_1(t)$ 为调整相对关系 $z_g(h_1(t))$ 需要的时变信息，可由虚拟领导者或与虚拟领导者存在直接拓扑连接的分组领导者获取该信息，$z_f(h_{g_f}(t))\in\mathbb{R}^n$ 表示跟随者 f 与分组领导者 g_f 之间的相对关系，$h_{g_f}(t)$ 为调整相对关系 $z_f(h_{g_f}(t))$ 需要的时变信息，可由分组领导者 g_f 或与分组领导者 g_f 存在直接拓扑连接的跟随者获取该信息。

　　为增加对**定义 7.3** 的直观理解，图 7-4 给出了由 1 个虚拟领导者、3 个分组领导者和 12 个跟随者组成的一阶集群系统在二维 XOY 平面内的分组编队跟踪示意图，其中 $(x_i^X(t),x_i^Y(t))$ 为智能体 i 在二维 XOY 平面内的坐标，$\Delta_g(h_1(t))$ 为分组领导者 g 与虚拟领导者 1 之间的相对距离，$\Delta_f(h_{g_f}(t))$ 可以理解为跟随者 f 与分组领导者 g_f 之间的相对距离。从图 7-4 中可以看出，如果等式（7-38）成立，则

$$\Delta_g(h_1(t))=\sqrt{(z_g^X(h_1(t)))^2+(z_g^Y(h_1(t)))^2}$$

$$\Delta_f(h_{g_f}(t))=\sqrt{(z_f^X(h_{g_f}(t)))^2+(z_f^Y(h_{g_f}(t)))^2}$$

即表示集群系统能够实现二维 XOY 平面内的分组时变编队跟踪控制。为方便后续理论分析表述，定义 $z_1(t)\equiv 0$。

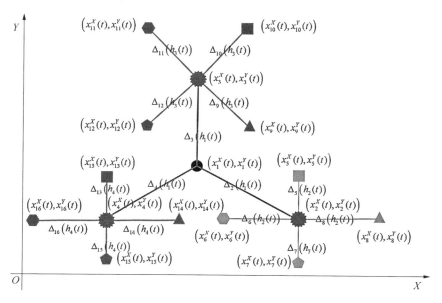

图 7-4　集群系统分组时变编队跟踪示意图

7.3.2　控制协议设计与收敛性分析

首先构造如下分布式观测器对 $h_1(t)$ 和 $h_{g_f}(t)$ 进行估计：

$$\dot{\hat{h}}_{g,1}(t) = -\frac{1}{\sum\limits_{k=2}^{1+M} w_{gk}^{\beta}}\Big(v\tilde{h}_{g,1}(t) - w_{g1}^{\beta}\dot{h}_1(t) - \sum_{k=2}^{1+M} w_{gk}^{\beta}\dot{\hat{h}}_{k,1}(t)\Big)$$

$$\tilde{h}_{g,1}(t) = w_{g1}^{\beta}(\hat{h}_{g,1}(t) - h_1(t)) + \sum_{k=2}^{1+M} w_{gk}^{\beta}(\hat{h}_{g,1}(t) - \hat{h}_{k,1}(t))$$

$$\dot{\hat{h}}_{f,g_f}(t) = -\frac{1}{\sum\limits_{r=2+\bar{N}_{g_f}} w_{fr}^{\beta}}\Big(v\tilde{h}_{f,g_f}(t) - w_{fg_f}^{\beta}\dot{h}_{g_f}(t) - \sum_{r=2+\bar{N}_{g_f}}^{1+q_{g_f}+\bar{N}_{g_f}} w_{fr}^{\beta}\dot{\hat{h}}_{r,g_f}(t)\Big)$$

$$\tilde{h}_{f,g_f}(t) = w_{fg_f}^{\beta}(\hat{h}_{f,g_f}(t) - h_{g_f}(t)) + \sum_{r=2+\bar{N}_{g_f}}^{1+q_{g_f}+\bar{N}_{g_f}} w_{fr}^{\beta}(\hat{h}_{f,g_f}(t) - \hat{h}_{r,g_f}(t))$$

$$(7-39)$$

其中，v 为可选取的正实数，$\hat{h}_{g,1}(t)$、$\hat{h}_{k,1}(t)$ 分别表示分组领导者 g 和分组领导者 k 对 $h_1(t)$ 的估计值，$\tilde{h}_{g,1}(t)$ 表示 $\hat{h}_{g,1}(t)$ 相对于其邻居估计值的局部误差，$\hat{h}_{f,g_f}(t)$、$\hat{h}_{r,g_f}(t)$ 分别表示跟随者 f 和跟随者 r 对 $h_{g_f}(t)$ 的估计值，$\tilde{h}_{f,g_f}(t)$ 表示 $\hat{h}_{f,g_f}(t)$ 相对于其邻居估计值的局部误差。定义 $\hat{h}_i(t)$ 如下：

$$\begin{cases} \hat{h}_i(t) = 0, & i = 1 \\ \hat{h}_i(t) = \hat{h}_{g,1}(t), & i = g = 2, 3, \cdots, 1+M \\ \hat{h}_i(t) = \hat{h}_{f,g_f}(t), & i = f = 2+\bar{N}_{g_f}, 3+\bar{N}_{g_f}, \cdots, 1+q_{g_f}+\bar{N}_{g_f} \end{cases} \quad (7-40)$$

根据式(7-39)和式(7-40)，设计下列两种不同的分布式控制协议。

（1）基于点集的自适应控制协议：

$$u_i(t) = \rho_i(t)u_i^{nom}(t) + \rho_i(t)\mathrm{sgn}(u_i^{nom}(t)) + v_i(t)$$

$$u_i^{nom}(t) = K_a\sum_{j=1}^{1+M+N} w_{ij}^{\beta}\big[x_i(t) - z_i(\hat{h}_i(t)) - x_j(t) + w_{ji}^{\beta}z_j(\hat{h}_j(t))\big] \quad (7-41)$$

$$v_i(t) = \tilde{B}_1\big[-Az_i(\hat{h}_i(t)) + \dot{z}_i(\hat{h}_i(t))\big]$$

$$\dot{\rho}_i(t) = \chi_i\|u_i^{nom}(t)\|_1 + \chi_i(u_i^{nom}(t))^{\mathrm{T}}u_i^{nom}(t)$$

（2）基于边集的自适应控制协议：

$$u_i(t) = \sum_{j=1}^{1+M+N} \hat{\rho}_{ij}(t) u_i^{nom}(t) + \sum_{j=1}^{1+M+N} \bar{\rho}_{ij}(t) \mathrm{sgn}(u_i^{nom}(t)) + v_i(t)$$

$$u_i^{nom}(t) = K_b w_{ij}^{\beta} [x_i(t) - z_i(\hat{h}_i(t)) - x_j(t) + w_{ji}^{\beta} z_j(\hat{h}_j(t))]$$

$$v_i(t) = \tilde{B}_1 [-Az_i(\hat{h}_i(t)) + \dot{z}_i(\hat{h}_i(t))] \qquad (7-42)$$

$$\dot{\hat{\rho}}_{ij}(t) = \hat{\chi}_{ij}(u_i^{nom}(t))^{\mathrm{T}} u_i^{nom}(t)$$

$$\dot{\bar{\rho}}_{ij}(t) = \bar{\chi}_{ij} \| u_i^{nom}(t) \|_1$$

其中，$i = 2, 3, \cdots, 1+M+N$，$\rho_i(t)$、$\hat{\rho}_{ij}(t)$、$\bar{\rho}_{ij}(t)$ 表示自适应增益，$v_i(t)$ 被称作编队补偿项，其余待定参数由**算法 7.1** 确定。

算法 7.1：通过以下步骤可以确定控制协议（7-41）和控制协议（7-42）中的待定参数。

步骤 1：计算下列 Riccati 方程的正定实对称解阵 P_a、P_b。

$$P_a A + A^{\mathrm{T}} P_a - P_a BB^{\mathrm{T}} P_a + \mu P_a = -Q_a$$

$$P_b A + A^{\mathrm{T}} P_b - P_b BB^{\mathrm{T}} P_b = -Q_b \qquad (7-43)$$

其中，μ 为可选取的正实数，满足 $\mu \leqslant \upsilon$，Q_a、Q_b 为可选取的正定实对称矩阵。

步骤 2：计算增益矩阵 $K_a = -B^{\mathrm{T}} P_a$，$K_b = -B^{\mathrm{T}} P_b$。

步骤 3：选取 $\tilde{B}_1$、$\tilde{B}_2$ 使得 $\tilde{B}_1 B = I_m$，$\tilde{B}_2 B = 0$，并且满足 $\tilde{B} = [\tilde{B}_1^{\mathrm{T}}, \tilde{B}_2^{\mathrm{T}}]^{\mathrm{T}}$ 为非奇异矩阵。

步骤 4：选取 $\chi_i \in (0, +\infty)$，$\hat{\chi}_{ij} = \hat{\chi}_{ji} \in (0, +\infty)$，$\bar{\chi}_{ij} = \bar{\chi}_{ji} \in (0, +\infty)$，$\chi_i$、$\hat{\chi}_{ij}$、$\bar{\chi}_{ij}$ 为可调参数，可与 μ、Q_a、Q_b、υ 配合选取，从而避免过高的控制增益或过慢的响应速度。

引理 7.3：对于任意正定实对称矩阵 $\bar{L} \in \mathbb{R}^{n \times n}$，下列不等式成立：

$$(\bar{L})^2 - \lambda_{\min}(\bar{L}) \bar{L} \geqslant 0 \qquad (7-44)$$

证明：对于任意正定实对称矩阵 $\bar{L}$，存在正交矩阵 $\bar{U}$ 使其能够相似对角化，即 $\bar{U}^{\mathrm{T}} \bar{L} \bar{U} = \Lambda_{\bar{L}}$，进而可得 $(\bar{L})^2 - \lambda_{\min}(\bar{L}) \bar{L} = \bar{U} \bar{L} \bar{U} \bar{U}^{\mathrm{T}} \bar{L} \bar{U} - \lambda_{\min}(\bar{L}) \bar{U}^{\mathrm{T}} \bar{L} \bar{U} = \Lambda_{\bar{L}} \Lambda_{\bar{L}} - \lambda_{\min}(\bar{L}) \Lambda_{\bar{L}} \geqslant 0$，证明完毕。

引理 7.4：对于正定实对称矩阵 $\bar{L}_1 \in \mathbb{R}^{n \times n}$ 和 $\bar{L}_2 \in \mathbb{R}^{n \times n}$ 以及任意向量 $c \in \mathbb{R}^n$，下列不等式成立：

$$\lambda_{\max}(\bar{L}_1 \bar{L}_2^{-1}) c^{\mathrm{T}} \bar{L}_2 c - c^{\mathrm{T}} \bar{L}_1 c \geqslant 0 \qquad (7-45)$$

证明：因为 $\bar{L}_1$、$\bar{L}_2^{-1}$ 是正定实对称矩阵，可知 $\bar{L}_1$、$\bar{L}_2^{-1}$ 与单位阵合同，即存在可逆矩阵 U_1 和 U_2 使得 $\bar{L}_1 = U_1^{\mathrm{T}} U_1$，$\bar{L}_2^{-1} = U_2^{\mathrm{T}} U_2$，进而可得 $U_2 \bar{L}_1 \bar{L}_2^{-1} U_2^{-1} = U_2 U_1^{\mathrm{T}} U_1 U_2^{\mathrm{T}} U_2 U_2^{-1} = U_2 U_1^{\mathrm{T}} U_1 U_2^{\mathrm{T}}$。由于 $U_2 U_1^{\mathrm{T}} U_1 U_2^{\mathrm{T}}$ 是一个实对称矩阵，则 $U_2 U_1^{\mathrm{T}} U_1 U_2^{\mathrm{T}}$ 可

相似对角化,等价于 $\bar{L}_1\bar{L}_2^{-1}$ 可相似对角化,即存在可逆矩阵 $\tilde{U}^{\mathrm{T}}$ 使得 $\tilde{U}^{\mathrm{T}}\bar{L}_1\bar{L}_2^{-1}$ $(\tilde{U}^{\mathrm{T}})^{-1} = \Lambda_{\bar{L}_1\bar{L}_2^{-1}}$。令 $c = \tilde{U}\tilde{c}$,则

$$c^{\mathrm{T}}\bar{L}_1 c = \tilde{c}^{\mathrm{T}}\tilde{U}^{\mathrm{T}}\bar{L}_1\tilde{U}\tilde{c} = \tilde{c}^{\mathrm{T}}\tilde{U}^{\mathrm{T}}(\bar{L}_1\bar{L}_2^{-1})(\tilde{U}^{\mathrm{T}})^{-1}\tilde{U}^{\mathrm{T}}\bar{L}_2\tilde{U}\tilde{c} = \tilde{c}^{\mathrm{T}}\Lambda_{\bar{L}_1\bar{L}_2^{-1}}\tilde{U}^{\mathrm{T}}\bar{L}_2\tilde{U}\tilde{c}$$

$$(7-46)$$

因为 $\tilde{U}^{\mathrm{T}}\bar{L}_1\tilde{U}$ 和 $\tilde{U}^{\mathrm{T}}\bar{L}_2\tilde{U}$ 是正定实对称矩阵,且由式(7-46)可知 $\Lambda_{\bar{L}_1\bar{L}_2^{-1}}\tilde{U}^{\mathrm{T}}\bar{L}_2\tilde{U} = \tilde{U}^{\mathrm{T}}\bar{L}_1\tilde{U}$,即 $\Lambda_{\bar{L}_1\bar{L}_2^{-1}}\tilde{U}^{\mathrm{T}}\bar{L}_2\tilde{U}$ 也是正定实对称矩阵,进而可得 $\lambda_{\max}(\bar{L}_1\bar{L}_2^{-1})\tilde{U}^{\mathrm{T}}\bar{L}_2\tilde{U} - \Lambda_{\bar{L}_1\bar{L}_2^{-1}}\tilde{U}^{\mathrm{T}}\bar{L}_2\tilde{U}$ 是实对称矩阵。接下来证明 $\lambda_{\max}(\bar{L}_1\bar{L}_2^{-1})\tilde{U}^{\mathrm{T}}\bar{L}_2\tilde{U} - \Lambda_{\bar{L}_1\bar{L}_2^{-1}}\tilde{U}^{\mathrm{T}}\bar{L}_2\tilde{U}$ 是半正定矩阵。因为 $\tilde{U}^{\mathrm{T}}\bar{L}_2\tilde{U}$ 与单位阵合同,即存在可逆矩阵 U_3 使得 $\tilde{U}^{\mathrm{T}}\bar{L}_2\tilde{U} = U_3^{\mathrm{T}}U_3$,因此 $\lambda_{\max}(\bar{L}_1\bar{L}_2^{-1})\tilde{U}^{\mathrm{T}}\bar{L}_2\tilde{U} - \Lambda_{\bar{L}_1\bar{L}_2^{-1}}\tilde{U}^{\mathrm{T}}\bar{L}_2\tilde{U} = [\lambda_{\max}(\bar{L}_1\bar{L}_2^{-1}) - \Lambda_{\bar{L}_1\bar{L}_2^{-1}}]U_3^{\mathrm{T}}U_3$。因为 $[\lambda_{\max}(\bar{L}_1\bar{L}_2^{-1}) - \Lambda_{\bar{L}_1\bar{L}_2^{-1}}]U_3^{\mathrm{T}}U_3$ 相似于 $U_3[\lambda_{\max}(\bar{L}_1\bar{L}_2^{-1}) - \Lambda_{\bar{L}_1\bar{L}_2^{-1}}]U_3^{\mathrm{T}}$,同时 $U_3[\lambda_{\max}(\bar{L}_1\bar{L}_2^{-1}) - \Lambda_{\bar{L}_1\bar{L}_2^{-1}}]U_3^{\mathrm{T}}$ 是半正定实矩阵,进而 $[\lambda_{\max}(\bar{L}_1\bar{L}_2^{-1}) - \Lambda_{\bar{L}_1\bar{L}_2^{-1}}]U_3^{\mathrm{T}}U_3$ 也是半正定矩阵,等价于 $\lambda_{\max}(\bar{L}_1\bar{L}_2^{-1})\tilde{U}^{\mathrm{T}}\bar{L}_2\tilde{U} - \Lambda_{\bar{L}_1\bar{L}_2^{-1}}\tilde{U}^{\mathrm{T}}\bar{L}_2\tilde{U}$ 是半正定矩阵,因此可得

$$\lambda_{\max}(\bar{L}_1\bar{L}_2^{-1})c^{\mathrm{T}}\bar{L}_2 c - c^{\mathrm{T}}\bar{L}_1 c = \tilde{c}^{\mathrm{T}}[\lambda_{\max}(\bar{L}_1\bar{L}_2^{-1})\tilde{U}^{\mathrm{T}}\bar{L}_2\tilde{U}\tilde{c} - \Lambda_{\bar{L}_1\bar{L}_2^{-1}}\tilde{U}^{\mathrm{T}}\bar{L}_2\tilde{U}]\tilde{c} \geqslant 0$$

$$(7-47)$$

证明完毕。

定理7.3:对于集群系统(7-35),如果分组领导者和跟随者采用控制协议(7-41),并且对于所有分组领导者和跟随者以下时变编队可行性条件能够满足:

$$\tilde{B}_2[Az_i(\hat{h}_i(t)) - \dot{z}_i(\hat{h}_i(t))] = 0 \tag{7-48}$$

同时交互拓扑的最小驻留时间 $\tau_{\min}$ 满足 $\ln \varepsilon - \mu\tau_{\min} < 0$,其中 $\varepsilon = \max\{\lambda_{\max}(L_{\mathrm{diag}}^{\beta_1}(L_{\mathrm{diag}}^{\beta_2})^{-1}), \beta_1, \beta_2 \in \{0, 1, 2, \cdots\}, \beta_1 \neq \beta_2\}$,则集群系统能够实现拓扑切换条件下的分组时变编队跟踪控制。

证明:首先证明分布式观测器(7-39)的收敛性。结合式(7-40)可得到如下结论:

$$\begin{cases} \lim_{t\to\infty} z_i(\hat{h}_i(t)) = 0, & i = 1 \\ \lim_{t\to\infty} z_i(\hat{h}_i(t)) = \lim_{t\to\infty} z_g(h_1(t)), & i = g = 2, 3, \cdots, 1+M \\ \lim_{t\to\infty} z_i(\hat{h}_i(t)) = \lim_{t\to\infty} z_f(h_{g_f}(t)), & i = f = 2 + \bar{N}_{g_f}, 3 + \bar{N}_{g_f}, \cdots, 1 + q_{g_f} + \bar{N}_{g_f} \end{cases}$$

$$(7-49)$$

接下来证明,如果分组领导者和跟随者采用控制协议(7-41),集群系统能够

实现分组时变编队跟踪控制。将式(7-41)第一项代入式(7-36)中可得

$$x_i(t) = Ax_i(t) + B[\rho_i(t)u_i^{nom}(t) + \rho_i(t)\mathrm{sgn}(u_i^{nom}(t)) + v_i(t) + d_i(t)]$$

$$(7-50)$$

令 $\kappa_i(t) = \sum_{j=1}^{1+M+N} w_{ij}^\beta(1 - w_{ji}^\beta)x_j(t)$，$\bar{\nu}_i(t) = \sum_{j=1}^{1+M+N} w_{ij}^\beta(1 - w_{ji}^\beta)u_j(t)$，$\iota_i(t) = \sum_{j=1}^{1+M+N} w_{ij}^\beta \times (1 - w_{ji}^\beta)d_j(t)$。**根据假设 7.2** 中交互拓扑得到以下关系式：

$$\begin{cases} \kappa_i(t) = x_1(t), \bar{\nu}_i(t) = u_1(t), \iota_i(t) = d_1(t), i = g = 2, 3, \cdots, 1+M \\ \kappa_i(t) = x_{g_f}(t), \bar{\nu}_i(t) = u_{g_f}(t), \iota_i(t) = d_{g_f}(t), i = f = 2 + \bar{N}_{g_f}, 3 + \bar{N}_{g_f}, \cdots, 1 + q_{g_f} + \bar{N}_{g_f} \end{cases}$$

$$(7-51)$$

令 $\bar{x}_i(t) = x_i(t) - z_i(\hat{h}_i(t)) - \kappa_i(t)$，同时定义 $\bar{x}_1(t) = 0$，由式(7-50)可得

$$\dot{\bar{x}}_i(t) = A\bar{x}_i(t) + B\rho_i(t)u_i^{nom}(t) + B[\rho_i(t)\mathrm{sgn}(u_i^{nom}(t)) + d_i(t) - \bar{\nu}_i(t) - \iota_i(t)]$$
$$+ Bv_i(t) + Az_i(\hat{h}_i(t)) - \dot{z}_i(\hat{h}_i(t))$$

$$(7-52)$$

式(7-52)可化简为

$$\dot{\bar{x}}_i(t) = A\bar{x}_i(t) + B\rho_i(t)u_i^{nom}(t) + B[\rho_i(t)\mathrm{sgn}(u_i^{nom}(t)) + d_i(t) - \bar{\nu}_i(t) - \iota_i(t)]$$

$$(7-53)$$

将式(7-41)中第二项代入式(7-53)可得

$$\dot{\bar{x}}_i(t) = A\bar{x}_i(t) + B\rho_i(t)K_a \sum_{j=1}^{1+N} w_{ij}^\beta(\bar{x}_i(t) - w_{ji}^\beta\bar{x}_j(t))$$
$$+ B\left\{\rho_i(t)\mathrm{sgn}\left[K_a \sum_{j=1}^{1+N} w_{ij}^\beta(\bar{x}_i(t) - w_{ji}^\beta\bar{x}_j(t))\right] + d_i(t) - \bar{\nu}_i(t) - \iota_i(t)\right\}$$

$$(7-54)$$

令 $\bar{x}(t) = [\bar{x}_2^T(t), \bar{x}_3^T(t), \cdots, \bar{x}_{1+M+N}^T(t)]^T$，$d(t) = [d_2^T(t), d_3^T(t), \cdots, d_{1+M+N}^T(t)]^T$，$\bar{\nu}(t) = [\bar{\nu}_2^T(t), \bar{\nu}_3^T(t), \cdots, \bar{\nu}_{1+M+N}^T(t)]^T$，$\iota(t) = [\iota_2^T(t), \iota_3^T(t), \cdots, \iota_{1+M+N}^T(t)]^T$，同时令 $\rho(t) = \mathrm{diag}\{\rho_2(t), \rho_3(t), \cdots, \rho_{1+M+N}(t)\}$，$Z(t) = \bar{\nu}(t) + \iota(t) - d(t)$，则式(7-54)可写为下列向量形式：

$$\dot{\bar{x}}(t) = [I_{M+N} \otimes A + (\rho(t)L_{\mathrm{diag}}^\beta) \otimes (BK_a)]\bar{x}(t)$$
$$+ (\rho(t) \otimes B)\mathrm{sgn}[(L_{\mathrm{diag}}^\beta \otimes K_a)\bar{x}(t)] - (I_{M+N} \otimes B)Z(t)$$

$$(7-55)$$

构造如下李雅普诺夫函数：

$$V_a(t) = \bar{x}^{\mathrm{T}}(t)(L_{\mathrm{diag}}^{\beta} \otimes P_a)\bar{x}(t) + \sum_{i=2}^{1+M+N} \frac{1}{\chi_i}(\rho_i(t) - \gamma)^2 \qquad (7-56)$$

其中，$t \in [t_{\beta}, t_{\beta+1})(\beta = 0, 1, \cdots)$。对 $V_a(t)$ 求导并根据**算法 7.1** 的步骤 2 可得

$$
\begin{aligned}
\dot{V}_a(t) &= \dot{\bar{x}}^{\mathrm{T}}(t)(L_{\mathrm{diag}}^{\beta} \otimes P_a)\bar{x}(t) + \bar{x}^{\mathrm{T}}(t)(L_{\mathrm{diag}}^{\beta} \otimes P_a)\dot{\bar{x}}(t) + \sum_{i=2}^{1+M+N} \frac{2}{\chi_i}(\rho_i(t) - \gamma)\dot{\rho}_i(t) \\
&= \bar{x}^{\mathrm{T}}(t)[L_{\mathrm{diag}}^{\beta} \otimes (P_a A + A^{\mathrm{T}} P_a)]\bar{x}(t) - 2\bar{x}^{\mathrm{T}}(t)[(L_{\mathrm{diag}}^{\beta} \rho(t) L_2^{\beta}) \otimes (P_a B B^{\mathrm{T}} P_a)]\bar{x}(t) \\
&\quad - 2\bar{x}^{\mathrm{T}}(t)((L_{\mathrm{diag}}^{\beta} \rho(t)) \otimes (P_a B))\mathrm{sgn}[(L_{\mathrm{diag}}^{\beta} \otimes (B^{\mathrm{T}} P_a))\bar{x}(t)] \\
&\quad - 2\bar{x}^{\mathrm{T}}(t)(L_{\mathrm{diag}}^{\beta} \otimes (P_a B))Z(t) + \sum_{i=2}^{1+M+N} \frac{2}{\chi_i}(\rho_i(t) - \gamma)\dot{\rho}_i(t)
\end{aligned}
$$

$$(7-57)$$

由式（7-41）可得

$$
\begin{aligned}
&- 2\bar{x}^{\mathrm{T}}(t)((L_{\mathrm{diag}}^{\beta} \rho(t) L_{\mathrm{diag}}^{\beta}) \otimes (P_a B B^{\mathrm{T}} P_a))\bar{x}(t) \\
&= -2 \sum_{i=2}^{1+M+N} \rho_i(u_i^{nom}(t))^{\mathrm{T}} u_i^{nom}(t) \\
&= -\sum_{i=2}^{1+M+N} \frac{2}{\chi_i}\rho_i(t)(\dot{\rho}_i(t) - \chi_i \| u_i^{nom}(t) \|_1)
\end{aligned}
$$

$$(7-58)$$

$$
\begin{aligned}
&\sum_{i=2}^{1+M+N} \frac{2}{\chi_i}(\rho_i(t) - \gamma)\dot{\rho}_i(t) \\
&= \sum_{i=2}^{1+M+N} \frac{2}{\chi_i}\rho_i(t)\dot{\rho}_i(t) - \sum_{i=2}^{1+M+N} 2\gamma(\| u_i^{nom}(t) \|_1 + (u_i^{nom}(t))^{\mathrm{T}} u_i^{nom}(t)) \\
&= \sum_{i=2}^{1+M+N} \frac{2}{\chi_i}\rho_i(t)\dot{\rho}_i(t) - 2\gamma\bar{x}^{\mathrm{T}}(t)((L_{\mathrm{diag}}^{\beta})^2 \otimes (P_a B B^{\mathrm{T}} P_a))\bar{x}(t) \\
&\quad - 2\gamma \| (L_{\mathrm{diag}}^{\beta} \otimes (P_a B))\bar{x}(t) \|_1
\end{aligned}
$$

$$(7-59)$$

且根据 $x^{\mathrm{T}}\mathrm{sgn}(x) = \| x \|_1$ 可得

$$
\begin{aligned}
&- 2\bar{x}^{\mathrm{T}}(t)((L_{\mathrm{diag}}^{\beta} \rho(t)) \otimes (P_a B))\mathrm{sgn}((L_{\mathrm{diag}}^{\beta} \otimes (B^{\mathrm{T}} P_a))\bar{x}(t)) \\
&= -\sum_{i=2}^{1+M+N} 2\rho_i(t) \| u_i^{nom}(t) \|_1
\end{aligned}
$$

$$(7-60)$$

同时以下不等式关系成立：

$$- 2\bar{x}^{\mathrm{T}}(t)\big(L_{\mathrm{diag}}^{\beta} \otimes (P_a B)\big)Z(t) \leqslant 2 \parallel Z(t) \parallel_{\infty} \parallel \big(L_{\mathrm{diag}}^{\beta} \otimes (P_a B)\big)\bar{x}(t) \parallel_1$$

$$(7-61)$$

将式(7-58)~式(7-61)代入式(7-57),化简可得

$$\dot{V}_a(t) \leqslant \bar{x}^{\mathrm{T}}(t)\big(L_{\mathrm{diag}}^{\beta} \otimes (P_a A + A^{\mathrm{T}} P_a)\big)\bar{x}(t) - 2\gamma \bar{x}^{\mathrm{T}}(t)\big((L_{\mathrm{diag}}^{\beta})^2 \otimes (P_a B B^{\mathrm{T}} P_a)\big)\bar{x}(t)$$
$$- 2\gamma \parallel (L_{\mathrm{diag}}^{\beta} \otimes (P_a B))\bar{x}(t) \parallel_1 + 2 \parallel Z(t) \parallel_{\infty} \parallel (L_{\mathrm{diag}}^{\beta} \otimes (P_a B))\bar{x}(t) \parallel_1$$

$$(7-62)$$

由**引理 7.3** 可知:

$$(L_{\mathrm{diag}}^{\beta})^2 - \lambda_{\min}(L_{\mathrm{diag}}^{\beta})L_{\mathrm{diag}}^{\beta} \geqslant 0 \qquad (7-63)$$

结合式(7-62)、式(7-63)可得

$$\dot{V}_a(t) \leqslant \bar{x}^{\mathrm{T}}(t)\big[L_{\mathrm{diag}}^{\beta} \otimes (P_a A + A^{\mathrm{T}} P_a - 2\gamma \lambda_{\min}(L_{\mathrm{diag}}^{\beta}) P_a B B^{\mathrm{T}} P_a)\big]\bar{x}(t)$$
$$- 2(\gamma - \eta_1 - \eta_2 - 2\eta_3) \parallel (L_{\mathrm{diag}}^{\beta} \otimes (P_a B))\bar{x}(t) \parallel_1$$

$$(7-64)$$

选取充分大的 γ 满足 $\gamma > \max\Big\{\eta_1 + \eta_2 + 2\eta_3, \dfrac{1}{2\lambda_{\min}(L_{\mathrm{diag}}^{\beta})}\Big\}$, 由式(7-42)和式(7-64)可得

$$\dot{V}_a(t) \leqslant -\mu \bar{x}^{\mathrm{T}}(t)\big(L_{\mathrm{diag}}^{\beta} \otimes P_a\big)\bar{x}(t) \leqslant -\mu V_a(t) + \mu \sum_{i=2}^{1+M+N} \frac{1}{\chi_i}(\rho_i(t) - \gamma)^2$$

$$(7-65)$$

令 $\delta(t) = \displaystyle\sum_{i=2}^{1+M+N} \frac{1}{\chi_i}(\rho_i(t) - \gamma)^2$, 进而根据式(7-65)可得

$$V_a(t) \leqslant \mathrm{e}^{-\mu(t-t_\beta)} V_a(t_\beta) + \mu \int_{t_\beta}^{t} \mathrm{e}^{-\mu(t-s)} \delta(s)\,\mathrm{d}s, \ \forall t \in [t_\beta, t_{\beta+1}) \quad (7-66)$$

因为交互拓扑在 $t = t_{\beta+1}(\beta = 0, 1, \cdots)$ 时刻发生变化,当 $\beta \geqslant 1$ 时,由**引理 7.4** 可知:

$$\lambda_{\max}\big(L_{\mathrm{diag}}^{\beta}(L_{\mathrm{diag}}^{\beta-1})^{-1}\big)\big(V_a(t_\beta^-) - \delta(t_\beta^-)\big) - \big(V_a(t_\beta) - \delta(t_\beta)\big) \geqslant 0 \quad (7-67)$$

由于 $\delta(t)$ 是连续的,可得到以下关系式:

$$V_a(t_\beta) \leqslant \varepsilon V_a(t_\beta^-) + (1-\varepsilon)\delta(t_\beta) \qquad (7-68)$$

由式(7-68)可以推出:

$$V_a(t_\beta^-) \leqslant \mathrm{e}^{-\mu(t_\beta^- - t_{\beta-1})} V_a(t_{\beta-1}) + \mu \int_{t_{\beta-1}}^{t_\beta^-} \mathrm{e}^{-\mu(t_\beta^- - s)} \delta(s)\,\mathrm{d}s \qquad (7-69)$$

结合式(7-66)、式(7-68)和式(7-69)可得

$$
\begin{aligned}
V_a(t) \leqslant \ & \varepsilon e^{-\mu(t-t_{\beta-1})} V_a(t_{\beta-1}) + \varepsilon\mu\int_{t_{\beta-1}}^{t_\beta^-} e^{-\mu(t-s)}\delta(s)\,\mathrm{d}s \\
& + e^{-\mu(t-t_\beta)}(1-\varepsilon)\delta(t_\beta) + \mu\int_{t_\beta}^{t} e^{-\mu(t-s)}\delta(s)\,\mathrm{d}s
\end{aligned}
\tag{7-70}
$$

更进一步运用递归方法可得

$$
V_a(t) \leqslant \varepsilon^\beta e^{-\mu(t-t_0)} V_a(t_0) + V_a^*(t)
\tag{7-71}
$$

其中,

$$
\begin{aligned}
V_a^*(t) = \ & \varepsilon^\beta\mu\int_{t_0}^{t_1^-} e^{-\mu(t-s)}\delta(s)\,\mathrm{d}s + \varepsilon^{\beta-1}e^{-\mu(t-t_1)}(1-\varepsilon)\delta(t_1) + \varepsilon^{\beta-1}\mu\int_{t_1}^{t_2^-} e^{-\mu(t-s)}\delta(s)\,\mathrm{d}s \\
& + \varepsilon^{\beta-2}e^{-\mu(t-t_2)}(1-\varepsilon)\delta(t_2) + \cdots + \varepsilon^2\mu\int_{t_{\beta-2}}^{t_{\beta-1}^-} e^{-\mu(t-s)}\delta(s)\,\mathrm{d}s \\
& + \varepsilon e^{-\mu(t-t_{\beta-1})}(1-\varepsilon)\delta(t_{\beta-1}) + \varepsilon\mu\int_{t_{\beta-1}}^{t_\beta^-} e^{-\mu(t-s)}\delta(s)\,\mathrm{d}s \\
& + e^{-\mu(t-t_\beta)}(1-\varepsilon)\delta(t_\beta) + \mu\int_{t_\beta}^{t} e^{-\mu(t-s)}\delta(s)\,\mathrm{d}s
\end{aligned}
\tag{7-72}
$$

先对 $V_a^*(t)$ 进行分析,运用分部积分法可得

$$
\begin{aligned}
V_a^*(t) = \ & e^{-\mu(t-t)}\delta(t) - \varepsilon^\beta e^{-\mu(t-t_0)}\delta(t_0) - \varepsilon^\beta\mu\int_{t_0}^{t_1^-} \dot\delta(s)e^{-\mu(t-s)}\,\mathrm{d}s \\
& - \varepsilon^{\beta-1}\mu\int_{t_1}^{t_2^-} \dot\delta(s)e^{-\mu(t-s)}\,\mathrm{d}s - \cdots - \varepsilon^2\mu\int_{t_{\beta-2}}^{t_{\beta-1}^-} \dot\delta(s)e^{-\mu(t-s)}\,\mathrm{d}s \\
& - \varepsilon\mu\int_{t_{\beta-1}}^{t_\beta^-} \dot\delta(s)e^{-\mu(t-s)}\,\mathrm{d}s - \mu\int_{t_\beta}^{t} \dot\delta(s)e^{-\mu(t-s)}\,\mathrm{d}s
\end{aligned}
\tag{7-73}
$$

讨论以下两种假设情况:

(1)假设 $\delta(t)$ 是有界的,由于 $\delta(t) = \sum_{i=2}^{1+M+N} \dfrac{1}{\chi_i}(\rho_i(t)-\gamma)^2$,且 $\dot\rho_i(t) \geqslant 0$,因此 $\rho_i(t)$ $(i=2,3,\cdots,1+M+N)$ 也是有界的,同时可得 $\lim\limits_{t\to\infty}\dot\rho_i(t)=0$,进而可以推出 $\lim\limits_{t\to\infty} u_i^{nom}(t)=0$, 等价于 $\lim\limits_{t\to\infty}\bar x(t)=0$。

(2)假设 $\delta(t)$ 是无界的,则至少有一个 $\rho_i(t)$ $(i=2,3,\cdots,1+M+N)$ 是无

界的,进而可以推出 $\lim\limits_{t\to\infty}\delta(t) > 0$, 由于 $t - t_0 = t - t_\beta + t_\beta - t_{\beta-1} + \cdots + t_1 - t_0 \geqslant t - t_\beta + \beta\tau_{\min}$, 且 $\ln\varepsilon - \mu\tau_{\min} < 0$, 根据式(7-59)和式(7-61)可以推出 $\lim\limits_{t\to\infty}V_a(t) \leqslant \delta(t)$, 矛盾的是,如果至少有一个 $\rho_i(t)$ $(i = 2, 3, \cdots, 1 + M + N)$ 是无界的,则说明至少有一个 $\rho_i(t)$ $(i = 2, 3, \cdots, 1 + M + N)$ 满足 $\lim\limits_{t\to\infty}\dot{\rho}_i(t) > 0$, 即 $\lim\limits_{t\to\infty}u_i^{nom}(t) \neq 0$, 等价于 $\lim\limits_{t\to\infty}\bar{x}(t) \neq 0$, 则 $\lim\limits_{t\to\infty}V_a(t) > \delta(t)$。

综合上述分析可知 $\delta(t)$ 是有界的,可得 $\lim\limits_{t\to\infty}\bar{x}(t) = 0$, 等价于 $\lim\limits_{t\to\infty}[x_i(t) - z_i(\hat{h}_i(t)) - \kappa_i(t)] = 0$, 结合式(7-49)和式(7-51),进而可以推出:

$$\begin{cases} \lim\limits_{t\to\infty}[x_g - z_g(h_1(t)) - x_1(t)] = 0 \\ \lim\limits_{t\to\infty}[x_f - z_f(h_{g_f}(t)) - x_{g_f}(t)] = 0 \end{cases} \tag{7-74}$$

根据定义 7.4 可知,集群系统能够实现分组时变编队跟踪控制。证明完毕。

定理 7.4:对于集群系统(7-35),如果分组领导者和跟随者采用控制协议(7-42),并且对于所有分组领导者和跟随者,时变编队可行性条件(7-38)能够满足,则集群系统能够实现拓扑切换条件下的分组时变编队跟踪控制。

证明:将式(7-42)代入式(7-36)中可得

$$x_i(t) = Ax_i(t) + B\Big[\sum_{j=1}^{1+M+N}\hat{\rho}_{ij}(t)u_i^{nom}(t) + \sum_{j=1}^{1+M+N}\bar{\rho}_{ij}(t)\mathrm{sgn}(u_i^{nom}(t)) + v_i(t) + d_i(t)\Big] \tag{7-75}$$

类似式(7-49)~式(7-53)的分析步骤,由式(7-68)可得

$$\begin{aligned} \dot{\bar{x}}_i(t) &= A\bar{x}_i(t) + B\sum_{j=1}^{1+M+N}\hat{\rho}_{ij}(t)u_i^{nom}(t) \\ &\quad + B\Big[\sum_{j=1}^{1+M+N}\bar{\rho}_{ij}(t)\mathrm{sgn}(u_i^{nom}(t)) + d_i(t) - \bar{\nu}_i(t) - \iota_i(t)\Big] \end{aligned} \tag{7-76}$$

将式(7-42)代入式(7-76)可得

$$\begin{aligned} \dot{\bar{x}}_i(t) &= A\bar{x}_i(t) + B\sum_{j=1}^{1+M+N}\hat{\rho}_{ij}(t)K_b w_{ij}^\beta(\bar{x}_i(t) - w_{ji}^\beta\bar{x}_j(t)) \\ &\quad + B\Big[\sum_{j=1}^{1+M+N}\bar{\rho}_{ij}(t)\mathrm{sgn}(K_b w_{ij}^\beta(\bar{x}_i(t) - w_{ji}^\beta\bar{x}_j(t))) + d_i(t) - \bar{\nu}_i(t) - \iota_i(t)\Big] \end{aligned} \tag{7-77}$$

构造如下共同李雅普诺夫函数:

$$V_b(t) = \sum_{i=2}^{1+M+N} \bar{x}_i^{\mathrm{T}}(t) P_b \bar{x}_i(t) + \frac{1}{2} \sum_{i=2}^{1+M} \sum_{j=2}^{1+M} \frac{1}{\hat{\chi}_{ij}} (\hat{\rho}_{ij}(t) - \hat{\gamma})^2$$

$$+ \frac{1}{2} \sum_{i=2}^{1+M} \sum_{j=2}^{1+M} \frac{1}{\bar{\chi}_{ij}} (\bar{\rho}_{ij}(t) - \bar{\gamma})^2 + \frac{1}{2} \sum_{i=2+M}^{1+M+q_2} \sum_{j=2+M}^{1+M+q_2} \frac{1}{\hat{\chi}_{ij}} (\hat{\rho}_{ij}(t) - \hat{\gamma})^2$$

$$+ \frac{1}{2} \sum_{i=2+M}^{1+M+q_2} \sum_{j=2+M}^{1+M+q_2} \frac{1}{\bar{\chi}_{ij}} (\bar{\rho}_{ij}(t) - \bar{\gamma})^2 + \cdots$$

$$+ \frac{1}{2} \sum_{i=2+\bar{N}_{1+M}}^{1+\bar{N}_{1+M}+q_{1+M}} \sum_{j=2+\bar{N}_{1+M}}^{1+\bar{N}_{1+M}+q_{1+M}} \frac{1}{\hat{\chi}_{ij}} (\hat{\rho}_{ij}(t) - \hat{\gamma})^2$$

$$+ \frac{1}{2} \sum_{i=2+\bar{N}_{1+M}}^{1+\bar{N}_{1+M}+q_{1+M}} \sum_{j=2+\bar{N}_{1+M}}^{1+\bar{N}_{1+M}+q_{1+M}} \frac{1}{\bar{\chi}_{ij}} (\bar{\rho}_{ij}(t) - \bar{\gamma})^2$$

$$+ \sum_{i=2}^{1+M} \frac{1}{\hat{\chi}_{i1}} (\hat{\rho}_{i1}(t) - \hat{\gamma})^2 + \sum_{i=2}^{1+M} \frac{1}{\bar{\chi}_{i1}} (\bar{\rho}_{i1}(t) - \bar{\gamma})^2$$

$$+ \sum_{i=2+M}^{1+M+q_2} \frac{1}{\hat{\chi}_{i1}} (\hat{\rho}_{i2}(t) - \hat{\gamma})^2 + \sum_{i=2+M}^{1+M+q_2} \frac{1}{\bar{\chi}_{i1}} (\bar{\rho}_{i2}(t) - \bar{\gamma})^2 + \cdots$$

$$+ \sum_{i=2+\bar{N}_{1+M}}^{1+\bar{N}_{1+M}+q_{1+M}} \frac{1}{\hat{\chi}_{i1}} (\hat{\rho}_{i(1+M)}(t) - \hat{\gamma})^2 + \sum_{i=2+\bar{N}_{1+M}}^{1+\bar{N}_{1+M}+q_{1+M}} \frac{1}{\bar{\chi}_{i1}} (\bar{\rho}_{i(1+M)}(t) - \bar{\gamma})^2$$

$$\tag{7-78}$$

其中，$\hat{\gamma}$ 和 $\bar{\gamma}$ 为可选取的正实数。令

$$V_{b,c}(t) = \sum_{i=2+\bar{N}_c}^{1+\bar{N}_c+q_c} \bar{x}_i^{\mathrm{T}}(t) P_b \bar{x}_i(t) + \frac{1}{2} \sum_{i=2+\bar{N}_c}^{1+\bar{N}_c+q_c} \sum_{j=2+\bar{N}_c}^{1+\bar{N}_c+q_c} \frac{1}{\hat{\chi}_{ij}} (\hat{\rho}_{ij}(t) - \hat{\gamma})^2$$

$$+ \frac{1}{2} \sum_{i=2+\bar{N}_c}^{1+\bar{N}_c+q_c} \sum_{j=2+\bar{N}_c}^{1+\bar{N}_c+q_c} \frac{1}{\bar{\chi}_{ij}} (\bar{\rho}_{ij}(t) - \bar{\gamma})^2 + \sum_{i=2+\bar{N}_c}^{1+\bar{N}_c+q_c} \frac{1}{\hat{\chi}_{ic}} (\hat{\rho}_{ic}(t) - \hat{\gamma})^2$$

$$+ \sum_{i=2+\bar{N}_c}^{1+\bar{N}_c+q_c} \frac{1}{\hat{\chi}_{ic}} (\bar{\rho}_{ic}(t) - \bar{\gamma})^2$$

$$\tag{7-79}$$

其中，$c = 1, 2, \cdots, 1+M$，则式（7-78）可写为

$$V_b(t) = V_{b,1}(t) + V_{b,2}(t) + \cdots + V_{b,1+M}(t) \tag{7-80}$$

更进一步可得

$$\dot{V}_b(t) = \dot{V}_{b,1}(t) + \dot{V}_{b,2}(t) + \cdots + \dot{V}_{b,1+M}(t) \tag{7-81}$$

接下来对 $\dot{V}_{b,c}(t)(c = 1, 2, \cdots, 1+M)$ 进行分析，由式（7-79）可得

$$
\begin{aligned}
\dot{V}_{b,c}(t) = &\sum_{i=2+\bar{N}_c}^{1+\bar{N}_c+q_c} \dot{\bar{x}}_i^{\mathrm{T}}(t) P_b \bar{x}_i(t) + \sum_{i=2+\bar{N}_c}^{1+\bar{N}_c+q_c} \bar{x}_i^{\mathrm{T}}(t) P_b \dot{\bar{x}}_i(t) \\
& + \sum_{i=2+\bar{N}_c}^{1+\bar{N}_c+q_c} \sum_{j=2+\bar{N}_c}^{1+\bar{N}_c+q_c} \frac{1}{\hat{\chi}_{ij}} (\hat{\rho}_{ij}(t) - \hat{\gamma}) \dot{\hat{\rho}}_{ij}(t) \\
& + \sum_{i=2+\bar{N}_c}^{1+\bar{N}_c+q_c} \sum_{j=2+\bar{N}_c}^{1+\bar{N}_c+q_c} \frac{1}{\bar{\chi}_{ij}} (\bar{\rho}_{ij}(t) - \bar{\gamma}) \dot{\bar{\rho}}_{ij}(t) \\
& + 2 \sum_{i=2+\bar{N}_c}^{1+\bar{N}_c+q_c} \frac{1}{\hat{\chi}_{ic}} (\hat{\rho}_{ic}(t) - \hat{\gamma}) \dot{\hat{\rho}}_{ic}(t) \\
& + 2 \sum_{i=2+\bar{N}_c}^{1+\bar{N}_c+q_c} \frac{1}{\bar{\chi}_{ic}} (\bar{\rho}_{ic}(t) - \bar{\gamma}) \dot{\bar{\rho}}_{ic}(t)
\end{aligned}
\tag{7-82}
$$

将式(7-42)和式(7-77)代入式(7-82)中可得

$$
\begin{aligned}
\dot{V}_{b,c}(t) = &\sum_{i=2+\bar{N}_c}^{1+\bar{N}_c+q_c} \bar{x}_i^{\mathrm{T}}(t) (P_b A + A^{\mathrm{T}} P_b) \bar{x}_i(t) \\
& + 2 \sum_{i=2+\bar{N}_c}^{1+\bar{N}_c+q_c} \bar{x}_i^{\mathrm{T}}(t) P_b B (d_i(t) - \bar{\nu}_i(t) - \iota_i(t)) \\
& + 2 \sum_{i=2+\bar{N}_c}^{1+\bar{N}_c+q_c} \bar{x}_i^{\mathrm{T}}(t) P_b B K_b \sum_{j=2+\bar{N}_c}^{1+\bar{N}_c+q_c} \hat{\rho}_{ij}(t) w_{ij}^{\beta} (\bar{x}_i(t) - \bar{x}_j(t)) \\
& + 2 \sum_{i=2+\bar{N}_c}^{1+\bar{N}_c+q_c} \hat{\rho}_{ic}(t) w_{ic}^{\beta} \bar{x}_i^{\mathrm{T}}(t) P_b B K_b \bar{x}_i(t) + 2 \sum_{i=2+\bar{N}_c}^{1+\bar{N}_c+q_c} (\bar{\rho}_{ic}(t) - \bar{\gamma}) w_{ic}^{\beta} \| K_b \bar{x}_i(t) \|_1 \\
& + 2 \sum_{i=2+\bar{N}_c}^{1+\bar{N}_c+q_c} \bar{x}_i^{\mathrm{T}}(t) P_b B \sum_{j=2+\bar{N}_c}^{1+\bar{N}_c+q_c} \bar{\rho}_{ij}(t) w_{ij}^{\beta} \mathrm{sgn}[K_b(\bar{x}_i(t) - \bar{x}_j(t))] \\
& + 2 \sum_{i=2+\bar{N}_c}^{1+\bar{N}_c+q_c} \bar{\rho}_{ic}(t) w_{ic}^{\beta} \bar{x}_i^{\mathrm{T}}(t) P_b B \mathrm{sgn}(K_b \bar{x}_i(t)) \\
& + \sum_{i=2+\bar{N}_c}^{1+\bar{N}_c+q_c} \sum_{j=2+\bar{N}_c}^{1+\bar{N}_c+q_c} (\hat{\rho}_{ij}(t) - \hat{\gamma}) w_{ij}^{\beta} [K_b(\bar{x}_i(t) - \bar{x}_j(t))]^{\mathrm{T}} K_b(\bar{x}_i(t) - \bar{x}_j(t)) \\
& + \sum_{i=2+\bar{N}_c}^{1+\bar{N}_c+q_c} \sum_{j=2+\bar{N}_c}^{1+\bar{N}_c+q_c} (\bar{\rho}_{ij}(t) - \bar{\gamma}) w_{ij}^{\beta} \| K_b(\bar{x}_i(t) - \bar{x}_j(t)) \|_1 \\
& + 2 \sum_{i=2+\bar{N}_c}^{1+\bar{N}_c+q_c} (\hat{\rho}_{ic}(t) - \hat{\gamma}) w_{ic}^{\beta} (K_b \bar{x}_i(t))^{\mathrm{T}} K_b \bar{x}_i(t)
\end{aligned}
$$

$$
\tag{7-83}
$$

由**假设**7.2和**算法**7.1中的步骤2和步骤4可知，$\hat{\rho}_{ij}(t) = \hat{\rho}_{ji}(t)$，$w_{ij}^{\beta} = w_{ji}^{\beta}$ 和 $K_b = -B^{\mathrm{T}}P_b$，因此可得

$$\sum_{i=2+\bar{N}_c}^{1+\bar{N}_c+q_c} \sum_{j=2+\bar{N}_c}^{1+\bar{N}_c+q_c} (\hat{\rho}_{ij}(t) - \hat{\gamma}) w_{ij}^{\beta} [K_b(\bar{x}_i(t) - \bar{x}_j(t))]^{\mathrm{T}} K_b(\bar{x}_i(t) - \bar{x}_j(t))$$

$$= -2 \sum_{i=2+\bar{N}_c}^{1+\bar{N}_c+q_c} \bar{x}_i^{\mathrm{T}}(t) P_b B K_b \sum_{j=2+\bar{N}_c}^{1+\bar{N}_c+q_c} (\hat{\rho}_{ij}(t) - \hat{\gamma}) w_{ij}^{\beta} (\bar{x}_i(t) - \bar{x}_j(t))$$

$$= 2 \sum_{i=2+\bar{N}_c}^{1+\bar{N}_c+q_c} \bar{x}_i^{\mathrm{T}}(t) P_b B B^{\mathrm{T}} P_b \sum_{j=2+\bar{N}_c}^{1+\bar{N}_c+q_c} (\hat{\rho}_{ij}(t) - \hat{\gamma}) w_{ij}^{\beta} (\bar{x}_i(t) - \bar{x}_j(t))$$

$$(7-84)$$

同时下列关系式成立：

$$2 \sum_{i=2+\bar{N}_c}^{1+\bar{N}_c+q_c} \bar{x}_i^{\mathrm{T}}(t) P_b B K_b \sum_{j=2+\bar{N}_c}^{1+\bar{N}_c+q_c} \hat{\rho}_{ij}(t) w_{ij}^{\beta} (\bar{x}_i(t) - \bar{x}_j(t))$$

$$= -2 \sum_{i=2+\bar{N}_c}^{1+\bar{N}_c+q_c} \bar{x}_i^{\mathrm{T}}(t) P_b B B^{\mathrm{T}} P_b \sum_{j=2+\bar{N}_c}^{1+\bar{N}_c+q_c} \hat{\rho}_{ij}(t) w_{ij}^{\beta} (\bar{x}_i(t) - \bar{x}_j(t))$$

$$(7-85)$$

$$2 \sum_{i=2+\bar{N}_c}^{1+\bar{N}_c+q_c} \hat{\rho}_{ic}(t) w_{ic}^{\beta} \bar{x}_i^{\mathrm{T}}(t) P_b B K_b \bar{x}_i(t) = -2 \sum_{i=2+\bar{N}_c}^{1+\bar{N}_c+q_c} \hat{\rho}_{ic}(t) w_{ic}^{\beta} (B^{\mathrm{T}} P_b \bar{x}_i(t))^{\mathrm{T}} B^{\mathrm{T}} P_b \bar{x}_i(t)$$

$$(7-86)$$

$$2 \sum_{i=2+\bar{N}_c}^{1+\bar{N}_c+q_c} \bar{x}_i^{\mathrm{T}}(t) P_b B \sum_{j=2+\bar{N}_c}^{1+\bar{N}_c+q_c} \bar{\rho}_{ij}(t) w_{ij}^{\beta} \mathrm{sgn}[K_b(\bar{x}_i(t) - \bar{x}_j(t))]$$

$$= \sum_{i=2+\bar{N}_c}^{1+\bar{N}_c+q_c} \sum_{j=2+\bar{N}_c}^{1+\bar{N}_c+q_c} \bar{\rho}_{ij}(t) w_{ij}^{\beta} \| B^{\mathrm{T}} P_b(\bar{x}_i(t) - \bar{x}_j(t)) \|_1$$

$$(7-87)$$

$$2 \sum_{i=2+\bar{N}_c}^{1+\bar{N}_c+q_c} \bar{\rho}_{ic}(t) w_{ic}^{\beta} \bar{x}_i^{\mathrm{T}}(t) P_b B \mathrm{sgn}(K_b \bar{x}_i(t)) = -2 \sum_{i=2+\bar{N}_c}^{1+\bar{N}_c+q_c} \bar{\rho}_{ic}(t) w_{ic}^{\beta} \| B^{\mathrm{T}} P_b \bar{x}_i(t) \|_1$$

$$(7-88)$$

$$\sum_{i=2+\bar{N}_c}^{1+\bar{N}_c+q_c} \sum_{j=2+\bar{N}_c}^{1+\bar{N}_c+q_c} (\bar{\rho}_{ij}(t) - \bar{\gamma}) w_{ij}^{\beta} \| K_b(\bar{x}_i(t) - \bar{x}_j(t)) \|_1$$

$$= \sum_{i=2+\bar{N}_c}^{1+\bar{N}_c+q_c} \sum_{j=2+\bar{N}_c}^{1+\bar{N}_c+q_c} (\bar{\rho}_{ij}(t) - \bar{\gamma}) w_{ij}^{\beta} \| B^{\mathrm{T}} P_b(\bar{x}_i(t) - \bar{x}_j(t)) \|_1$$

$$(7-89)$$

$$2 \sum_{i=2+\bar{N}_c}^{1+\bar{N}_c+q_c} (\hat{\rho}_{ic}(t) - \hat{\gamma}) w_{ic}^{\beta} (K_b \bar{x}_i(t))^{\mathrm{T}} K_b \bar{x}_i(t)$$

$$\tag{7-90}$$

$$=2 \sum_{i=2+\bar{N}_c}^{1+\bar{N}_c+q_c} (\hat{\rho}_{ic}(t) - \hat{\gamma}) w_{ic}^{\beta} (B^{\mathrm{T}} P_b \bar{x}_i(t))^{\mathrm{T}} B^{\mathrm{T}} P_b \bar{x}_i(t)$$

$$2 \sum_{i=2+\bar{N}_c}^{1+\bar{N}_c+q_c} (\bar{\rho}_{ic}(t) - \bar{\gamma}) w_{ic}^{\beta} \parallel K_b \bar{x}_i(t) \parallel_1 = 2 \sum_{i=2+\bar{N}_c}^{1+\bar{N}_c+q_c} (\bar{\rho}_{ic}(t) - \bar{\gamma}) w_{ic}^{\beta} \parallel B^{\mathrm{T}} P_b \bar{x}_i(t) \parallel_1$$

$$\tag{7-91}$$

将式(7-84)~式(7-91)代入式(7-83)中可得

$$\dot{V}_{b,c}(t) = \sum_{i=2+\bar{N}_c}^{1+\bar{N}_c+q_c} \bar{x}_i^{\mathrm{T}}(t)(P_b A + A^{\mathrm{T}} P_b) \bar{x}_i(t) + 2 \sum_{i=2+\bar{N}_c}^{1+\bar{N}_c+q_c} \bar{x}_i^{\mathrm{T}}(t) P_b B(d_i(t) - \bar{\nu}_i(t) - \iota_i(t))$$

$$- 2\hat{\gamma} \sum_{i=2+\bar{N}_c}^{1+\bar{N}_c+q_c} \bar{x}_i^{\mathrm{T}}(t) P_b B B^{\mathrm{T}} P_b \sum_{j=2+\bar{N}_c}^{1+\bar{N}_c+q_c} w_{ij}^{\beta}(\bar{x}_i(t) - \bar{x}_j(t)) - 2\hat{\gamma} \sum_{i=2+\bar{N}_c}^{1+\bar{N}_c+q_c} w_{ic}^{\beta} \bar{x}_i^{\mathrm{T}}(t) P_b B B^{\mathrm{T}} P_b \bar{x}_i(t)$$

$$- \bar{\gamma} \sum_{i=2+\bar{N}_c}^{1+\bar{N}_c+q_c} \sum_{j=2+\bar{N}_c}^{1+\bar{N}_c+q_c} w_{ij}^{\beta} \parallel B^{\mathrm{T}} P_b(\bar{x}_i(t) - \bar{x}_j(t)) \parallel_1 - 2\bar{\gamma} \sum_{i=2+\bar{N}_c}^{1+\bar{N}_c+q_c} w_{ic}^{\beta} \parallel B^{\mathrm{T}} P_b \bar{x}_i(t) \parallel_1$$

$$\tag{7-92}$$

令 $\bar{x}_{b,c}(t) = [\bar{x}_{2+\bar{N}_C}^{\mathrm{T}}(t), \bar{x}_{3+\bar{N}_C}^{\mathrm{T}}(t), \cdots, \bar{x}_{1+\bar{N}_C+q_c}^{\mathrm{T}}(t)]^{\mathrm{T}}$, 式(7-92)可以写为下列向量形式:

$$\dot{V}_{b,c}(t) = \bar{x}_{b,c}^{\mathrm{T}}(t)[I_{q_c} \otimes (P_b A + A^{\mathrm{T}} P_b) - 2\hat{\gamma} L_c^{\beta} \otimes (P_b B B^{\mathrm{T}} P_b)] \bar{x}_{b,c}(t)$$

$$+ 2 \sum_{i=2+\bar{N}_c}^{1+\bar{N}_c+q_c} \bar{x}_i^{\mathrm{T}}(t) P_b B(d_i(t) - \bar{\nu}_i(t) - \iota_i(t))$$

$$- \bar{\gamma} \sum_{i=2+\bar{N}_c}^{1+\bar{N}_c+q_c} \sum_{j=2+\bar{N}_c}^{1+\bar{N}_c+q_c} w_{ij}^{\beta} \parallel B^{\mathrm{T}} P_b(\bar{x}_i(t) - \bar{x}_j(t)) \parallel_1 - 2\bar{\gamma} \sum_{i=2+\bar{N}_c}^{1+\bar{N}_c+q_c} w_{ic}^{\beta} \parallel B^{\mathrm{T}} P_b \bar{x}_i(t) \parallel_1$$

$$\tag{7-93}$$

令

$$\dot{V}_{b,c}^{*}(t) = 2 \sum_{i=2+\bar{N}_c}^{1+\bar{N}_c+q_c} \bar{x}_i^{\mathrm{T}}(t) P_b B(d_i(t) - \bar{\nu}_i(t) - \iota_i(t))$$

$$- \bar{\gamma} \sum_{i=2+\bar{N}_c}^{1+\bar{N}_c+q_c} \sum_{j=2+\bar{N}_c}^{1+\bar{N}_c+q_c} w_{ij}^{\beta} \parallel B^{\mathrm{T}} P_b(\bar{x}_i(t) - \bar{x}_j(t)) \parallel_1 - 2\bar{\gamma} \sum_{i=2+\bar{N}_c}^{1+\bar{N}_c+q_c} w_{ic}^{\beta} \parallel B^{\mathrm{T}} P_b \bar{x}_i(t) \parallel_1$$

$$\tag{7-94}$$

如果**假设 7.2** 成立,则至少存在一个 $w_{ic}^{\beta} > 0$,定义 $\| B^{\mathrm{T}} P_b \bar{x}_{\bar{i}}(t) \|_1 = \max\{ \| B^{\mathrm{T}} P_b \bar{x}_i(t) \|_1, i = 2 + \bar{N}_C, 3 + \bar{N}_C, \cdots, 1 + \bar{N}_C + q_c \}$,讨论下列两种情况:

(1) 如果 $w_{ic}^{\beta} = 1$,选取充分大的 $\bar{\gamma}$ 满足 $\bar{\gamma} \geq q_c \tilde{\gamma}$,其中 $\tilde{\gamma} > \eta_1 + \eta_2 + 2\eta_3 > \| d_i(t) - \bar{\nu}_i(t) - \iota_i(t) \|_1$,则由式(7-94)可得

$$\dot{V}_{b,c}^*(t) \leq 2 \sum_{i=2+\bar{N}_C}^{1+\bar{N}_C+q_c} \bar{x}_i^{\mathrm{T}}(t) P_b B(d_i(t) - \bar{\nu}_i(t) - \iota_i(t)) - 2\bar{\gamma} \sum_{i=2+\bar{N}_C}^{1+\bar{N}_C+q_c} w_{ic}^{\beta} \| B^{\mathrm{T}} P_b \bar{x}_i(t) \|_1$$

$$\leq 2q_c \| d_i(t) - \bar{\nu}_i(t) - \iota_i(t) \|_1 \| B^{\mathrm{T}} P_b \bar{x}_{\bar{i}}(t) \|_1 - 2\bar{\gamma} \| B^{\mathrm{T}} P_b \bar{x}_{\bar{i}}(t) \|_1 \leq 0$$
$$(7-95)$$

(2) 如果 $w_{ic}^{\beta} = 0$,在**假设 7.2** 所表述的交互拓扑下,至少存在一条通信路径从智能体 c 到智能体 $\bar{i}$,假设这条路径上还有其他 $\bar{q}_c$ 个智能体,则这条通信路径可以标记为 $c \rightarrow i_1 \leftrightarrow i_2 \leftrightarrow i_3 \leftrightarrow \cdots \leftrightarrow i_{\bar{q}_c} \leftrightarrow \bar{i}$,等价于 $w_{i_1 c}^{\beta} = 1$,$w_{i_2 i_1}^{\beta} = w_{i_1 i_2}^{\beta} = 1$,$w_{i_3 i_2}^{\beta} = w_{i_2 i_3}^{\beta} = 1$,$\cdots$,$w_{i_i i_{q_c}}^{\beta} = w_{i_{q_c} \bar{i}}^{\beta} = 1$,由于不等式关系式 $\| x_1 + x_2 \|_1 \leq \| x_1 \|_1 + \| x_2 \|_1$ 成立,则

$$\| B^{\mathrm{T}} P_b \bar{x}_{\bar{i}}(t) \|_1 = \| B^{\mathrm{T}} P_b (\bar{x}_{\bar{i}}(t) - \bar{x}_{i_{q_c}} + \bar{x}_{i_{q_c}} - \bar{x}_{i_{q_c-1}} + \cdots + \bar{x}_{i_2} - \bar{x}_{i_1} + \bar{x}_{i_1}) \|_1$$

$$\leq \| B^{\mathrm{T}} P_b (\bar{x}_{\bar{i}}(t) - \bar{x}_{i_{q_c}}) \|_1 + \| B^{\mathrm{T}} P_b (\bar{x}_{i_{q_c}} - \bar{x}_{i_{q_c-1}}) \|_1 + \cdots$$

$$+ \| B^{\mathrm{T}} P_b (\bar{x}_{i_2} - \bar{x}_{i_1}) \|_1 + \| B^{\mathrm{T}} P_b \bar{x}_{i_1} \|_1$$

$$\leq \sum_{i=2+\bar{N}_C}^{1+\bar{N}_C+q_c} \sum_{j=2+\bar{N}_C}^{1+\bar{N}_C+q_c} w_{ij}^{\beta} \| B^{\mathrm{T}} P_b (\bar{x}_i(t) - \bar{x}_j(t)) \|_1$$

$$+ 2 \sum_{i=2+\bar{N}_C}^{1+\bar{N}_C+q_c} w_{ic}^{\beta} \| B^{\mathrm{T}} P_b \bar{x}_i(t) \|_1$$

$$(7-96)$$

选取充分大的 $\bar{\gamma}$ 满足 $\bar{\gamma} \geq 2q_c \tilde{\gamma}$,由式(7-94)和式(7-96)可得

$$\dot{V}_{b,c}^*(t) \leq 2q_c \| d_i(t) - \bar{\nu}_i(t) - \iota_i(t) \|_1 \| B^{\mathrm{T}} P_b \bar{x}_{\bar{i}}(t) \|_1 - \bar{\gamma} \| B^{\mathrm{T}} P_b \bar{x}_{\bar{i}}(t) \|_1 \leq 0$$
$$(7-97)$$

综合上述两种讨论情况,当选取充分大的 $\bar{\gamma}$ 满足 $\bar{\gamma} \geq 2q_c \tilde{\gamma}$ 时,$\dot{V}_{b,c}^*(t) \leq 0$,进而由式(7-93)可得

$$\dot{V}_{b,c}(t) = \bar{x}_{b,c}^{\mathrm{T}}(t)\left[I_{q_c} \otimes (P_bA + A^{\mathrm{T}}P_b) - 2\hat{\gamma}L_c^{\beta} \otimes (P_bBB^{\mathrm{T}}P_b)\right]\bar{x}_{b,c}(t)$$

$$(7-98)$$

选取充分大的 $\hat{\gamma}$ 满足 $\hat{\gamma} \geqslant \dfrac{1}{2\lambda_{\min}(L_c^{\beta})}$，由式（7-43）和式（7-98）可得

$$\dot{V}_{b,c}(t) \leqslant \bar{x}_{b,c}^{\mathrm{T}}(t)\left[I_{q_c} \otimes (P_bA + A^{\mathrm{T}}P_b - P_bBB^{\mathrm{T}}P_b)\right]\bar{x}_{b,c}(t)$$
$$\leqslant -\bar{x}_{b,c}^{\mathrm{T}}(t)(I_{q_c} \otimes Q_b)\bar{x}_{b,c}(t) \leqslant 0$$

$$(7-99)$$

更进一步由式（7-81）可得 $\dot{V}_b(t) \leqslant 0$，因此 $V_b(t)$ 是有界的。由于 $V_b(t)$ 是连续的，且交互拓扑切换不会造成 $V_b(t)$ 函数值突变，根据 LaSalle 不变原理可知 $\lim\limits_{t\to\infty} \dot{V}_b(t) = 0$，等价于 $\lim\limits_{t\to\infty} \bar{x}_i(t) = 0$，即 $\lim\limits_{t\to\infty}(x_i(t) - z_i(\hat{h}_i(t)) - \kappa_i(t)) = 0$。结合式（7-49）和式（7-51），进而可以推出 $\begin{cases} \lim\limits_{t\to\infty}(x_g - z_g(h_1(t)) - x_1(t)) = 0 \\ \lim\limits_{t\to\infty}(x_f - z_f(h_{g_f}(t)) - x_{g_f}(t)) = 0 \end{cases}$。根据定义 7.4 可知，集群系统能够实现分组时变编队跟踪控制。证明完毕。

对比定理 7.3 和定理 7.4 可知，控制协议（7-42）相比于控制协议（7-41）能够实现无驻留时间限制的分组时变编队跟踪控制，但控制协议（7-42）中的自适应增益的个数明显多于控制协议（7-41），采用控制协议（7-42），参数设计的复杂度将增加。此外，需要注意由于滑模控制带来的抖振现象以及自适应增益增加带来的控制输入饱和的问题。

7.3.3　数值仿真

本节首先以一个高阶模型为例对理论成果的一般性进行了验证，然后结合无人机集群的运动学模型进行了仿真验证，使理论结果更具工程意义。

考虑含有 19 个智能体的三阶集群系统，包含 1 个虚拟领导者（标号为 1）、3 个分组领导者（标号为 2~4），15 个跟随者（标号为 5~19），所有智能体的动力学模型如式（7-35）所示，其中，

$$A = \begin{bmatrix} 0 & 1 & 0 \\ 0 & 0 & 1 \\ 0 & 0.02 & 0.03 \end{bmatrix}, \quad B_1 = \begin{bmatrix} 0 \\ 0 \\ 1 \end{bmatrix}$$

虚拟领导者的初始状态设定为 $x_1(0) = [0, -1, 0]^{\mathrm{T}}$，控制输入设定为 $u_1 = \cos(t)$。分组领导者和跟随者的初始状态和未知扰动在 $(-2, 2)$ 之间随机选取，控制输入分别采用控制协议（7-41）和控制协议（7-42）两种形式。集群系统的交互拓扑如图 7-5 所示，每次发生变化在 G_1、G_2、G_3 中随机选取，需要指出的是，

在采用控制协议(7-41)时,需要考虑驻留时间的影响,在采用控制协议(7-42)时则不需要。

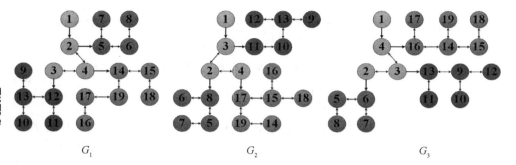

G_1 G_2 G_3

图 7-5　集群系统的交互拓扑关系

$z_i(t)$ 设计如下:

$$
\begin{cases}
h_{\bar{g}}(t) = \left[\,\bar{r}_{\bar{g}}(t)\,,\ \omega_{\bar{g}}(t)\,\right]^{\mathrm{T}},\ \omega_{\bar{g}}(t) = t,\ \bar{r}_1(t) = 6,\ \bar{r}_2(t) = \bar{r}_3(t) = \bar{r}_4(t) = 1,\\
\qquad \bar{g} = 1,2,3,4 \\[4pt]
z_i(h_1(t)) = \bar{r}_1(t)\left[\sin\!\left(\dfrac{2i-4}{3}\pi\right),\ 0,\ 0\right]^{\mathrm{T}},\ i = 2,3,4 \\[6pt]
\tilde{\omega}_i(t) = \dfrac{i-1}{2}\pi + \omega_2(t),\ i = 5,6,\cdots,8 \\[6pt]
\tilde{\omega}_i(t) = \dfrac{2i+2}{5}\pi + \omega_3(t),\ i = 9,10,\cdots,13 \\[6pt]
\tilde{\omega}_i(t) = \dfrac{i-2}{3}\pi + \omega_4(t),\ i = 14,15,\cdots,19 \\[6pt]
z_i(h_2(t)) = \bar{r}_2(t)\big[\sin(\tilde{\omega}_i(t)),\ \dot{\tilde{\omega}}_i(t)\cos(\tilde{\omega}_i(t)),\ \ddot{\tilde{\omega}}_i(t)\cos(\tilde{\omega}_i(t)) \\
\qquad -(\dot{\tilde{\omega}}_i(t))^2\sin(\tilde{\omega}_i(t))\big]^{\mathrm{T}},\ i = 5,6,\cdots,8 \\[6pt]
z_i(h_3(t)) = \bar{r}_3(t)\big[\sin(\tilde{\omega}_i(t)),\ \dot{\tilde{\omega}}_i(t)\cos(\tilde{\omega}_i(t)),\ \ddot{\tilde{\omega}}_i(t)\cos(\tilde{\omega}_i(t)) \\
\qquad -(\dot{\tilde{\omega}}_i(t))^2\sin(\tilde{\omega}_i(t))\big]^{\mathrm{T}},\ i = 9,10,\cdots,13 \\[6pt]
z_i(h_4(t)) = \bar{r}_4(t)\big[\sin(\tilde{\omega}_i(t)),\ \dot{\tilde{\omega}}_i(t)\cos(\tilde{\omega}_i(t)),\ \ddot{\tilde{\omega}}_i(t)\cos(\tilde{\omega}_i(t)) \\
\qquad -(\dot{\tilde{\omega}}_i(t))^2\sin(\tilde{\omega}_i(t))\big]^{\mathrm{T}},\ i = 14,15,\cdots,19
\end{cases}
$$

选取 $\mu = 0.1$, $Q_a = Q_b = I_3$, 由**算法 7.1** 的步骤 1 和步骤 2 可得

$$
P_a = \begin{bmatrix} 2.7366 & 2.7968 & 1.1286 \\ 2.7968 & 5.4923 & 2.6927 \\ 1.1286 & 2.6927 & 2.6082 \end{bmatrix},\quad
P_b = \begin{bmatrix} 2.4185 & 2.4245 & 1.0000 \\ 2.4245 & 4.8630 & 2.4385 \\ 1.0000 & 2.4385 & 2.4545 \end{bmatrix}
$$

$$K_a = [-1.128\ 6 \quad -2.692\ 7 \quad -2.608\ 2]^{\mathrm{T}}$$

$$K_b = [-1.128\ 6 \quad -2.692\ 7 \quad -2.608\ 2]^{\mathrm{T}}$$

下面给出两种不同控制协议下的仿真验证。

1. 基于点集的自适应控制协议

根据图 7-5 中的交互拓扑关系和**定理 7.3** 可得，$\varepsilon = 8.954\ 2$，$\tau_{\min} > 2.192\ 1\ \mathrm{s}$。选取 $\tau_\beta = 3\mathrm{s}$、$\chi_i = 4$。图 7-6 给出了控制协议(7-41)中的自适应增益 $\rho_i(t)$ 的变化曲线，分组领导者用绿色表示，跟随者分别用蓝色、紫色和红色表示，同一个分组的跟随者用同一种颜色表示。图 7-8 给出了集群系统 25 s 内的状态轨迹以及部分时刻的状态分布，其中虚拟领导者用黑色六角星表示，分组领导者用绿色五角星表示，跟随者分别用蓝色、紫色和红色的其他形状表示。图 7-9 给出了分组时变编队跟踪误差，定义为 $e_{rror,\ i}^a(t) = \parallel \bar{x}_i \parallel_2 (i = 2, 3, \cdots, 1 + M + N)$，颜色含义保持不变。从图 7-9 中可以看出，分组时变编队跟踪误差在大约 15 s 后收敛到 0。

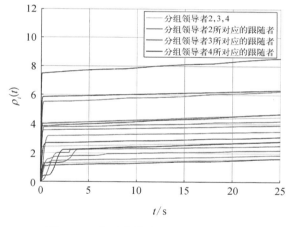

图 7-6　自适应增益 $\rho_i(t)$ 的变化曲线

2. 基于边集的自适应控制协议

根据**定理 7.4** 可知，驻留时间的大小对于集群系统的稳定性没有影响，为了与采用控制协议(7-41)时的仿真进行区别，选取 $\tau_\beta = 1\ \mathrm{s}$，同时选取 $\hat{\chi}_{ij} = \bar{\chi}_{ij} = 4$。图 7-7 给出了控制协议(7-42)中的自适应增益 $\hat{\rho}_{ij}(t)$、$\bar{\rho}_{ij}(t)$ 的变化曲线，颜色表示含义不变。图 7-10 给出了集群系统 25 s 内的状态轨迹以及部分时刻的状态分布，各个智能体的表示方式不变。图 7-11 给出了分组时变编队跟踪误差，定义为 $e_{rror,\ i}^b(t) = \parallel \bar{x}_i \parallel_2 (i = 2, 3, \cdots, 1 + M + N)$，颜色表示含义不变。从图 7-11 中可以看出，分组时变编队跟踪误差在大约 23 s 后收敛到 0。

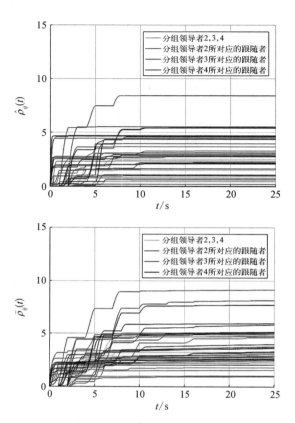

图 7 - 7　自适应增益 $\hat{\boldsymbol{\rho}}_{ij}(t)$ 和 $\bar{\boldsymbol{\rho}}_{ij}(t)$ 的变化曲线

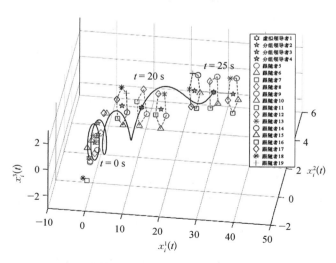

图 7 - 8　在控制协议 (7 - 41) 下集群系统 25 s 内的
状态轨迹以及部分时刻的状态分布

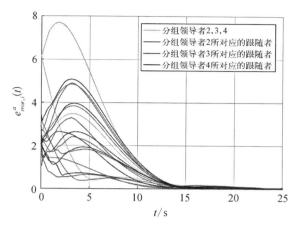

图 7-9　在控制协议 (7-41) 下集群系统的
分组时变编队跟踪误差

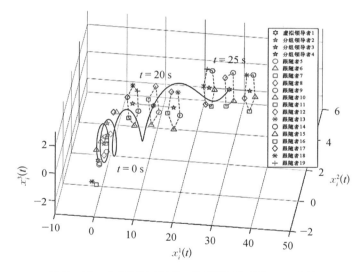

图 7-10　在控制协议 (7-42) 下集群系统 25 s 内的
状态轨迹以及部分时刻的状态分布

　　综合上述两种仿真情况可知,两种控制协议都能够实现集群系统自适应分组时变编队跟踪控制,但控制协议 (7-42) 相比于控制协议 (7-41) 能够实现无驻留时间限制的分组时变编队跟踪控制,但对比图 7-7 和图 7-6 可知,控制协议 (7-42) 中的自适应增益的个数明显多于控制协议 (7-41),因此实现控制协议 (7-42) 要相对复杂一些。

　　上述仿真是对一般线性系统模型进行了验证,现考虑理论结果在实际应用的效果。协同搜索是无人机集群系统的典型应用之一,下列仿真中模拟实际飞行中

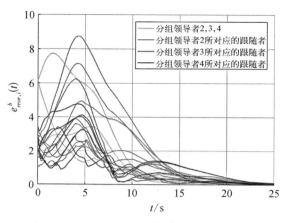

图 7-11　在控制协议(7-42)下集群系统的
分组时变编队跟踪误差

的协同搜索场景,设定如下:集群系统由 1 个虚拟领导者(标号为 1)和 11 架无人机(标号为 2~12,其中 2 架无人机为分组领导者,9 架为跟随者,顺序标号)组成,在 $t = 0$ s 时刻从控制中心起飞,在以控制中心为圆心的一定半径区域内进行协同搜索,在搜索侦查过程中受拒止环境影响,交互拓扑间断性变化,整个航迹信息由虚拟领导者提供,当遇到障碍物时,集群系统分别通过改变航路轨迹和进行组间协同控制两种方式进行避障。为简化仿真计算,凸出协同控制效果,本节采用文献[182]中相对简单的动力学模型,即经过近似线性化处理后,系统矩阵和输入矩阵为

$$A = \begin{bmatrix} 0 & 1 \\ 0 & 0 \end{bmatrix}, \quad B = \begin{bmatrix} 0 \\ 1 \end{bmatrix}$$

仿真中仅考虑二维 XOY 平面内的运动,如文献[182]中所述,OX 轴和 OY 轴方向上的控制可以看作解耦控制(同理增加 OZ 轴方向上的控制输入,可直接将二维 XOY 平面的运动扩展到三维立体运动)。虚拟领导者在 OX 轴和 OY 轴方向上的位置和速度分别用 $x_1^X(t)$、$v_1^X(t)$、$x_1^Y(t)$、$v_1^Y(t)$ 表示,无人机 $i \in \{2, 3, \cdots, 7\}$ 在 OX 轴和 OY 轴方向上的位置和速度分别用 $x_i^X(t)$、$v_i^X(t)$、$x_i^Y(t)$、$v_i^Y(t)$ 表示,虚拟领导者的初始位置设定在坐标原点,在 OX 轴和 OY 轴方向上的速度分别设定为 0 和 1.2,控制输入分别设定为 $u_1^X(t) = 2.4\cos(t) - 1.2t\sin(t)$,$u_1^Y(t) = -2.4\sin(t) - 1.2\cos(t)$,11 架无人机的初始位置和未知扰动在 $(-4, 4)$ 中随机选取,在 OX 轴和 OY 轴方向上的初始速度为 0,控制输入采用控制协议(7-41),无人机集群系统的交互拓扑关系如图 7-12 所示,$z_i^X(t)$、$z_i^Y(t)$ 设计为

$$\begin{cases}
h_{\bar{g}}^{X}(t) = \left[\bar{r}_{\bar{g}}^{X}(t), \omega_{\bar{g}}^{X}(t)\right]^{\mathrm{T}}, h_{\bar{g}}^{Y}(t) = \left[\bar{r}_{\bar{g}}^{Y}(t), \omega_{\bar{g}}^{Y}(t)\right]^{\mathrm{T}} \\
\omega_{\bar{g}}^{X}(t) = \omega_{\bar{g}}^{Y}(t) = t, \bar{r}_{1}^{X}(t) = \bar{r}_{1}^{Y}(t) = 2, \bar{r}_{2}^{X}(t) = \bar{r}_{2}^{Y}(t) = \bar{r}_{3}^{X}(t) = \bar{r}_{3}^{Y}(t) = 2, \bar{g} = 1, 2, 3 \\
z_{i}^{X}(h_{1}^{X}(t)) = \bar{r}_{1}^{X}(t)\left[\sin(\omega_{1}^{X}(t) + i\pi), \dot{\omega}_{1}^{X}(t)\cos(\omega_{1}^{X}(t) + i\pi)\right]^{\mathrm{T}}, i = 2, 3 \\
z_{i}^{Y}(h_{1}^{Y}(t)) = \bar{r}_{1}^{Y}(t)\left[\cos(\omega_{1}^{Y}(t) + i\pi), -\dot{\omega}_{1}^{Y}(t)\sin(\omega_{1}^{Y}(t) + i\pi)\right]^{\mathrm{T}}, i = 2, 3 \\
z_{i}^{X}(h_{2}^{X}(t)) = \bar{r}_{2}^{X}(t)\left[\sin\left(\omega_{2}^{X}(t) + \frac{i}{2}\pi\right), \dot{\omega}_{2}^{X}(t)\cos\left(\omega_{2}^{X}(t) + \frac{i}{2}\pi\right)\right]^{\mathrm{T}}, i = 4, 5, 6, 7 \\
z_{i}^{Y}(h_{2}^{Y}(t)) = \bar{r}_{2}^{Y}(t)\left[\cos\left(\omega_{2}^{Y}(t) + \frac{i}{2}\pi\right), -\dot{\omega}_{2}^{Y}(t)\sin\left(\omega_{2}^{Y}(t) + \frac{i}{2}\pi\right)\right]^{\mathrm{T}}, i = 4, 5, 6, 7 \\
z_{i}^{X}(h_{3}^{X}(t)) = \bar{r}_{3}^{X}(t)\left[\sin\left(\omega_{3}^{X}(t) + \frac{2i-6}{5}\pi\right), \dot{\omega}_{3}^{X}(t)\cos\left(\omega_{3}^{X}(t) + \frac{2i-6}{5}\pi\right)\right]^{\mathrm{T}}, \\
\quad i = 8, 9, \cdots, 12 \\
z_{i}^{Y}(h_{3}^{Y}(t)) = \bar{r}_{3}^{Y}(t)\left[\cos\left(\omega_{3}^{Y}(t) + \frac{2i-6}{5}\pi\right), -\dot{\omega}_{3}^{Y}(t)\sin\left(\omega_{3}^{Y}(t) + \frac{2i-6}{5}\pi\right)\right]^{\mathrm{T}}, \\
\quad i = 8, 9, \cdots, 12
\end{cases}$$

选取 $\upsilon = 3$、$\chi_i = 1$、$\mu = 1$、$Q = I_2$，根据**算法 7.1** 中的步骤 1 和步骤 2 可得

$$P = \begin{bmatrix} 4.688\,1 & 1.112\,6 \\ 1.112\,6 & 0.433\,8 \end{bmatrix}, K = \begin{bmatrix} -1.112\,6, & -0.433\,8 \end{bmatrix}$$

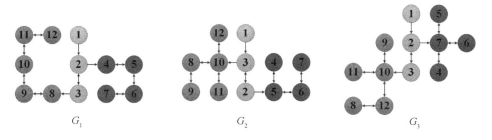

G_1　　　　　　　　　　G_2　　　　　　　　　　G_3

图 7-12　无人机集群系统的交互拓扑关系

进而通过**定理 7.3** 可得 $\tau_{\min} > 0.962\,4$ s，选取 $\tau_\beta = 3$ s，每次交互拓扑发生变化后在 G_1、G_2、G_3 中随机选取。图 7-13 给出了无人机集群系统在不考虑障碍物时 20 s 内的位置轨迹以及部分时刻的位置分布，其中虚拟领导者用黑色六角星表示，分组领导者用绿色五角星表示，跟随者分别用蓝色和红色的其他形状表示，障碍物用紫色实心圆点表示，由图 7-13 可知，按原计划航路轨迹飞行时，无人机集群系统与障碍物发生碰撞。图 7-14 给出了无人机集群系统通过改变虚拟领导者的控制输入 $u_1^X(t)$、$u_1^Y(t)$ 来规避障碍物即改变航迹指令避障时 20 s 内的位置轨迹以及部分时刻的位置分布。图 7-15 给出了无人机集群系统通过改变 $h_{\bar{g}}^X(t) =$

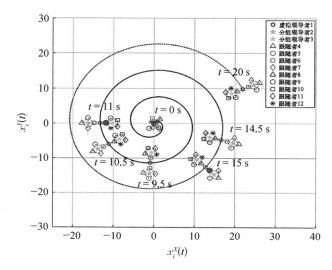

图 7-13　不考虑障碍物时无人机集群系统的位置轨迹和部分时刻位置信息

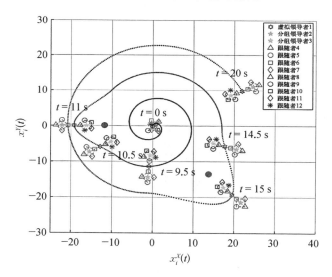

图 7-14　通过更改航迹指令来规避障碍物时无人机集群系统的位置轨迹和部分时刻位置信息

$\left[\bar{r}_{\bar{g}}^{X}(t)\text{, }\omega_{\bar{g}}^{X}(t)\right]^{\mathrm{T}}$, $h_{\bar{g}}^{Y}(t)=\left[\bar{r}_{\bar{g}}^{Y}(t)\text{, }\omega_{\bar{g}}^{Y}(t)\right]^{\mathrm{T}}(\bar{g}=1\text{, }2\text{, }3)$ 来规避障碍物即协同避障时 20 s 内的位置轨迹以及部分时刻的位置分布。令 $\bar{\xi}_{1}^{X}(t)=\left[x_{1}^{X}(t)\text{, }v_{1}^{X}(t)\right]^{\mathrm{T}}$, $\bar{\xi}_{1}^{Y}(t)=\left[x_{1}^{Y}(t)\text{, }v_{1}^{Y}(t)\right]^{\mathrm{T}}$, $\bar{\xi}_{i}^{X}(t)=\left[x_{i}^{X}(t)\text{, }v_{i}^{X}(t)\right]^{\mathrm{T}}$, $\bar{\xi}_{i}^{Y}(t)=\left[x_{i}^{Y}(t)\text{, }v_{i}^{Y}(t)\right]^{\mathrm{T}}$, 其中 $i=2\text{, }3\text{, }\cdots\text{, }12$。图 7-16、图 7-17、图 7-18 分别对应图 7-13、图 7-14、图 7-15 中的分组时变编队跟踪误差,定义为

$$e_{rror,\ i}(t) \triangleq \left\| \ \bar{\xi}_i^X(t) - z_i^X(h_i^X(t)) - \sum_{j=1}^{1+M+N} w_{ij}^\beta(1-w_{ji}^\beta)\bar{\xi}_j^X(t) \ \right\|_2$$

$$+ \left\| \ \bar{\xi}_i^Y(t) - z_i^Y(h_i^Y(t)) - \sum_{j=1}^{1+M+N} w_{ij}^\beta(1-w_{ji}^\beta)\bar{\xi}_j^Y(t) \ \right\|_2$$

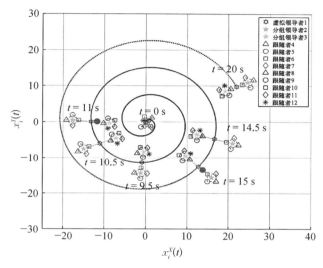

图 7 – 15　通过组间协同来规避障碍物时无人机集群系统的
位置轨迹和部分时刻位置信息

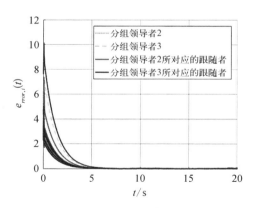

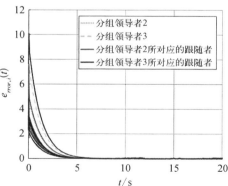

图 7 – 16　无人机集群系统分组时变编队
跟踪误差（与图 7 – 13 相对应）

图 7 – 17　无人机集群系统分组时变编队
跟踪误差（与图 7 – 14 相对应）

　　对比图 7 – 16、图 7 – 17、图 7 – 18 可知,在不进行规避障碍物的动作或通过改变虚拟领导者的控制输入来规避障碍物时,无人机集群系统的分组编队跟踪误差大约在 6 s 后收敛到 0,通过协同作用即改变 $h_g^X(t)$、$h_g^Y(t)$ 来规避障碍物时,在

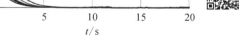

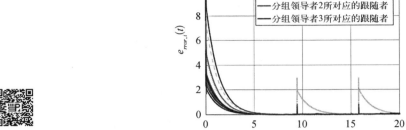

图 7 - 18　无人机集群系统分组时变编队
跟踪误差(与图 7 - 15 相对应)

$h_g^X(t)$、$h_g^Y(t)$ 发生非连续变化的瞬间,分组领导者与虚拟领导者之间的编队跟踪误差会瞬间增大,随后快速收敛到 0。因此,仿真结果验证了理论研究在工程上的可应用性。

7.4　无人机集群时变编队跟踪控制及实验验证

无人机集群在实际编队跟踪飞行过程中,无人机之间通常会基于数据链构建交互拓扑网络,而数据链十分容易受到电磁干扰等发生间歇性通断,导致拓扑的切换。本节考虑了存在切换拓扑的无人机集群时变编队跟踪控制问题,提出了一种编队跟踪控制协议的设计方法,利用李雅普诺夫稳定性理论证明了该方法的收敛性,并基于所搭建的四旋翼无人机平台进行协同围捕的实飞验证。

7.4.1　问题分析

考虑一个具有 N 架无人机的集群系统,其中存在一个领导者无人机和 $N-1$ 架跟随者无人机。令 $F = \{2, 3, \cdots, N\}$ 为跟随者的下标集。在本节中编队跟踪控制仍然是聚焦无人机的位置和速度,参考前面的方法,我们可以把无人机集群在位置回路的运动学方程建模为如下的形式:

$$\begin{cases} \dot{x}_1(t) = v_1(t) \\ \dot{v}_1(t) = \alpha_x x_1(t) + \alpha_v v_1(t) \end{cases} \qquad (7-100)$$

其中,$x_1(t) \in \mathbb{R}^n$ 和 $v_1(t) \in \mathbb{R}^n$ 分别为领导者无人机的位置和速度向量,$n \geq 1$ 是空间维数,α_x 和 α_v 是已知的阻尼常数。$N-1$ 个跟随者无人机的运动学特性可以被

描述为

$$\begin{cases} \dot{x}_i(t) = v_i(t) \\ \dot{v}_i(t) = \alpha_x x_i(t) + \alpha_v v_i(t) + u_i(t) \end{cases} \qquad (7-101)$$

其中，$x_i(t) \in \mathbb{R}^n$、$v_i(t) \in \mathbb{R}^n$ 和 $u_i(t) \in \mathbb{R}^n$ 分别为跟随者无人机 i $(i \in F)$ 的位置、速度和控制输入向量。

定义跟随者的时变状态编队为 $h_F(t) = [h_2^{\mathrm{T}}(t), h_3^{\mathrm{T}}(t), \cdots, h_N^{\mathrm{T}}(t)]^{\mathrm{T}}$，其中 $h_i(t) = [h_{ix}(t), h_{iv}(t)]^{\mathrm{T}} (i \in F)$ 是跟随者 i 的连续可微分段状态向量，$h_{ix}(t)$ 和 $h_{iv}(t)$ 分别是 $h_i(t)$ 中对应位置和速度的分量。设 $\xi_k(t) = [x_k(t), v_k(t)]^{\mathrm{T}} (k = 1, 2, \cdots, N)$。

定义 7.4：对于任意给定的有界初始状态，如果式（7-100）和式（7-101）满足：

$$\lim_{t \to \infty}(\xi_i(t) - h_i(t) - \xi_1(t)) = 0_{2 \times 1}, \; i \in F \qquad (7-102)$$

则认为集群系统实现了期望的时变编队跟踪。

定义 S 表示索引集 $I \subset \mathbb{N}$ 中所有的交互拓扑图的集合，其中 $\mathbb{N}$ 代表自然数集。令 $\sigma(t): [0, +\infty) \to S$ 表示切换信号，其值为 t 处交互拓扑图的索引。定义 $w_{\sigma(t)}^{ij}(i, j) \in \{1, 2, \cdots, N\}$ 为由节点 v_j 到 v_i 的边所对应的权重。分别用 $G_{\sigma(t)}$ 和 $L_{\sigma(t)}$ 表示在 t 处的图和对应的拉普拉斯矩阵。$N_{\sigma(t)}^i$ 为智能体 i 在 $\sigma(t)$ 时对应的邻居集。假设切换信号驻留时间 $T_d > 0$。

考虑如下的具有拓扑切换的时变编队跟踪控制协议：

$$\begin{aligned} u_i(t) = K \sum_{j=2}^{N} w_{\sigma(t)}^{ij} [(\xi_i(t) - h_i(t)) - (\xi_j(t) - h_j(t))] \\ + K w_{\sigma(t)}^{i1}(\xi_i(t) - h_i(t) - \xi_1(t)) - \alpha h_i(t) + \dot{h}_{iv}(t) \end{aligned} \qquad (7-103)$$

其中，$i \in F$，$\alpha = [\alpha_x, \alpha_v]$ 与 $K = [k_{11}, k_{12}]$ 为对应的常数增益矩阵。令 $\xi_F(t) = [\xi_2^{\mathrm{T}}(t), \xi_3^{\mathrm{T}}(t), \cdots, \xi_N^{\mathrm{T}}(t)]^{\mathrm{T}}$、$B_1 = [1, 0]^{\mathrm{T}}$、$B_2 = [0, 1]^{\mathrm{T}}$，对应的拉普拉斯矩阵 $L_{\sigma(t)}$ 具有如下形式：

$$L_{\sigma(t)} = \begin{bmatrix} 0_{1 \times 1} & 0_{1 \times (N-1)} \\ l_{\sigma(t)}^{\mathrm{lf}} & L_{\sigma(t)}^{\mathrm{ff}} \end{bmatrix} \qquad (7-104)$$

其中，$l_{\sigma(t)}^{\mathrm{lf}} \in \mathbb{R}^{(N-1) \times 1}$，$L_{\sigma(t)}^{\mathrm{ff}} \in \mathbb{R}^{(N-1) \times (N-1)}$ 分别对应领导者-跟随者与跟随者-跟随者之间对应的拉普拉斯矩阵。根据控制协议（7-103），式（7-100）和式（7-101）可以写成如下闭环形式：

$$
\begin{cases}
\dot{\xi}_1(t) = (B_1 B_2^{\mathrm{T}} + B_2 \alpha) \xi_1(t) \\
\dot{\xi}_F(t) = [I_{N-1} \otimes (B_1 B_2^{\mathrm{T}} + B_2 \alpha) + L_{\sigma(t)}^{\mathrm{ff}} \otimes B_2 K] \xi_F(t) \\
\qquad + (l_{\sigma(t)}^{\mathrm{lf}} \otimes B_2 K) \xi_1(t) + (I_{N-1} \otimes B_2 B_2^{\mathrm{T}}) \dot{h}_F(t) \\
\qquad - (L_{\sigma(t)}^{\mathrm{ff}} \otimes B_2 K - I_{N-1} \otimes B_2 \alpha) h_F(t)
\end{cases} \tag{7-105}
$$

7.4.2　无人机集群时变编队跟踪控制分析

假设 7.4：对于每个可能的交互拓扑 $G_{\sigma(t)}$ 和任意跟随者 i（$i \in F$），至少存在一条从领导者 1 到跟随者 i 的路径。同时，$N-1$ 个跟随者之间的拓扑是无向的。

如果**假设 7.4** 成立，则可以得到 $G_{\sigma(t)}$ 包含一个以领导者 1 为根节点的生成树。以下的引理给出了拉普拉斯矩阵的重要特性。

引理 7.5：如果 $G_{\sigma(t)}$ 包含生成树，则 $L_{\sigma(t)}$ 包含一个零特征值，其对应的特征向量为 1_N，其余 $N-1$ 个特征值均具有正实部。

假设 7.4 表明 $L_{\sigma(t)}^{\mathrm{ff}}$ 是一个对称矩阵，这意味 $L_{\sigma(t)}^{\mathrm{ff}}$ 的所有特征值都是实数。从式（7-104）可以看出 $L_{\sigma(t)}$ 至少有一个零特征值，所有其他的 $N-1$ 个特征值都与 $L_{\sigma(t)}^{\mathrm{ff}}$ 相同。因此，基于**引理 7.5**，可以直接得到以下结论。

引理 7.6：如果**假设 7.4** 满足，则 $L_{\sigma(t)}$ 包含一个零特征值，对应的右特征向量为 1_N，其他所有 $N-1$ 特征值都是正的，并且与 $L_{\sigma(t)}^{\mathrm{ff}}$ 相同。

定理 7.5：具有切换拓扑的无人机集群系统（7-100）和系统（7-101）在协议（7-103）的作用下能够实现时变编队跟踪，当且仅当对于任意的 $i \in F$，如下编队可行性条件成立：

$$
\lim_{t \to \infty} (h_{iv}(t) - \dot{h}_{ix}(t)) = 0 \tag{7-106}
$$

同时如下系统渐近稳定：

$$
\dot{f}(t) = [I_{N-1} \otimes (B_1 B_2^{\mathrm{T}} + B_2 \alpha) + L_{\sigma(t)}^{\mathrm{ff}} \otimes B_2 K] f(t) \tag{7-107}
$$

证明：令 $\xi(t) = [\xi_1^{\mathrm{T}}, \xi_F^{\mathrm{T}}]^{\mathrm{T}}$，则集群系统（7-105）可以被写成如下形式，

$$
\begin{aligned}
\dot{\xi}(t) = {} & \begin{bmatrix} B_1 B_2^{\mathrm{T}} + B_2 \alpha & 0_{2 \times (2N-2)} \\ 0_{(2N-2) \times 2} & I_{N-1} \otimes (B_1 B_2^{\mathrm{T}} + B_2 \alpha) \end{bmatrix} \xi(t) \\
& + (L_{\sigma(t)} \otimes B_2 K) \xi(t) + \begin{bmatrix} 0_{2 \times (2N-2)} \\ I_{N-1} \otimes B_2 B_2^{\mathrm{T}} \end{bmatrix} \dot{h}_F(t) \\
& - \begin{bmatrix} 0_{2 \times (2N-2)} \\ L_{\sigma(t)}^{ff} \otimes B_2 K - I_{N-1} \otimes B_2 \alpha \end{bmatrix} h_F(t)
\end{aligned} \tag{7-108}
$$

令 $\psi_i(t) = \xi_i(t) - h_i(t)$ $(i \in F)$、$\psi_F(t) = [\psi_2^T(t),\ \psi_3^T(t),\ \cdots,\ \psi_N^T(t)]^T$、$\psi(t) = [\xi_1^T,\ \psi_F^T]^T$。可得 $\psi(t) = \xi(t) - [0_{(2N-2)\times 2},\ I_{2N-2}]^T h_F(t)$ 以及

$$\xi(t) = \psi(t) + \begin{bmatrix} 0_{2\times(2N-2)} \\ I_{2N-2} \end{bmatrix} h_F(t) \tag{7-109}$$

将式(7-109)代入式(7-108)中可得

$$\dot{\psi}(t) = \begin{bmatrix} B_1 B_2^T + B_2\alpha & 0_{2\times(2N-2)} \\ 0_{(2N-2)\times 2} & I_{N-1} \otimes (B_1 B_2^T + B_2\alpha) \end{bmatrix} \psi(t) + \begin{bmatrix} 0_{2\times(2N-2)} \\ L_{\sigma(t)}^{ff} \otimes B_2 K - I_{N-1} \otimes B_2\alpha \end{bmatrix} h_F(t)$$

$$+ (L_{\sigma(t)} \otimes B_2 K)\psi(t) + \begin{bmatrix} 0_{2\times(2N-2)} \\ I_{N-1} \otimes B_2 B_2^T \end{bmatrix} \dot{h}_F(t) - \begin{bmatrix} 0_{2\times(2N-2)} \\ I_{(2N-2)} \end{bmatrix} \dot{h}_F(t)$$

$$\tag{7-110}$$

由式(7-103)可得

$$(L_{\sigma(t)} \otimes B_2 K) \begin{bmatrix} 0_{2\times(2N-2)} \\ I_{(2N-2)} \end{bmatrix} = \begin{bmatrix} 0_{2\times(2N-2)} \\ L_{\sigma(t)}^{ff} \otimes B_2 K \end{bmatrix} \tag{7-111}$$

因为 $B_1 = [1,\ 0]^T$、$B_2 = [0,\ 1]^T$，可得

$$\begin{bmatrix} 0_{2\times(2N-2)} \\ I_{N-1} \otimes B_2 B_2^T \end{bmatrix} - \begin{bmatrix} 0_{2\times(2N-2)} \\ I_{(2N-2)} \end{bmatrix} = \begin{bmatrix} 0_{2\times(2N-2)} \\ I_{N-1} \otimes B_1 B_1^T \end{bmatrix} \tag{7-112}$$

将式(7-111)与式(7-112)代入式(7-110)中可得

$$\dot{\psi}(t) = \begin{bmatrix} B_1 B_2^T + B_2\alpha & 0_{2\times(2N-2)} \\ 0_{(2N-2)\times 2} & I_{N-1} \otimes (B_1 B_2^T + B_2\alpha) \end{bmatrix} \psi(t) + (L_{\sigma(t)} \otimes B_2 K)\psi(t)$$

$$- \begin{bmatrix} 0_{2\times(2N-2)} \\ I_{N-1} \otimes B_2 B_2^T \end{bmatrix} \dot{h}_F(t) + \begin{bmatrix} 0_{2\times(2N-2)} \\ I_{N-1} \otimes B_1 B_1^T \end{bmatrix} h_F(t)$$

$$\tag{7-113}$$

令 $T = \begin{bmatrix} 1 & 0_{1\times(N-1)} \\ 1_{N-1} & I_{N-1} \end{bmatrix}$，则 $T^{-1} = \begin{bmatrix} 1 & 0_{1\times(N-1)} \\ -1_{N-1} & I_{N-1} \end{bmatrix}$。由**引理 7.6** 可知，$L_{\sigma(t)} 1_N = 0_{N\times 1}$，即

$$l_{\sigma(t)}^{lf} + L_{\sigma(t)}^{ff} 1_{N-1} = 0_{(N-1)\times 1} \tag{7-114}$$

由式(7-114)可得

$$T^{-1}L_{\sigma(t)}T = \begin{bmatrix} 0 & 0_{1\times(N-1)} \\ 0_{(N-1)\times 1} & L_{\sigma(t)}^{ff} \end{bmatrix} \qquad (7-115)$$

令 $\varsigma(t) = (I_{N-1}\otimes I_2)\psi_F(t) - (1_{N-1}\otimes I_2)\xi_1(t)$、$\zeta(t) = [\xi_1^T(t), \varsigma^T(t)]^T$，则可以推出 $\zeta(t) = (T^{-1}\otimes I_2)\psi(t)$，继而得到：

$$\psi(t) = (T\otimes I_2)\zeta(t) \qquad (7-116)$$

将式(7-116)代入式(7-113)，且等式两边同时左乘 $T^{-1}\otimes I_2$，可得

$$
\begin{aligned}
\dot{\zeta}(t) &= \begin{bmatrix} B_1B_2^T + B_2\alpha & 0_{2\times(2N-2)} \\ 0_{(2N-2)\times 2} & I_{N-1}\otimes(B_1B_2^T + B_2\alpha) \end{bmatrix}\zeta(t) \\
&+ \left(\begin{bmatrix} 0_{N-1} & 0_{2\times(2N-2)} \\ 0_{2\times(2N-2)} & L_{\sigma(t)}^{ff} \end{bmatrix}\otimes B_2K\right)\zeta(t) \\
&+ \begin{bmatrix} 0_{2\times(2N-2)} \\ I_{N-1}\otimes B_1B_2^T \end{bmatrix}h_F(t) - \begin{bmatrix} 0_{2\times(2N-2)} \\ I_{N-1}\otimes B_1B_1^T \end{bmatrix}\dot{h}_F(t)
\end{aligned} \qquad (7-117)
$$

因为 $\zeta(t) = [\xi_1^T(t), \varsigma^T(t)]^T$，由式(7-117)可得

$$\dot{\xi}_1(t) = (B_1B_2^T + B_2\alpha)\xi_1(t) \qquad (7-118)$$

$$
\begin{aligned}
\varsigma(t) &= [I_{N-1}\otimes(B_1B_2^T + B_2\alpha) + L_{\sigma(t)}^{ff}\otimes B_2K]\varsigma(t) \\
&+ (I_{N-1}\otimes B_1B_2^T)h_F(t) - (I_{N-1}\otimes B_1B_1^T)\dot{h}_F(t)
\end{aligned} \qquad (7-119)
$$

令

$$\psi_T(t) = (T\otimes I_2)[\xi_1^T, 0_{1\times(2N-2)}]^T \qquad (7-120)$$

$$\psi_{\bar{T}}(t) = (T\otimes I_2)[0_{1\times 2}, \varsigma^T(t)]^T \qquad (7-121)$$

因为 $[\xi_1^T, 0_{1\times(2N-2)}]^T = e_1\otimes\xi_1(t)$，其中 e_1 是第一项值为1，其余项是值为0的向量。则由式(7-120)可得

$$\psi_T(t) = Te_1\otimes\xi_1(t) = 1_N\otimes\xi_1(t) \qquad (7-122)$$

结合式(7-116)、式(7-120)、式(7-121)，可得

$$\psi(t) = \psi_T(t) + \psi_{\bar{T}}(t) \qquad (7-123)$$

由于 $\psi_T(t)$ 与 $\psi_{\bar{T}}(t)$ 彼此线性无关，由式(7-122)、式(7-123)可得

$$\psi_{\bar{T}}(t) = \xi(t) - \begin{bmatrix} 0_{2\times(2N-2)} \\ I_{2N-2} \end{bmatrix}h_F(t) - 1_N\otimes\xi_1(t) \qquad (7-124)$$

即

$$\psi_{\bar{T}}(t) = \begin{bmatrix} 0_{2\times 1} \\ \xi_F(t) - h_F(t) - 1_{N-1} \otimes \xi_1(t) \end{bmatrix} \qquad (7-125)$$

由式(7-125)可知,切换拓扑下的集群系统(7-100)和系统(7-101)在协议(7-103)的作用下实现时变编队跟踪,当且仅当

$$\lim_{t\to\infty} \psi_{\bar{T}}(t) = 0_{2N\times 1} \qquad (7-126)$$

因为 $T \otimes I_2$ 是非奇异的,可以推出式(7-126)与下式等价:

$$\lim_{t\to\infty} \varsigma(t) = 0_{(2N-1)\times 1} \qquad (7-127)$$

故 $\varsigma(t)$ 代表编队跟踪误差。由式(7-119)可知, $\varsigma(t)$ 收敛到零,当且仅当系统:

$$\dot{f}(t) = [I_{N-1} \otimes (B_1 B_2^T + B_2 \alpha) + L_{\sigma(t)}^{ff} \otimes B_2 K] f(t) \qquad (7-128)$$

渐近稳定,并且

$$\lim_{t\to\infty} [(I_{N-1} \otimes B_1 B_2^T) h_F(t) - (I_{N-1} \otimes B_1 B_1^T) \dot{h}_F(t)] = 0 \qquad (7-129)$$

式(7-129)等价于下式:

$$\lim_{t\to\infty} (B_1 B_2^T h_i(t) - B_1 B_1^T \dot{h}_i(t)) = 0_{2\times 1}, \ i \in F \qquad (7-130)$$

即

$$\lim_{t\to\infty} (h_{iv}(t) - \dot{h}_{ix}(t)) = 0, \ i \in F \qquad (7-131)$$

由式(7-128)~式(7-131)可得**定理 7.5** 的结论,证明完毕。

7.4.3　无人机集群时变编队跟踪控制协议设计

令 $\lambda_{\sigma(t)}^i (i = 1, 2, \cdots, N)$ 为拉普拉斯矩阵 $L_{\sigma(t)}$ 对应的特征值,令 $\lambda_{\sigma(t)}^1 \leqslant \lambda_{\sigma(t)}^2 \leqslant \cdots \leqslant \lambda_{\sigma(t)}^N$,由**引理 7.6** 可知 $\lambda_{\sigma(t)}^1 = 0$ 且 $\lambda_{\sigma(t)}^2 > 0$,令 $\lambda_{\min} = \min\{\lambda_{\sigma(t)}^i (\forall \sigma(t) \in I; i = 2, 3, \cdots, N)\}$。因为 $L_{\sigma(t)}^{ff}$ 为实对称矩阵,则必然存在正交阵 $U_{\sigma(t)} \in \mathbb{R}^{(N-1)\times(N-1)}$,满足:

$$U_{\sigma(t)}^T L_{\sigma(t)}^{ff} U_{\sigma(t)} = \Lambda_{\sigma(t)}^{ff} = \text{diag}\{\lambda_{\sigma(t)}^2, \lambda_{\sigma(t)}^3, \cdots, \lambda_{\sigma(t)}^N\} \qquad (7-132)$$

根据**定理 7.5**,以下给出控制器设计方法。

定理 7.6: 如果 $\lim_{t\to\infty} (h_{iv}(t) - \dot{h}_{ix}(t)) = 0 \ (i \in F)$,并将控制协议(7-103)中增益矩阵设计为 $K = -\delta\lambda_{\min}^{-1} R^{-1} B_2^T P$,其中 $\delta > 0.5$ 为给定常数,P 为下列代数 Riccati 方程的正定解:

$$P(B_1 B_2^T + B_2 \alpha) + (B_1 B_2^T + B_2 \alpha)^T P - P B_2 R^{-1} B_2^T P + Q = 0 \qquad (7-133)$$

其中，$R = R^{\mathrm{T}} > 0$ 是任意给定的实数矩阵，$Q = D^{\mathrm{T}}D \geqslant 0$，其中 $(D, B_1, B_2^{\mathrm{T}})$ 是可检测的，则存在拓扑切换的无人机集群系统（7－100）和系统（7－101）在协议（7－103）的作用下能够实现时变编队跟踪。

证明：考虑如下的李雅普诺夫函数候选，

$$V(t) = f^{\mathrm{T}}(t)(I_{N-1} \otimes P)f(t) \tag{7－134}$$

即

$$V(t) = f^{\mathrm{T}}(t)(U_{\sigma(t)} \otimes I_2)(I_{N-1} \otimes P)(U_{\sigma(t)}^{\mathrm{T}} \otimes I_2)f(t) \tag{7－135}$$

因为 $V(t)$ 与 $(U_{\sigma(t)}^{\mathrm{T}} \otimes I_2)f(t)$ 均为连续可微的，令 $(U_{\sigma(t)}^{\mathrm{T}} \otimes I_2)f(t) = \bar{f}(t) = [\bar{f}_2^{\mathrm{T}}(t), \bar{f}_3^{\mathrm{T}}(t), \cdots, \bar{f}_N^{\mathrm{T}}(t)]^{\mathrm{T}}$，对 $V(t)$ 求导，同时将 $(U_{\sigma(t)}^{\mathrm{T}} \otimes I_2)f(t) = \bar{f}(t)$ 与 $U_{\sigma(t)}^{\mathrm{T}} L_{\sigma(t)}^{\mathrm{ff}} U_{\sigma(t)} = \Lambda_{\sigma(t)}^{\mathrm{ff}}$ 代入可得

$$
\begin{aligned}
\dot{V}(t) = {} & \dot{f}^{\mathrm{T}}(t)(I_{N-1} \otimes P)f(t) + f^{\mathrm{T}}(t)(I_{N-1} \otimes P)\dot{f}(t) \\
& + f^{\mathrm{T}}(t)(I_{N-1} \otimes P)[I_{N-1} \otimes (B_1 B_2^{\mathrm{T}} + B_2\alpha) + L_{\sigma(t)}^{\mathrm{ff}} \otimes B_2 K]f(t) \\
= {} & f^{\mathrm{T}}(t)[I_{N-1} \otimes (B_1 B_2^{\mathrm{T}} + B_2\alpha)^{\mathrm{T}}P + L_{\sigma(t)}^{\mathrm{ff}} \otimes (B_2 K)^{\mathrm{T}}P]f(t) \\
& + f^{\mathrm{T}}(t)[I_{N-1} \otimes P(B_1 B_2^{\mathrm{T}} + B_2\alpha) + L_{\sigma(t)}^{\mathrm{ff}} \otimes PB_2 K]f(t) \\
= {} & \bar{f}^{\mathrm{T}}(t)[I_{N-1} \otimes (P(B_1 B_2^{\mathrm{T}} + B_2\alpha))]\bar{f}(t) \\
& + \bar{f}^{\mathrm{T}}(t)[I_{N-1} \otimes ((B_1 B_2^{\mathrm{T}} + B_2\alpha)^{\mathrm{T}}P)]\bar{f}(t) \\
& + \bar{f}^{\mathrm{T}}(t)[\Lambda_{\sigma(t)}^{\mathrm{ff}} \otimes ((B_2 K)^{\mathrm{T}}P + PB_2 K)]\bar{f}(t)
\end{aligned}
\tag{7－136}
$$

将 $K = -\delta\lambda_{\min}^{-1}R^{-1}B_2^{\mathrm{T}}P$ 与 $P(B_1 B_2^{\mathrm{T}} + B_2\alpha) + (B_1 B_2^{\mathrm{T}} + B_2\alpha)^{\mathrm{T}}P = PB_2 R^{-1}B_2^{\mathrm{T}}P - Q$ 代入上式可得

$$
\begin{aligned}
\dot{V}(t) = {} & \bar{f}^{\mathrm{T}}(t)[I_{N-1} \otimes (PB_2 R^{-1}B_2^{\mathrm{T}}P - Q)]\bar{f}(t) \\
& + \bar{f}^{\mathrm{T}}(t)[\Lambda_{\sigma(t)}^{\mathrm{ff}} \otimes (-2\delta\lambda_{\min}^{-1}PB_2 R^{-1}B_2^{\mathrm{T}}P)]\bar{f}(t)
\end{aligned}
\tag{7－137}
$$

由式（7－132）~式（7－137）可得

$$\dot{V}(t) = \sum_{i=2}^{N} \bar{f}_i^{\mathrm{T}}(t)[(1 - 2\delta\lambda_{\sigma(t)}^i\lambda_{\min}^{-1})PB_2 R^{-1}B_2^{\mathrm{T}}P]\bar{f}_i(t) - \sum_{i=2}^{N} \bar{f}_i^{\mathrm{T}}(t)Q\bar{f}_i(t) \tag{7－138}$$

因为

$$(1 - 2\delta\lambda_{\sigma(t)}^i\lambda_{\min}^{-1}) < 0 \tag{7－139}$$

由式（7－138）、式（7－139）可得

$$\dot{V}(t) \leqslant 0 \tag{7－140}$$

因为 $T_d > 0$，由式（7-138）可知，当且仅当 $\bar{\phi}_i(t) \equiv 0_{2\times1}(i = 2, 3, \cdots, N)$ 时，有 $\dot{V}(t) \equiv 0$。又因为 $U_{\sigma(t)}^{\mathrm{T}} \otimes I_2$ 非奇异，可得 $f(t) \equiv 0_{(2N-2)\times1}$。因此，切换拓扑下的子系统 $f(t)$ 渐近稳定。因为 $\lim_{t\to\infty}(h_{iv}(t) - \dot{h}_{ix}(t)) = 0$，由**定理 7.5** 可知，存在拓扑切换的无人机集群系统（7-100）和系统（7-101）在协议（7-103）的作用下能够实现时变编队跟踪。证明完毕。

7.4.4　基于四旋翼无人机的时变编队跟踪仿真及实验

四旋翼无人机的动力学可分为轨迹动力学和姿态动力学，其中轨迹动力学的时间常数远大于姿态动力学的时间常数。因此，多四旋翼无人机系统的编队跟踪控制可以解耦为内环控制和外环控制，其中内环控制器稳定姿态，外环控制器将无人机驱动到所需位置。

图 7-19 为多四旋翼无人机系统的双闭环控制器。由于本节讨论的编队跟踪主要涉及位置和速度，因此外环中领导者和跟随者四旋翼无人机的动力学模型可以分别近似为式（7-100）和式（7-101）。

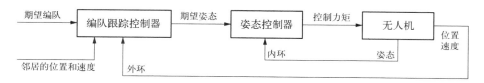

图 7-19　双闭环控制器

图 7-20 为一套搭建于 2012 年的基于四旋翼无人机的时变编队跟踪实验平台。该平台包括一个地面控制站（GCS）和四个带飞行控制系统（FCS）的四旋翼无

图 7-20　编队跟踪实验平台

人机。4 架四旋翼无人机被分为 3 个跟随者和 1 个领导者。每架四旋翼无人机的翼展和重量分别为 65 cm 和 1 400 g,有效载荷为 200 g,最大飞行时间约为 10 min。

基于用户可编程 DSP 芯片开发的 FCS 采用三个单轴陀螺仪、一个三轴磁力计和一个三轴加速度计来估计每个四旋翼无人机的姿态和加速度。每个四旋翼无人机在水平面的位置和速度由全球定位系统(GPS)模块测量。超声波测距仪和气压计分别用于测量近地和远地飞行时每个四旋翼无人机的高度。一个 Micro - SD 卡被用来记录飞机上的关键飞行参数。为了处理紧急情况,每个四旋翼无人机都有一个遥控器。四旋翼无人机与 GCS 之间的无线通信网络由 Zigbee 模块构成,每个四旋翼无人机上的 Zigbee 模块作为路由器,GCS 上的 Zigbee 模块作为协调器。表 7 - 1 为四旋翼无人机系统主要部件的型号和关键参数。图 7 - 21 为四旋翼无人机系统的硬件结构。

表 7 - 1   四旋翼无人机系统主要部件的型号和关键参数

部 件	型 号	关 键 参 数
DSP	TMS320F28335	工作频率: 135 MHz; CPU: 32 - bit
GPS	UBloxLEA6H	分辨率: ±2 m;转换速率: 10 Hz
超声波测距	URM37V4.2	分辨率: ±1 cm;量程: 0~10 m
气压计	MS5803	分辨率: ±0.012 mbar①; 量程: 10~1 300 mbar
磁力计	HMC5983	分辨率: ±2 mGs②; 量程: 0~8 Gs
陀螺仪	ADXRS610	分辨率: ±6 mV/°/s; 量程: ±300°/s
加速度计	HQ7001	分辨率: 16 - bit AD; 量程: ±6g
Zigbee	DTK1605H	最大转换速率: 115 200 bit/s;传输范围: 1 600 m
机架	Xaircraft 650 Value	质量: 880 g; 直径: 550 mm
电子调速器	Xaircraft BLC - 10A	最大控制频率: 500 Hz; 额定电流: 10 A
电机	Xaircraft 2215	外径: 22 mm; 支承长度: 15 mm
螺旋桨	Xaircraft 1045	直径: 10 in③; 螺距: 4.5 in
电池	3S - 5AH - 30C	电压: 11.1 V; 容量: 5 000 mAh

注: ① 1 bar = 10^5 Pa。
② 1 Gs = 10^{-4} T。
③ 1 in = 2.54 cm。

定义 3 架四旋翼无人机为跟随者,1 架四旋翼无人机为领导者。要求应用时变编队跟踪控制理论,让 3 架四旋翼无人机在水平 XY 平面内执行对领导者无人机的围捕任务。在这种场景下 $n = 2$。不失一般性,定义 1 号无人机为领导者,也称为围捕目标,2、3、4 号无人机作为跟随者。

每架四旋翼无人机的高度和偏航角单独控制。所有的四旋翼无人机的高度被控制为 1.5m,使用 PID 控制器,比例项、积分项和微分项的系数分别为 6、0.5 和 6。4 架无人机的偏航角分别控制为 3.53°、-13.79°、-63.86° 和 12.19°,PID 控制

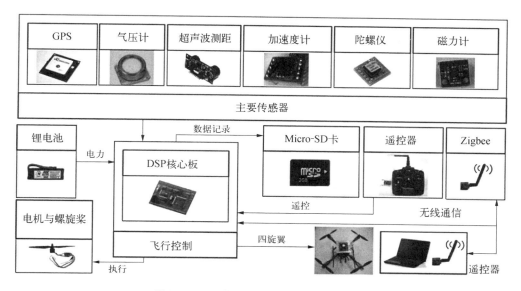

GPS	气压计	超声波测距	加速度计	陀螺仪	磁力计

主要传感器

锂电池　　数据记录　　Micro-SD卡　　遥控器　　Zigbee

电力　　DSP核心板

电机与螺旋桨　　遥控　　无线通信

飞行控制　　四旋翼　　遥控器

执行

图 7 - 21　四旋翼无人机系统的硬件结构

器的比例项、积分项和微分项的系数分别为 1、0.1 和 0.4。滚转角和俯仰角的内环由 PD 控制器控制,在频率为 500 Hz 时,比例项和微分项的系数分别为 8 和 3。飞机的外环由编队跟踪控制器(7 - 103)控制,频率为 10 Hz。

为了计算相对于邻居的相对位置和速度,每架四旋翼无人机首先通过通信网络获取邻居无人机的绝对位置、速度和编队信息,然后通过相减得到所需的相对值。由于飞行空间的限制,将 $B_1 B_2^{\mathrm{T}} + B_2 \alpha$ 的特征值配置在 $- 0.6 + 0.8\mathrm{j}$ 与 $- 0.6 - 0.8\mathrm{j}$ ($\mathrm{j}^2 = - 1$),其中 $\alpha_x = - 1$,$\alpha_v = - 1.2$,这样领导者的最终位置将是固定的。目标围捕由以下两个步骤实现。

第一步:在 $t \in [\,0\,\mathrm{s}, 30\,\mathrm{s})$ 内,三个跟随者的编队描述为

$$
h_2(t) = \begin{bmatrix} f_x(- 9.14, 1, t) \\ f_v(- 9.14, 1, t) \\ f_x(- 15.6, 1, t) \\ f_v(- 15.6, 1, t) \end{bmatrix}, \ h_3(t) = \begin{bmatrix} f_x(- 3.26, 2, t) \\ f_v(- 3.26, 2, t) \\ f_x(- 14.26, 2, t) \\ f_v(- 14.26, 2, t) \end{bmatrix}, \ h_4(t) = \begin{bmatrix} f_x(15.91, 3, t) \\ f_v(15.91, 3, t) \\ f_x(- 13.3, 3, t) \\ f_v(- 13.3, 3, t) \end{bmatrix}
$$

其中,

$$
f_x(d_x, k, t) = d_x + [\,10\cos(k/3) + d_x\,]\mathrm{sat}[\,t/\,|\,10\cos(k/3) + d_x\,|\,]
$$

$$
\mathrm{sat}(\vartheta(t)) = \begin{cases} \mathrm{sign}(\vartheta(t)), & |\,\vartheta(t)\,| \geqslant 1 \\ \vartheta(t), & |\,\vartheta(t)\,| < 1 \end{cases}
$$

$$
f_v(d_x, k, t) = \mathrm{sign}[\,1/\,|\,10\cos(k/3) + d_v\,|\,] \times |\,1 - \mathrm{sign}[\,\mathrm{sat}(t/\,|\,10\cos(k/3) + d_v\,|\,)]\,|
$$

第二步：$t \in [30 \text{ s}, 225 \text{ s})$ 内,3 个跟随者在目标周围保持一个圆形的编队,其中圆形队形由如下指定,

$$h_i(t) = \begin{bmatrix} 10\cos(0.1t + 2\pi(i-2)/3) \\ -\sin(0.1t + 2\pi(i-2)/3) \\ 10\sin(0.1t + 2\pi(i-2)/3) \\ \cos(0.1t + 2\pi(i-2)/3) \end{bmatrix}, i = 2, 3, 4$$

从 $h_F(t)$ 的表达式可以看出,期望的编队是时变的。可以证明编队可行性条件是满足的,选择 $\delta = 0.6$、$Q = 0.3I_4$、$R = I_4$。由**定理** 7.6 可得 $K = I_2 \otimes [-0.4246, -0.6705]$,4 个跟随者的初始状态为 $x_1(t) = [1.45, -0.13, 1.41, -0.53]^{\mathrm{T}}$、$x_2(t) = [-9.41, -0.01, 15.6, 0.05]^{\mathrm{T}}$、$x_3(t) = [-3.26, -0.24, -14.26, 0.26]^{\mathrm{T}}$、$x_4(t) = [15.91, 0.05, -13.3, -0.05]^{\mathrm{T}}$。

在 $t \in [0 \text{ s}, 225 \text{ s})$,4 架四旋翼无人机之间的交互拓扑如图 7-22 所示,在 G_1、G_2、G_3 中选定,其中 $T_d > 10 \text{ s}$。图 7-23 给出了 $t = 225 \text{ s}$ 内仿真和实际实验的切换拓扑信号。

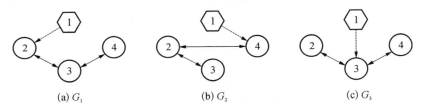

图 7-22   切换拓扑

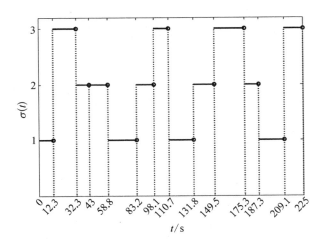

图 7-23   切换拓扑信号

　　四旋翼无人机的仿真结果如图 7-24~图 7-26 所示。

　　图 7-24 和图 7-25 分别给出了仿真中 4 架四旋翼的位置和速度轨迹,其中 4 架四旋翼的初始位置用圆形表示,最终位置分别用菱形、三角形、正方形和五边形表示。图 7-26 为仿真中时变编队跟踪误差在 $t = 225$ s 范围内的曲线。由以上结果可以看出本次具有拓扑切换的四旋翼无人机编队跟踪控制仿真达到了预期的围捕效果。四旋翼无人机的实际飞行结果如图 7-27~图 7-29 所示。

　　由图 7-27~图 7-29 可以看出在实际飞行实验中,3 架跟随者四旋翼无人机在切换作用拓扑的影响下,能够以期望的时变编队对目标四旋翼无人机形成围捕。需要指出的是,由于传感器误差和外部干扰等原因,实验图中存在一定的控制误差,但是基本与仿真图一致,这种误差对于实际应用是合理的。

切换拓扑
下的编队
跟踪控制
飞行实验
视频

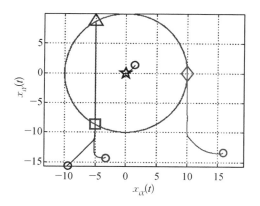

图 7-24　四旋翼无人机的仿真位置轨迹

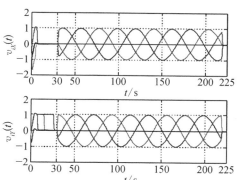

图 7-25　四旋翼无人机的仿真速度估计

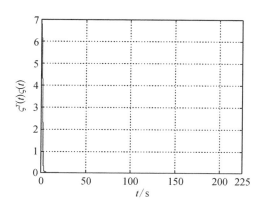

图 7-26　仿真中时变编队跟踪误差

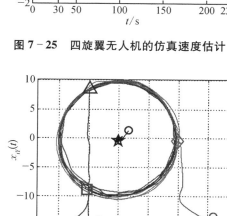

图 7-27　四旋翼无人机的实物
飞行位置轨迹

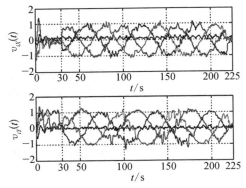

图 7-28 四旋翼无人机的实物飞行速度曲线

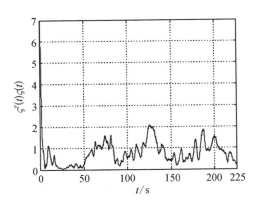

图 7-29 实物飞行编队跟踪误差

7.5 本章小结

　　本章研究了集群系统的时变编队跟踪问题。首先针对具有多领导者的集群系统,利用拉普拉斯矩阵的性质,给出了集群系统实现时变编队跟踪的充要条件以及相关可行性约束。并通过求解一个 Riccati 方程,提出了对编队跟踪控制协议进行设计的方法。进一步研究了领导者存在未知时变输入、未知干扰、切换作用拓扑等约束条件影响下的分组时变编队跟踪问题,给出了两种不同的自适应控制协议的设计方法以及所需参数的计算方法,并对闭环系统收敛性进行了理论分析。最后把一般性理论成果在无人机集群系统中进行了应用,提出了一种适应拓扑切换的时变编队跟踪控制协议和对应的收敛性判据,搭建了基于四旋翼无人机的时变编队跟踪控制实验平台,并进行了 3 架四旋翼无人机对 1 架四旋翼无人机进行围捕的实飞验证。

第 *8* 章

集群系统合围控制

8.1 引言

　　合围控制可以被认为来源于多智能体系统一致性控制的相关研究。早期的一致性控制中没有领导者的存在,后来出现了存在一个领导者的一致性控制问题,也就是一致跟踪控制。那么如果存在多个领导者的时候会是什么情况呢,这也就引发了合围控制(containment control)问题。containment control 在国内有不同的翻译,有的学者翻译为包容、包含等,本章中我们把这个词翻译为合围,也即存在多个没有彼此交互的领导者的情况下的一致跟踪控制问题。文献[98]较早提出了一种停-走(stop-go)策略,基于此对合围问题进行了探讨。文献[99]研究了具有刚体结构的集群系统有限时间合围问题。文献[100]和[101]分别考虑了切换拓扑对一阶和二阶集群系统合围问题的影响。Cao 等[102]在轮式机器人平台上对合围算法进行了验证。Liu 等[103]给出了一阶和二阶集群系统实现合围的充要条件。文献[104]研究了二阶集群系统在随机切换拓扑情况下的合围问题。文献[105]、[106]分别对高阶集群系统状态合围问题进行了研究。

　　虽然现有文献对不同阶次模型的集群系统的合围问题都进行了一定的研究,但是考虑的情况还相对较为理想。在实际情况下,集群交互网络的构建通常都会基于数据链。由于存在通信带宽的限制以及复杂电磁环境的干扰,信息在集群中智能体之间交互传输的过程中不可避免会有通信延迟的存在。延迟不仅会影响协同控制的品质,极端情况下还会影响控制系统的稳定性。因此,如何处理通信延迟对合围控制的影响就显得十分重要。此外,现有的合围控制中考虑的都是正常系统,在一些实际的情况下,例如,协同搬运、协同组装等,就需要 2 个以上的机器人共同搬运一个物体。在这种协同搬运的场景下就产生了一种新的系统,这种新的系统内部由于被搬运物的存在带来了一些状态量之间的代数约束。这种状态变量之间存在代数约束的系统就是奇异系统或者广义系统。有别于常规的正常系统,奇异系统尤其是奇异集群系统从数学模型描述上比正常系统更具一般性,并且有特定的场景需求。因此,针对奇异集群系统合围控制问题的研究就显得十分有必要。此外,在实际应用中,并不是所有智能体的状态信息都可以被直接测量到,从控制目标的角度来看,也并不需要对所有的状态量进行调控,如何基于部分观测量信息或者输出信息来对输出进行调控就显得更具实用意义。然而,截至目前,集群系统输出合围控制问题还鲜有报道。

针对上述问题,本章做了如下工作:首先,针对具有通信延迟的正常系统合围控制问题,构造了一个适应时变延迟的合围控制协议,给出正常高阶线性集群系统在该协议作用下实现状态合围的充要条件。其次,针对高阶奇异集群系统合围控制问题,构造一种延迟条件下的状态合围协议,得到奇异集群系统在延迟条件下实现状态合围的充分条件并提出一种具有较低计算复杂度的控制协议的设计方法。最后,基于动态输出反馈对正常高阶集群系统的输出合围控制问题进行了研究,给出集群系统实现输出合围的充要条件及协议的设计方法。

本章其余部分内容安排如下:8.2 节对正常高阶集群系统在延迟条件下的状态合围控制问题进行研究;8.3 节对高阶奇异集群系统在延迟条件下的状态合围控制问题进行研究;8.4 节对正常高阶集群系统动态输出合围控制问题进行研究;8.5 节对本章的研究工作进行总结。

8.2　延迟条件下正常集群系统状态合围控制

本节针对正常高阶线性时不变集群系统,研究了考虑时变延迟的合围控制问题。首先利用相邻智能体的状态信息,构造了一个具有时变延迟的协议,其中领导者的运动模态可以被指定。然后基于李雅普诺夫-克拉索夫斯基稳定性理论,给出了具有时变时延的一般线性集群系统实现状态合围的充分条件。接着,提出了一种确定协议中增益矩阵的方法。最后,通过数值算例验证了理论结果的有效性。

8.2.1　问题描述

考虑一个具有 N 个智能体的正常高阶线性集群系统。每个智能体可看作 G 中的一个节点。对于任意的 $i, j \in \{1, 2, \cdots, N\}$,两者的通信可用边 e_{ij} 表示,通信强度用 w_{ji} 表示。此外,定义集群系统的动力学模型如下:

$$\dot{x}_i(t) = Ax_i(t) + Bu_i(t), \ i = 1, 2, \cdots, N \qquad (8-1)$$

其中, $x_i(t) \in \mathbb{R}^n$ 是状态, $u_i(t) \in \mathbb{R}^m$ 是控制输入。

定义 8.1:如果一个智能体没有邻居,它被称为领导者;如果它至少有一个邻居,它被称为跟随者。

假设 8.1：假设在正常高阶集群系统(8-1)中存在 $M(M < N)$ 个跟随者，$N - M$ 个领导者。相应的索引集分别为 $F = \{1, 2, \cdots, M\}$，$L = \{M + 1, M + 2, \cdots, N\}$。由于领导者没有邻居，所以 G 对应的拉普拉斯矩阵可以划分为

$$L_G = \begin{bmatrix} L_1 & L_2 \\ 0 & 0 \end{bmatrix}$$

其中，$L_1 \in \mathbb{R}^{M \times M}$ 表示跟随者之间的通信，$L_2 \in \mathbb{R}^{M \times (N-M)}$ 表示领导者与跟随者之间的通信。

定义 8.2：如果对于任意给定的有界初始状态，存在非负常数 $\alpha_{ij}(i \in F, j \in L)$ 满足 $\sum\limits_{j = M+1}^{N} \alpha_{ij} = 1$，并且

$$\lim_{t \to \infty}\left(x_i(t) - \sum_{j = M+1}^{N} \alpha_{ij}x_j(t)\right) = 0 \tag{8-2}$$

则称正常高阶集群系统(8-1)实现状态合围。

考虑以下带有时变延迟的状态合围控制协议：

$$\begin{cases} u_i(t) = K_1 x_i(t) + K_2 \sum\limits_{j \in N_i} w_{ij}[x_i(t - \tau(t)) - x_j(t - \tau(t))], i \in F \\ u_i(t) = K_1 x_i(t), i \in L \end{cases} \tag{8-3}$$

其中，$K_1 \in \mathbb{R}^{m \times n}$，$K_2 \in \mathbb{R}^{m \times n}$ 是常数增益矩阵，而 $\tau(t)$ 是一个时变时延，满足以下假设：$0 \leq \tau(t) \leq \sigma$，$|\dot{\tau}(t)| \leq \delta < 1$，其中 σ、δ 是常数。

在控制协议(8-3)中，使用自反馈项 $K_1 x_i(t)$ 来分配领导者的运动模态，使用增益矩阵 K_2 来保证跟随者的状态收敛到领导者的状态形成的凸包。自反馈项的引入使得协议(8-3)更加一般化。当 $K_1 = 0$ 时，协议(8-3)退化为仅由相邻相对状态构成的协议。

定义 $x_F(t) = [x_1^{\mathrm{T}}(t), x_2^{\mathrm{T}}(t), \cdots, x_M^{\mathrm{T}}(t)]^{\mathrm{T}}$，$x_L(t) = [x_{M+1}^{\mathrm{T}}(t), x_{M+2}^{\mathrm{T}}(t), \cdots, x_N^{\mathrm{T}}(t)]^{\mathrm{T}}$。基于控制协议(8-3)，集群系统可以写成：

$$\begin{cases} \dot{x}_F(t) = [I_M \otimes (A + BK_1)]x_F(t) + (L_1 \otimes BK_2)x_F(t - \tau(t)) \\ \qquad + (L_2 \otimes BK_2)x_L(t - \tau(t)), t \in [0, \infty) \\ x_F(t) = \theta(t), t \in [-\sigma, 0] \end{cases} \tag{8-4}$$

$$\dot{x}_L(t) = [I_{N-M} \otimes (A + BK_1)]x_L(t) \tag{8-5}$$

其中，$\theta(t)$ 是 $t \in [-\sigma, 0]$ 上的连续向量值函数。

由式(8-4)可知，在 (A, B) 能控的情况下，通过选择合适的 K_1，可以将 $A + BK_1$ 的特征值配置到复平面的任意位置，这意味着领导者的运动模态可以被任意

指定。当 $K_1 = 0$ 时,由式(8-5)可知,领导者的轨迹由系统矩阵 A 和领导者的初始状态共同决定。

本节的目的是研究在延迟协议下的一般高阶集群系统的两个问题:(i)在什么条件下可以实现状态合围;(ii)如何确定协议(8-3)中的增益矩阵。

8.2.2　状态合围控制分析

在本节中,首先提出了基于线性矩阵不等式的正常高阶集群系统实现状态合围的充分条件。然后给出了协议中增益矩阵的确定方法。

假设 8.2: 对于每个跟随者,至少有一个领导者有通往其的有向路径。

假设 8.2 意味着所有跟随者都应该直接或间接地受到至少一个领导者的影响。由于合围问题也可以看作是具有多个领导者的跟踪问题,所以**假设 8.2** 是合理的。如果**假设 8.2** 不满足,则部分跟随者与领导者隔离,无法收敛到领导者所形成的凸包。在**假设 8.2** 下,易得到:

引理 8.1: 如果满足**假设 8.2**,则 L_1 的所有特征值都是正的实部,$-L_1^{-1}L_2$ 的每一项都是非负的,$-L_1^{-1}L_2$ 的每一行的和都等于 1。

下面的引理对于分析具有时变延迟的状态合围问题是有用的。

引理 8.2: 设 $\varsigma(t) \in \mathbb{R}^{2n}$ 是一个具有一阶连续导数项的向量值函数。则对任何矩阵 $Q_1 \in \mathbb{R}^{2n \times 2n}$ 和 $X = X^T > 0$,下面的积分不等式成立:

$$
-\int_{t-\tau(t)}^{t} \dot{\varsigma}^T(s) X \dot{\varsigma}(s)\, \mathrm{d}s \leq \zeta^T(t) \begin{bmatrix} Q_1^T + Q_1 & -Q_1^T + Q_2 \\ * & -Q_2^T - Q_2 \end{bmatrix} \zeta(t)
$$
$$
+ \tau(t) \zeta^T(t) \begin{bmatrix} Q_1^T \\ Q_2^T \end{bmatrix} X^{-1} [Q_1, Q_2] \zeta(t)
\tag{8-6}
$$

其中,$\zeta(t) = [\varsigma^T(t), \varsigma^T(t-\tau)]^T$。

设 $U \in \mathbb{C}^{M \times M}$ 是一个满足 $U^{-1}L_1 U = J$ 的非奇异矩阵,其中 J 是 L 的约当标准型,$\lambda_i(i \in F)$ 是它的对角项,$\mathrm{Re}(\lambda_1) \leq \mathrm{Re}(\lambda_2) \leq \cdots \leq \mathrm{Re}(\lambda_M)$。对于任意实矩阵 R 和任何 $\lambda \in \mathbb{C}$,设 $\Lambda_R = \mathrm{diag}\{R, R\}$ 和 $\Psi_\lambda = \begin{bmatrix} \mathrm{Re}(\lambda)I & -\mathrm{Im}(\lambda)I \\ \mathrm{Im}(\lambda)I & \mathrm{Re}(\lambda)I \end{bmatrix}$。定义 $\bar{\lambda}_{1,2} = \mathrm{Re}(\lambda_1) \pm j\bar{\mu}$ 和 $\bar{\lambda}_{3,4} = \mathrm{Re}(\lambda_M) \pm j\bar{\mu}$,其中 $\bar{\mu} = \max\{\mathrm{Im}(\lambda_i), i \in F\}$。设 Φ_0、Φ_1、Φ_2 是独立于 $\lambda_i(i \in F)$ 和 $\bar{\lambda}_i(i = 1, 2, 3, 4)$ 的实对称矩阵。

下面的引理成立。

引理 8.3: 如果对于所有 $i \in \{1, 2, 3, 4\}$,$\Phi_0 + \mathrm{Re}(\bar{\lambda}_i)\Phi_1 + \mathrm{Im}(\bar{\lambda}_i)\Phi_2 < 0$,则对于所有 $i \in F$,$\Phi_0 + \mathrm{Re}(\lambda_i)\Phi_1 + \mathrm{Im}(\lambda_i)\Phi_2 < 0$。

定理 8.1: 如果存在 $2n \times 2n$ 实矩阵 $R = R^T$,$\Omega = \Omega^T$,$S = S^T > 0$,Q_1,Q_2,使

得如下的线性矩阵不等式是可行的,则具有延迟的正常高阶集群系统实现状态合围。

$$\Pi_i = \begin{bmatrix} \Xi_1 & Q_2 - Q_1^{\mathrm{T}} + R_F\Psi_{\bar{\lambda}_i}\Lambda_B\Lambda_{K_2} & \sigma\Lambda_{A+BK_1}^{\mathrm{T}}S & \sigma Q_1^{\mathrm{T}} \\ * & -Q_2^{\mathrm{T}} - Q_2 - (1-\delta)\Omega & \sigma(\Psi_{\bar{\lambda}_i}\Lambda_B\Lambda_{K_2})^{\mathrm{T}}S & \sigma Q_2^{\mathrm{T}} \\ * & * & -\sigma S & 0 \\ * & * & * & -\sigma S \end{bmatrix} < 0 \quad (8-7)$$

其中,$i \in \{1, 2, 3, 4\}$,$\Xi_1 = Q_1^{\mathrm{T}} + Q_1 + \Lambda_{A+BK_1}^{\mathrm{T}}R + R\Lambda_{A+BK_1} + \Omega$。

证明: 令 $\varphi_i(t) = \sum_{j \in N_i} w_{ij}(x_i(t) - x_j(t))$ $(i \in F)$,$\varphi_F(t) = [\varphi_1^{\mathrm{T}}(t), \varphi_2^{\mathrm{T}}(t), \cdots, \varphi_M^{\mathrm{T}}(t)]^{\mathrm{T}}$。可得

$$\varphi_F(t) = (L_2 \otimes I)x_L(t) + (L_1 \otimes I)x_F(t) \qquad (8-8)$$

因为 L_1 是非奇异,则由式 (8-7) 可得

$$x_F(t) = (L_1^{-1} \otimes I)\varphi_F(t) - (L_1^{-1}L_2 \otimes I)x_L(t) \qquad (8-9)$$

对 $\varphi_F(t)$ 求导,则有

$$\dot{\varphi}_F(t) = (L_2 \otimes I)\dot{x}_L(t) + (L_1 \otimes I)\dot{x}_F(t) \qquad (8-10)$$

把式(8-4)和式(8-5)代入式(8-10),可得

$$\dot{\varphi}_F(t) = [I_M \otimes (A + BK_1)]\varphi_F(t) + (L_1 \otimes BK_2)\varphi_F(t - \tau(t)) \quad (8-11)$$

定义 $\phi_F(t) = (U^{-1} \otimes I)\varphi_F(t) = [\phi_1^H(t), \phi_2^H(t), \cdots, \phi_M^H(t)]^H$。可得

$$\dot{\phi}_F(t) = [I_M \otimes (A + BK_1)]\phi_F(t) + (J \otimes BK_2)\phi_F(t - \tau(t)) \quad (8-12)$$

由式(8-12)和 J 的结构可知,闭环系统(8-12)的稳定性等价于下列 M 个延迟子系统的稳定性:

$$\dot{\psi}_i(t) = (A + BK_1)\psi_i(t) + \lambda_i BK_2\psi_i(t - \tau(t)), i = 1, 2, \cdots, M \quad (8-13)$$

证明完毕。

8.2.3 状态合围控制协议设计

考虑子系统(8-13)的稳定性。定义 $\xi_i(t) = [\mathrm{Re}(\psi_i(t))^{\mathrm{T}}, \mathrm{Im}(\psi_i(t))^{\mathrm{T}}]^{\mathrm{T}}$。通过实部和虚部的分解,可以证明子系统(8-13)的渐近稳定性与以下子系统的渐近稳定性是等价的。

$$\dot{\xi}_i(t) = \Lambda_{A+BK_1}\xi_i(t) + \Psi_{\lambda_i}\Lambda_B\Lambda_{K_2}\xi_i(t - \tau(t)), i = 1, 2, \cdots, M \quad (8-14)$$

构造以下李雅普诺夫-克拉索夫斯基候选函数:

$$V_i(t) = V_{i1}(t) + V_{i2}(t) + V_{i3}(t) \tag{8-15}$$

其中, $V_{i1}(t) = \xi_i^T(t)R\xi_i(t)$, $V_{i2}(t) = \int_{t-\tau(t)}^{t} \xi_i^T(s)\Omega\xi_i(s)\mathrm{d}s$, $V_{i3}(t) = \int_{-\sigma}^{0}\int_{t+\mu}^{t}\dot{\xi}_i^T(s)S\dot{\xi}_i(s)\mathrm{d}s\mathrm{d}\mu$。

对 $V_i(t)$ 求导可得

$$\dot{V}_{i1}(t) = 2\xi_i^T(t)R[\Lambda_{A+BK_1}, \Psi_{\lambda_i}\Lambda_B\Lambda_{K_2}]\vartheta_i(t) \tag{8-16}$$

$$\dot{V}_{i2}(t) = \xi_i^T(t)\Omega\xi_i(t) - (1-\dot{\tau}(t))\xi_i^T(t-\tau(t))\Omega\xi_i(t-\tau(t)) \tag{8-17}$$

$$\dot{V}_{i3}(t) = \sigma^2\vartheta_i^T(t)[\Lambda_{A+BK_1}, \Psi_{\lambda_i}\Lambda_B\Lambda_{K_2}]^T S[\Lambda_{A+BK_1}, \Psi_{\lambda_i}\Lambda_B\Lambda_{K_2}]\vartheta_i(t) \tag{8-18}$$

$$- \sigma\int_{t-\sigma}^{t}\dot{\xi}_i^T(s)S\dot{\xi}_i(s)\mathrm{d}s$$

其中, $\vartheta_i(t) = [\xi_i^T(t), \xi_i^T(t-\tau(t))]^T$。从**引理 8.3** 可得

$$-\int_{t-\tau(t)}^{t}\dot{\xi}_i^T(s)S\dot{\xi}_i(s)\mathrm{d}s \leqslant \vartheta_i^T(t)\begin{bmatrix} Q_1^T + Q_1 & -Q_1^T + Q_2 \\ * & -Q_2^T - Q_2 \end{bmatrix}\vartheta_i(t) \tag{8-19}$$

$$+ \sigma\vartheta_i^T(t)\begin{bmatrix} Q_1^T \\ Q_2^T \end{bmatrix}S^{-1}[Q_1, Q_2]\vartheta_i(t)$$

由**假设 8.1** 可得

$$\dot{V}_{i2}(t) \leqslant \xi_i^T(t)\Omega\xi_i(t) - (1-\delta)\xi_i^T(t-\tau(t))\Omega\xi_i(t-\tau(t))$$

$$\dot{V}_{i3}(t) \leqslant \sigma\vartheta_i^T(t)[\Lambda_{A+BK_1}, \Psi_{\lambda_i}\Lambda_B\Lambda_{K_2}]^T S[\Lambda_{A+BK_1}, \Psi_{\lambda_i}\Lambda_B\Lambda_{K_2}]\vartheta_i(t) \tag{8-20}$$

$$- \int_{t-\tau(t)}^{t}\dot{\xi}_i^T(s)S\dot{\xi}_i(s)\mathrm{d}s$$

进一步可以得到 $\dot{V}_i(t) \leqslant \vartheta_i^T(t)Z_i\vartheta_i(t)$, 其中,

$$Z_i = \Gamma_i + \sigma\begin{bmatrix} \Lambda_{A+BK_1}^T \\ (\Psi_{\lambda_i}\Lambda_B\Lambda_{K_2})^T \end{bmatrix}S[\Lambda_{A+BK_1}, \Psi_{\lambda_i}\Lambda_B\Lambda_{K_2}] + \sigma\begin{bmatrix} Q_1^T \\ Q_2^T \end{bmatrix}S^{-1}[Q_1, Q_2]$$

$$\Gamma_i = \begin{bmatrix} Q_1^T + Q_1 + \Lambda_{A+BK_1}^T R + R\Lambda_{A+BK_1} + \Omega & Q_2 - Q_1^T + R\Psi_{\lambda_i}\Lambda_B\Lambda_{K_3} \\ * & -Q_2^T - Q_2 - (1-\delta)\Omega \end{bmatrix}$$

使用 Schur 补引理, 如果在 $\bar{\lambda}_i = \lambda_i (i \in F)$ 的情况下不等式(8-6)是可行的, 那么 $Z_i < 0$ $(i \in F)$ 成立, 这意味着系统(8-11)是渐近稳定的。由**引理 4.3** 可

知,如果 $\Pi_i < 0$ $(i = 1, 2, 3, 4)$,那么 $\Pi_i < 0$, $\bar{\lambda}_i = \lambda_i (i \in F)$。进而有

$$\lim_{t \to \infty} \varphi_F(t) = 0 \tag{8-21}$$

由式(8-8)和式(8-21)可以得到:

$$\lim_{t \to \infty} [x_F(t) - (-L_1^{-1} L_2 \otimes I) x_L(t)] = 0 \tag{8-22}$$

由**定义 8.2** 可知,具有延迟的正常高阶集群系统实现了状态合围。证明完毕。

由式(8-4)可知, K_1 可以预先通过指定 $A + BK_1$ 的特征值来确定。如果 (A, B) 是能控的,那么总能找到期望的 K_1。在 K_1 确定后,则 $\Pi_i < 0$ $(i = 1, 2, 3, 4)$ 就变为了非线性矩阵不等式。下面采用变量代换的方法来确定 K_2。

定理 8.2:具有时变延迟的正常高阶集群系统可以实现状态合围,如果存在正定对称矩阵 $\bar{R}$、$\bar{\Omega}$、$\bar{S}$ 和实矩阵 $\bar{K}_2$ 使得对任意 $i \in \{1, 2, 3, 4\}$,如下的线性矩阵不等式是可行的。

$$\bar{\Pi}_i = \begin{bmatrix} \bar{\Xi}_i & \bar{R} + \Psi_{\bar{\lambda}_i} \Lambda_B \Lambda_{\bar{K}_2} - (2-\delta)\Lambda_{\bar{\Omega}} & \sigma \bar{R} \Lambda_{A+BK_1}^T + \sigma (\Psi_{\bar{\lambda}_i} \Lambda_B \Lambda_{\bar{K}_2})^T & 0 & \bar{R} \\ * & -(3-\delta)\Lambda_{\bar{\Omega}} & \sigma (\Psi_{\bar{\lambda}_i} \Lambda_B \Lambda_{\bar{K}_2})^T & \sigma \bar{S} & 0 \\ * & * & -\sigma \bar{S} & 0 & 0 \\ * & * & * & -\sigma \bar{S} & 0 \\ * & * & * & * & -\Lambda_{\bar{\Omega}} \end{bmatrix} < 0 \tag{8-23}$$

其中, $\bar{\Xi}_i = \Lambda_{A+BK_1}^T \bar{R} + \bar{R} \Lambda_{A+BK_1} + \Psi_{\bar{\lambda}_i} \Lambda_B \Lambda_{\bar{K}_2} + (\Psi_{\bar{\lambda}_i} \Lambda_B \Lambda_{\bar{K}_2})^T - (1-\delta)\Lambda_{\bar{\Omega}}$,此时增益矩阵 $K_2 = \bar{K}_2 \bar{\Omega}^{-1}$。

证明:定义 $\rho_i = \begin{bmatrix} \Lambda_{A+BK_1} & \Psi_{\bar{\lambda}_i} \Lambda_B \Lambda_{K_2} \\ I & -I \end{bmatrix}$ $(i = 1, 2, 3, 4)$, $T = \begin{bmatrix} R & 0 \\ Q_1 & Q_2 \end{bmatrix}$,然后 Γ_i 可改写为 $\Gamma_i = T^T \rho_i + \rho_i^T T + \text{diag}\{\Omega, -(1-\delta)\Omega\}$。定义 $\bar{Q}^T = [Q_1, Q_2]^T$,使用 Schur 补引理,能证明 $\Pi_i < 0$ $(i = 1, 2, 3, 4)$ 等价于

$$\bar{\Phi}_i = \begin{bmatrix} T^T \rho_i + \rho_i^T T + \text{diag}\{\Omega, -(1-\delta)\Omega\} & \sigma [\Lambda_{A+BK_1}, \Psi_{\bar{\lambda}_i} \Lambda_B \Lambda_{K_3}]^T & \sigma \bar{Q}^T \\ * & -\sigma S^{-1} & 0 \\ * & * & -\sigma S \end{bmatrix} < 0 \tag{8-24}$$

选择 $Q_1 = -R$, $Q_2 = \Omega$。那么 T 可逆且

$$T^{-1} = \begin{bmatrix} R^{-1} & 0 \\ \Omega^{-1} & \Omega^{-1} \end{bmatrix} \tag{8-25}$$

可以得到：

$$
\begin{aligned}
&\mathrm{diag}\{T^{-\mathrm{T}},\ I,\ S^{-1}\}\bar{\Phi}_i\mathrm{diag}\{T^{-1},\ I,\ S^{-1}\}\\
&=\begin{bmatrix}
\rho_iT^{-1}+T^{-\mathrm{T}}\rho_i^{\mathrm{T}}+T^{-\mathrm{T}}\mathrm{diag}\{\Omega,\ -(1-\delta)\Omega\}T^{-1} & \sigma T^{-\mathrm{T}}[\Lambda_{A+BK_1},\ Y_{\bar{\lambda}_i}\Lambda_B\Lambda_{K_2}]^{\mathrm{T}} & \sigma[0,\ S^{-1}]^{\mathrm{T}}\\
* & -\sigma S^{-1} & 0\\
* & * & -\sigma S^{-1}
\end{bmatrix}
\end{aligned}
$$

$$(8-26)$$

选择 $\bar{R}=R^{-1}$，$\bar{S}=S^{-1}$，$\Lambda_{\bar{\Omega}}=\Omega^{-1}$，$\bar{K}_2=K_2\bar{\Omega}$，使用 Schur 补引理可以得到 $\mathrm{diag}\{T^{-\mathrm{T}},\ I,\ S^{-1}\}\bar{\Phi}_i\mathrm{diag}\{T^{-1},\ I,\ S^{-1}\}<0\ (i=1,2,3,4)$ 等价于 $\bar{\Pi}_i<0$。因此，如果 $\bar{\Pi}_i<0\ (i=1,2,3,4)$ 成立，那么 $\bar{\Phi}_i<0\ (i=1,2,3,4)$ 成立，也即 $\Pi_i<0\ (i=1,2,3,4)$。根据**定理** 8.1 可知正常高阶集群系统在延迟条件下实现了状态合围，并且此时增益矩阵 $K_2=\bar{K}_2\bar{\Omega}^{-1}$。证明完毕。

由**定理** 8.2 可知，通过求解与智能体个数无关的 4 个线性矩阵不等式，可以确定增益矩阵 K_2。**定理** 8.2 的计算复杂度不会随着 M 变大而增加。因此，对于具有众多智能体的集群系统，**定理** 8.2 具有较好的可扩展性。

8.2.4　数值仿真

接下来给出一个数值例子来说明本节得到的理论结果的有效性。

考虑一个具有 5 个跟随者和 4 个领导者的三阶集群系统，即 $x_i(t)=[x_{i1}(t),\ x_{i2}(t),\ x_{i3}(t)]^{\mathrm{T}}(i=1,2,\cdots,9)$。为简单起见，假设 G 的权重为 $0-1$。每个智能体的动力学矩阵为 $A=\begin{bmatrix}1&3&5\\2&4&6\\7&8&9\end{bmatrix}$，$B=\begin{bmatrix}0\\0\\1\end{bmatrix}$。

选择 $K_1=[-8.84,\ -12.74,\ -16.00]$ 使 $A+BK_1$ 的根分布在 $0.8\mathrm{j}$、$-0.8\mathrm{j}$、-2，其中 $\mathrm{j}^2=-1$。在这种情况下，领导者的轨迹会振荡。设 $\tau(t)=0.2\sin(t)$，利用 MATLAB 自带的线性矩阵不等式工具箱中的 Feasp 求解器求解**定理** 8.2 中的线性矩阵不等式约束，可以求出增益矩阵 $K_2=[-0.2172,\ -0.3153,\ -0.4067]$。

设每个智能体的初始状态为 $x_{ij}(t)=2(\Theta-0.5)\ (i=1,2\cdots,9;j=1,2,3)$，其中 Θ 提供了一个在 $(0,1)$ 上均匀分布的随机值。图 8-1 为有向交互拓扑示意图。图 8-2 显示了领导者和跟随者在 $t=0\mathrm{s}$、$t=10\mathrm{s}$ 和 $t=50\mathrm{s}$ 的状态轨迹的截图，其中领导者和跟随者的状态分别用五角星

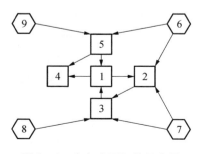

图 8-1　有向交互拓扑示意图

和星号标识,领导者张成的凸包由实线标识。图 8-3 显示了智能体在 $t = 50\text{ s}$ 时对应的状态在不同平面内的投影。从图 8-2 和图 8-3 可以看出,使用所设计的控制协议,正常高阶集群系统在时变通信延迟的影响下依然实现了期望的合围控制。

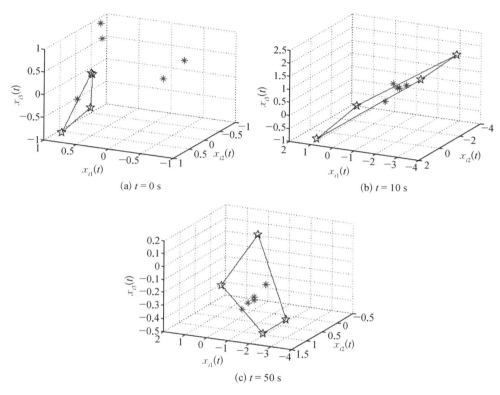

(a) $t = 0\text{ s}$

(b) $t = 10\text{ s}$

(c) $t = 50\text{ s}$

图 8-2 领导者和跟随者的状态轨迹在不同时刻的截图

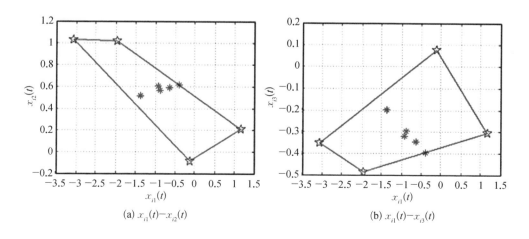

(a) $x_{i1}(t) - x_{i2}(t)$

(b) $x_{i1}(t) - x_{i3}(t)$

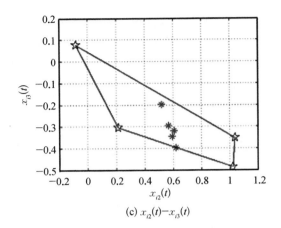

$$(c)\ x_{i2}(t) - x_{i3}(t)$$

图 8-3   领导者和跟随者的状态轨迹在 $t=50$ s 时的投影

8.3   延迟条件下奇异集群系统状态合围控制

本节对具有延迟的高阶奇异集群系统状态合围控制问题进行研究。首先,为消除奇异集群系统中的脉冲模态并实现状态合围,基于状态信息构建一种考虑延迟的合围协议。然后,把奇异集群系统在延迟条件下的状态合围问题转化为稳定性问题。接着利用线性矩阵不等式给出奇异集群系统实现状态合围的充分条件。最后,提出合围协议的设计方法。

8.3.1   问题描述

对于具有 N 个智能体的高阶线性定常奇异集群系统,假设智能体的动力学特性满足:

$$E\dot{x}_i(t) = Ax_i(t) + Bu_i(t), \quad i = 1, 2, \cdots, N \tag{8-27}$$

其中,$x_i(t) \in \mathbb{R}^n$ 表示状态,$u_i(t) \in \mathbb{R}^m$ 表示控制输入,$A \in \mathbb{R}^{n \times n}$、$B \in \mathbb{R}^{n \times m}$、$E \in \mathbb{R}^{n \times n}$ 满足 $\mathrm{rank}(E) = r \leqslant n$。

定义 8.3: 如果奇异集群系统(8-27)是正则无脉冲的,并且对任意 $k \in F$,均存在满足 $\sum_{j=M+1}^{N} \beta_{k,j} = 1$ 的非负常数 $\beta_{k,j}(j \in L)$ 使得

$$\lim_{t \to \infty} \left(x_k(t) - \sum_{j=M+1}^{N} \beta_{k,j} x_j(t) \right) = 0 \tag{8-28}$$

则称奇异集群系统实现了状态合围。

考虑如下状态合围协议：

$$u_i(t) = K_1 x_i(t) + \bar{u}_i(t), \ i = 1, 2, \cdots, N \qquad (8-29)$$

其中，$K_1 \in \mathbb{R}^{m \times n}$ 为常数增益矩阵，$\bar{u}_i(t) \in \mathbb{R}^m$ 为有待设计的控制项。在协议（8-29）的作用下，奇异集群系统（8-27）的紧凑形式如下：

$$E\dot{x}_i(t) = (A + BK_1)x_i(t) + B\bar{u}_i(t), \ i = 1, 2, \cdots, N \qquad (8-30)$$

令

$$E = [E_1, \ E_2] = \begin{bmatrix} E_{11} & E_{12} \\ E_{21} & E_{22} \end{bmatrix}$$

其中，$E_{11} \in \mathbb{R}^{r \times r}$，$E_{12} \in \mathbb{R}^{r \times (n-r)}$，$E_{21} \in \mathbb{R}^{(n-r) \times r}$，$E_{22} \in \mathbb{R}^{(n-r) \times (n-r)}$。不失一般性，假设 E_{11} 是列满秩的。在这种情况下，存在 $\bar{Q}_S \in \mathbb{R}^{r \times (n-r)}$ 和 $P_S \in \mathbb{R}^{n \times n}$ 使得 $E_2 = E_1 \bar{Q}_S$，$P_S E_1 = [I, \ 0]^T$。那么，

$$P_S E = \begin{bmatrix} I & \bar{Q}_S \\ 0 & 0 \end{bmatrix}$$

首先定义 $x_i(t) = [x_{i1}^T(t), \ x_{i2}^T(t)]^T$，其中 $x_{i1}(t) \in \mathbb{R}^r$，$x_{i2}(t) \in \mathbb{R}^{n-r}$。令 $Q_S = \begin{bmatrix} I & -\bar{Q}_S \\ 0 & I \end{bmatrix}$，那么有 $Q_S^{-1} x_i(t) = [\tilde{x}_{i1}^T(t), \ \tilde{x}_{i2}^T(t)]^T$，其中 $\tilde{x}_{i1}(t) \in \mathbb{R}^r$，$\tilde{x}_{i2}(t) \in \mathbb{R}^{n-r}$。可以证明 $\tilde{x}_{i1}(t) = x_{i1}(t) + \bar{Q}_S x_{i2}(t)$，$\tilde{x}_{i2}(t) = x_{i2}(t)$，以及

$$P_S E Q_S = \begin{bmatrix} I & 0 \\ 0 & 0 \end{bmatrix}$$

接着定义：

$$P_S(A + BK_1)Q_S = \begin{bmatrix} \tilde{A}_{11} & \tilde{A}_{12} \\ \tilde{A}_{21} & \tilde{A}_{22} \end{bmatrix}, \ P_S B = \begin{bmatrix} \tilde{B}_{S1} \\ \tilde{B}_{S2} \end{bmatrix}$$

其中，$\tilde{A}_{11} \in \mathbb{R}^{r \times r}$，$\tilde{A}_{12} \in \mathbb{R}^{r \times (n-r)}$，$\tilde{A}_{21} \in \mathbb{R}^{(n-r) \times r}$，$\tilde{A}_{22} \in \mathbb{R}^{(n-r) \times (n-r)}$，$\tilde{B}_{S1} \in \mathbb{R}^{r \times m}$，$\tilde{B}_{S2} \in \mathbb{R}^{(n-r) \times m}$。奇异集群系统（8-30）可分解为

$$\begin{cases} \dot{\tilde{x}}_{i1}(t) = \tilde{A}_{11}\tilde{x}_{i1}(t) + \tilde{A}_{12}\tilde{x}_{i2}(t) + \tilde{B}_{S1}\bar{u}_i(t) \\ 0 = \tilde{A}_{21}\tilde{x}_{i1}(t) + \tilde{A}_{22}\tilde{x}_{i2}(t) + \tilde{B}_{S2}\bar{u}_i(t) \end{cases} \qquad (8-31)$$

假设 $(E, A + BK_1)$ 是正则无脉冲的，则 $\tilde{A}_{22}$ 是非奇异的。在这种情况下，式（8-31）可以进一步表示为

$$\begin{cases} \dot{\tilde{x}}_{i1}(t) = (\tilde{A}_{11} - \tilde{A}_{12}\tilde{A}_{22}^{-1}\tilde{A}_{21})\tilde{x}_{i1}(t) + (\tilde{B}_{S1} - \tilde{A}_{12}\tilde{A}_{22}^{-1}\tilde{B}_{S2})\bar{u}_i(t) \\ \tilde{x}_{i2}(t) = -\tilde{A}_{22}^{-1}\tilde{A}_{21}\tilde{x}_{i1}(t) - \tilde{A}_{22}^{-1}\tilde{B}_{S2}\bar{u}_i(t) \end{cases} \quad (8-32)$$

需要指出的是,如果 (E, A) 不是无脉冲的但是 (E, A, B) 是脉冲能控的,那么可以通过选取 K_1 来消除 (E, A) 中的脉冲模态。

对于所有的 $i = 1, 2, \cdots, N$,构造具有延迟的 $\bar{u}_i(t)$ 如下:

$$\bar{u}_i(t) = K_2 \sum_{j \in N_i} w_{ij}\{[x_{i1}(t-\tau) + \bar{Q}_s x_{i2}(t-\tau)] - [x_{j1}(t-\tau) + \bar{Q}_s x_{j2}(t-\tau)]\}$$
$$+ K_3[x_{i1}(t-\tau) + \bar{Q}_s x_{i2}(t-\tau)], \quad \forall i \in F$$
$$(8-33)$$

$$\bar{u}_i(t) = K_3[x_{i1}(t-\tau) + \bar{Q}_s x_{i2}(t-\tau)], \quad \forall i \in L \quad (8-34)$$

其中,K_2、$K_3 \in \mathbb{R}^{m \times r}$ 为常数增益矩阵,$\tau > 0$ 为已知的常数延迟。

注释 8.1: 在具有延迟的合围协议(8-29)、协议(8-33)和协议(8-34)中,K_1 主要用来消除奇异集群系统(8-27)状态中的脉冲项,K_3 可以用来对领导者的运动模态进行配置,K_2 用来保证跟随者的状态进入到领导者的状态形成的凸包中。在文献[96]、[105]和[106]中,领导者的状态仅与初态有关,并且运动模态是无法改变的。但是,在一些实际应用中,领导者的运动模态需要进一步配置。在这种情况下,文献[96]、[105]和[106]中的协议将不再适用。增益矩阵 K_1、K_2 和 K_3 需要按照以下的顺序进行设计。首先,设计 K_1 来消除奇异集群系统(8-27)中的脉冲项;然后,设计 K_3 对领导者的运动模态进行配置;最后,设计 K_2 保证奇异集群系统实现状态合围。增益矩阵 K_1 的设计方法可以参见文献[183]。

本节主要研究在延迟合围协议(8-29)、协议(8-33)和协议(8-34)作用下的高阶奇异集群系统(8-27)的如下两个问题:(i)实现状态合围的条件是什么;(ii)如何对合围协议进行设计。

8.3.2 问题转化及初步结果

定义:

$$x_{F1}(t) = [x_{11}^T(t), x_{21}^T(t), \cdots, x_{M1}^T(t)]^T, \quad x_{L1}(t) = [x_{(M+1)1}^T(t), x_{(M+2)1}^T(t), \cdots, x_{N1}^T(t)]^T$$

$$x_{F2}(t) = [x_{12}^T(t), x_{22}^T(t), \cdots, x_{M2}^T(t)]^T, \quad x_{L2}(t) = [x_{(M+1)2}^T(t), x_{(M+2)2}^T(t), \cdots, x_{N2}^T(t)]^T$$

$$\tilde{x}_{F1}(t) = [\tilde{x}_{11}^T(t), \tilde{x}_{21}^T(t), \cdots, \tilde{x}_{M1}^T(t)]^T, \quad \tilde{x}_{L1}(t) = [\tilde{x}_{(M+1)1}^T(t), \tilde{x}_{(M+2)1}^T(t), \cdots, \tilde{x}_{N1}^T(t)]^T$$

$$\tilde{x}_{F2}(t) = [\tilde{x}_{12}^T(t), \tilde{x}_{22}^T(t), \cdots, \tilde{x}_{M2}^T(t)]^T, \quad \tilde{x}_{L2}(t) = [\tilde{x}_{(M+1)2}^T(t), \tilde{x}_{(M+2)2}^T(t), \cdots, \tilde{x}_{N2}^T(t)]^T$$

在合围控制协议(8-29)、协议(8-33)和协议(8-34)的作用下,可以得到奇异集群系统(8-27)的闭环紧凑形式如下:

$$
\begin{cases}
\dot{\tilde{x}}_{F1}(t) = \left[I \otimes (\tilde{A}_{11} - \tilde{A}_{12}\tilde{A}_{22}^{-1}\tilde{A}_{21}) \right]\tilde{x}_{F1}(t) + L_2 \otimes (\tilde{B}_{S1} - \tilde{A}_{12}\tilde{A}_{22}^{-1}\tilde{B}_{S2})K_2\tilde{x}_{L1}(t-\tau) \\
\qquad + \left[L_1 \otimes (\tilde{B}_{S1} - \tilde{A}_{12}\tilde{A}_{22}^{-1}\tilde{B}_{S2})K_2 + I \otimes (\tilde{B}_{S1} - \tilde{A}_{12}\tilde{A}_{22}^{-1}\tilde{B}_{S2})K_3 \right]\tilde{x}_{F1}(t-\tau),\ t > 0 \\
\tilde{x}_{F1}(t) = \varphi_{F1}(t),\ t \in [-\tau, 0]
\end{cases}
$$

$$(8-35)$$

$$
\begin{aligned}
\tilde{x}_{F2}(t) = &\ I \otimes (-\tilde{A}_{22}^{-1}\tilde{A}_{21})\tilde{x}_{F1}(t) + L_2 \otimes (-\tilde{A}_{22}^{-1}\tilde{B}_{S2}K_2)\tilde{x}_{L1}(t-\tau) \\
&\ + \left[L_1 \otimes (-\tilde{A}_{22}^{-1}\tilde{B}_{S2}K_2) + I \otimes (-\tilde{A}_{22}^{-1}\tilde{B}_{S2}K_3) \right]\tilde{x}_{F1}(t-\tau)
\end{aligned}
$$

$$(8-36)$$

$$
\begin{cases}
\dot{\tilde{x}}_{L1}(t) = \left[I \otimes (\tilde{A}_{11} - \tilde{A}_{12}\tilde{A}_{22}^{-1}\tilde{A}_{21}) \right]\tilde{x}_{L1}(t) + \left[I \otimes (\tilde{B}_{S1} - \tilde{A}_{12}\tilde{A}_{22}^{-1}\tilde{B}_{S2})K_3 \right]\tilde{x}_{L1}(t-\tau),\ t > 0 \\
\tilde{x}_{L1}(t) = \varphi_{L1}(t),\ t \in [-\tau, 0]
\end{cases}
$$

$$(8-37)$$

$$
\tilde{x}_{L2}(t) = I \otimes (-\tilde{A}_{22}^{-1}\tilde{A}_{21})\tilde{x}_{L1}(t) + I \otimes (-\tilde{A}_{22}^{-1}\tilde{B}_{S2}K_3)\tilde{x}_{L1}(t-\tau) \quad (8-38)
$$

其中,$\varphi_{F1}(t)$ 和 $\varphi_{L1}(t)$ 为定义在 $t \in [-\tau, 0]$ 上的有界容许的连续向量函数。

注释8.2: 由式(8-37)可以看出,通过选取恰当的增益矩阵 K_3 可以对具有常数输入延迟的系统 $(\tilde{A}_{11} - \tilde{A}_{12}\tilde{A}_{22}^{-1}\tilde{A}_{21},\ \tilde{A}_{S1} - \tilde{A}_{12}\tilde{A}_{22}^{-1}\tilde{B}_{S1})$ 的运动模态进行一定的配置。这类系统的运动模态配置问题在文献[184]—[187]中已做详细讨论。

令

$$
\theta_{Si}(t) = \sum_{j_1 \in N_{i1}} w_{ij}\left[\tilde{x}_{i1}(t-\tau) - \tilde{x}_{j1}(t-\tau) \right],\ \forall\, i \in F
$$

及 $\theta_S(t) = \left[\theta_{S1}^{\mathrm{T}}(t),\ \theta_{S2}^{\mathrm{T}}(t),\ \cdots,\ \theta_{SM}^{\mathrm{T}}(t) \right]^{\mathrm{T}}$,则

$$
\theta_S(t) = (L_2 \otimes I)\tilde{x}_{L1}(t-\tau) + (L_1 \otimes I)\tilde{x}_{F1}(t-\tau) \quad (8-39)
$$

对式(8-39)求导可得

$$
\dot{\theta}_S(t) = (L_2 \otimes I)\dot{\tilde{x}}_{L1}(t-\tau) + (L_1 \otimes I)\dot{\tilde{x}}_{F1}(t-\tau) \quad (8-40)
$$

把式(8-35)、式(8-37)和式(8-38)代入式(8-40)可得

$$
\begin{aligned}
\dot{\theta}_S(t) = &\ I \otimes (\tilde{A}_{11} - \tilde{A}_{12}\tilde{A}_{22}^{-1}\tilde{A}_{21})\theta_S(t) + \left[L_1 \otimes (\tilde{B}_{S1} - \tilde{A}_{12}\tilde{A}_{22}^{-1}\tilde{B}_{S2})K_2 \right. \\
&\ \left. + I \otimes (\tilde{B}_{S1} - 0.5\tilde{A}_{12}\tilde{A}_{22}^{-1}\tilde{B}_{S2}) \right]K_3\theta_S(t-\tau)
\end{aligned} \quad (8-41)
$$

容易看出,如果系统(8-41)是渐近稳定的,那么 $\lim\limits_{t\to\infty}\theta_S(t) = 0$。也就是说:

$$\lim_{t \to \infty} \left[\tilde{x}_{F1}(t - \tau) - (-L_1^{-1}L_2 \otimes I)\tilde{x}_{L1}(t - \tau) \right] = 0$$

由此可知：

$$\lim_{t \to \infty} \left[\tilde{x}_{F1}(t) - (-L_1^{-1}L_2 \otimes I)\tilde{x}_{L1}(t) \right] = 0, \quad \forall i \in F \qquad (8-42)$$

由式(8-36)、式(8-38)和式(8-42)可得

$$\lim_{t \to \infty} \left[\tilde{x}_{F2}(t) - (-L_1^{-1}L_2 \otimes I)\tilde{x}_{L2}(t) \right] = 0$$

因为 $\tilde{x}_{i2}(t) = x_{i2}(t)$，所以

$$\lim_{t \to \infty} \left[x_{F2}(t) - (-L_1^{-1}L_2 \otimes I)x_{L2}(t) \right] = 0 \qquad (8-43)$$

注意到：

$$x_{F1}(t) = \tilde{x}_{F1}(t) - (I \otimes \bar{Q}_S)x_{F2}(t) \qquad (8-44)$$

根据式(8-42)~式(8-44)可以得到：

$$\lim_{t \to \infty} \left[x_{F1}(t) - (-L_1^{-1}L_2 \otimes I)x_{L1}(t) \right] = 0 \qquad (8-45)$$

假设 8.3：对于每个跟随者，至少存在一个领导者到该跟随者有一条有向路径。

在**假设 8.3** 的基础上可以得到如下引理。

引理 8.4[99]：如果集群系统对应的作用拓扑满足**假设 8.3**，那么 L_1 的所有特征值均具有正实部，$-L_1^{-1}L_2$ 的每个元素均非负并且其所有行和均等于 1。

结合**引理 8.4** 可知，所有跟随者的状态都收敛到了领导者的状态形成的凸包中，即奇异集群系统(8-27)在协议(8-29)、协议(8-33)和协议(8-34)的作用下实现了状态合围。

基于**假设 8.3** 可知 L_1 的所有特征值都具有正实部。定义 $\tilde{\theta}_S(t) = [\eta_{S1}^T(t), \eta_{S2}^T(t), \cdots, \eta_{SM}^T(t)]^T = (U_F^{-1} \otimes I)\theta_S(t)$，其中 U_F 与 5.2 节中的定义一致。由式(8-41)可知：

$$\dot{\tilde{\theta}}_S(t) = (I \otimes A_\eta)\tilde{\theta}_S(t) + (\bar{\Lambda}_F \otimes B_\eta K_2 + I \otimes B_\eta K_3)\tilde{\theta}_S(t - \tau) \qquad (8-46)$$

其中，$A_\eta = \tilde{A}_{11} - \tilde{A}_{12}\tilde{A}_{22}^{-1}\tilde{A}_{21}$，$B_\eta = \tilde{B}_{S1} - \tilde{A}_{12}\tilde{A}_{22}^{-1}\tilde{B}_{S2}$。由于 $\bar{\Lambda}_F$ 是一个具有上三角结构的矩阵，所以很容易得到下面的结论。

引理 8.5：如果 $(E, A + BK_1)$ 是正则无脉冲的并且如下系统：

$$\dot{\eta}_{Si}(t) = A_\eta\eta_{Si}(t) + B_\eta(\lambda_i K_2 + K_3)\eta_{Si}(t - \tau), \quad \forall i \in F \qquad (8-47)$$

是渐近稳定的，则对于任意给定的容许有界的初始状态，奇异集群系统(8-27)在延迟协议(8-29)、协议(8-33)和协议(8-34)的作用下可实现状态合围。

由式(8-31)可得

$$\begin{bmatrix} I & 0 \\ 0 & 0 \end{bmatrix} \begin{bmatrix} \dot{\tilde{x}}_{i1}(t) \\ \dot{\tilde{x}}_{i2}(t) \end{bmatrix} = \begin{bmatrix} \tilde{A}_{11} & \tilde{A}_{12} \\ \tilde{A}_{21} & \tilde{A}_{22} \end{bmatrix} \begin{bmatrix} \tilde{x}_{i1}(t) \\ \tilde{x}_{i2}(t) \end{bmatrix} + \begin{bmatrix} \tilde{B}_{S1} \\ \tilde{B}_{S2} \end{bmatrix} \bar{u}_i(t)$$

假设 $(E, A + BK_1)$ 是无脉冲的。令

$$\bar{P}_S = \begin{bmatrix} I & -\tilde{A}_{12}\tilde{A}_{22}^{-1} \\ 0 & I \end{bmatrix}, \quad \bar{Q}_S = \begin{bmatrix} I & 0 \\ -\tilde{A}_{22}^{-1}\tilde{A}_{21} & \tilde{A}_{22}^{-1} \end{bmatrix}, \quad \tilde{x}(t) = \bar{Q}_S \bar{x}(t)$$

则有

$$\begin{bmatrix} I & 0 \\ 0 & 0 \end{bmatrix} \bar{Q}_S \begin{bmatrix} \dot{\bar{x}}_{i1}(t) \\ \dot{\bar{x}}_{i2}(t) \end{bmatrix} = \begin{bmatrix} \tilde{A}_{11} & \tilde{A}_{12} \\ \tilde{A}_{21} & \tilde{A}_{22} \end{bmatrix} \bar{Q}_S \begin{bmatrix} \bar{x}_{i1}(t) \\ \bar{x}_{i2}(t) \end{bmatrix} + \begin{bmatrix} \tilde{B}_{S1} \\ \tilde{B}_{S2} \end{bmatrix} \bar{u}_i(t) \quad (8-48)$$

对式(8-48)左乘 $\bar{P}_S$ 可得

$$\begin{bmatrix} I & 0 \\ 0 & 0 \end{bmatrix} \dot{\bar{x}} = \begin{bmatrix} A_\eta & 0 \\ 0 & I \end{bmatrix} \bar{x}(t) + \begin{bmatrix} B_\eta \\ \tilde{B}_{S2} \end{bmatrix} \bar{u}_i(t) \quad (8-49)$$

根据**引理 2.16** 有如下结论成立。

引理 8.6：(A_η, B_η) 能控或者可镇定的充要条件是 $(E, A + BK_1)$ 是正则无脉冲的并且 $(E, A + BK_1, B)$ 是 $\mathbb{R}$-能控或者可镇定的。

8.3.3　状态合围控制分析及控制协议设计

引理 8.7[188]：令 $\eta_S(t) \in \mathbb{R}^r$ 为一个具有一阶连续可导分量的向量函数。则对于任意矩阵 M_1、$M_2 \in \mathbb{R}^{r \times r}$ 及 $S_S = S_S^T > 0$ 有如下积分不等式成立，

$$-\int_{t-\tau}^t \dot{\eta}_S^T(s) S_S \dot{\eta}_S(s) \, ds \leq \varsigma_S^T(t) \begin{bmatrix} M_1^T + M_1 & -M_1^T + M_2 \\ * & -M_2^T - M_2 \end{bmatrix} \varsigma_S(t)$$

$$+ \tau \varsigma_S^T(t) \begin{bmatrix} M_1^T \\ M_2^T \end{bmatrix} S_S^{-1} [M_1, M_2] \varsigma_S(t)$$

其中, $\varsigma_S(t) = [\eta_S^T(t), \eta_S^T(t-\tau)]^T$。

定理 8.3：对于任意给定的容许有界的初始状态,奇异集群系统(8-27)在延迟协议(8-29)、协议(8-33)和协议(8-34)的作用下实现状态合围的充分条件是 $(E, A + BK_1)$ 是正则无脉冲的并且存在 $2r \times 2r$ 维的矩阵 $R_S = R_S^T > 0$、$\Theta_S = \Theta_S^T > 0$、$S_S = S_S^T > 0$、$M_1$、$M_2$ 使得下面的线性矩阵不等式成立:

$$\bar{\Phi}_i = \begin{bmatrix} \bar{\Phi}_{11} & \bar{\Phi}_{i12} & \tau \Lambda_{A_\eta}^{\mathrm{T}} S_S & \tau M_1^{\mathrm{T}} \\ * & \bar{\Phi}_{22} & \tau (\Psi_{\bar{\lambda}_i} \Lambda_{B_\eta} \Lambda_{K_2} + \Lambda_{B_\eta} \Lambda_{K_3})^{\mathrm{T}} S_S & \tau M_2^{\mathrm{T}} \\ * & * & -\tau S_S & 0 \\ * & * & * & -\tau S_S \end{bmatrix} < 0, \ i = 1, 2, 3, 4$$

$$(8-50)$$

其中,

$$\bar{\Phi}_{11} = \Lambda_{A_\eta}^{\mathrm{T}} R_S + R_S \Lambda_{A_\eta} + \Theta_S + M_1^{\mathrm{T}} + M_1$$

$$\bar{\Phi}_{i12} = R_S (\Psi_{\bar{\lambda}_i} \Lambda_{B_\eta} \Lambda_{K_2} + {}_{B_\eta} \Lambda_{K_3}) - M_1^{\mathrm{T}} + M_2$$

$$\bar{\Phi}_{22} = -\Theta_S - M_2^{\mathrm{T}} - M_2$$

证明: 考虑如下系统的稳定性,

$$\dot{\eta}_{Si}(t) = A_\eta \eta_{Si}(t) + B_\eta (\lambda_i K_2 + K_3) \eta_{Si}(t-\tau), \ i \in L \qquad (8-51)$$

利用实部和虚部分解可知式(8-51)的渐近稳定性与如下系统的稳定性等价:

$$\dot{\hat{\eta}}_{Si}(t) = \Lambda_{A_\eta} \hat{\eta}_{Si}(t) + (\Psi_{\lambda_i} \Lambda_{B_\eta} \Lambda_{K_2} + \Lambda_{B_\eta} \Lambda_{K_3}) \hat{\eta}_{Si}(t-\tau) \qquad (8-52)$$

考虑如下李雅普诺夫-克拉索夫斯基函数候选:

$$V_i(t) = V_{i1}(t) + V_{i2}(t) + V_{i3}(t) \qquad (8-53)$$

其中,

$$V_{i1}(t) = \hat{\eta}_{Si}^{\mathrm{T}}(t) R_S \hat{\eta}_{Si}(t)$$

$$V_{i2}(t) = \int_{t-\tau}^{t} \hat{\eta}_{Si}^{\mathrm{T}}(s) \Theta_S \hat{\eta}_{Si}(s) \, \mathrm{d}s$$

$$V_{i3}(t) = \int_{-\tau}^{0} \int_{t+\sigma}^{t} \dot{\hat{\eta}}_i^{\mathrm{T}}(s) S_S \dot{\hat{\eta}}_i(s) \, \mathrm{d}s \mathrm{d}\sigma$$

沿式(5-47)的轨迹对 $V_{ij}(t)$ $(j = 1, 2, 3)$ 求导可得

$$\dot{V}_{i1}(t) = 2 \hat{\eta}_{Si}^{\mathrm{T}}(t) R_S H_{Si} \varsigma_i(t) \qquad (8-54)$$

$$\dot{V}_{i2}(t) = \hat{\eta}_{Si}^{\mathrm{T}}(t) \Theta_S \hat{\eta}_{Si}(t) - \hat{\eta}_{Si}^{\mathrm{T}}(t-\tau) \Theta_S \hat{\eta}_{Si}(t-\tau) \qquad (8-55)$$

$$\dot{V}_{i3}(t) = \tau \varsigma_{Si}^{\mathrm{T}}(t) H_{Si}^{\mathrm{T}} S H_{Si} \varsigma_{Si}(t) - \int_{t-\tau}^{t} \dot{\hat{\eta}}_i^{\mathrm{T}}(s) S_S \dot{\hat{\eta}}_i(s) \, \mathrm{d}s \qquad (8-56)$$

其中, $H_{Si} = [\Lambda_{A_\eta}, \ \Psi_{\lambda_i} \Lambda_{B_\eta} \Lambda_{K_2} + \Lambda_{B_\eta} \Lambda_{K_3}]$, $\varsigma_{Si}(t) = [\hat{\eta}_{Si}^{\mathrm{T}}(t), \ \hat{\eta}_{Si}^{\mathrm{T}}(t-\tau)]^{\mathrm{T}}$。根据**引理 8.7** 可知对任意 M_1、$M_2 \in \mathbb{R}^{2r \times 2r}$ 均有

$$- \int_{t-\tau}^{t} \dot{\hat{\eta}}_{Si}^{\mathrm{T}}(s) S_S \dot{\hat{\eta}}_{Si}(s) \mathrm{d}s \leqslant \varsigma_{Si}^{\mathrm{T}}(t) \begin{bmatrix} M_1^{\mathrm{T}} + M_1 & - M_1^{\mathrm{T}} + M_2 \\ * & - M_2^{\mathrm{T}} - M_2 \end{bmatrix} \varsigma_{Si}(t)$$

$$+ \tau \varsigma_{Si}^{\mathrm{T}}(t) \begin{bmatrix} M_1^{\mathrm{T}} \\ M_2^{\mathrm{T}} \end{bmatrix} S_S^{-1} [M_1, M_2] \varsigma_{Si}(t) \tag{8-57}$$

由式(8 - 53)~式(8 - 55)可得

$$\dot{V}_i(t) \leqslant \varsigma_{Si}^{\mathrm{T}}(t) \left(\bar{\Phi}_{Si} + \tau H_{Si}^{\mathrm{T}} S_S H_{Si} + \tau \begin{bmatrix} M_1^{\mathrm{T}} \\ M_2^{\mathrm{T}} \end{bmatrix} S_S^{-1} [M_1, M_2] \right) \varsigma_{Si}(t)$$

其中,

$$\bar{\Phi}_{Si} = \begin{bmatrix} \bar{\Phi}_{11} & R_S(\Psi_{\lambda_i} \Lambda_{B_\eta} \Lambda_{K_2} + \Lambda_{B_\eta} \Lambda_{K_3}) - M_1^{\mathrm{T}} + M_2 \\ * & \bar{\Phi}_{22} \end{bmatrix}$$

利用**引理 2.4** 所示的 Schur 补引理可知,对于所有的 $i \in F$,如果在 $\bar{\lambda}_i = \lambda_i$ 的情况下均有 $\bar{\Phi}_i < 0$ 可行,则系统(8 - 52)是渐近稳定的。再结合**引理 8.6** 可知,如果 $(E, A + BK_1)$ 是正则无脉冲的并且对于所有 $i = 1, 2, 3, 4, \bar{\Phi}_i < 0$ 可行,则奇异集群系统(8 - 27)在延迟协议(8 - 29)、协议(8 - 33)和协议(8 - 34)的作用下实现状态合围。证明完毕。

如果合围协议中的增益矩阵 K_2 是未知的,则**定理 8.3** 中的 $\bar{\Phi}_i < 0$ ($i = 1, 2, 3, 4$)就变成了非线性矩阵不等式。在这种情况下很难通过求解这些非线性矩阵不等式来得到 K_2。下面基于变量代换的方法给出确定增益矩阵 K_2 的一种方法。

定理 8.4: 如果 $(E, A + BK_1)$ 是正则无脉冲的并且存在正定对称矩阵 $\bar{R}_S \in \mathbb{R}^{2r \times 2r}$、$\bar{S}_S \in \mathbb{R}^{2r \times 2r}$、$\bar{\Theta}_S \in \mathbb{R}^{r \times r}$ 以及矩阵 $\bar{K}_2 \in \mathbb{R}^{m \times r}$ 使得如下线性矩阵不等式可行:

$$\tilde{\Phi}_i = \begin{bmatrix} \tilde{\Phi}_{i11} & \tilde{\Phi}_{i12} & \tilde{\Phi}_{i13} & 0 & \bar{R}_S \\ * & \tilde{\Phi}_{22} & \tilde{\Phi}_{i23} & \bar{S}_S & 0 \\ * & * & -\tau^{-1} \bar{S}_S & 0 & 0 \\ * & * & * & -\tau^{-1} \bar{S}_S & 0 \\ * & * & * & * & -\Lambda_{\bar{\Theta}_S} \end{bmatrix} < 0, i = 1, 2, 3, 4 \tag{8-58}$$

其中,

$$\tilde{\Phi}_{i11} = \Lambda_{A_\eta}\bar{R}_S + \bar{R}_S\Lambda_{A_\eta}^{\mathrm{T}} + \Psi_{\bar{\lambda}_i}\Lambda_{B_\eta}\Lambda_{\bar{K}_2} + \Lambda_{\bar{K}_2}^{\mathrm{T}}\Lambda_{B_\eta}^{\mathrm{T}}\Psi_{\bar{\lambda}_i}^{\mathrm{T}} + \Lambda_{B_\eta}\Lambda_{K_3}\Lambda_{\bar{\Theta}_S} + \Lambda_{\bar{\Theta}_S}^{\mathrm{T}}\Lambda_{K_3}^{\mathrm{T}}\Lambda_{B_\eta}^{\mathrm{T}} - \Lambda_{\bar{\Theta}_S}$$

$$\tilde{\Phi}_{i12} = \bar{R}_S + \Psi_{\bar{\lambda}_i}\Lambda_{B_\eta}\Lambda_{\bar{K}_2} + \Lambda_{B_\eta}\Lambda_{K_3}\Lambda_{\bar{\Theta}_S} - 2\Lambda_{\bar{\Theta}_S}$$

$$\tilde{\Phi}_{i13} = \bar{R}_S\Lambda_{A_\eta}^{\mathrm{T}} + \Lambda_{\bar{K}_2}^{\mathrm{T}}\Lambda_{B_\eta}^{\mathrm{T}}\Psi_{\bar{\lambda}_i}^{\mathrm{T}} + \Lambda_{\bar{\Theta}_S}^{\mathrm{T}}\Lambda_{K_3}^{\mathrm{T}}\Lambda_{B_\eta}^{\mathrm{T}}$$

$$\tilde{\Phi}_{22} = -3\Lambda_{\bar{\Theta}_S}$$

$$\tilde{\Phi}_{i23} = \Lambda_{\bar{K}_2}^{\mathrm{T}}\Lambda_{B_\eta}^{\mathrm{T}}\Psi_{\bar{\lambda}_i}^{\mathrm{T}} + \Lambda_{\bar{\Theta}_S}^{\mathrm{T}}\Lambda_{K_3}^{\mathrm{T}}\Lambda_{B_\eta}^{\mathrm{T}}$$

则对于任意给定的容许有界的初始状态,奇异集群系统(8－27)在延迟协议(8－29)、协议(8－33)和协议(8－34)的作用下可以实现状态合围并且增益矩阵 K_2 满足 $K_2 = \bar{K}_2\bar{\Theta}_S^{-1}$。

证明: 令

$$\bar{A}_{\eta i} = \begin{bmatrix} \Lambda_{A_\eta} & \Psi_{\bar{\lambda}_i}\Lambda_{B_\eta}\Lambda_{K_2} + \Lambda_{B_\eta}\Lambda_{K_3} \\ I & -I \end{bmatrix} \quad (i = 1, 2, 3, 4), \quad T_S = \begin{bmatrix} R_S & 0 \\ M_1 & M_2 \end{bmatrix} \quad M^{\mathrm{T}} = \begin{bmatrix} M_1^{\mathrm{T}} \\ M_2^{\mathrm{T}} \end{bmatrix}$$

根据 Schur 补引理可知 $\bar{\Phi}_i < 0$ 等价于

$$\hat{\Phi}_{Si} = \begin{bmatrix} T_S^{\mathrm{T}}\bar{A}_{\eta i} + \bar{A}_{\eta i}^{\mathrm{T}}T_S + \mathrm{diag}\{\Theta_S, -\Theta_S\} & H_{Si}^{\mathrm{T}} & M^{\mathrm{T}} \\ * & -\tau^{-1}S_S^{-1} & 0 \\ * & * & -\tau^{-1}S_S \end{bmatrix} < 0 \tag{8-59}$$

令 $M_1 = -R_S$,$M_2 = \Theta_S$。那么,

$$T_S^{-1} = \begin{bmatrix} R_S^{-1} & 0 \\ \Theta_S^{-1} & \Theta_S^{-1} \end{bmatrix} \tag{8-60}$$

可以证明:

$$\mathrm{diag}\{T_S^{-\mathrm{T}}, I, S_S^{-1}\}\hat{\Phi}_{Si}\mathrm{diag}\{T_S^{-1}, I, S_S^{-1}\}$$
$$= \begin{bmatrix} \bar{A}_{\eta i}T_S^{-1} + T_S^{-\mathrm{T}}\bar{A}_{\eta i}^{\mathrm{T}} + T_S^{-\mathrm{T}}\mathrm{diag}\{\Theta_S, -\Theta_S\}T_S^{-1} & T_S^{-\mathrm{T}}H_{Si}^{\mathrm{T}} & [0, S_S^{-1}]^{\mathrm{T}} \\ * & -\tau^{-1}S_S^{-1} & 0 \\ * & * & -\tau^{-1}S^{-1} \end{bmatrix} \tag{8-61}$$

令 $\bar{R}_S = R_S^{-1}$,$\bar{S} = S_S^{-1}$,$\Lambda_{\bar{\Theta}_S} = \Theta_S^{-1}$,$\bar{K}_2 = K_2\bar{\Theta}_S$。由式(8－59)~式(8－61)可知如果 $\bar{\Phi}_i < 0$ 是可行的,那么 $\hat{\Phi}_{Si} < 0$。因此,如果 $\bar{\Phi}_i < 0$ $(i = 1, 2, 3, 4)$ 是可行的并且 $(E, A + BK_1)$ 是正则无脉冲的,则奇异集群系统(8－27)在延迟协议(8－29)、协议

（8-33）和协议（8-34）的作用下可以实现状态合围,其中 $K_2 = \bar{K}_2 \bar{\Theta}_s^{-1}$。 证明完毕。

注释8.3：通过应用**引理8.7**所述的积分不等式的方法来对延迟进行处理,**定理8.3**给出了奇异集群系统在延迟存在的情况下实现状态合围的充分条件。针对延迟系统稳定性问题,Zhang 等[188]证明了采用积分不等式的方法可以较大幅度地减少所得到的条件的保守性。此外,文献[189]—[192]所采用的延迟分区的方法也可以用来分析延迟系统的稳定性并且具有较少的保守性。在增益矩阵 K_2 未知的情况下,系统（8-47）的稳定性判据是非线性的。通过使用变量代换的方法,**定理8.4**虽然比**定理8.3**具有较大的保守性,但是给出了一种确定增益矩阵 K_2 的方法。

注释8.4：在 $N - M = 1$ 的情况下,本节中的结果可以用来解决具有延迟的高阶奇异集群系统一致跟踪问题。在 $E = I$ 或者 $E = I$, $N - M = 1$ 的情况下,本节中的结果可以分别用来解决正常高阶集群系统在延迟条件下的状态合围问题或者一致跟踪问题。已有一些文献对正常系统的状态合围和状态一致跟踪问题进行了研究,但是它们都没有考虑延迟对集群系统的影响并且所考虑的领导者的运动模态是无法配置的。

8.3.4　数值仿真

考虑一个具有 12 个智能体的四阶奇异集群系统,假设集群系统中有 4 个领导者和 8 个跟随者。集群系统对应的有向作用拓扑如图 8-4 所示。每个智能体的动力学方程如下所示:

$$E\dot{x}_i(t) = Ax_i(t) + Bu_i(t)$$

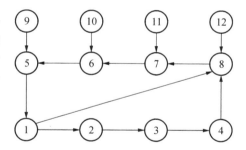

图 8-4　有向拓扑图 G

其 中 , $i = 1, 2, \cdots, 12$, $x_i(t) = [x_{i11}(t), x_{i12}(t), x_{i21}(t), x_{i22}(t)]^{\mathrm{T}}$, $E =$

$$\begin{bmatrix} 1 & 0 & \vdots & 1 & 0 \\ 2 & 3 & \vdots & 2 & -6 \\ 5 & 0 & \vdots & 5 & 0 \\ 0 & -6 & \vdots & 0 & 12 \end{bmatrix}, A = \begin{bmatrix} 1 & 1 & -1 & 2 \\ -2 & 5 & 1 & 4 \\ 5 & 5 & -5 & 10 \\ 2 & 1 & 4 & -3 \end{bmatrix}, B = \begin{bmatrix} 0 \\ 0 \\ 1 \\ 0 \end{bmatrix}。$$

易知 E_1 是列满秩的并且

$$\bar{Q}_s = \begin{bmatrix} 1 & 0 \\ 0 & -2 \end{bmatrix}, P_s = \begin{bmatrix} 1 & 0 & 0 & 0 \\ -\dfrac{2}{3} & \dfrac{1}{3} & 0 & 0 \\ -5 & 0 & 1 & 0 \\ -4 & 2 & 0 & 1 \end{bmatrix}$$

可以验证 (E, A) 是无脉冲的但是 (E, A, B) 是脉冲能控的。文献[183]的设计方法可以得到使得 $(E, A + BK_1)$ 是无脉冲的 $K_1 = [-3, -3, -0.1, 3]$。选择 $K_3 = [1.6843, 4.4769]$ 来对领导者的运动模态进行配置。令 $\tau = 0.025\ \mathrm{s}$。利用 MATLAB 工具箱中的 Feasp 求解器对**定理 8.4** 中的线性矩阵不等式进行求解可得 $K_2 = [-1.7850, -1.1131]$。在容许有界的初始状态下可以得到如图 8-5 所示的奇异集群系统的状态曲线,其中领导者和跟随者的状态分别由虚线和实线标记,领导者状态形成的凸包则由圆圈标记。从图 8-5 可以看出,随着时间的推移,跟随者的状态逐渐进入到领导者的状态形成的凸包中,即奇异集群系统在延迟条件下实现了状态合围。

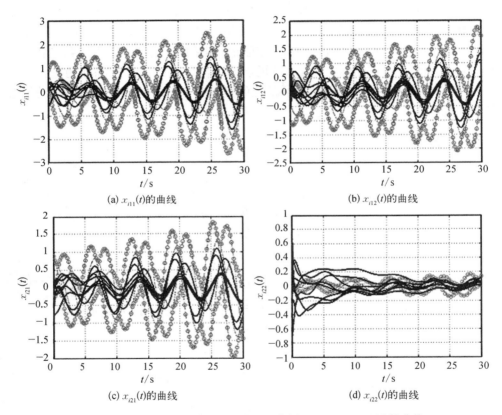

图 8-5　$x_{i11}(t)$、$x_{i12}(t)$、$x_{i21}(t)$、$x_{i22}(t)$ $(i=1, 2, \cdots, 12)$ 的曲线

8.4　正常集群系统动态输出合围控制

本节基于动态输出反馈对正常高阶集群系统的输出合围控制问题进行了研

究,给出了集群系统实现输出合围的充要条件及控制协议的设计方法。

8.4.1 问题描述

考虑一个具有 N 个智能体的正常高阶集群系统。集群系统中每个智能体的动力学特性可描述为

$$\begin{cases} \dot{x}_i(t) = Ax_i(t) + Bu_i(t) \\ y_i(t) = Cx_i(t) \end{cases} \tag{8-62}$$

其中,$i \in \{1, 2, \cdots, N\}$,$x_i(t) \in \mathbb{R}^n$ 为状态,$y_i(t) \in \mathbb{R}^q$ 为输出,$u_i(t) \in \mathbb{R}^m$ 为控制输入。假设 C 是行满秩的。

假设在集群系统(8-62)中有 $M(M < N)$ 个跟随者和 $N-M$ 个领导者,其中跟随者和领导者的下标集合为 $F = \{1, 2, \cdots, M\}$,$L = \{M+1, M+2, \cdots, N\}$。由**定义 8.1** 可知有向图 G 对应的拉普拉斯矩阵具有如下结构:

$$L = \begin{bmatrix} L_1 & L_2 \\ 0 & 0 \end{bmatrix}$$

其中,$L_1 \in \mathbb{R}^{M \times M}$,$L_2 \in \mathbb{R}^{M \times (N-M)}$。

定义 8.4:如果对任意 $k \in F$,都存在满足 $\sum_{j=M+1}^{N} \beta_{k,j} = 1$ 的非负常数 $\beta_{k,j}(j \in L)$ 使得

$$\lim_{t \to \infty} \left(y_k(t) - \sum_{j=M+1}^{N} \beta_{k,j} y_j(t) \right) = 0 \tag{8-63}$$

则称集群系统(8-62)实现了输出合围。

考虑如下基于动态输出反馈的输出合围协议:

$$\begin{cases} \dot{z}_i(t) = K_1 z_i(t) + K_2 \sum_{j \in N_i} w_{ij}(z_i(t) - z_j(t)) + K_3 \sum_{j \in N_i} w_{ij}(y_i(t) - y_j(t)), i \in F \\ u_i(t) = K_4 z_i(t), i \in F \end{cases}$$

$$\tag{8-64}$$

$$\begin{cases} \dot{z}_i(t) = K_1 z_i(t), i \in L \\ u_i(t) = K_4 z_i(t), i \in L \end{cases} \tag{8-65}$$

其中,$z_i(t) \in \mathbb{R}^{\bar{n}}(i = 1, 2, \cdots, N)$ 表示协议的状态,K_1、K_2、K_3 和 K_4 是具有匹配维数的常数增益矩阵。

令

$$z_F(t) = [z_1^{\mathrm{T}}(t), z_2^{\mathrm{T}}(t), \cdots, z_M^{\mathrm{T}}(t)]^{\mathrm{T}}, x_F(t) = [x_1^{\mathrm{T}}(t), x_2^{\mathrm{T}}(t), \cdots, x_M^{\mathrm{T}}(t)]^{\mathrm{T}}$$

$$y_F(t) = [y_1^{\mathrm{T}}(t), y_2^{\mathrm{T}}(t), \cdots, y_M^{\mathrm{T}}(t)]^{\mathrm{T}}, z_L(t) = [z_{M+1}^{\mathrm{T}}(t), z_{M+2}^{\mathrm{T}}(t), \cdots, z_N^{\mathrm{T}}(t)]^{\mathrm{T}}$$

$$x_L(t) = [x_{M+1}^{\mathrm{T}}(t), x_{M+2}^{\mathrm{T}}(t), \cdots, x_N^{\mathrm{T}}(t)]^{\mathrm{T}}, y_L(t) = [y_{M+1}^{\mathrm{T}}(t), y_{M+2}^{\mathrm{T}}(t), \cdots, y_N^{\mathrm{T}}(t)]^{\mathrm{T}}$$

在协议(8-64)和协议(8-65)的作用下,集群系统(8-62)的闭环动力学方程如下所示:

$$\begin{cases} \dot{z}_F(t) = (I_M \otimes K_1 + L_1 \otimes K_2)z_F(t) + (L_2 \otimes K_2)z_L(t) + (L_1 \otimes K_3)y_F(t) \\ \qquad\qquad + (L_2 \otimes K_3)y_L(t) \\ \dot{x}_F(t) = (I_M \otimes A)x_F(t) + (I_M \otimes BK_4)z_F(t) \\ y_F(t) = (I_M \otimes C)x_F(t) \end{cases}$$

$$(8-66)$$

$$\begin{cases} \dot{z}_L(t) = (I_{N\text{-}M} \otimes K_1)z_L(t) \\ \dot{x}_L(t) = (I_{N\text{-}M} \otimes A)x_L(t) + (I_{N\text{-}M} \otimes BK_4)z_L(t) \\ y_L(t) = (I_{N\text{-}M} \otimes C)x_L(t) \end{cases} \qquad (8-67)$$

针对在输出合围协议(8-64)和协议(8-65)作用下的集群系统(8-62),本节主要研究如下两个问题:(ⅰ)实现输出合围的条件是什么;(ⅱ)如何设计动态协议(8-64)和协议(8-65)。

8.4.2 输出合围控制分析

使用第4.3.2节中定义的 $\bar{C}$ 和 T 分别对 $x_F(t)$ 和 $x_L(t)$ 进行输出和非输出分解。定义 $\bar{y}_i(t) = \bar{C}x_i(t)$ $(i = 1, 2, \cdots, N)$、$\bar{y}_F(t) = [\bar{y}_1^{\mathrm{T}}(t), \bar{y}_2^{\mathrm{T}}(t), \cdots, \bar{y}_M^{\mathrm{T}}(t)]^{\mathrm{T}}$、$\bar{y}_L(t) = [\bar{y}_{M+1}^{\mathrm{T}}(t), \bar{y}_{M+2}^{\mathrm{T}}(t), \cdots, \bar{y}_N^{\mathrm{T}}(t)]^{\mathrm{T}}$。则集群系统(8-64)和集群系统(8-66)可分解为

$$\begin{cases} \dot{z}_F(t) = (I_M \otimes K_1 + L_1 \otimes K_2)z_F(t) + (L_2 \otimes K_2)z_L(t) + (L_1 \otimes K_3)y_F(t) \\ \qquad\qquad + (L_2 \otimes K_3)y_L(t) \\ \dot{y}_F(t) = (I_M \otimes \bar{A}_{11})y_F(t) + (I_M \otimes \bar{A}_{12})\bar{y}_F(t) + (I_M \otimes \bar{B}_1 K_4)z_F(t) \\ \dot{\bar{y}}_F(t) = (I_M \otimes \bar{A}_{21})y_F(t) + (I_M \otimes \bar{A}_{22})\bar{y}_F(t) + (I_M \otimes \bar{B}_2 K_4)z_F(t) \end{cases}$$

$$(8-68)$$

$$\begin{cases} \dot{z}_L(t) = (I_{N\text{-}M} \otimes K_1)z_L(t) \\ \dot{y}_L(t) = (I_{N\text{-}M} \otimes \bar{A}_{11})y_L(t) + (I_{N\text{-}M} \otimes \bar{A}_{12})\bar{y}_L(t) + (I_{N\text{-}M} \otimes \bar{B}_1 K_4)z_L(t) \\ \dot{\bar{y}}_L(t) = (I_{N\text{-}M} \otimes \bar{A}_{21})y_L(t) + (I_{N\text{-}M} \otimes \bar{A}_{22})\bar{y}_L(t) + (I_{N\text{-}M} \otimes \bar{B}_2 K_4)z_L(t) \end{cases}$$

$$(8-69)$$

在式(8-68)和式(8-69)中,以 $y_F(t)$ 和 $y_L(t)$ 为状态的两个子系统可以用来对输出合围问题进行分析。注意只有 $(\bar{A}_{22}, \bar{A}_{12})$ 的能观部分对这两个子系统有影响。因此,先利用第 4.3.3 节中定义的 $\tilde{T}$ 对 $(\bar{A}_{22}, \bar{A}_{12})$ 进行能观性分解。对于任意的 $i \in \{1, 2, \cdots, N\}$,令 $\hat{y}_i(t) = \tilde{T}^{-1}\bar{y}_i(t) = [\hat{y}_{io}^T(t), \hat{y}_{i\bar{o}}^T(t)]^T$,则 $\hat{y}_{Fo}(t) = [\hat{y}_{1o}^T(t), \hat{y}_{2o}^T(t), \cdots, \hat{y}_{Mo}^T(t)]^T$,$\hat{y}_{F\bar{o}}(t) = [\hat{y}_{1\bar{o}}^T(t), \hat{y}_{2\bar{o}}^T(t), \cdots, \hat{y}_{M\bar{o}}^T(t)]^T$,$\hat{y}_{Lo}(t) = [\hat{y}_{(M+1)o}^T(t), \hat{y}_{(M+2)o}^T(t), \cdots, \hat{y}_{No}^T(t)]^T$,$\hat{y}_{L\bar{o}}(t) = [\hat{y}_{(M+1)\bar{o}}^T(t), \hat{y}_{(M+2)\bar{o}}^T(t), \cdots, \hat{y}_{N\bar{o}}^T(t)]^T$。

然后系统(8-68)和系统(8-69)可分解为

$$
\begin{cases}
\dot{z}_F(t) = (I_M \otimes K_1 + L_1 \otimes K_2)z_F(t) + (L_2 \otimes K_2)z_L(t) + (L_1 \otimes K_3)y_L(t) \\
\qquad + (L_2 \otimes K_3)y_L(t) \\
\dot{y}_F(t) = (I_M \otimes \bar{A}_{11})y_F(t) + (I_M \otimes \tilde{E}_1)\hat{y}_{Fo}(t) + (I_M \otimes \bar{B}_1 K_4)z_F(t) \\
\dot{\hat{y}}_{Fo}(t) = (I_M \otimes \tilde{F}_1)y_F(t) + (I_M \otimes \tilde{D}_1)\hat{y}_{Fo}(t) + (I_M \otimes \tilde{B}_1 K_4)z_F(t) \\
\dot{\hat{y}}_{F\bar{o}}(t) = (I_M \otimes \tilde{F}_2)y_F(t) + (I_M \otimes \tilde{D}_2)\hat{y}_{Fo}(t) + (I_M \otimes \tilde{D}_3)\hat{y}_{F\bar{o}}(t) \\
\qquad + (I_M \otimes \tilde{B}_2 K_4)z_F(t)
\end{cases}
$$

$$(8-70)$$

$$
\begin{cases}
\dot{z}_L(t) = (I_{N-M} \otimes K_1)z_L(t) \\
\dot{y}_L(t) = (I_{N-M} \otimes \bar{A}_{11})y_L(t) + (I_{N-M} \otimes \tilde{E}_1)\hat{y}_{Lo}(t) + (I_{N-M} \otimes \bar{B}_1 K_4)z_L(t) \\
\dot{\hat{y}}_{Lo}(t) = (I_{N-M} \otimes \tilde{F}_1)y_L(t) + (I_{N-M} \otimes \tilde{D}_1)\hat{y}_{Lo}(t) + (I_{N-M} \otimes \tilde{B}_1 K_4)z_L(t) \\
\dot{\hat{y}}_{L\bar{o}}(t) = (I_{N-M} \otimes \tilde{F}_2)y_L(t) + (I_{N-M} \otimes \tilde{D}_2)\hat{y}_{Lo}(t) + (I_{N-M} \otimes \tilde{D}_3)\hat{y}_{L\bar{o}}(t) \\
\qquad + (I_{N-M} \otimes \tilde{B}_2 K_4)z_L(t)
\end{cases}
$$

$$(8-71)$$

定义 $U_F \in \mathbb{C}^{M \times M}$ 为满足 $U_F^{-1}L_1 U_F = \bar{\Lambda}_F$ 的非奇异矩阵,其中 $\bar{\Lambda}_F$ 是一个对角元素为 $\lambda_i(i=1, 2, \cdots, M)$ 的上三角矩阵并且 $\mathrm{Re}(\lambda_1) \leqslant \mathrm{Re}(\lambda_2) \leqslant \cdots \leqslant \mathrm{Re}(\lambda_M)$。下面的定理给出了集群系统(8-62)在动态协议(8-64)和协议(8-65)作用下实现输出合围的充要条件。

定理 8.5: 对于任意给定的有界初始状态,集群系统(8-62)在动态协议(8-64)和协议(8-65)作用下实现输出合围的充要条件是对 $\forall i \in \{1, 2, \cdots, M\}$,子系统 $(Y_{Fi}, [0\ I\ 0])$ 的能观模态是渐近稳定的,其中,

$$
Y_{Fi} = \begin{bmatrix} K_1 + \lambda_i K_2 & \lambda_i K_3 & 0 \\ \bar{B}_1 K_4 & \bar{A}_{11} & \tilde{E}_1 \\ \tilde{B}_1 K_4 & \tilde{F}_1 & \tilde{D}_1 \end{bmatrix}
$$

证明： 充分性。令 $\phi_F(t) = [z_F^{\mathrm{T}}(t), y_F^{\mathrm{T}}(t), \hat{y}_{Fo}^{\mathrm{T}}(t)]^{\mathrm{T}}$，$\phi_L(t) = [z_L^{\mathrm{T}}(t), y_L^{\mathrm{T}}(t),$
$\hat{y}_{Lo}^{\mathrm{T}}(t)]^{\mathrm{T}}$，$\phi(t) = [\phi_F^{\mathrm{T}}(t), \phi_L^{\mathrm{T}}(t)]^{\mathrm{T}}$。由式(8-70)和式(8-71)可知：

$$\dot{\phi}(t) = \begin{bmatrix} \Phi_1 & \Phi_2 \\ 0 & \Phi_3 \end{bmatrix} \phi(t) \tag{8-72}$$

其中，

$$\Phi_1 = \begin{bmatrix} I_M \otimes K_1 + L_1 \otimes K_2 & L_1 \otimes K_3 & 0 \\ I_M \otimes \bar{B}_1 K_4 & I_M \otimes \bar{A}_{11} & I_M \otimes \tilde{E}_1 \\ I_M \otimes \tilde{B}_1 K_4 & I_M \otimes \tilde{F}_1 & I_M \otimes \tilde{D}_1 \end{bmatrix}, \quad \Phi_2 = \begin{bmatrix} L_2 \otimes K_2 & L_2 \otimes K_3 & 0 \\ 0 & 0 & 0 \\ 0 & 0 & 0 \end{bmatrix}$$

$$\Phi_3 = \begin{bmatrix} I_{N-M} \otimes K_1 & 0 & 0 \\ I_{N-M} \otimes \bar{B}_1 K_4 & I_{N-M} \otimes \bar{A}_{11} & I_{N-M} \otimes \tilde{E}_1 \\ I_{N-M} \otimes \tilde{B}_1 K_4 & I_{N-M} \otimes \tilde{F}_1 & I_{N-M} \otimes \tilde{D}_1 \end{bmatrix}$$

微分方程(8-72)的解如下：

$$\phi(t) = \begin{bmatrix} \mathrm{e}^{\Phi_1 t} & L^{-1}((sI - \Phi_1)^{-1} \Phi_2 (sI - \Phi_3)^{-1}) \\ 0 & \mathrm{e}^{\Phi_3 t} \end{bmatrix} \phi(0) \tag{8-73}$$

其中，L^{-1} 表示拉普拉斯逆变换，s 是拉普拉斯算子。

可以证明：

$$(sI - \Phi_1)^{-1} \Phi_2 (sI - \Phi_3)^{-1} = (sI - \Phi_1)^{-1} \Theta_L - \Theta_L (sI - \Phi_3)^{-1}$$

其中，

$$\Theta_L = \begin{bmatrix} L_1^{-1} L_2 \otimes I & 0 & 0 \\ 0 & L_1^{-1} L_2 \otimes I & 0 \\ 0 & 0 & L_1^{-1} L_2 \otimes I \end{bmatrix}$$

由式(8-73)可知：

$$y_F(t) = [0 \quad I \quad 0] \mathrm{e}^{\Phi_1 t}(\phi_F(0) + (L_1^{-1} L_2 \otimes I)\phi_L(0)) + (-L_1^{-1} L_2 \otimes I)y_L(t) \tag{8-74}$$

$$y_L(t) = [0 \quad I \quad 0] \mathrm{e}^{\Phi_3 t} \phi_L(0) \tag{8-75}$$

如果子系统 $(Y_{Fi}, [0 \quad I \quad 0])$ $(i = 1, 2, \cdots, M)$ 的可观模态是渐近稳定的，根据 U_F 和 $\bar{\Lambda}_F$ 的结构可得 $\lim\limits_{t \to \infty}[0 \quad I \quad 0] \mathrm{e}^{\Phi_1 t} = 0$。因此，对于任意给定的有界初始状态，

$$\lim\limits_{t \to \infty}[y_F(t) - (-L_1^{-1} L_2 \otimes I)y_L(t)] = 0 \tag{8-76}$$

由式(8‑76)和**引理 8.1** 可知集群系统(8‑62)在动态协议(8‑64)和协议(8‑65)的作用下实现了输出合围。

必要性。必要性通过反证法来证明。选择 $\phi_L(0) = 0$ 或者 $\phi_L(0)$ 属于子系统 $(\Phi_3, [0 \ \ I \ \ 0])$ 的不可观空间。在这种情况下，$y_L(t) \equiv 0$。如果集群系统(8‑62)在动态协议(8‑64)和协议(8‑65)的作用下实现了输出合围但是子系统 $(Y_{Fi}, [0 \ \ I \ \ 0])$ 具有至少一个能观的模态对某些 $i \in \{1, 2, \cdots, M\}$ 是不稳定的，那么子系统 $(\Phi_1, [0 \ \ I \ \ 0])$ 具有至少一个不稳定的能观模态。因此，可以找到非零的 $\phi_F(0)$ 使得 $\lim_{t\to\infty} y_F(t) \neq 0$；也就是说，集群系统(8‑62)在动态协议(8‑64)和协议(8‑65)的作用下无法实现输出合围。这导致一个矛盾。所以，子系统 $(Y_{Fi}, [0 \ \ I \ \ 0])$ 的能观模态是渐近稳定的条件是必要的。证明完毕。

注释8.5：从 $Y_{Fi}(i = 1, 2, \cdots, M)$ 的结构可以看出，集群系统输出合围取决于智能体自身的动力学特性、$(\bar{A}_{22}, \bar{A}_{12})$ 的能观部分、作用拓扑以及控制增益矩阵 K_i $(i = 1, 2, 3, 4)$。

众所周知，集群系统的一个典型特点是智能体数量的规模较大。如果集群系统中的 M 很大，检验**定理 8.5** 中的条件可能会很费时间。下面的定理给出了集群系统实现输出合围的一个具有较少计算复杂度的充分条件。

令

$$\bar{\psi}_1 = \begin{bmatrix} K_1 & 0 & 0 \\ \bar{B}_1 K_4 & \bar{A}_{11} & \tilde{E}_1 \\ \tilde{B}_1 K_4 & \tilde{F}_1 & \tilde{D}_1 \end{bmatrix}, \ \bar{\psi}_2 = \begin{bmatrix} K_2 & K_3 & 0 \\ 0 & 0 & 0 \\ 0 & 0 & 0 \end{bmatrix}$$

则 $Y_{Fi} = \bar{\psi}_1 + \lambda_i \bar{\psi}_2$。定义 $\bar{\lambda}_{1,2} = \mathrm{Re}(\lambda_1) \pm j\mu_F$，其中 $\mu_F = \max\{\mathrm{Im}(\lambda_i), i \in F\}$。

定理8.6：对于任意给定的有界初始状态 $\bar{\lambda}_{3,4} = \mathrm{Re}(\lambda_M) \pm j\mu_F$，集群系统(8‑62)在动态协议(8‑64)和协议(8‑65)的作用下实现输出合围的充分条件是存在矩阵 $R_F = R_F^T > 0$ 使得

$$(\Lambda_{\bar{\psi}_i} + \Psi_{\bar{\lambda}_i} \Lambda_{\bar{\psi}_2})^T \Lambda_{R_F} + \Lambda_{R_F}^T (\Lambda_{\bar{\psi}_1} + \Psi_{\bar{\lambda}_i} \Lambda_{\bar{\psi}_2}) < 0, \ i = 1, 3 \qquad (8\text{‑}77)$$

证明：令 $\Pi_{Fi} = (\Lambda_{\bar{\psi}_1} + \Psi_{\bar{\lambda}_i} \Lambda_{\bar{\psi}_2})^T \Lambda_{R_F} + \Lambda_{R_F}^T (\Lambda_{\bar{\psi}_1} + \Psi_{\bar{\lambda}_i} \Lambda_{\bar{\psi}_2})$ $(i \in F)$，那么 $\Pi_{Fi} = \Omega_{F0} + \mathrm{Re}(\lambda_i)\Omega_{F1} + \mathrm{Im}(\lambda_i)\Omega_{F2}$，其中，

$$\Omega_{F0} = \begin{bmatrix} \bar{\psi}_1^T R_F + R_F^T \bar{\psi}_1 & 0 \\ 0 & \bar{\psi}_1^T R_F + R_F^T \bar{\psi}_1 \end{bmatrix}, \ \Omega_{F1} = \begin{bmatrix} \bar{\psi}_2^T + R_F^T \bar{\psi}_2 & 0 \\ 0 & \bar{\psi}_2^T R_F + R_F^T \bar{\psi}_2 \end{bmatrix}$$

$$\Omega_{F2} = \begin{bmatrix} 0 & \bar{\psi}_2^T R_F - R_F^T \bar{\psi}_2 \\ -\bar{\psi}_2^T R_F + R_F^T \bar{\psi}_2 & 0 \end{bmatrix}$$

类似地,令 $\tilde{\Pi}_{Fi} = (\Lambda_{\bar{\psi}_1} + \Psi_{\bar{\lambda}_i}\Lambda_{\bar{\psi}_2})^{\mathrm{T}}\Lambda_{R_F} + \Lambda_{R_F}^{\mathrm{T}}(\Lambda_{\bar{\psi}_1} + \Psi_{\bar{\lambda}_i}\Lambda_{\bar{\psi}_2})\ (i = 1, 2, 3, 4)$,则

$$\tilde{\Pi}_{Fi} = \Omega_{F0} + \mathrm{Re}(\bar{\lambda}_i)\Omega_{F1} + \mathrm{Im}(\bar{\lambda}_i)\Omega_{F2}$$

定义:

$$T_F = \begin{bmatrix} 0 & I \\ I & 0 \end{bmatrix}$$

由 $\mathrm{Im}(\bar{\lambda}_1) = -\mathrm{Im}(\bar{\lambda}_2)$ 和 $\mathrm{Im}(\bar{\lambda}_3) = -\mathrm{Im}(\bar{\lambda}_4)$,可知 $\tilde{\Pi}_{F1} = T_F\tilde{\Pi}_{F2}T_F^{-1}$ 和 $\tilde{\Pi}_{F3} = T_F\tilde{\Pi}_{F4}T_F^{-1}$。因此,如果 $\tilde{\Pi}_{F1} < 0$, $\tilde{\Pi}_{F3} < 0$,则 $\tilde{\Pi}_{F2} < 0$, $\tilde{\Pi}_{F4} < 0$。根据**引理4.3**可知如果条件(8-77)成立,则 $\Pi_{Fi} < 0\ (i \in F)$。

考虑如下子系统的稳定性:

$$\dot{\varphi}_{Fi}(t) = (\Lambda_{\bar{\psi}_1} + \Psi_{\lambda_i}\Lambda_{\bar{\psi}_2})\varphi_{Fi}(t), \quad i \in F \tag{8-78}$$

选取如下李雅普诺夫函数候选:

$$V_i(t) = \varphi_{Fi}^H(t)\Lambda_{R_F}\varphi_{Fi}(t), \quad i \in F$$

沿式(8-78)的轨迹对 $V_i(t)$ 求导可得

$$\dot{V}_i(t) = \varphi_{Fi}^H(t)\left[(\Lambda_{\bar{\psi}_1} + \Psi_{\lambda_i}\Lambda_{\bar{\psi}_2})^{\mathrm{T}}\Lambda_{R_F} + \Lambda_{R_F}(\Lambda_{\bar{\psi}_1} + \Psi_{\lambda_i}\Lambda_{\bar{\psi}_2})\right]\varphi_{Fi}(t)$$

因为 $\Pi_{Fi} < 0(i \in F)$,所以 $\dot{V}_i(t) < 0$,即 $\Lambda_{\bar{\psi}_1} + \Psi_{\lambda_i}\Lambda_{\bar{\psi}_2}(i \in F)$ 满足 Hurwitz 条件。利用实部和虚部分解可以证明如果 $\Lambda_{\bar{\psi}_1} + \Psi_{\lambda_i}\Lambda_{\bar{\psi}_2}(i \in F)$ 满足 Hurwitz 条件,那么 $Y_{Fi}(i \in F)$ 满足 Hurwitz 条件。因此,子系统 $(Y_{Fi}, [0\ \ I\ \ 0])$ 的能观模态是渐近稳定的。根据**定理8.5**可以得到集群系统(8-62)在动态协议(8-64)和协议(8-65)的作用下实现输出合围的结论。证明完毕。

注释8.6:定理8.6中的条件(8-77)仅包含两个与智能体数量无关的线性矩阵不等式约束。因此,对于具有大规模跟随者的集群系统,与**定理8.5**相比,虽然**定理8.6**的结论具有一定保守性,但是计算量会显著下降。

8.4.3 输出合围控制协议设计

为了简化描述,令

$$A_F = \begin{bmatrix} \bar{A}_{11} & \tilde{E}_1 \\ \tilde{F}_1 & \tilde{D}_1 \end{bmatrix}, \quad B_F = \begin{bmatrix} \bar{B}_1 \\ \tilde{B}_1 \end{bmatrix}, \quad C_F = [I\ \ 0]$$

则 $Y_{Fi}(i \in F)$ 可重新表示为

$$Y_{Fi} = \begin{bmatrix} K_1 + \lambda_i K_2 & \lambda_i K_3 C_F \\ B_F K_4 & A_F \end{bmatrix}, \; i \in F \tag{8-79}$$

定理 8.7：假设 (A, B) 是可镇定的，令 K_4 为满足 $A_F - B_F K_4$ 是 Hurwitz 矩阵，$K_1 = A_F - B_F K_4$，$K_3 = -[\operatorname{Re}(\lambda_1)]^{-1}(R_F^{-1}C_F P_F)^{\mathrm{T}}$，$K_2 = K_3 C_F$，其中 $P_F = P_F^{\mathrm{T}} > 0$ 是下述代数 Riccati 方程的正定解：

$$P_F A_F^{\mathrm{T}} + A_F P_F - P_F C_F^{\mathrm{T}} R_F^{-1} C_F P_F + Q_F = 0 \tag{8-80}$$

满足 $R_F = R_F^{\mathrm{T}} > 0$，$Q_F = D_F^{\mathrm{T}} D_F \geqslant 0$，$(D_F, A_F^{\mathrm{T}})$ 可检测，则对于任意给定的有界初始状态，集群系统 (8-62) 在动态协议 (8-64) 和协议 (8-65) 的作用下可以实现输出合围。

证明：令 $K_1 = A_F - B_F K_4$，$K_2 = K_3 C_F$，则

$$Y_{Fi} = \begin{bmatrix} A_F - B_F K_4 + \lambda_i K_3 C_F & \lambda_i K_3 C_F \\ B_F K_4 & A_F \end{bmatrix}, \; i \in F$$

可以证明 $Y_{Fi}(i \in F)$ 与

$$\bar{Y}_{Fi} = \begin{bmatrix} A_F + \lambda_i K_3 C_F & 0 \\ B_F K_4 & A_F - B_F K_4 \end{bmatrix}, \; i \in F$$

是相似的。由于 T 和 $\tilde{T}$ 是非奇异的，如果 (A, B) 是可镇定的，则根据可镇定的 PBH 判据得到：

$$\operatorname{rank}\left(\begin{bmatrix} sI - \bar{A}_{11} & -\tilde{E}_1 & 0 & \bar{B}_1 \\ -\tilde{F}_1 & sI - \tilde{D}_1 & 0 & \tilde{B}_1 \\ -\tilde{F}_2 & -\tilde{D}_2 & sI - \tilde{D}_3 & \tilde{B}_2 \end{bmatrix} \right) = n$$

其中，$s \in \bar{\mathbb{C}}^+ = \{s \mid s \in \mathbb{C}, \operatorname{Re}(s) \geqslant 0\}$。可以证明：

$$\operatorname{rank}\left(\begin{bmatrix} sI - \bar{A}_{11} & -\tilde{E}_1 & \bar{B}_1 \\ -\tilde{F}_1 & sI - \tilde{D}_1 & \tilde{B}_1 \end{bmatrix} \right) = q + g, \; \forall s \in \bar{\mathbb{C}}^+$$

这意味着 $[sI - A_F, B_F]$ 对任意 $s \in \bar{\mathbb{C}}^+$ 是行满秩的。因此，(A_F, B_F) 是可镇定的并且存在增益矩阵 K_4 使得 $A_F - B_F K_4$ 满足 Hurwitz 条件。

注意到 $(\tilde{D}_1, \tilde{E}_1)$ 是完全可观的，可知对任意 $s \in \mathbb{C}$，

$$\begin{bmatrix} sI - \bar{A}_{11} & -\tilde{E}_1 \\ -\tilde{F}_1 & sI - \tilde{D}_1 \\ I & 0 \end{bmatrix}$$

是列满秩的,即 (A_F, C_F) 是完全可观的。因此,(A_F^T, C_F^T) 是完全能控的。

那么对任意给定 $R_F = R_F^T > 0$ 和 $Q_F = D_{DF}^T \geqslant 0$,其中 (D_F, A_F^T) 是可检测的,代数 Riccati 方程(8-80)有唯一解 $P_F = P_F^T > 0$。由**引理 8.1** 可知 $\mathrm{Re}(\lambda_1) > 0$。考虑如下子系统的稳定性:

$$\dot{\bar{\varphi}}_{Fi}(t) = (A_F^T + \lambda_i^H C_F^T K_3^T)\bar{\varphi}_{Fi}(t), \quad i \in F \tag{8-81}$$

选择如下李雅普诺夫函数候选:

$$\bar{V}_i(t) = \bar{\varphi}_{Fi}^H(t) P_F \bar{\varphi}_{Fi}(t), \quad i \in F \tag{8-82}$$

选择 $K_3 = -[\mathrm{Re}(\lambda_1)]^{-1}(R_F^{-1}C_F P_F)^T$。沿系统(8-81)的轨迹对 $\bar{V}_i(t)$ 求导可得 $\dot{\bar{V}}_i(t) = -\bar{\varphi}_{Fi}^H(t)Q_F\bar{\varphi}_{Fi}(t) + \bar{\varphi}_{Fi}^H(t)(1 - 2\mathrm{Re}(\lambda_i)[\mathrm{Re}(\lambda_1)]^{-1})P_F C_F^T R_F^{-1} C_F P_F \bar{\varphi}_{Fi}(t) \leqslant 0$。注意到 (D_F, A_F^T) 是可检测的且 $R_F = R_F^T > 0$,则 $A_F^T + \lambda_i^H C_F^T K_3^T (i \in F)$ 满足 Hurwitz 条件。也就是说 $A_F + \lambda_i K_3 C_F (i \in F)$ 满足 Hurwitz 条件。因此,$Y_{Fi}(i \in F)$ 满足 Hurwitz 条件并且子系统 $(Y_{Fi}, [0 \quad I \quad 0])$ 的可观模态是渐近稳定的。结合**定理 8.5** 可知**定理 8.7** 的结论成立。证明完毕。

注释 8.7: 由**定理 8.7** 可以看出,如果 (A, B) 是可镇定的,则动态输出合围协议中的增益矩阵可以通过求解代数 Riccati 方程得到。虽然在作者之前的工作[108]中利用静态输出协议对输出合围问题进行了初步研究,但是需要同时使用凸补线性化和迭代线性矩阵不等式的算法才能求出控制协议中的增益矩阵。此外,在一些文献中控制器是否存在是无法预知的,所给出的判据仅仅是充分的。值得一提的是,在 $M = N - 1$ 的情况下,本节的结果可以直接被用来处理输出一致跟踪问题。

8.4.4　数值仿真

考虑具有 3 个领导者和 8 个跟随者的五阶集群系统,其中每个智能体的动力学特性满足式(8 - 62)且 $x_i(t) = [x_{i1}(t), x_{i2}(t), \cdots, x_{i5}(t)]^T$, $y_i(t) = [y_{i1}(t), y_{i2}(t), y_{i3}(t)]^T (i = 1, 2, \cdots, 11)$,

$$A = \begin{bmatrix} -9 & 6 & 7 & -2 & 9 \\ -23 & 10 & 5 & -6 & 23 \\ -2 & 0 & -2 & 0 & -6 \\ -7 & -2 & 1 & -2 & -9 \\ 1 & -2 & 1 & 2 & -5 \end{bmatrix}, B = \begin{bmatrix} 1 \\ 3 \\ 0 \\ 1 \\ -1 \end{bmatrix}, C = \begin{bmatrix} 1 & 0 & 0 & 0 & 1 \\ 1 & 0 & 1 & 0 & -1 \\ 0 & 1 & 0 & -1 & 0 \end{bmatrix}$$

集群系统对应的有向作用拓扑如图 8-6 所示。

选取 $\bar{C} = \begin{bmatrix} 1 & 0 & -1 & 0 & -1 \\ 0 & -1 & 1 & 0 & -1 \end{bmatrix}$,可知 $(\bar{A}_{22}, \bar{A}_{12})$ 是不完全能观的。为了

进行能观性分解,选取如下 $\tilde{T}$:

$$\tilde{T} = \begin{bmatrix} 1 & -1 \\ -1 & 2 \end{bmatrix}$$

令 $K_4 = [-2.5395, 6.9380, 1.9890, -7.1270]$,则 $A_F - B_F K_4$ 满足 Hurwitz 条件。由于 (A, B) 是可镇定的,根据**定理 8.7** 可得

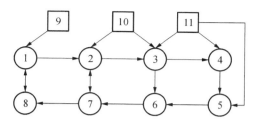

图 8-6　有向作用拓扑 G

$$K_1 = \begin{bmatrix} -4 & 4 & 0 & -4 \\ 1.079 & -13.876 & 0.022 & 10.254 \\ 9.079 & -17.876 & 0.022 & 6.254 \\ 13.079 & -9.876 & 0.022 & 10.254 \end{bmatrix}$$

$$K_2 = \begin{bmatrix} -0.1088 & -0.0750 & -0.3467 & 0 \\ -0.0750 & -0.3460 & -0.6300 & 0 \\ -0.3467 & -0.6300 & -1.8779 & 0 \\ 0.0488 & -0.5132 & -0.6358 & 0 \end{bmatrix}$$

$$K_3 = \begin{bmatrix} -0.1088 & -0.0750 & -0.3467 \\ -0.0750 & -0.3460 & -0.6300 \\ -0.3467 & -0.6300 & -1.8779 \\ 0.0488 & -0.5132 & -0.6358 \end{bmatrix}$$

令 $z_i(t) = [z_{i1}(t), z_{i2}(t), z_{i3}(t), z_{i4}(t)]^T (i = 1, 2, \cdots, 11)$。为每个智能体选取如下初始状态 $x_{ij}(0) = 4(\Theta - 0.5)$,$z_{ij}(0) = 4(\Theta - 0.5)$。图 8-7 和图 8-8 分别给出了 11 个智能体在不同时刻的输出轨迹截图和 $t = 50$ s 时输出轨迹在不同

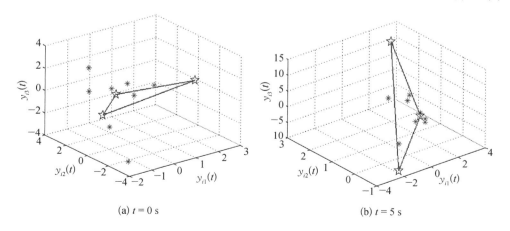

(a) $t = 0$ s　　　　　　　　　　(b) $t = 5$ s

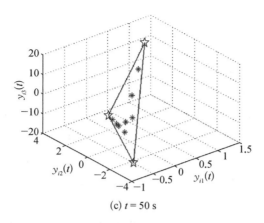

(c) $t = 50$ s

图 8 - 7 11 个智能体的输出轨迹在不同时刻的截图

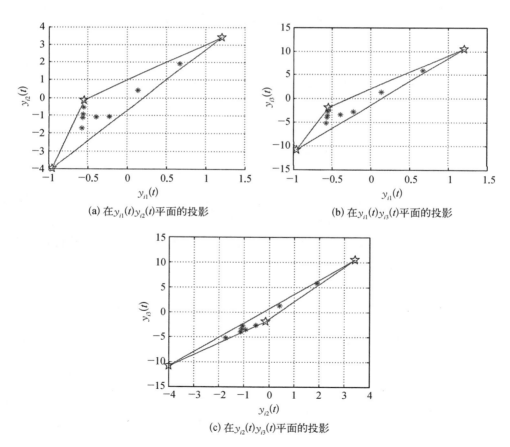

(a) 在$y_{i1}(t)y_{i2}(t)$平面的投影

(b) 在$y_{i1}(t)y_{i3}(t)$平面的投影

(c) 在$y_{i2}(t)y_{i3}(t)$平面的投影

图 8 - 8 $t = 50$ s 时 11 个智能体的输出轨迹在不同平面的投影

平面的投影,其中领导者和跟随者的输出分别用五角星和星号来表示,领导者输出形成的凸包用实线来表示。由图 8－7 和图 8－8 可以看出随着时间的推移,跟随者的输出逐渐进入到领导者的输出形成的凸包内部,即集群系统实现了输出合围。

8.5　本章小结

　　本章首先研究了具有时变延迟的正常高阶线性时不变集群系统的合围控制分析与设计问题,基于李雅普诺夫–克拉索夫斯基稳定性理论,给出了在时变延迟条件下的集群系统实现状态合围的充分条件,同时给出了一种确定协议增益矩阵的方法;然后对高阶奇异集群系统在延迟条件下的状态合围问题进行了研究,基于线性矩阵不等式和积分不等式等给出了奇异集群系统实现状态合围的与智能体个数无关的充分条件,并提出了合围协议的设计方法,此外利用变量代换的方法给出了确定延迟协议中增益矩阵的方法;最后基于动态输出反馈对正常高阶集群系统的输出合围控制问题进行了研究,给出了高阶集群系统实现输出合围的充要条件以及通过求解代数 Riccati 方程对输出合围协议进行设计的方法。正常高阶集群系统输出合围的结果可以应用到输出一致跟踪及状态合围;高阶奇异集群系统延迟条件下状态合围的结果则可以用来解决正常高阶集群系统延迟条件下的状态合围问题及奇异/正常高阶集群系统延迟条件下的状态一致跟踪问题。

第9章

集群系统编队-合围控制

9.1 引言

前面章节分别对时变编队控制问题以及合围控制问题进行了研究。注意到，在第 8 章合围控制的研究中，多个领导者之间是不存在交互的，也即多个领导者之间是没有协同的。但是在实际应用情况下，多个领导者之间可能需要协同实现特定的编队队形，然后再要求跟随者进入领导者形成的凸包的内部。例如，高低搭配的飞行器集群对机场进行饱和攻击的时候，就希望高配置的飞行器担任领导者识别出机场的包络，低配置飞行器只需要在高配置飞行器的内部伴飞，这样通过"牧羊犬牧羊"或者"母鸡带小鸡"的方式就能以较低的成本实现对机场的饱和攻击，进而大幅度提升作战的效费比。在这种情况下就引发了编队-合围控制问题，即多个领导者形成特定的编队队形，同时多个跟随者进入领导者的内部。

在现有的关于合围控制的文献，如文献[98]—[108]中，都假设领导者之间不存在协同作用。文献[116]较早对一阶集群系统的编队-合围问题进行了探讨。Dimarogonas 等[117]对欠驱动轮式机器人集群系统的编队-合围问题进行了研究，并给出了实现编队-合围的充分条件。然而文献[116]和[117]中考虑的都是低阶集群系统的编队-合围问题。针对一般高阶集群系统状态和输出编队-合围问题的研究国内外鲜见报道。此外，需特别强调的是：集群系统协同控制中的一致性控制、一致跟踪控制、编队控制及合围控制等都可以认为是编队-合围控制的特例。由于编队-合围控制同时受制于编队控制与合围控制相关研究的进展，所以高阶集群系统状态和输出编队-合围控制显得很有意义，同时也很有挑战性。

本章对高阶集群系统状态和输出编队-合围控制问题分别进行研究。主要工作如下：对于状态编队-合围问题，首先分别针对领导者和跟随者构造编队-合围的控制协议。然后基于状态变换的方法把编队-合围问题转化为稳定性问题，并给出高阶集群系统实现状态编队-合围的充分条件。作为特例，分别给出高阶集群系统实现状态合围和状态编队的充要条件。指出状态一致性控制（如文献[53]）、状态一致跟踪控制(如文献[96])、状态编队控制(如文献[64]和[67])及状态合围控制(如文献[101]和[103])等都可以看作本章状态编队-合围控制的特例。最后,提出对状态编队-合围控制协议进行设计的方法。对于输出编队-合围问题,首先基于静态输出反馈构造一种输出编队-合围协议。然后利用输出变换的方法及部分稳定性理论把输出编队-合围问题转化为稳定性问题,并给出集群系统实现输出编队-合围的充分条件以及确定输出编队-合围协议中增益矩阵的方法。输出编队-合围的结果可以用来解决状态/输出一致性问题、状态/输出一致跟踪问题、状态/输出编队问题、状态/输出合围问题及状态编队-合围问题。最后,把编队-合围控制的一般性理论结果在无人机集群对象上进行了应用验证,给出无人机集群实现编队-合围的判据及控制协议的设计算法,并在搭建的基于四旋翼无人机的实验平台上进行了编队-合围控制的实飞验证。

　　本章其余部分内容安排如下:9.2 节研究高阶集群系统状态编队-合围控制问题;在 9.3 节中对高阶集群系统输出编队-合围控制问题进行研究;9.4 节对无人机集群系统编队-合围进行研究,并通过基于多旋翼无人机的编队-合围控制实验对理论结果进行验证;9.5 节总结本章的研究工作。

9.2　状态编队-合围控制

　　本节主要研究高阶集群系统状态编队-合围控制问题。给出集群系统实现状态编队-合围的充分条件及编队-合围协议的设计方法。指出集群系统协同控制中很多问题都是本节问题的特例,并分别给出集群系统实现时变状态编队和状态合围的充要条件。

9.2.1　问题描述

　　对于一个具有 N 个智能体的高阶集群系统,假设集群系统中智能体的动力学特性满足:

$$\dot{x}_i(t) = Ax_i(t) + Bu_i(t), \ i = 1, 2, \cdots, N \qquad (9-1)$$

其中, $x_i(t) \in \mathbb{R}^n$ 表示状态, $u_i(t) \in \mathbb{R}^m$ 表示控制输入。

　　定义 9.1:集群系统中的智能体分为领导者和跟随者。如果一个智能体的邻居仅包含领导者并且它和邻居一起协同实现指定的编队,则称为领导者。如果一个智能体至少具有一个属于集群系统的邻居并且它和邻居一起协同使得集群系统实现合围,则称为跟随者。

　　与第 8 章中一样,仍假设集群系统(9-1)中具有 $M(M < N)$ 个跟随者和 $N -$

M 个领导者,同时**假设 8.1** 在本章依然成立。此外,本章还假设领导者之间的作用拓扑具有生成树。

定义 9.2: 如果对任意 $k \in F$,均存在一组满足 $\sum\limits_{j=M+1}^{N} \beta_{k,j} = 1$ 的非负常数 $\beta_{k,j}$ $(j \in L)$ 使得

$$\lim_{t \to \infty}\Big(x_k(t) - \sum_{j=M+1}^{N} \beta_{k,j}x_j(t)\Big) = 0 \tag{9-2}$$

则称集群系统(9-1)实现了状态合围。

定义领导者期望的状态编队为 $h_L(t) = [\,h_{M+1}^{\mathrm{T}}(t)\,,\,h_{M+2}^{\mathrm{T}}(t)\,,\,\cdots,\,h_N^{\mathrm{T}}(t)\,]^{\mathrm{T}}$,其中 $h_i(t)$ $(i \in L)$ 是分段连续可微的。

定义 9.3: 如果对任意 $i \in L$ 及 $k \in F$,都存在一个向量函数 $r(t) \in \mathbb{R}^n$ 和一组满足 $\sum\limits_{j=M+1}^{N} \beta_{k,j} = 1$ 的非负常数 $\beta_{k,j}$,使得领导者的状态满足式(4-2),同时跟随者的状态满足式(9-2),则称集群系统(9-1)实现了状态编队-合围。

注释 9.1: 由**定义 4.1**、**定义 4.3**、**定义 9.2** 和**定义 9.3** 可知,如果 $M = 0$,则状态编队-合围问题就转化为状态编队问题。如果 $M = N - 1$ 或者 $M = 0$ 且 $h_L(t) \equiv 0$,那么状态编队-合围问题就分别转化为状态一致跟踪问题或者状态一致问题,并且编队参考函数就变成了相应的一致函数。如果 $h_L(t) \equiv 0$ 并且领导者没有邻居,换句话说,对于所有的 $i,j \in L$ 均有 $w_{ij} = 0$,在这种情况下状态编队-合围问题与状态合围问题是等价的。因此,状态一致性控制、状态一致跟踪控制、状态编队控制和状态合围控制均是状态编队-合围控制的特例。

考虑如下状态编队-合围控制协议:

$$u_i(t) = K_1 x_i(t) + K_2 \sum_{j \in N_i} w_{ij}(x_i(t) - x_j(t))\,,\ i \in F \tag{9-3}$$

$$u_i(t) = K_1 x_i(t) + K_3 \sum_{j \in N_i} w_{ij}[\,(x_i(t) - h_i(t)) - (x_j(t) - h_j(t))\,]\,,\ i \in L \tag{9-4}$$

其中,$K_i \in \mathbb{R}^{m \times n}(i = 1,2,3)$ 为常数增益矩阵。

注释 9.2: 在协议(9-3)和协议(9-4)中,增益矩阵 K_1 用来对编队参考的运动模态进行配置;K_2 和 K_3 分别用来确保跟随者的状态进入领导者的状态形成的凸包内以及领导者的状态形成期望的时变编队。增益矩阵 $K_i(i = 1,2,3)$ 的设计顺序如下:首先,设计 K_1 来对编队参考的运动模态进行配置,然后设计 K_3 使领导者实现编队,最后设计 K_2 来使跟随者实现合围。需要指出的是,K_1 对于集群系统实现某些编队-合围来说并不是必要的,它仅影响领导者形成的编队的整体

运动。

本节主要对集群系统$(9-1)$在协议$(9-3)$和协议$(9-4)$的作用下的如下两个问题进行研究：

（i）实现状态编队-合围的条件是什么。

（ii）如何对状态编队-合围协议进行设计。

9.2.2　问题转化及初步结果

定义领导者之间的作用拓扑为 G_L。由**定义 9.1** 可知图 G 对应的拉普拉斯矩阵具有如下结构：

$$L = \begin{bmatrix} L_1 & L_2 \\ 0 & L_3 \end{bmatrix}$$

其中，$L_1 \in \mathbb{R}^{M \times M}$，$L_2 \in \mathbb{R}^{M \times (N-M)}$，$L_3 \in \mathbb{R}^{(N-M) \times (N-M)}$，$L_3$ 即为图 G_L 对应的拉普拉斯矩阵。

令 $x_F(t) = \begin{bmatrix} x_1^{\mathrm{T}}(t), & x_2^{\mathrm{T}}(t), & \cdots, & x_M^{\mathrm{T}}(t) \end{bmatrix}^{\mathrm{T}}$，$x_L(t) = \begin{bmatrix} x_{M+1}^{\mathrm{T}}(t), & x_{M+2}^{\mathrm{T}}(t), & \cdots, & x_N^{\mathrm{T}}(t) \end{bmatrix}^{\mathrm{T}}$。在协议$(9-3)$和协议$(9-4)$的作用下，集群系统$(9-1)$的闭环形式如下：

$$\dot{x}_F(t) = \begin{bmatrix} I_M \otimes (A + BK_1) + L_1 \otimes BK_2 \end{bmatrix} x_F(t) + (L_2 \otimes BK_2) x_L(t) \quad (9-5)$$

$$\dot{x}_L(t) = \begin{bmatrix} I_{N-M} \otimes (A + BK_1) + L_3 \otimes BK_3 \end{bmatrix} x_L(t) - (L_3 \otimes BK_3) h_L(t) \tag{9-6}$$

定义 $\tilde{x}_i(t) = x_i(t) - h_i(t)$ $(i \in L)$ 以及 $\tilde{x}_L(t) = \begin{bmatrix} \tilde{x}_{M+1}^{\mathrm{T}}(t), & \tilde{x}_{M+2}^{\mathrm{T}}(t), & \cdots, & \tilde{x}_N^{\mathrm{T}}(t) \end{bmatrix}^{\mathrm{T}}$，则集群系统$(9-6)$可变换为

$$\dot{\tilde{x}}_L(t) = \begin{bmatrix} I_{N-M} \otimes (A + BK_1) + L_3 \otimes BK_3 \end{bmatrix} \tilde{x}_L(t) + \begin{bmatrix} I_{N-M} \otimes (A + BK_1) \end{bmatrix} h_L(t) \\ - (I_{N-M} \otimes I) \dot{h}_L(t) \tag{9-7}$$

根据状态时变编队和状态一致的定义，可知下述引理成立。

引理 9.1：集群系统$(9-6)$实现时变状态编队 $h_L(t)$ 的充要条件是集群系统$(9-7)$实现状态一致。

定义 $\lambda_i (i \in L)$ 为矩阵 L_3 的特征值，其中 $\lambda_{M+1} = 0$ 对应的特征向量为 $\bar{u}_{M+1} = 1$，$0 < \mathrm{Re}(\lambda_{M+2}) \leqslant \cdots \leqslant \mathrm{Re}(\lambda_N)$。令 $U_L^{-1} L_3 U_L = J_L$，其中，$U_L = \begin{bmatrix} \bar{u}_{M+1}, & \bar{u}_{M+2}, & \cdots, & \bar{u}_N \end{bmatrix}$、$U_L^{-1} = \begin{bmatrix} \tilde{u}_{M+1}, & \tilde{u}_{M+2}, & \cdots, & \tilde{u}_N \end{bmatrix}^H$、$J_L$ 为 L_3 的约当标准型。根据**引理 2.1** 及 U_L 的结构可知 $J_L = \mathrm{diag}\{0, \bar{J}_L\}$ 其中 $\bar{J}_L$ 为与 $\lambda_i (i = M + 2, M + 3, \cdots, N)$ 对应的约当块矩阵。令 $\tilde{U}_L = \begin{bmatrix} \tilde{u}_{M+2}, & \tilde{u}_{M+3}, & \cdots, & \tilde{u}_N \end{bmatrix}^H$，$\theta_L(t) = (\bar{u}_{M+1} \otimes I) \tilde{x}_L(t)$，$\varsigma(t) = (\tilde{U}_L \otimes$

$I) \tilde{x}_L(t)$，则集群系统(9-7)可分解为

$$\dot{\theta}_L(t) = (A + BK_1)\theta_L(t) + [\tilde{u}_{M+1} \otimes (A + BK_1)]h_L(t) - (\tilde{u}_{M+1} \otimes I)\dot{h}_L(t) \tag{9-8}$$

$$\dot{\varsigma}(t) = [I_{N-M-1} \otimes (A + BK_1) + \bar{J}_L \otimes BK_3]\varsigma(t) \\ + [\tilde{U}_L \otimes (A + BK_1)]h_L(t) - (\tilde{U}_L \otimes I)\dot{h}_L(t) \tag{9-9}$$

下面的引理给出了集群系统(9-6)实现时变状态编队 $h_L(t)$ 的充要条件。

引理 9.2：集群系统(9-6)实现时变状态编队 $h_L(t)$ 当且仅当 $\lim_{t \to \infty}\varsigma(t) = 0$。

证明：令

$$\tilde{x}_{LC}(t) = 1 \otimes \theta_L(t) \tag{9-10}$$

$$\tilde{x}_{L\bar{C}}(t) = \tilde{x}_L(t) - \tilde{x}_{LC}(t) \tag{9-11}$$

定义 $\bar{e}_i \in \mathbb{R}^{N-M}(i \in L)$ 为第 $i - M$ 个分量为 1 其余分量为 0 的列向量。由 $[\theta_L^H(t), 0]^H = \bar{e}_{M+1} \otimes \theta_L(t)$ 可知：

$$\tilde{x}_{LC}(t) = (U_L\bar{e}_{M+1}) \otimes \theta_L(t) = (U_L \otimes I)[\theta_L^H(t), 0]^H \tag{9-12}$$

因为 $[\theta_L^H(t), \varsigma^H(t)]^H = (U_L^{-1} \otimes I)\tilde{x}_L(t)$，所以

$$\tilde{x}_{L\bar{C}}(t) = (U_L \otimes I)[0, \varsigma^H(t)]^H \tag{9-13}$$

注意到 $U_L^{-1} \otimes I$ 是非奇异的，由式(9-12)和式(9-13)可知 $\tilde{x}_{LC}(t)$ 和 $\tilde{x}_{L\bar{C}}(t)$ 是线性无关的。因此，根据式(9-10)和式(9-11)可以看出以 $\tilde{x}_{LC}(t)$ 和 $\tilde{x}_{L\bar{C}}(t)$ 为状态的两个子系统分别描述了集群系统(9-7)的一致动力学和非一致动力学。结合**引理 9.1** 可知集群系统(9-6)实现时变状态编队 $h_L(t)$ 当且仅当 $\lim_{t \to \infty}\tilde{x}_{L\bar{C}}(t) = 0$，即 $\lim_{t \to \infty}\varsigma(t) = 0$。证明完毕。

令

$$\xi_{Fi}(t) = \sum_{j \in N_i} w_{ij}(x_i(t) - x_j(t)), \, i \in F$$

$$\xi_F(t) = [\xi_{F1}^T(t), \xi_{F2}^T(t), \cdots, \xi_{FM}^T(t)]^T$$

则

$$\xi_F(t) = (L_2 \otimes I)x_L(t) + (L_1 \otimes I)x_F(t) \tag{9-14}$$

如果 $\lim_{t \to \infty}\xi_F(t) = 0$，那么，

$$\lim_{t \to \infty}[x_F(t) - (-L_1^{-1}L_2 \otimes I)x_L(t)] = 0 \tag{9-15}$$

根据式(9–15)、**引理 9.1** 和**引理 9.2** 可以得到如下引理。

　　引理 9.3：系统(9–1)在协议(9–3)和协议(9–4)的作用下实现状态编队–合围的充分条件是

$$
\begin{cases}
\lim\limits_{t \to \infty} \varsigma(t) = 0 \\
\lim\limits_{t \to \infty} \xi_F(t) = 0
\end{cases}
$$

　　基于以上分析,可以得到如下编队参考函数的显式表达式。

　　引理 9.4：如果集群系统(9–1)在协议(9–3)和协议(9–4)的作用下实现状态编队–合围,则编队参考函数 $r(t)$ 满足:

$$
\lim_{t \to \infty} (r(t) - r_0(t) - r_h(t)) = 0
$$

其中, $r_0(t) = \mathrm{e}^{(A+BK_1)t}(\tilde{u}_{M+1}^H \otimes I) x_L(0)$, $r_h(t) = -(\tilde{u}_{M+1}^H \otimes I) h_L(t)$ 。

　　证明：如果集群系统(9–1)在协议(9–3)和协议(9–4)的作用下实现状态编队–合围,那么 $\lim\limits_{t \to \infty} \varsigma(t) = 0$ 并且

$$
\lim_{t \to \infty} (\tilde{x}_F(t) - 1 \otimes \theta_L(t)) = 0 \tag{9–16}
$$

因此,子系统(9–8)可以用来确定编队参考函数。可以证明:

$$
\begin{aligned}
\int_0^t \mathrm{e}^{(A+BK_1)(t-\tau)} (\tilde{u}_{M+1}^H \otimes I) \dot{h}_L(\tau) \mathrm{d}\tau = {} & (\tilde{u}_{M+1}^H \otimes I) h_L(t) - \mathrm{e}^{(A+BK_1)t} (\tilde{u}_{M+1}^H \otimes I) h_L(0) \\
& + \int_0^t \mathrm{e}^{(A+BK_1)(t-\tau)} [\tilde{u}_{M+1}^H \otimes (A + BK_1)] h_L(\tau) \mathrm{d}\tau
\end{aligned}
\tag{9–17}
$$

并且

$$
\theta_L(0) = (\tilde{u}_{M+1}^H \otimes I)(x_L(0) - h_L(0)) \tag{9–18}
$$

根据式(9–8)以及式(9–16)~式(9–18)可以得到**引理 9.4** 的结论。证明完毕。

　　注释 9.3：在**引理 9.4** 中, $r_0(t)$ 为编队 $h_L(t) \equiv 0$ 时的编队参考函数; $r_h(t)$ 则描述了编队 $h_L(t)$ 对编队参考函数的影响。由**引理 9.4** 可以看出,通过增益矩阵 K_1 可以把 $(A + BK_1)$ 的特征值指定在复平面内的期望的位置,进而实现对编队参考运动模态的配置。

9.2.3　状态编队–合围控制分析及控制协议设计

　　采用 8.2 节中定义的 U_F 和 $\bar{\Lambda}_F$ 。下面的引理给出了集群系统实现状态编队–合围的充分条件。

定理9.1：对于任意给定的有界初始状态，集群系统（9-1）在协议（9-3）和协议（9-4）的作用下实现状态编队-合围的充分条件是

（i）对 $\forall i \in L$,

$$\lim_{t \to \infty}[(A + BK_1)(h_i(t) - h_j(t)) - (\dot{h}_i(t) - \dot{h}_j(t))] = 0, \ j \in N_i \quad (9-19)$$

（ii）对所有 $i \in F$, $A + BK_1 + \lambda_i BK_2$ 满足 Hurwitz 条件。

（iii）对所有 $i \in \{M+2, M+3, \cdots, N\}$, $A + BK_1 + \lambda_i BK_3$ 满足 Hurwitz 条件。

证明：如果条件（i）成立，则

$$\lim_{t \to \infty}\{[L_3 \otimes (A + BK_1)]h_L(t) - (L_3 \otimes I)\dot{h}_L(t)\} = 0 \quad (9-20)$$

把 $L_3 = U_L J_L U_L^{-1}$ 代入式（9-20），然后对式（9-20）左乘 $U_L^{-1} \otimes I$ 可得

$$\lim_{t \to \infty}\{[L_3 \otimes (A + BK_1)]h_L(t) - (L_3 \otimes I)\dot{h}_L(t)\} = 0 \quad (9-21)$$

由于 G_L 具有生成树，根据**引理2.1**和 J_L 的结构可知 $\bar{J}_L$ 是非奇异的。对式（9-21）左乘 $\bar{J}_L^{-1} \otimes I$ 可得

$$\lim_{t \to \infty}\{[\tilde{U}_L \otimes (A + BK_1)]h_L(t) - (\tilde{U}_L \otimes I)\dot{h}_L(t)\} = 0 \quad (9-22)$$

对于如下 $N - M - 1$ 个子系统：

$$\dot{\tilde{\theta}}_{Li}(t) = (A + BK_1 + \lambda_i BK_3)\tilde{\theta}_{Li}(t), \ i = M+2, M+3, \cdots, N \quad (9-23)$$

如果条件（iii）成立，则式（9-23）描述的 $N - M - 1$ 个子系统是渐近稳定的。在这种情况下，系统：

$$\dot{\tilde{\varsigma}}(t) = [I_{N-M-1} \otimes (A + BK_1) + \bar{J}_L \otimes BK_3]\tilde{\varsigma}(t) \quad (9-24)$$

是渐近稳定的。结合式（9-9）、式（9-22）和式（9-24）可知，对于任意给定的有界初始状态，

$$\lim_{t \to \infty}\varsigma(t) = 0 \quad (9-25)$$

由式（9-25）和**引理9.2**可知集群系统（9-6）实现了时变状态编队 $h_L(t)$。

如果领导者实现了编队 $h_L(t)$，那么

$$\lim_{t \to \infty}((L_2 L_3) \otimes (BK_3))(x_L(t) - h_L(t)) = \lim_{t \to \infty}((L_2 L_3) \otimes (BK_3))(1 \otimes r(t))$$

$$(9-26)$$

因为 $L_3 1 = 0$，所以

$$\lim_{t \to \infty}((L_2 L_3) \otimes (BK_3))(x_L(t) - h_L(t)) = 0 \quad (9-27)$$

如果条件(ⅱ)成立,则对于所有 $i \in F$,如下 M 个子系统:

$$\dot{\tilde{\xi}}_{Fi}(t) = (A + BK_1 + \lambda_i BK_2)\tilde{\xi}_{Fi}(t) \tag{9-28}$$

是渐近稳定的,即系统:

$$\dot{\tilde{\xi}}_F(t) = [I_M \otimes (A + BK_1) + (L_1 \otimes BK_2)]\tilde{\xi}_F(t) \tag{9-29}$$

是渐近稳定的。由式(9-5)、式(9-6)及式(9-14)可以得到:

$$\dot{\xi}_F(t) = [I_M \otimes (A + BK_1) + (L_1 \otimes BK_2)]\xi_F(t) + ((L_2L_3) \otimes (BK_3))(x_L(t) - h_L(t)) \tag{9-30}$$

根据式(9-27)、式(9-29)和式(9-30)可知,对于任意给定的有界初始状态,

$$\lim_{t \to \infty} \xi_F(t) = 0 \tag{9-31}$$

结合式(9-25)、式(9-31)和**引理9.3**可知,对于任意给定的有界初始状态,集群系统(9-1)在协议(9-3)和协议(9-4)的作用下实现了状态编队-合围。证明完毕。

定理9.1 给出了集群系统实现状态编队-合围的充分条件。在领导者没有邻居的情况下,或者说在对于所有 $i, j \in L$,均有 $w_{ij} = 0$ 的情况下,编队-合围问题就转化为合围问题并且可以得到如下推论。

推论9.1:在领导者没有邻居的情况下,对于任意给定的有界初始状态,集群系统(9-1)在协议(9-3)和协议(9-4)的作用下实现状态合围的充要条件是**定理9.1**中的条件(ⅱ)成立。

证明:充分性的证明可以直接从**定理9.1**的证明中得到。下面通过反证法来对必要性进行证明。假设集群系统(9-1)在协议(9-3)和协议(9-4)的作用下对任意给定的有界初始状态均可实现状态合围并且**定理9.1**中的条件(ⅱ)不成立。因为领导者没有邻居,所以 $L_3 = 0$。令 $x(t) = [x_F^T(t), x_L^T(t)]^T$。集群系统(9-5)、集群系统(9-6)可以表示为

$$\dot{x}(t) = \begin{bmatrix} \tilde{\Psi}_1 & \tilde{\Psi}_2 \\ 0 & \tilde{\Psi}_3 \end{bmatrix} x(t) \tag{9-32}$$

其中,

$$\tilde{\Psi}_1 = I_M \otimes (A + BK_1) + L_1 \otimes BK_2, \quad \tilde{\Psi}_2 = L_2 \otimes BK_2, \quad \tilde{\Psi}_3 = I_{N-M} \otimes (A + BK_1)$$

微分方程(9-32)的解为

$$x(t) = \begin{bmatrix} e^{\tilde{\Psi}_1 t} & L^{-1}((sI - \tilde{\Psi}_1)^{-1}\tilde{\Psi}_2(sI - \tilde{\Psi}_3)^{-1}) \\ 0 & e^{\tilde{\Psi}_3 t} \end{bmatrix} \begin{bmatrix} x_F(0) \\ x_L(0) \end{bmatrix} \tag{9-33}$$

可以证明:

$$(sI - \tilde{\Psi}_1)^{-1}\tilde{\Psi}_2(sI - \tilde{\Psi}_3)^{-1} = (sI - \tilde{\Psi}_1)^{-1}(L_1^{-1}L_2 \otimes I) + (- L_1^{-1}L_2 \otimes I)(sI - \tilde{\Psi}_3)^{-1}$$

所以

$$x(t) = \begin{bmatrix} e^{\tilde{\Psi}_1 t} & e^{\tilde{\Psi}_1 t}(L_1^{-1}L_2 \otimes I) + (- L_1^{-1}L_2 \otimes I)e^{\tilde{\Psi}_3 t} \\ 0 & e^{\tilde{\Psi}_3 t} \end{bmatrix} \begin{bmatrix} x_F(0) \\ x_L(0) \end{bmatrix} \quad (9-34)$$

由式(9-34)可知:

$$x_F(t) = e^{\tilde{\Psi}_1 t}x_F(0) + e^{\tilde{\Psi}_1 t}(L_2^{-1}L_2 \otimes I)x_L(0) + (- L_1^{-1}L_2 \otimes I)e^{\tilde{\Psi}_3 t}x_L(0)$$
$$(9-35)$$

根据 U_F 和 $\bar{\Lambda}_F$ 的结构,如果**定理9.1**中的条件(ii)不成立,则 $\tilde{\Psi}_1$ 不满足 Hurwitz 条件。选取 $x_L(0) = 0$, $x_F(0) \neq 0$。 那么 $x_L(t) = 0$ 但是 $\lim\limits_{t \to \infty} x_F(t) \neq 0$。 这与集群系统(9-1)在协议(9-3)和协议(9-4)的作用下实现状态合围的命题矛盾,所以必要性成立。证明完毕。

注释9.4:**推论9.1**给出了具有多个独立领导者的高阶集群系统实现状态合围的充要条件。文献[101]和[103]给出的一阶和二阶集群系统实现状态合围的充要条件都可以认为是本节**推论9.1**的特例。

如果 $M = 0$,状态编队-合围问题就转化为编队问题,并且容易得到如下推论。

推论9.2:在 $M = 0$ 的情况下,对于任意给定的有界初始状态,集群系统(9-1)在协议(9-4)的作用下实现时变状态编队 $h_L(t)$ 的充要条件是**定理9.1**中的条件(i)和(iii)同时成立。

注释9.5:可以证明通过选择合适的 A、B、$h_L(t)$ 和 K_1,**推论9.2** 与文献[88]中的结论等价。如果 $K_1 = 0$ 且 $\dot{h}_L(t) \equiv 0$,**推论9.2** 就变成文献[67]中的**定理1**。

注释9.6:如果 $M = 0$ 且 $h_L(t) \equiv 0$,本节中的状态编队-合围问题就变成文献[191]中讨论的一致性问题并且文献[67]中的**定理1**是**推论9.2**的特例。

需要指出的是,**定理9.1**中包含 $N - 1$ 个 Hurwitz 条件。因此,如果集群系统包含了大量的智能体,特别是大量的跟随者,要检验**定理9.1**中的 Hurwitz 条件可能会比较困难。下面的定理给出了改善判据计算效率的一种方法。

令 $\tilde{\lambda}_{1,2} = \mathrm{Re}(\lambda_{M+2}) \pm j\mu_L$、$\tilde{\lambda}_{3,4} = \mathrm{Re}(\lambda_N) \pm j\mu_L$、$\bar{\lambda}_{1,2} = \mathrm{Re}(\lambda_1) \pm j\mu_F$、$\bar{\lambda}_{3,4} = \mathrm{Re}(\lambda_M) \pm j\mu_F$,其中, $\mu_L = \max\{\mathrm{Im}(\lambda_i), i = M + 2, M + 3, \cdots, N\}$, $\mu_F = \max\{\mathrm{Im}(\lambda_i), i \in F\}$。

定理9.2:对于任意给定的有界初始状态,集群系统(9-1)在协议(9-3)和协议(9-4)的作用下实现状态编队-合围的充分条件是

(i) 对 $\forall i \in L$,

$$\lim\limits_{t \to \infty}[(A + BK_1)(h_i(t) - h_j(t)) - (\dot{h}_i(t) - \dot{h}_j(t))] = 0, j \in N_i$$

（ii）存在矩阵 $\Lambda_{\bar{R}_F} = \Lambda_{\bar{R}_F}^T > 0$ 使得

$$(\Lambda_{A+BK_1} + \Psi_{\bar{\lambda}_i}\Lambda_{BK_2})^T\Lambda_{\bar{R}_F} + \Lambda_{\bar{R}_F}^T(\Lambda_{A+BK_1} + \Psi_{\bar{\lambda}_i}\Lambda_{BK_2}) < 0, \quad i = 1, 3$$

（iii）存在矩阵 $\Lambda_{\bar{R}_L} = \Lambda_{\bar{R}_L}^T > 0$ 使得

$$(\Lambda_{A+BK_1} + \Psi_{\bar{\lambda}_i}\Lambda_{BK_3})^T\Lambda_{\bar{R}_L} + \Lambda_{\bar{R}_L}^T(\Lambda_{A+BK_1} + \Psi_{\bar{\lambda}_i}\Lambda_{BK_3}) < 0, \quad i = 1, 3$$

证明： 令 $\Gamma_{Fi} = (\Lambda_{A+BK_1} + \Psi_{\lambda_i}\Lambda_{BK_2})^T\Lambda_{\bar{R}_F} + \Lambda_{\bar{R}_F}^T(\Lambda_{A+BK_1} + \Psi_{\lambda_i}\Lambda_{BK_2})$ $(i \in F)$，则

$$\Gamma_{Fi} = \bar{\Omega}_{F0} + \text{Re}(\lambda_i)\bar{\Omega}_{F1} + \text{Im}(\lambda_i)\bar{\Omega}_{F2}$$

其中，

$$\bar{\Omega}_{F0} = \begin{bmatrix} (A+BK_1)^T\bar{R}_F + \bar{R}_F^T(A+BK_1) & 0 \\ 0 & (A+BK_1)^T\bar{R}_F + \bar{R}_F^T(A+BK_1) \end{bmatrix}$$

$$\bar{\Omega}_{F1} = \begin{bmatrix} (BK_2)^T\bar{R}_F + \bar{R}_F^TBK_2 & 0 \\ 0 & (BK_2)^T\bar{R}_F + \bar{R}_F^TBK_2 \end{bmatrix}$$

$$\bar{\Omega}_{F2} = \begin{bmatrix} 0 & (BK_2)^T\bar{R}_F - \bar{R}_F^TBK_2 \\ -(BK_2)^T\bar{R}_F + \bar{R}_F^TBK_2 & 0 \end{bmatrix}$$

类似地，令 $\bar{\Gamma}_{Fi} = (\Lambda_{A+BK_1} + \Psi_{\bar{\lambda}_i}\Lambda_{BK_2})^T\Lambda_{\bar{R}_F} + \Lambda_{\bar{R}_F}^T(\Lambda_{A+BK_1} + \Psi_{\bar{\lambda}_i}\Lambda_{BK_2})$ $(i = 1, 2, 3, 4)$，那么 $\bar{\Gamma}_{Fi} = \bar{\Omega}_{F0} + \text{Re}(\bar{\lambda}_i)\bar{\Omega}_{F1} + \text{Im}(\bar{\lambda}_i)\bar{\Omega}_{F2}$。定义：

$$\bar{T}_F = \begin{bmatrix} 0 & I \\ I & 0 \end{bmatrix}$$

由 $\text{Im}(\bar{\lambda}_1) = -\text{Im}(\bar{\lambda}_2)$，$\text{Im}(\bar{\lambda}_2) = -\text{Im}(\bar{\lambda}_4)$，可得 $\Pi_1 = \bar{T}_F\Pi_2\bar{T}_F^{-1}$，$\Pi_3 = \bar{T}_F\Pi_4\bar{T}_F^{-1}$。这意味着，如果 $\bar{\Gamma}_{F1} < 0$ 且 $\bar{\Gamma}_{F3} < 0$，则 $\bar{\Gamma}_{F2} < 0$ 且 $\bar{\Gamma}_{F4} < 0$。因此，根据**引理 4.3** 可知，如果**定理 9.2** 中的条件（ii）成立，那么 $\Gamma_{Fi} < 0$ $(i \in F)$。

利用实部和虚部分解可以证明子系统（9-28）的稳定性与如下子系统的稳定性是等价的：

$$\dot{\bar{\zeta}}_i(t) = (\Lambda_{A+BK_1} + \Psi_{\lambda_i}\Lambda_{BK_2})\bar{\zeta}_i(t), \quad i \in F \tag{9-36}$$

为分析子系统（9-36）的稳定性，选取如下李雅普诺夫函数候选：

$$\bar{V}_i(t) = \bar{\zeta}_i^T(t)\Lambda_{\bar{R}_F}\bar{\zeta}_i(t)$$

其中，$\Lambda_{\bar{R}_F} = \Lambda_{\bar{R}_F}^T > 0$，$i \in F$。沿子系统（9-36）的轨迹对 $\bar{V}_i(t)$ 求导可得

$$\dot{\bar{V}}_i(t) = \bar{\zeta}_i^T(t)(\Lambda_{A+BK_1} + \Psi_{\lambda_i}\Lambda_{BK_2})^T\Lambda_{\bar{R}_F}\bar{\zeta}_i(t) + \bar{\zeta}_i^T(t)\Lambda_{\bar{R}_F}(\Lambda_{A+BK_1} + \Psi_{\lambda_i}\Lambda_{BK_2})\bar{\zeta}_i(t)$$

因为 $\Gamma_{Fi} < 0$ $(i \in F)$，所以 $\dot{V}_i(t) < 0$，即**定理 9.1** 中的条件(ii)成立。利用与**定理 9.2** 中条件(ii)相似的分析方法可以证明**定理 9.2** 中的条件(iii)可以保证**定理 9.1** 中的条件(iii)成立。因此，结合**定理 9.1** 可知集群系统(9-1)在协议(9-3)和协议(9-4)的作用下可以实现状态编队-合围。证明完毕。

注释 9.7：集群系统的一个典型特点是智能体的数量多。如果给出的判据与智能体的数量相关，那么对于智能体个数众多的集群系统而言，判据的可解性会是一个很重要的问题。由**定理 9.1** 和**定理 9.2** 可以看出，虽然前者比后者的保守性略小，但是后者把与智能体个数相关的 $N-1$ 个子系统的渐近稳定的约束转化为 4 个与智能体个数无关的线性矩阵不等式的约束。因此，对于具有较大 N，尤其是较大 M 的集群系统而言，**定理 9.1** 的计算复杂度比**定理 9.2** 要低得多。

定理 9.3：假设**定理 9.1** 中的条件(i)成立并且 (A, B) 是可镇定的。令

$$K_2 = -[\operatorname{Re}(\lambda_1)]^{-1}\tilde{R}_o^{-1}B^{\mathrm{T}}\tilde{P}_o, \quad K_3 = -[\operatorname{Re}(\lambda_{M+2})]^{-1}\tilde{R}_o^{-1}B^{\mathrm{T}}\tilde{P}_o$$

$\tilde{P}_o$ 是如下代数 Riccati 方程的正定解：

$$\tilde{P}_o(A+BK_1) + (A+BK_1)^{\mathrm{T}}\tilde{P}_o - \tilde{P}_o B\tilde{R}_o^{-1}B^{\mathrm{T}}\tilde{P}_o + \tilde{Q}_o = 0 \quad (9-37)$$

其中，$\tilde{R}_o^{\mathrm{T}} = \tilde{R}_o > 0$，$\tilde{Q}_o = \tilde{D}_o^{\mathrm{T}}\tilde{D}_o \geqslant 0$，$(A+BK_1, \tilde{D}_o)$ 可检测，那么对于任意给定的有界初始状态，集群系统(9-1)在协议(9-3)和协议(9-4)的作用下可以实现状态编队-合围。

证明：如果 (A, B) 是可镇定的，则 $(A+BK_1, B)$ 是可镇定的。因此，对于任意给定 $\tilde{R}_o^{\mathrm{T}} = \tilde{R}_o > 0$ 和 $\tilde{Q}_o = \tilde{D}_o^{\mathrm{T}}\tilde{D}_o \geqslant 0$，其中 $(A+BK_1, \tilde{D}_o)$ 可检测，代数 Riccati 方程(9-37)存在唯一解 $\tilde{P}_o^{\mathrm{T}} = \tilde{P}_o > 0$。对于式(9-23)所示的 $N-M-1$ 子系统，考虑如下李雅普诺夫函数候选：

$$\tilde{V}_i(t) = \tilde{\theta}_{Li}^H(t)\tilde{P}_o\tilde{\theta}_{Li}(t), \quad i = M+2, M+3, \cdots, N \quad (9-38)$$

令 $K_3 = -[\operatorname{Re}(\lambda_{M+2})]^{-1}\tilde{R}_o^{-1}B^{\mathrm{T}}\tilde{P}_o$，沿子系统(9-23)的轨迹对 $\tilde{V}_i(t)$ 求导可得

$$\dot{\tilde{V}}_i(t) = -\tilde{\theta}_{Li}^H(t)\tilde{Q}_o\tilde{\theta}_{Li}(t) + (1 - 2\operatorname{Re}(\lambda_i)[\operatorname{Re}(\lambda_{M+2})]^{-1})\tilde{\theta}_{Li}^H(t)\tilde{P}_o B\tilde{R}_o^{-1}B^{\mathrm{T}}\tilde{P}_o\tilde{\theta}_{Li}(t) \leqslant 0$$

$$(9-39)$$

由 $(A+BK_1, \tilde{D}_o)$ 是可检测的并且 $\tilde{R}_o^{\mathrm{T}} = \tilde{R}_o > 0$ 可知式(9-23)描述的 $N-M-1$ 个子系统是渐近稳定的。

通过类似的分析可以很容易证明 $K_2 = -[\operatorname{Re}(\lambda_1)]^{-1}\tilde{R}_o^{-1}B^{\mathrm{T}}\tilde{P}_o$ 可以保证式(9-28)描述的 M 个子系统是渐近稳定的。结合**定理 9.1** 的证明可以得到集群系统在上述协议下实现状态编队-合围的结论。证明完毕。

注释 9.8：在 $M = N-1$ 的情况下，**推论 9.1** 给出了集群系统(9-1)在协议(9-3)和协议(9-4)的作用下实现状态一致跟踪的充要条件。更进一步，如果

$M = N - 1$、$K_1 = 0$、$u_N(t) \equiv 0$ 并且作用拓扑是无向的,那么本节中的状态编队-合围问题就变成了文献[96]中研究的状态一致跟踪问题。可以证明,如果令本节中 $\tilde{R}_o^{-1} = 2\lambda_1$,$\tilde{D}_o = \sqrt{\lambda_1} I$,那么文献[96]中的**定理 1** 就变成了本节**定理 9.3** 的特例。

9.2.4 数值仿真

考虑一个具有 14 个智能体的三阶集群系统。每个智能体的动力学方程如式（9-1）所示,其中,

$$A = \begin{bmatrix} -2.1 & 1 & -2.1 \\ 0 & 0 & 1 \\ -2 & 4 & 5 \end{bmatrix}, B = \begin{bmatrix} 0 \\ 0 \\ 1 \end{bmatrix}$$

假设此集群系统中有 6 个领导者和 8 个跟随者。智能体之间的有向拓扑如图 9-1 所示。

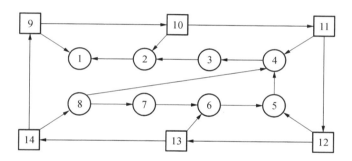

图 9-1　智能体之间的有向拓扑图 G

6 个领导者需要保持一个周期性变化的平行六边形同时围绕编队参考进行转动。领导者要形成的编队的描述如下:

$$h_i(t) = \begin{bmatrix} 3\sin\left(t + \dfrac{(i-9)\pi}{3}\right) \\ 3\cos\left(t + \dfrac{(i-9)\pi}{3}\right) \\ -3\sin\left(t + \dfrac{(i-9)\pi}{3}\right) \end{bmatrix}, i = 9, 10, \cdots, 14$$

从上述 $h_i(t)$（$i = 9, 10, \cdots, 14$）可以看出,如果实现了编队,那么 6 个领导者会分别位于平行六边形的 6 个顶点同时以 1 rad/s 的角速度围绕编队参考进行转动。此外,可以看出期望的平行六边形的边长是时变的。集群系统中的跟随者的状态要求收敛到领导者的状态形成的凸包中。

选择 $K_1 = [4, -5, -3]$ 把 $A + BK_1$ 的特征值配置在 1j、-1j 和 -0.1，其中 $j^2 = -1$。在这种情况下，编队参考将会进行周期性的运动，可以验证**定理 9.1** 中的条件 (i) 是成立的并且 (A, B) 是可镇定的。因此，根据**定理 9.3** 可以求出使得集群系统 (9-1) 在协议 (9-3) 和协议 (9-4) 的作用下实现状态编队-合围的 K_2 和 K_3 分别为

$$K_2 = [-0.9663, 0.4601, -1.8541], \quad K_3 = [-1.9326, 0.9203, -3.7083]$$

选取智能体的初始状态为 $x_{i1}(0) = (15 - i)\Theta$，$x_{i2}(0) = (15 - i)\Theta$，$x_{i3}(0) = (15 - i)\Theta$，$(i = 1, 2, \cdots, 14)$。图 9-2 和图 9-3 给出了 14 个智能体的状态轨迹和状态编队参考轨迹的截图，其中领导者的状态用星号、三角形、菱形、六角星形、加号和正方形表示，跟随者的状态和编队参考则分别用圆圈和五角星表示。此外，领导者的状态形成的凸包用实线表示。由图 9-2(a) 和 (b) 可以看出，领导者实现了期望的平行六边形编队并且跟随者的状态进入到领导者的状态形成的凸包内。由图 9-2(b)、(c) 和 (d) 可以看出领导者形成的编队在围绕编队参考进行旋转并且六边形的边长及编队参考都是时变的。图 9-3 给出了在 $t = 200$ s 时领导者和跟随者的状态轨迹在不同平面上的投影。从图 9-2 和图 9-3 可以看出集群系统

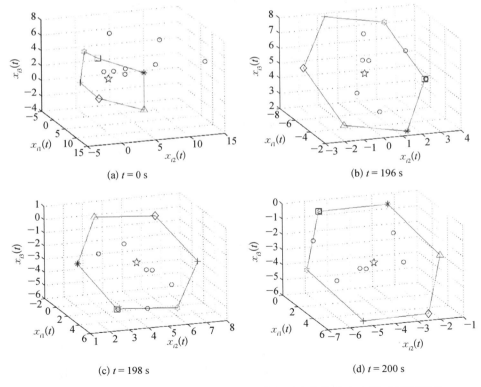

(a) $t = 0$ s　　　　(b) $t = 196$ s

(c) $t = 198$ s　　　　(d) $t = 200$ s

图 9-2　14 个智能体的状态轨迹以及状态编队参考轨迹在不同时刻的截图

(9-1)在协议(9-3)和协议(9-4)的作用下实现了指定的状态编队-合围。需要指出的是,在图9-3中,部分智能体的状态出现了重叠。这是因为某些跟随者只有一个邻居,在实现编队-合围后,这些跟随者会和其唯一的邻居实现状态一致。

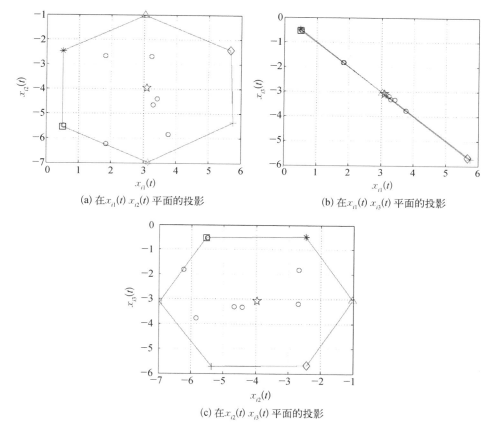

(a) 在$x_{i1}(t)$ $x_{i2}(t)$ 平面的投影

(b) 在$x_{i1}(t)$ $x_{i3}(t)$ 平面的投影

(c) 在$x_{i2}(t)$ $x_{i3}(t)$ 平面的投影

图9-3 $t=200$ s 时 14 个智能的状态轨迹及状态编队参考轨迹在不同平面的投影

9.3 输出编队-合围控制

本节基于静态输出协议对高阶集群系统输出编队-合围控制问题进行研究。给出高阶集群系统实现输出编队-合围的充分条件及控制协议的设计方法。

9.3.1 问题描述

对于一个具有 N 个智能体的高阶集群系统,假设集群系统中每个智能体的动

力学特性可描述为

$$
\begin{cases}
\dot{x}_i(t) = Ax_i(t) + Bu_i(t) \\
y_i(t) = Cx_i(t)
\end{cases}
\tag{9-40}
$$

其中，$i \in \{1, 2, \cdots, N\}$，$x_i(t) \in \mathbb{R}^n$、$u_i(t) \in \mathbb{R}^m$ 和 $y_i(t) \in \mathbb{R}^q$ 分别表示第 i 个智能体的状态、控制输入和输出。假设 C 是行满秩的。本节中领导者、跟随者的定义以及对作用拓扑的假设与 9.2 节相同。

定义领导者期望的输出编队为 $h_L(t) = [h_{M+1}^{\mathrm{T}}(t), h_{M+2}^{\mathrm{T}}(t), \cdots, h_N^{\mathrm{T}}(t)]^{\mathrm{T}} \in \mathbb{R}^{(N-M) \times q}$，其中 $h_i(t) \in \mathbb{R}^q (i \in L)$ 为分段连续可微的向量函数。

定义 9.4：如果对于任意 $i \in L$，$k \in F$ 均存在一个向量函数 $r(t) \in \mathbb{R}^q$ 和满足 $\sum_{j=M+1}^{N} \beta_{k,j} = 1$ 的一组非负常数 $\beta_{k,j}$ 使得领导者的输出满足式(4-37)，同时跟随者的输出满足式(8-63)，则称集群系统(9-40)实现了输出编队-合围。

注释 9.9：由**定义 4.1、定义 4.3、定义 4.5、定义 4.7、定义 8.2、定义 9.2、定义 9.3** 以及**定义 9.4** 可以看出，输出编队-合围的定义为集群系统协同控制中的如下定义提供了一个一般性的统一框架：

(i) 如果 $C = I$，则输出编队-合围问题就转化为状态编队-合围问题。

(ii) 如果 $M = 0$ 或者 $M = 0$ 且 $C = I$，那么输出编队-合围问题变成时变输出或者时变状态编队问题。

(iii) 如果 $M = 0$ 且 $h_L(t) \equiv 0$ 或者 $M = 0$、$h_L(t) \equiv 0$ 及 $C = I$，则输出编队-合围问题变为输出或状态一致性问题。

(iv) 如果 $M = N - 1$ 或者 $M = N - 1$ 且 $C = I$，那么输出编队-合围问题变成输出或状态一致跟踪问题。

(v) 如果 $h_L(t) \equiv 0$ 并且领导者没有邻居(对于所有 $i, j \in L$，$w_{ij} = 0$)，则输出编队-合围问题转化为输出合围问题。

(vi) 如果 $h_L(t) \equiv 0$，领导者没有邻居(对于所有 $i, j \in L$，$w_{ij} = 0$)并且 $C = I$，那么输出编队-合围问题与状态合围问题等价。

上述问题之间的关系如图 9-4 所示。此外，在情况(i)和(ii)下，$r(t)$ 就成为相应条件下的编队参考函数；对于情况(iii)和(iv)，$r(t)$ 就成为相应条件下的一致函数。

考虑如下基于静态输出反馈的输出编队-合围协议：

$$
u_i(t) = K_1 y_i(t) + K_2 \sum_{j \in N_i} w_{ij}(y_i(t) - y_j(t)), \quad i \in F
\tag{9-41}
$$

$$
u_i(t) = K_1 y_i(t) + K_3 \sum_{j \in N_i} w_{ij}[(y_i(t) - h_i(t)) - (y_j(t) - h_j(t))], \quad i \in L
$$

$$
\tag{9-42}
$$

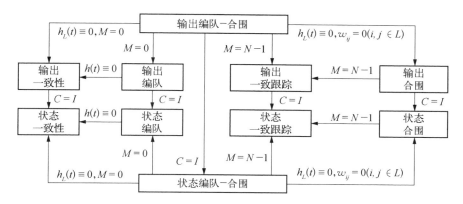

图 9-4　输出编队−合围与集群系统协同控制中主要问题之间的关系

其中, K_1、K_2 和 K_3 是具有匹配维数的常增益矩阵。

注释 9.10: 在协议(9-41)和协议(9-42)中, 增益矩阵 $K_i(i=1,2,3)$ 可以按照如下流程来设计。首先, 选择 K_1 对输出编队参考的部分运动模态进行配置。然后设计 K_3 使得领导者的输出实现期望的时变编队。最后, 设计 K_2 使得跟随者的输出进入领导者的输出形成的凸包中。

本节主要对在协议(9-41)和协议(9-42)作用下的集群系统(9-40)的如下两个问题进行研究: (i) 在什么情况下可以实现输出编队−合围;(ii) 如何设计协议(9-41)和协议(9-42)。

9.3.2　问题转化及初步结果

在协议(9-41)和协议(9-42)的作用下, 集群系统(9-40)的闭环形式如下:

$$
\begin{cases}
\dot{x}_F(t) = \big(I_M \otimes (A + BK_1C) + L_1 \otimes BK_2C\big)x_F(t) + (L_2 \otimes BK_2C)x_L(t) \\
y_F(t) = (I_M \otimes C)x_F(t)
\end{cases}
$$

$$(9-43)$$

$$
\begin{cases}
\dot{x}_L(t) = \big[I_{N-M} \otimes (A + BK_1C) + L_3 \otimes BK_3C\big]x_L(t) - (L_3 \otimes BK_3)h_L(t) \\
y_L(t) = (I_{N-M} \otimes C)x_L(t)
\end{cases}
$$

$$(9-44)$$

由于 C 是行满秩的, 所以可以使用 4.3.2 节中定义的 T 分别对 $x_F(t)$ 和 $x_L(t)$ 进行输出和非输出分解。对集群系统(9-43)和系统(9-44)分别应用 $I_M \otimes T$ 和 $I_{N-M} \otimes T$ 进行分解可得

$$
\begin{cases}
\dot{y}_F(t) = \big[I_M \otimes (\bar{A}_{11} + \bar{B}_1 K_1) + L_1 \otimes \bar{B}_1 K_2 \big] y_F(t) + (I_M \otimes \bar{A}_{12}) \bar{y}_F(t) \\
\qquad + (L_2 \otimes \bar{B}_1 K_2) y_L(t) \\
\dot{\bar{y}}_F(t) = \big[I_M \otimes (\bar{A}_{21} + \bar{B}_2 K_1) + L_1 \otimes \bar{B}_2 K_2 \big] y_F(t) + (I_M \otimes \bar{A}_{22}) \bar{y}_F(t) \\
\qquad + (L_2 \otimes \bar{B}_2 K_2) y_L(t)
\end{cases}
$$

$$(9-45)$$

$$
\begin{cases}
\dot{y}_L(t) = \big[I_{N-M} \otimes (\bar{A}_{11} + \bar{B}_1 K_1) + L_3 \otimes \bar{B}_1 K_3 \big] y_L(t) + (I_{N-M} \otimes \bar{A}_{12}) \bar{y}_L(t) \\
\qquad - (L_3 \otimes \bar{B}_1 K_3) h_L(t) \\
\dot{\bar{y}}_L(t) = \big[I_{N-M} \otimes (\bar{A}_{21} + \bar{B}_2 K_1) + L_3 \otimes \bar{B}_2 K_3 \big] y_L(t) + (I_{N-M} \otimes \bar{A}_{22}) \bar{y}_L(t) \\
\qquad - (L_3 \otimes \bar{B}_2 K_3) h_L(t)
\end{cases}
$$

$$(9-46)$$

定义 $\tilde{y}_i(t) = y_i(t) - h_i(t)\ (i \in L)$ 和 $\tilde{y}_L(t) = [\tilde{y}_{M+1}^T(t), \tilde{y}_{M+2}^T(t), \cdots, \tilde{y}_N^T(t)]^T$，则集群系统(9-46)可以转换为

$$
\begin{cases}
\dot{\tilde{y}}_L(t) = \big[I_{N-M} \otimes (\bar{A}_{11} + \bar{B}_1 K_1) + L_3 \otimes \bar{B}_1 K_3 \big] \tilde{y}_L(t) + (I_{N-M} \otimes \bar{A}_{12}) \bar{y}_L(t) \\
\qquad + \big[I_{N-M} \otimes (\bar{A}_{11} + \bar{B}_1 K_1) \big] h_L(t) - (I_{N-M} \otimes I) \dot{h}_L(t) \\
\dot{\bar{y}}_L(t) = \big[I_{N-M} \otimes (\bar{A}_{21} + \bar{B}_2 K_1) + L_3 \otimes \bar{B}_2 K_3 \big] \tilde{y}_L(t) + (I_{N-M} \otimes \bar{A}_{22}) \bar{y}_L(t) \\
\qquad + \big[I_{N-M} \otimes (\bar{A}_{21} + \bar{B}_2 K_1) \big] h_L(t)
\end{cases}
$$

$$(9-47)$$

根据时变输出编队及一致性的定义可知下面的引理成立。

引理 9.5：集群系统(9-46)实现时变输出编队 $h_L(t)$ 的充要条件是集群系统(9-47)实现输出一致。

定义 L_3 的特征值为 $\lambda_i(i \in L)$，其中 $\lambda_{M+1} = 0$ 对应的特征向量为 $\bar{u}_{M+1} = 1/\sqrt{N-M}$，并且 $0 < \mathrm{Re}(\lambda_{M+2}) \leqslant \cdots \leqslant \mathrm{Re}(\lambda_N)$。令 $U_L^{-1} L_3 U_L = J_L$，其中 $U_L = [\bar{u}_{M+1}, \bar{u}_{M+2}, \cdots, \bar{u}_N]$，$U_L^{-1} = [\tilde{u}_{M+1}, \tilde{u}_{M+2}, \cdots, \tilde{u}_N]^H$，$J_L$ 是 L_3 的约当标准型。

根据**引理 9.1** 和 U_L 的结构特性可知 $J_L = \mathrm{diag}\{0, \bar{J}_L\}$，其中 $\bar{J}_L$ 为包含与 $\lambda_i(i = M+2, M+3, \cdots, N)$ 对应的约当块的矩阵。令 $\tilde{U}_L = [\tilde{u}_{M+2}, \tilde{u}_{M+3}, \cdots, \tilde{u}_N]^H$、$\vartheta_L(t) = (\tilde{u}_{M+1}^H \otimes I)\tilde{y}_L(t)$、$\varsigma_L(t) = (\tilde{u}_L \otimes I)\tilde{y}_L(t)$、$\bar{\vartheta}_L(t) = (\tilde{u}_{M+1}^H \otimes I)\bar{y}_L(t)$、$\bar{\varsigma}_L(t) = [\bar{\varsigma}_{M+2}^H(t), \bar{\varsigma}_{M+3}^H(t), \cdots, \bar{\varsigma}_N^H(t)]^H = (\tilde{U}_L \otimes I)\bar{y}_L(t)$。那么集群系统(9-47)可分解为

$$
\begin{cases}
\dot{\vartheta}_L(t) = (\bar{A}_{11} + \bar{B}_1 K_1)\vartheta_L(t) + \bar{A}_{12}\bar{\vartheta}_L(t) + \big[\tilde{u}_{M+1}^H \otimes (\bar{A}_{11} + \bar{B}_1 K_1) \big] h_L(t) \\
\qquad - (\tilde{u}_{M+1}^H \otimes I) \dot{h}_L(t) \\
\dot{\bar{\vartheta}}_L(t) = (\bar{A}_{21} + \bar{B}_2 K_1)\vartheta_L(t) + \bar{A}_{22}\bar{\vartheta}_L(t) + \big[\tilde{u}_{M+1}^H \otimes (\bar{A}_{21} + \bar{B}_2 K_1) \big] h_L(t)
\end{cases}
$$

$$(9-48)$$

$$
\begin{cases}
\dot{\varsigma}_L(t) = \left[I_{N-M-1} \otimes (\bar{A}_{11} + \bar{B}_1 K_1) + \bar{J}_L \otimes \bar{B}_1 K_3 \right] \varsigma_L(t) + (I_{N-M-1} \otimes \bar{A}_{12}) \bar{\varsigma}_L(t) \\
\qquad + \left[\tilde{U}_L \otimes (\bar{A}_{11} + \bar{B}_1 K_1) \right] h_L(t) - (\tilde{U}_L \otimes I) \dot{h}_L(t) \\
\dot{\bar{\varsigma}}_L(t) = \left[I_{N-M-1} \otimes (\bar{A}_{21} + \bar{B}_2 K_1) + \bar{J}_L \otimes \bar{B}_2 K_3 \right] \varsigma_L(t) + (I_{N-M-1} \otimes \bar{A}_{22}) \bar{\varsigma}_L(t) \\
\qquad + \left[\tilde{U}_L \otimes (\bar{A}_{21} + \bar{B}_2 K_1) \right] h_L(t)
\end{cases}
$$

$$(9-49)$$

令

$$
\tilde{y}_{LC}(t) = \frac{1}{\sqrt{N-M}} \otimes \vartheta_L(t) \tag{9-50}
$$

$$
\tilde{y}_{L\bar{C}}(t) = \tilde{y}_L(t) - \tilde{y}_{LC}(t) \tag{9-51}
$$

注意到 $\left[\vartheta_L^H(t), 0 \right]^H = \bar{e}_{M+1} \otimes \vartheta_L(t)$，其中 $\bar{e}_{M+1} \in \mathbb{R}^{N-M}$ 为第 $i-M$ 个分量值为 $1\sqrt{N-M}$，其余分量值为 0 的列向量，可得

$$
\tilde{y}_{LC}(t) = (U_L \otimes I_q)(\bar{e}_{M+1} \otimes \vartheta_L(t)) = (U_L \otimes I_q)\left[\vartheta_L^H(t), 0 \right]^H \tag{9-52}
$$

因为 $\left[\vartheta_L^H(t), \varsigma_L^H(t) \right]^H = (U_L^{-1} \otimes I_q) \tilde{y}_L(t)$，所以

$$
\tilde{y}_{L\bar{C}}(t) = \tilde{y}_L(t) - \tilde{y}_{LC}(t) = (U_L \otimes I_q)\left[0, \varsigma_L^H(t) \right]^H \tag{9-53}
$$

考虑到 $U_L^{-1} \otimes I_q$ 是非奇异的，由式(9-52)和式(9-53)可知 $\tilde{y}_{LC}(t)$ 和 $\tilde{y}_{L\bar{C}}(t)$ 是线性无关的。结合式(9-50)和式(9-51)可以得到以 $\tilde{y}_{LC}(t)$ 和 $\tilde{y}_{L\bar{C}}(t)$ 为状态的两个子系统分别描述了集群系统(9-47)的输出一致分量和非输出一致分量。这意味着集群系统(9-47)实现输出一致的充要条件是 $\lim\limits_{t \to \infty} \tilde{y}_{L\bar{C}}(t) = 0$。因此，基于**引理9.5** 容易得到如下引理。

引理 9.6：集群系统(9-46)实现时变输出编队 $h_L(t)$ 的充要条件是

$$
\lim_{t \to \infty} \varsigma_L(t) = 0
$$

令 $\psi_{Fi}(t) = \sum\limits_{j \in N_i} w_{ij}(y_i(t) - y_j(t))$，$i \in F$，$\psi_F(t) = \left[\psi_{F1}^{\mathrm{T}}(t), \psi_{F2}^{\mathrm{T}}(t), \cdots, \psi_{FM}^{\mathrm{T}}(t) \right]^{\mathrm{T}}$，则有

$$
\psi_F(t) = (L_2 \otimes I) y_L(t) + (L_1 \otimes I) y_F(t) \tag{9-54}
$$

如果 $\lim\limits_{t \to \infty} \psi_F(t) = 0$，那么

$$
\lim_{t \to \infty} \left[y_F(t) - (-L_1^{-1} L_2 \otimes I) y_L(t) \right] = 0 \tag{9-55}
$$

由式(9-55)、**引理 8.1** 和**引理 9.6** 可以得到如下引理。

引理 9.7：集群系统(9-40)在协议(9-41)和协议(9-42)作用下实现输出

编队-合围的充分条件是

$$\begin{cases} \lim_{t \to \infty} \varsigma_L(t) = 0 \\ \lim_{t \to \infty} \psi_F(t) = 0 \end{cases}$$

在以上分析的基础上可以得到如下所示的时变输出编队参考函数的显式表达式。

引理 9.8：如果集群系统(9-40)在协议(9-41)和协议(9-42)作用下实现输出编队-合围，那么时变输出编队参考函数 $r(t)$ 满足，

$$\lim_{t \to \infty}(r(t) - r_0(t) - r_h(t)) = 0$$

其中，

$$r_0(t) = \frac{1}{\sqrt{N-M}} C e^{(A+BK_1C)t} (\tilde{u}_{M+1}^H \otimes I) x_L(0)$$

$$r_h(t) = -\frac{1}{\sqrt{N-M}} (\tilde{u}_{M+1}^H \otimes I) h_L(t)$$

证明：如果集群系统(9-40)在协议(9-41)和协议(9-42)的作用下实现输出编队-合围，那么集群系统(9-46)实现时变输出编队 $h_L(t)$。根据式(9-50)~式(9-53)可知时变输出编队参考函数由式(9-48)决定并且

$$\lim_{t \to \infty}\left(r(t) - \frac{1}{\sqrt{N-M}} \vartheta_L(t)\right) = 0 \tag{9-56}$$

令 $\tilde{\vartheta}_L(t) = [\bar{\vartheta}_L^H(t), \bar{\bar{\vartheta}}_L^H(t)]^H$，可将子系统(9-48)整理为

$$\dot{\tilde{\vartheta}}_L(t) = T(A + BK_1C)T^{-1}\tilde{\vartheta}_L(t) + T\left(\tilde{u}_{M+1}^H \otimes AT^{-1}\begin{bmatrix} I \\ 0 \end{bmatrix} + \tilde{u}_{M+1}^H \otimes BK_1\right) h_L(t)$$

$$- \tilde{u}_{M+1}^H \otimes \begin{bmatrix} I \\ 0 \end{bmatrix} \dot{h}_L(t) \tag{9-57}$$

可以证明：

$$\int_0^t e^{[T(A+BK_1C)T^{-1}](t-\tau)}\left(\tilde{u}_{M+1}^H \otimes \begin{bmatrix} I \\ 0 \end{bmatrix}\right) \dot{h}_L(\tau) \mathrm{d}\tau$$

$$= \left(\tilde{u}_{M+1}^H \otimes \begin{bmatrix} I \\ 0 \end{bmatrix}\right) h_L(t) - e^{[T(A+BK_1C)T^{-1}]t}\left(\tilde{u}_{M+1}^H \otimes \begin{bmatrix} I \\ 0 \end{bmatrix}\right) h_L(0)$$

$$+ \int_0^t e^{[T(A+BK_1C)T^{-1}](t-\tau)}\left(\tilde{u}_{M+1}^H \otimes (T(A+BK_1C)T^{-1})\begin{bmatrix} I \\ 0 \end{bmatrix}\right) h_L(\tau) \mathrm{d}\tau$$

$$\tag{9-58}$$

$$\vartheta_L(0) = (\tilde{u}_{M+1}^H \otimes I)(y_L(0) - h_L(0)) \text{ 和 } \bar{\vartheta}_L(0) = (\tilde{u}_{M+1}^H \otimes I)\bar{y}_L(0)。$$

因为 $y_L(0) = (I_{N-M} \otimes C)x_L(0)$ 和 $\bar{y}_L(0) = (I_{N-M} \otimes \bar{C})x_L(0)$，所以

$$\vartheta_L(0) = (\tilde{u}_{M+1}^H \otimes C)x_L(0) - (\tilde{u}_{M+1}^H \otimes I)h_L(0) \tag{9-59}$$

$$\bar{\vartheta}_L(0) = (\tilde{u}_{M+1}^H \otimes \bar{C})x_L(0) \tag{9-60}$$

结合式(9-56)~式(9-60)可以得到**引理 9.8** 的结论。

注释 9.11：由**引理 9.8** 可以看出，增益矩阵 k_1 可以用来对输出编队参考的部分运动模态进行配置。根据**引理 9.8** 可以分别得到**注释 9.9** 中所描述的各种情况下的编队参考函数或者一致函数的显式表达式。此外，如果作用拓扑是无向的，则 U_L 可以选取为一个正交矩阵，其中 $\bar{u}_{M+1} = 1/\sqrt{N-M}$。 在这种情况下，$\tilde{u}_{M+1} = 1/\sqrt{N-M}$ 并且 $r_0(t)$ 和 $r_h(t)$ 满足：

$$r_0(t) = Ce^{(A+BK_1C)t} \frac{1}{N-M} \sum_{i=M+1}^{N} x_i(0), \quad c_h(t) = -\frac{1}{N-M} \sum_{i=M+1}^{N} h_i(t)$$

9.3.3　输出编队-合围控制分析及控制协议设计

由**引理 9.7** 可以看出集群系统(9-40)在静态协议(9-41)和静态协议(9-42)作用下的输出编队-合围问题由以 $\varsigma_L(t)$ 为状态和以 $\psi_F(t)$ 为输出的两个子系统决定。根据式(9-45)、式(9-46)、式(9-49)和式(9-54)可知仅有 $(\bar{A}_{22}, \bar{A}_{12})$ 的能观分量对以 $\varsigma_L(t)$ 为状态和以 $\psi_F(t)$ 为输出的两个子系统的稳定性有影响。因此，先对 $(\bar{A}_{22}, \bar{A}_{12})$ 进行如下能观性分解。令 $\hat{y}_i(t) = \tilde{T}^{-1}\bar{y}_i(t) = [\hat{y}_{io}^T(t), \hat{y}_{i\bar{o}}^T(t)]^T (i = 1, 2, \cdots, N)$，$\tilde{\varsigma}_i(t) = \tilde{T}^{-1}\bar{\varsigma}_i(t) = [\tilde{\varsigma}_{io}^T(t), \tilde{\varsigma}_{i\bar{o}}^T(t)]^T (i = M+2, M+3, \cdots, N)$，$\tilde{T}^{-1}\bar{A}_{21} = [\tilde{F}_1^T, \tilde{F}_2^T]^T$，$\tilde{T}^{-1}\bar{B}_2 = [\tilde{B}_1^T, \tilde{B}_2^T]^T$，$\hat{y}_{Fo}(t) = [\hat{y}_{1o}^T(t), \hat{y}_{2o}^T(t), \cdots, \hat{y}_{Mo}^T(t)]^T$，$\hat{y}_{F\bar{o}}(t) = [\hat{y}_{1\bar{o}}^T(t), \hat{y}_{2\bar{o}}^T(t), \cdots, \hat{y}_{M\bar{o}}^T(t)]^T$，$\hat{y}_{Lo}(t) = [\hat{y}_{(M+1)o}^T(t), \hat{y}_{(M+2)o}^T(t), \cdots, \hat{y}_{No}^T(t)]^T$，$\hat{y}_{L\bar{o}}(t) = [\hat{y}_{(M+1)\bar{o}}^T(t), \hat{y}_{(M+2)\bar{o}}^T(t), \cdots, \hat{y}_{N\bar{o}}^T(t)]^T$，$\tilde{\varsigma}_{Eo}(t) = [\tilde{\varsigma}_{(M+2)o}^T(t), \tilde{\varsigma}_{(M+3)o}^T(t), \cdots, \tilde{\varsigma}_{No}^T(t)]^T$，$\tilde{\varsigma}_{L\bar{o}}(t) = [\tilde{\varsigma}_{(M+1)\bar{o}}^T(t), \tilde{\varsigma}_{(M+2)\bar{o}}^T(t), \cdots, \tilde{\varsigma}_{N\bar{o}}^T(t)]^T$，其中 $\tilde{T}$ 与 4.3.3 节中的定义一致，则集群系统(9-45)、系统(9-46)和系统(9-49)可以分别被分解为

$$\begin{cases} \dot{\hat{y}}_F(t) = [I_M \otimes (\bar{A}_{11} + \bar{B}_1 K_1) + L_1 \otimes \bar{B}_1 K_2] y_F(t) + (I_M \otimes \tilde{E}_1)\hat{y}_{Fo}(t) \\ \qquad\quad + (L_2 \otimes \bar{B}_1 K_2) y_L(t) \\ \dot{\hat{y}}_{Fo}(t) = [I_M \otimes (\tilde{F}_1 + \tilde{B}_1 K_1) + L_1 \otimes \tilde{B}_1 K_2] y_F(t) + (I_M \otimes \tilde{D}_1)\hat{y}_{Fo}(t) \\ \qquad\quad + (L_2 \otimes \tilde{B}_1 K_2) y_L(t) \\ \dot{\hat{y}}_{F\bar{o}}(t) = [I_M \otimes (\tilde{F}_2 + \tilde{B}_2 K_1) + L_1 \otimes \tilde{B}_2 K_2] y_F(t) + (I_M \otimes \tilde{D}_2)\hat{y}_{Fo}(t) \\ \qquad\quad + (I_M \otimes \tilde{D}_3)\hat{y}_{F\bar{o}}(t) + (L_2 \otimes \tilde{B}_2 K_2) y_L(t) \end{cases}$$

$$\tag{9-61}$$

$$
\begin{cases}
\dot{y}_L(t) = \left[I_{N-M} \otimes (\bar{A}_{11} + \bar{B}_1 K_1) + L_3 \otimes \bar{B}_1 K_3 \right] y_L(t) + (I_{N-M} \otimes \tilde{E}_1) \hat{y}_{Lo}(t) \\
\qquad - (L_3 \otimes \bar{B}_1 K_3) h_L(t) \\
\dot{\hat{y}}_{Lo}(t) = \left[I_{N-M} \otimes (\tilde{F}_1 + \bar{B}_1 K_1) + L_3 \otimes \bar{B}_1 K_3 \right] y_L(t) + (I_{N-M} \otimes \tilde{D}_1) \hat{y}_{Lo}(t) \\
\qquad - (L_3 \otimes \bar{B}_1 K_3) h_L(t) \\
\dot{\hat{y}}_{L\bar{o}}(t) = \left[I_{N-M} \otimes (\tilde{F}_2 + \tilde{B}_2 K_1) + L_3 \otimes \tilde{B}_2 K_3 \right] y_L(t) + (I_{N-M} \otimes \tilde{D}_2) \hat{y}_{Lo}(t) \\
\qquad + (I_{N-M} \otimes \tilde{D}_3) \hat{y}_{L\bar{o}}(t) - (L_3 \otimes \tilde{B}_2 K_3) h_L(t)
\end{cases}
\tag{9-62}
$$

$$
\begin{cases}
\dot{\varsigma}_L(t) = \left[I_{N-M-1} \otimes (\bar{A}_{11} + \bar{B}_1 K_1) + \bar{J} \otimes \bar{B}_1 K_3 \right] \varsigma_L(t) + (I_{N-M-1} \otimes \tilde{E}_1) \tilde{\varsigma}_{Lo}(t) \\
\qquad + \left[\tilde{U}_L \otimes (\bar{A}_{11} + \bar{B}_1 K_1) \right] h_L(t) - (\tilde{U}_L \otimes I) \dot{h}_L(t) \\
\dot{\varsigma}_{Lo}(t) = \left[I_{N-M-1} \otimes (\tilde{F}_1 + \bar{B}_1 K_1) + \bar{J} \otimes \bar{B}_1 K_3 \right] \varsigma_L(t) + (I_{N-M-1} \otimes \tilde{D}_1) \tilde{\varsigma}_{Lo}(t) \\
\qquad + \left[\tilde{U}_L \otimes (\tilde{F}_1 + \bar{B}_1 K_1) \right] h_L(t) \\
\dot{\varsigma}_{L\bar{o}}(t) = \left[I_{N-M-1} \otimes (\tilde{F}_2 + \tilde{B}_2 K_1) + \bar{J} \otimes \tilde{B}_2 K_3 \right] \varsigma_L(t) + (I_{N-M-1} \otimes \tilde{D}_2) \tilde{\varsigma}_{Lo}(t) \\
\qquad + (I_{N-M-1} \otimes \tilde{D}_3) \tilde{\varsigma}_{L\bar{o}}(t) + \left[\tilde{U}_L \otimes (\tilde{F}_2 + \tilde{B}_2 K_1) \right] h_L(t)
\end{cases}
\tag{9-63}
$$

下面的定理给出了集群系统实现输出编队-合围的充分条件。

定理 9.4: 对于任意给定的有界初始状态,集群系统(9-40)在静态协议(9-41)、协议(9-42)作用下实现输出编队-合围的充分条件是

(i) 对于 $\forall i \in L$,

$$
\lim_{t \to \infty} \left(\begin{bmatrix} \bar{A}_{11} + \bar{B}_1 K_1 \\ \tilde{F}_1 + \bar{B}_1 K_1 \end{bmatrix} (h_i(t) - h_j(t)) - \begin{bmatrix} I \\ 0 \end{bmatrix} (\dot{h}_i(t) - \dot{h}_j(t)) \right) = 0, \ j \in N_i
\tag{9-64}
$$

(ii) 对于 $\forall i \in F$, Φ_{Fi} 满足 Hurwitz 条件,其中,

$$
\Phi_{Fi} = \begin{bmatrix} \bar{A}_{11} + \bar{B}_1 K_1 + \lambda_i \bar{B}_1 K_2 & \tilde{E}_1 \\ \tilde{F}_1 + \bar{B}_1 K_1 + \lambda_i \bar{B}_1 K_2 & \tilde{D}_1 \end{bmatrix}
$$

(iii) 对于 $\forall I \in \{M+2, M+3, \cdots, N\}$, Φ_{Li} 满足 Hurwitz 条件,其中,

$$
\Phi_{Li} = \begin{bmatrix} \bar{A}_{11} + \bar{B}_1 K_1 + \lambda_i \bar{B}_1 K_3 & \tilde{E}_1 \\ \tilde{F}_1 + \bar{B}_1 K_1 + \lambda_i \bar{B}_1 K_3 & \tilde{D}_1 \end{bmatrix}
$$

证明: 注意到 $\tilde{U}_L 1 = 0$,如果条件(i)成立,则

$$
\lim_{t \to \infty} \left(\left(\tilde{U}_L \otimes \begin{bmatrix} \bar{A}_{11} + \bar{B}_1 K_1 \\ \tilde{F}_1 + \bar{B}_1 K_1 \end{bmatrix} \right) h_L(t) - \left(\tilde{U}_L \otimes \begin{bmatrix} I \\ 0 \end{bmatrix} \right) \dot{h}_L(t) \right) = 0
\tag{9-65}
$$

考虑如下 $N - M - 1$ 个子系统的稳定性：

$$\dot{\rho}_i(t) = \begin{bmatrix} \bar{A}_{11} + \bar{B}_1 K_1 + \lambda_i \bar{B}_1 K_3 & \tilde{E}_1 \\ \tilde{F}_1 + \tilde{B}_1 K_1 + \lambda_i \tilde{B}_1 K_3 & \bar{D}_1 \end{bmatrix} \rho_i(t) , \ i = M + 2, \ M + 3, \ \cdots, \ N$$

$$(9 - 66)$$

如果条件(iii)成立，那么由式(8-67)所描述的 $N - M - 1$ 个子系统是渐近稳定的。由 $\bar{J}_L$ 的结构可知：

$$\dot{\bar{\rho}}(t) = \begin{bmatrix} I_{N-M-1} \otimes (\bar{A}_{11} + \bar{B}_1 K_1) + \bar{J} \otimes \bar{B}_1 K_3 & I_{N-M-1} \otimes \tilde{E}_1 \\ I_{N-M-1} \otimes (\tilde{F}_1 + \tilde{B}_1 K_1) + \bar{J} \otimes \tilde{B}_1 K_3 & I_{N-M-1} \otimes \tilde{D}_1 \end{bmatrix} \bar{\rho}(t) \quad (9 - 67)$$

是渐近稳定的。结合式(9-63)、式(9-65)和式(9-67)可得，对于任意给定的有界初始状态，

$$\lim_{t \to \infty} \varsigma_L(t) = 0 \tag{9-68}$$

根据式(9-68)和**引理 9.6**可知集群系统(9-46)实现了时变输出编队 $h_L(t)$。

如果领导者实现了编队 $h_L(t)$，那么

$$\begin{cases} \lim_{t \to \infty} ((L_2 L_3) \otimes (\bar{B}_1 K_3))(y_L(t) - h_L(t) = \lim_{t \to \infty} ((L_2 L_3) \otimes (\bar{B}_1 K_3))(1 \otimes r(t)) \\ \lim_{t \to \infty} ((L_2 L_3) \otimes (\bar{B}_1 K_3))(y_L(t) - h_L(t) = \lim_{t \to \infty} ((L_2 L_3) \otimes (\bar{B}_1 K_3))(1 \otimes r(t)) \end{cases}$$

$$(9 - 69)$$

注意到 $L_3 1 = 0$，则

$$\begin{cases} \lim_{t \to \infty} ((L_2 L_3) \otimes (\bar{B}_1 K_3))(y_L(t) - h_L(t)) = 0 \\ \lim_{t \to \infty} ((L_2 L_3) \otimes (\bar{B}_1 K_3))(y_L(t) - h_L(t)) = 0 \end{cases} \tag{9-70}$$

令

$$\tilde{\varphi}_{Fi}(t) = \sum_{j \in N_i} w_{ij}(\hat{y}_{io}(t) - \hat{y}_{jo}(t)) , \ i \in F$$

$\tilde{\varphi}_F(t) = [\tilde{\varphi}_{F1}^{\mathrm{T}}(t), \ \tilde{\varphi}_{F2}^{\mathrm{T}}(t), \ \cdots, \ \tilde{\varphi}_{FM}^{\mathrm{T}}(t)]^{\mathrm{T}}$。则

$$\tilde{\varphi}_F(T) = (L_2 \otimes I)\hat{y}_{Lo}(t) + (L_1 \otimes I)\hat{y}_{Fo}(t) \tag{9-71}$$

分别对式(9-54)和式(9-71)求导可得

$$\begin{cases} \dot{\psi}_F(t) = (L_2 \otimes I)\dot{y}_L(t) + (L_1 \otimes I)\dot{y}_F(t) \\ \dot{\tilde{\varphi}}_F(t) = (L_2 \otimes I)\dot{\hat{y}}_{Lo}(t) + (L_1 \otimes I)\dot{\hat{y}}_{Fo}(t) \end{cases} \tag{9-72}$$

结合式(9-54)、式(9-61)、式(9-62)、式(9-70)及式(9-71)可得

$$
\begin{bmatrix} \dot{\psi}_F(t) \\ \dot{\varphi}_F(t) \end{bmatrix} = \begin{bmatrix} I_M \otimes (\bar{A}_{11} + \bar{B}_1 K_1) + L_1 \otimes \bar{B}_1 K_2 & I_M \otimes \bar{E}_1 \\ I_M \otimes (\tilde{F}_1 + \bar{B}_1 K_1) + L_1 \otimes \bar{B}_1 K_2 & I_M \otimes \tilde{D}_1 \end{bmatrix} \begin{bmatrix} \psi_F(t) \\ \tilde{\varphi}_F(t) \end{bmatrix} \quad (9-73)
$$

如果条件(ii)成立,则如下 M 个子系统:

$$
\dot{\tilde{\rho}}_i(t) = \begin{bmatrix} \bar{A}_{11} + \bar{B}_1 K_1 + \lambda_i \bar{B}_1 K_2 & \bar{E}_1 \\ \tilde{F}_1 + \bar{B}_1 K_1 + \lambda_i \bar{B}_1 K_2 & \tilde{D}_1 \end{bmatrix} \tilde{\rho}_i(t), \ i = 1, 2, \cdots, M \quad (9-74)
$$

是渐近稳定的。由式(9-74), U_F 和 $\bar{\Lambda}_F$ 的结构特性可知由式(9-73)所描述的系统是渐近稳定的。因此,对于任意给定的有界初始状态,

$$
\lim_{t \to \infty} \psi_F(t) = 0 \quad (9-75)
$$

根据式(9-68)、式(9-75)和**引理9.7**可知,对于任意给定的有界初始状态,集群系统(9-40)在静态协议(9-41)和静态协议(9-42)作用下实现了输出编队-合围。证明完毕。

定理9.4中包含 $N-1$ 个 Hurwitz 约束。下面的定理给出了降低**定理9.4**计算复杂度的一种方法。

为了简化描述,令

$$
\bar{A}_o = \begin{bmatrix} \bar{A}_{11} + \bar{B}_1 K_1 & \bar{E}_1 \\ \tilde{F}_1 + \bar{B}_1 K_1 & \tilde{D}_1 \end{bmatrix}, \ B_o = \begin{bmatrix} \bar{B}_1 \\ \tilde{B}_1 \end{bmatrix}, \ C_o = \begin{bmatrix} I & 0 \end{bmatrix}
$$

则 $\Phi_{Fi}(i \in F)$ 和 $\Phi_{Lk}(k = M+2, M+3, \cdots, N)$ 可以表示为

$$
\Phi_{Fi} = \bar{A}_o + \lambda_i B_o K_2 C_o, \ i \in F \quad (9-76)
$$

$$
\Phi_{Lk} = \bar{A}_o + \lambda_k B_o K_3 C_o, \ k = M+2, M+3, \cdots, N \quad (9-77)
$$

根据式(9-76)和式(9-77)可知 Φ_{Fi} 和 Φ_{Lk} 满足 Hurwitz 条件的充要条件是 $(\bar{A}_o, \lambda_i B_o, C_o)$ 和 $(\bar{A}_o, \lambda_k B_o, C_o)$ 可以分别被以 K_2 和 K_3 为增益矩阵的静态输出反馈控制器所镇定。应用实部和虚部分解,可以得到 Φ_{Fi} 和 Φ_{Lk} 满足 Hurwitz 条件命题与子系统 $(\Lambda_{\bar{A}_o}, \Psi_{\lambda_i \Lambda_{B_o}}, \Lambda_{C_o})$ 和 $(\Lambda_{\bar{A}_o}, \Psi_{\lambda_k \Lambda_{B_o}}, \Lambda_{C_o})$ 可以分别被以 Λ_{K_2} 和 Λ_{K_3} 为增益矩阵的静态输出反馈控制器所镇定的命题是等价的。

定理9.5:对于任意给定的有界初始状态,集群系统(9-40)在静态协议(9-41)和静态协议(9-42)作用下实现输出编队-合围的充分条件是**定理9.4**中的条件(i)成立并且存在实矩阵 K_2、K_3、$\tilde{R}_F = \tilde{R}_F^{\mathrm{T}} > 0$、$\tilde{R}_L = \tilde{R}_L^{\mathrm{T}} > 0$ 使得

$$
(\Lambda_{\bar{A}_o} + \Psi_{\bar{\lambda}_i} \Lambda_{B_o} \Lambda_{K_2} \Lambda_{C_o})^{\mathrm{T}} \tilde{R}_F + \tilde{R}_F (\Lambda_{\bar{A}_o} + \Psi_{\bar{\lambda}_i} \Lambda_{B_o} \Lambda_{K_2} \Lambda_{C_o}) < 0, \ i = 1, 2, 3, 4
$$

$$
\quad (9-78)
$$

$$(\Lambda_{\bar{A}_o} + \Psi_{\bar{\lambda}_i}\Lambda_{B_o}\Lambda_{K_3}\Lambda_{C_o})^{\mathrm{T}}\tilde{R}_L + \tilde{R}_L(\Lambda_{\bar{A}_o} + \Psi_{\bar{\lambda}_i}\Lambda_{B_o}\Lambda_{K_3}\Lambda_{C_o}) < 0, \; i = 1, 2, 3, 4 \tag{9-79}$$

证明： 下面将会分别证明条件(9-78)和条件(9-79)可以分别保证**定理9.4**中的条件(ii)和(iii)成立。首先，定义 $X_i = (\Lambda_{\bar{A}_o} + \Psi_{\lambda_i}\Lambda_{B_o}\Lambda_{K_2}\Lambda_{C_o})^{\mathrm{T}}\tilde{R}_F^{\mathrm{T}} + \tilde{R}_F(\Lambda_{\bar{A}_o} + \Psi_{\lambda_i}\Lambda_{B_o}\Lambda_{K_2}\Lambda_{C_o})$ $(i \in F)$，那么存在与 $\lambda_i(i=1,2,\cdots,N)$、$\bar{\lambda}_i$ 和 $\tilde{\lambda}_i(i=1,2,3,4)$ 无关的实对称矩阵 $\tilde{\Omega}_{F0}$、$\tilde{\Omega}_{F1}$、$\tilde{\Omega}_{F2}$ 使得 X_i 满足：

$$X_i = \tilde{\Omega}_{F0} + \mathrm{Re}(\lambda_i)\tilde{\Omega}_{F1} + \mathrm{Im}(\lambda_i)\tilde{\Omega}_{F2} \tag{9-80}$$

类似地，定义 $Z_i = (\Lambda_{\bar{A}_o} + \Psi_{\bar{\lambda}_i}\Lambda_{B_o}\Lambda_{K_2}\Lambda_{C_o})^{\mathrm{T}}\tilde{R}_F + \tilde{R}_F(\Lambda_{\bar{A}_o} + \Psi_{\bar{\lambda}_i}\Lambda_{B_o}\Lambda_{K_2}\Lambda_{C_o})^{\mathrm{T}}(i=1, 2, 3, 4)$，则有

$$Z_i = \tilde{\Omega}_{F0} + \mathrm{Re}(\bar{\lambda}_i)\tilde{\Omega}_{F1} + \mathrm{Im}(\bar{\lambda}_i)\tilde{\Omega}_{F2} \tag{9-81}$$

根据式(9-80)、式(9-81)和**引理4.3**可知，如果条件(9-78)成立，则 $X_i < 0$ $(i \in F)$。

考虑如下子系统的稳定性：

$$\dot{\tilde{\zeta}}_i(t) = (\Lambda_{\bar{A}_o} + \Psi_{\lambda_i}\Lambda_{B_o}\Lambda_{K_2}\Lambda_{C_o})\tilde{\zeta}_i(t), \; i \in F \tag{9-82}$$

选取如下李雅普诺夫函数候选：

$$V_{Fi}(t) = \tilde{\zeta}_i^{\mathrm{T}}(t)\tilde{R}_F\tilde{\zeta}_i(t) \tag{9-83}$$

沿式(9-82)的轨迹对 $v_{Fi}(t)$ 求导可得

$$\dot{V}_{Fi}(t) = \tilde{\zeta}_i^{\mathrm{T}}(t)(\Lambda_{\bar{A}_o} + \Psi_{\lambda_i}\Lambda_{B_o}\Lambda_{K_2}\Lambda_{C_o})^{\mathrm{T}}\tilde{R}_F\tilde{\zeta}_i(t) + \tilde{\zeta}_i^{\mathrm{T}}(t)\tilde{R}_F(\Lambda_{\bar{A}_o} + \Psi_{\lambda_i}\Lambda_{B_o}\Lambda_{K_2}\Lambda_{C_o})\tilde{\zeta}_i(t)$$

注意到 $X_i < 0$ $(i \in F)$ 则 $\dot{V}_{Fi}(t) < 0$，即 $\Phi_{Fi}(i \in F)$ 满足 Hurwitz 条件。利用类似的分析过程可以证明条件(9-79)是 $\Phi_{Lk}(k = M + 2, M + 3, \cdots, N)$ 满足 Hurwitz 条件的充分条件。结合**定理9.4**可知**定理9.5**成立。证明完毕。

注释9.12： 定理9.5把定理9.4中的 $N-1$ 个子系统的同时镇定问题简化为 8 个与智能体个数无关的子系统的同时镇定问题。因此，对于大规模的集群系统来说，**定理9.5**的计算复杂度要比**定理9.4**低很多。

接下来应用 He 与 Wang[138] 提出的算法对协议(9-41)和协议(9-42)中的控制增益矩阵进行求解。需要说明的是，该算法的具体形式在第4.3.3节对静态输出编队控制协议进行求解时已经给出。为了简化描述，本节仅对算法的收敛性所需的必要条件进行说明，算法的具体形式可以参见第4.3.3节。

由可镇定和能观测的 PBH 判据可以得到下面的引理。

引理9.9： 如果 (A, B) 是可镇定的，那么对任意满足 $\mathrm{Re}(\lambda) > 0$ 的 $\lambda \in \mathbb{C}$，

可知 $(\Lambda_{\bar{A}_o}, Y_\lambda \Lambda_{B_o})$ 是可镇定的。如果 $(\tilde{D}_1, \tilde{E}_1)$ 是完全能观测的,则 $(\Lambda_{\bar{A}_o}, \Lambda_{C_o})$ 是可检测的。

根据**引理 9.9**,如果 (A, B) 是可镇定的,那么 $(\Lambda_{\bar{A}_o}, \Psi_{\bar{\lambda}_i} \Lambda_{B_o})$ $(i = 1, 2, 3, 4)$ 是可镇定的。此外,由于 $(\tilde{D}_1, \tilde{E}_1)$ 是完全能观测的,则 $(\Lambda_{\bar{A}_o}, \Lambda_{C_o})$ 是可检测的。在这种情况下,He 与 Wang 在文献[138]中提出的算法的收敛性就可以得到保障。容易看出,**定理 9.5** 中的二次型不等式(9-78)和不等式(9-79)与**定理 4.7** 中的二次型矩阵不等式(4-71)在形式上完全一致,因此,通过简单的变量代换就可以直接应用算法 4.2 对二次型不等式(9-78)和不等式(9-79)进行求解,分别得到 K_2 和 K_3。

9.3.4　数值仿真

考虑一个具有 6 个领导者和 6 个跟随者的六阶集群系统。智能体的动力学方程如式(9-40)所示,其中 $x_i(t) = [x_{i1}(t), x_{i2}(t), \cdots, x_{i6}(t)]^T$,$y_i(t) = [y_{i1}(t), y_{i2}(t), y_{i3}(t)]^T (i = 1, 2, \cdots, 12)$,

$$A = \begin{bmatrix} -3.25 & -2.5 & -1 & 1.25 & -1.75 & -1.5 \\ -1.5 & 2 & -1 & -1.5 & 4.5 & 2 \\ -4.25 & 1.5 & 0 & -1.75 & 4.25 & 2.5 \\ 8.5 & 2 & 1 & 0.5 & -3.5 & 0 \\ 3.25 & -2.5 & 2 & 1.75 & -5.25 & -1.5 \\ 3 & 0 & -3 & 2 & -4 & -3 \end{bmatrix}, B = \begin{bmatrix} 1 \\ 2 \\ 1 \\ 0 \\ 1 \\ 0 \end{bmatrix}$$

$$C = \begin{bmatrix} 0 & 0 & 1 & 0 & 1 & 0 \\ 1 & 0 & 0 & 1 & -1 & 0 \\ 0 & 1 & 0 & -1 & 0 & 1 \end{bmatrix}$$

集群系统的有向拓扑如图 9-5 所示。

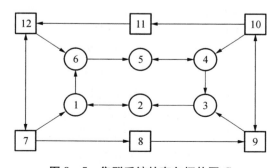

图 9-5　集群系统的有向拓扑图 G

选取 $\bar{C} = \begin{bmatrix} 1 & 0 & -1 & 0 & 0 & 0 \\ 0 & 1 & 0 & 1 & 0 & -1 \\ 0 & 1 & -1 & 0 & 1 & 0 \end{bmatrix}$ 可以验证 (A, B) 是可镇定的并且 $(\bar{A}_{22},$

$\bar{A}_{12})$ 是不完全能观测的。选择如下非奇异矩阵 $\tilde{T}$：

$$\tilde{T} = \begin{bmatrix} 1 & 0 & -1 \\ 0 & -1 & 2 \\ 1 & -1 & 0 \end{bmatrix}$$

领导者的输出需要实现一个时变的平行六边形编队同时这个六边形要围绕时变的编队参考进行转动。领导者的时变输出编队定义如下：

$$h_i(t) = \begin{bmatrix} 6\cos\left(t + \dfrac{(i-7)\pi}{3}\right) \\ -6\sin\left(t + \dfrac{(i-7)\pi}{3}\right) \\ -6\cos\left(t + \dfrac{(i-7)\pi}{3}\right) \end{bmatrix}, \ i = 7, 8, \cdots, 12$$

如果领导者实现了上述的 $h_i(t)$ $(i = 7, 8, \cdots, 12)$，那么 6 个领导者的输出会分别位于平行六边形的 6 个顶点，同时围绕编队参考以 1 rad/s 的角速度进行转动。此外，平行六边形的边长是时变的。

选择 $K_1 = [-2, 0, -2]$。在 K_1 的作用下 $A + BK_1C$ 的特征值可以被配置在 $1j$、$-1j$、$-1.7402 + 0.9370j$、$-1.7402 - 0.9370j$、-2 和 -11.5195，其中 $j^2 = -1$。在这种情况下，输出编队参考将会进行周期性的运动。可以验证**定理 9.4** 中的条件（i）是成立的。利用与**算法 4.2** 类似的算法对式（9-78）和式（9-79）分别进行求解得到的 $K_2 = [-3.0625, 0.1068, -1.7663]$，$K_3 = [-2.6361, 0.1878, -1.3892]$。选择每个智能体的初始状态为 $x_{ij}(0) = i(\Theta - 0.5)$ $(i = 1, 2, \cdots, 12; j = 1, 2, \cdots, 6)$。

图 9-6 给出了 12 个智能体的输出轨迹和输出编队参考轨迹在不同时刻的截图，其中，领导者的输出由点、三角形、正方形、圆圈、×符号和菱形表示；跟随者的输出和输出编队参考则分别由星号和五角星表示；领导者的输出形成的凸包用实线表示。图 9-7 给出了 $t = 150$ s 时集群系统输出轨迹和输出编队参考轨迹在不同平面上的投影。由图 9-6（a）和（b）可知领导者的输出实现了一个平行六边形的编队并且输出编队参考位于六边形的中心。图 9-6（b）、（c）和（d）揭示出领导者实现的输出编队在围绕编队参考进行旋转并且平行六边形的边长和编队参考都是时变的。因此，领导者的输出形成了期望的编队。从图 9-6（b）、（c）、（d）和图

9-7可以看出跟随者的输出进入了领导者输出形成的凸包中。综上所述,该集群系统实现了指定的输出编队-合围。

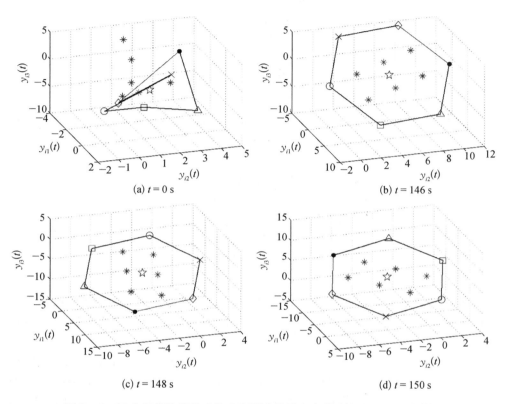

图 9-6 12 个智能体的输出轨迹和输出编队参考轨迹在不同时刻的截图

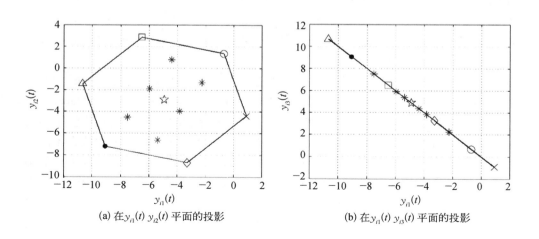

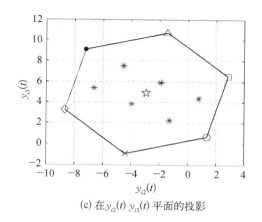

(c) 在 $y_{i2}(t) y_{i3}(t)$ 平面的投影

图 9 - 7 $t = 150\ \text{s}$ 时集群系统输出轨迹和输出编队参考轨迹在不同平面的投影

9.4 无人机集群编队-合围控制及实验验证

本节把前面取得的一般性理论结果在无人机集群对象上进行了应用。首先，基于无人机的局部邻居之间的相对信息反馈构建了编队-合围控制协议。然后给出了无人机集群实现编队-合围的充分条件。提出了一种通过求解代数 Riccati 方程，确定编队-合围控制协议中增益矩阵的方法。最后，搭建一个具有 5 架四旋翼无人机的编队-合围实验平台，通过仿真和飞行实验验证了理论结果的有效性。

9.4.1 问题描述

考虑一个具有 N 架无人机的集群系统，与前面章节类似，协同控制主要聚焦于无人机的位置和速度，因而在处理编队-合围控制问题时，无人机 i, $i \in \{1, 2, \cdots, N\}$ 继续沿用内外环分离的处理方式，在位置回路的运动学模型可以近似描述为

$$\begin{cases} \dot{x}_i(t) = v_i(t) \\ \dot{v}_i(t) = u_i(t) \end{cases} \qquad (9 - 84)$$

其中，$x_i(t) \in \mathbb{R}^n$ 是位置向量，$v_i(t) \in \mathbb{R}^n$ 是速度向量，$u_i(t) \in \mathbb{R}^n$ 是控制输入向量。为描述简单，假设 n 为 1。在 $n > 1$ 时，与 $n = 1$ 的情况下类似的分析过程可以通过使用 Kronecker 积直接得到，并且本节所有的理论结果均可以直接拓展到 $n > 1$ 的情况。

令 $\phi_i(t) = [x_i(t), v_i(t)]^{\mathrm{T}}$，$B_1 = [1, 0]^{\mathrm{T}}$ 和 $B_2 = [0, 1]^{\mathrm{T}}$，则无人机集群系统 (9 - 84) 可以改写为

$$\dot{\phi}_i(t) = B_1 B_2^{\mathrm{T}} \phi_i(t) + B_2 u_i(t) \tag{9-85}$$

定义 9.5：集群系统(9-85)中的无人机被分为领导者和跟随者。如果一架无人机的邻居只有领导者并且它与邻居协调实现指定的编队，则该无人机被称为领导者。如果一架无人机至少有一个邻居并与其邻居协调以进入领导者形成的凸包的内部，则该无人机被称为跟随者。

假设在无人机集群(9-85)中，有 M $(M < N)$ 个状态为 $\phi_i(t)$ $(i = 1, 2, \cdots, M)$ 的跟随者和 $N - M$ 个状态为 $\phi_j(t)$ $(j = M + 1, M + 2, \cdots, N)$ 的领导者，分别用 $F = \{1, 2, \cdots, M\}$ 和 $E = \{M + 1, M + 2, \cdots, N\}$ 表示跟随者下标集和领导者下标集。领导者的时变编队由向量 $h_E(t) = [h_{M+1}^{\mathrm{T}}(t), h_{M+2}^{\mathrm{T}}(t), \cdots, h_N^{\mathrm{T}}(t)]^{\mathrm{T}} \in \mathbb{R}^{2(N-M)}$ 指定，且 $h_i(t) = [h_{ix}(t), h_{iv}(t)]^{\mathrm{T}} (i \in E)$ 是分段连续可微的。

定义 9.6：如果存在向量值函数 $r(t) \in \mathbb{R}^n$ 满足下式，则称无人机集群(9-85)中的领导者实现了时变编队：

$$\lim_{t \to \infty} (\phi_i(t) - h_i(t) - r(t)) = 0, i \in E \tag{9-86}$$

其中，$r(t)$ 被称为编队参考函数。

在**定义 9.6** 中，$h_i(t)$ $(i \in E)$ 表征所需的时变编队构型，$r(t)$ 表示整个编队系统的宏观运动。

定义 9.7：若对任意 $j \in F$，如果存在非负常数 $\alpha_{jk}(k \in E)$ 满足 $\sum_{k=M+1}^{N} \alpha_{jk} = 1$，使得

$$\lim_{t \to \infty} \left(\phi_j(t) - \sum_{k=M+1}^{N} \alpha_{jk} \phi_k(t) \right) = 0 \tag{9-87}$$

则称无人机集群(9-85)实现了合围。

定义 9.8：如果存在向量值函数 $r(t) \in \mathbb{R}^2$ 和非负常数 $\alpha_{jk}(k \in E)$ 满足 $\sum_{k=M+1}^{N} \alpha_{jk} = 1$ 使得对于任意 $i \in E$ 和 $j \in F$，式(9-86)与式(9-87)成立，则称无人机集群(9-85)实现了编队-合围。

注释 9.13：从**定义 9.6**、**定义 9.7**、**定义 9.8** 可以看出，对于无人机集群(9-85)，如果 $M = 0$，编队合围问题成为文献[59]、[62]、[169]、[170]所描述的编队问题。如果 $h(t) \equiv 0$ 并且领导者没有邻居(即对于所有 $i, j \in E$，$w_{ij} = 0$)，则编队合围问题成为文献[102]中讨论的合围问题。因此，对于无人机集群(9-85)，编队问题和合围问题可以看作是本节讨论的编队-合围问题的特例。

考虑如下的编队-合围控制协议：

$$u_i(t) = K_1 \phi_i(t) + K_2 \sum_{j \in N_i} w_{ij} (\phi_i(t) - \phi_j(t)) , \ i \in F \qquad (9-88)$$

$$u_i(t) = K_2 \phi_i(t) + K_3 \sum_{j \in N_i} w_{ij} [(\phi_i(t) - h_i(t)) - (\phi_j(t) - h_j(t))] , \ i \in E$$

$$(9-89)$$

其中, $K_l = [k_{l1}, k_{l2}]$ $(l = 1, 2, 3)$ 是待确定的增益矩阵。

注释 9.14: 在控制协议(9-88)和协议(9-89)中,可以选择增益矩阵 K_1 来扩展可行的编队集合或指定编队参考的运动模态。K_2 和 K_3 可用于驱动跟随者的状态收敛到领导者的状态形成的凸包,并分别驱动领导者的状态达到期望的时变编队。需要指出的是,选择 $K_1 = 0$ 时,协议(9-88)和协议(9-89)成为仅使用邻居间相对信息反馈的协议。

本节主要研究以下三个问题: ① 在什么条件下可以实现编队-合围;② 如何对控制协议(9-88)和协议(9-89)进行设计;③ 如何在实际的无人机平台上进行飞行验证。

9.4.2　无人机集群编队-合围控制分析及协议设计

在本小节中,首先提出了在控制协议(9-88)和协议(9-89)作用下的无人机集群(9-85)实现编队-合围的充分条件。然后,提出了一种对控制协议进行设计的算法。

令 G_E 表示领导者之间的交互拓扑,根据**定义 9.5**,拓扑对应的拉普拉斯矩阵具有以下形式:

$$L = \begin{bmatrix} L_1 & L_2 \\ 0 & L_3 \end{bmatrix}$$

其中, $L_1 \in \mathbb{R}^{M \times M}$, $L_2 \in \mathbb{R}^{M \times (N-M)}$ 和 $L_3 \in \mathbb{R}^{(N-M) \times (N-M)}$。

引理 9.10: 令 $L \in \mathbb{R}^{N \times N}$ 为有向图 G 的拉普拉斯矩阵。如果 G 具有生成树,则 0 是 L 的一个简单特征值,其中 1 是关联的右特征向量,所有其他 $N-1$ 个特征值均具有正实部。

假设 9.1: 领导者之间的交互拓扑具有生成树。

假设 9.2: 对于任意跟随者,至少存在一个领导者有一条到该跟随者的有向路径。

根据**假设 9.2**,可以得到以下引理。

引理 9.11[99]: 如果有向交互拓扑 G 满足**假设 9.2**,则 L_1 所有特征值都具有正实部, $-L_1^{-1} L_2$ 的每一项为非负, $-L_1^{-1} L_2$ 的每一行和为 1。

令 $\phi_F(t) = [\phi_1^T(t), \phi_2^T(t), \cdots, \phi_M^T(t)]^T$，$\phi_E(t) = [\phi_{M+1}^T(t), \phi_{M+2}^T(t), \cdots, \phi_N^T(t)]^T$。使用控制协议(9−88)和协议(9−89)，无人机集群(9−85)可以转化为

$$\dot{\phi}_F(t) = [I_M \otimes (B_1 B_2^T + B_2 K_1) + L_1 \otimes B_2 K_2]\phi_F(t) \\ + (L_2 \otimes B_2 K_2)\phi_E(t) \tag{9−90}$$

$$\dot{\phi}_E(t) = [I_{N-M} \otimes (B_1 B_2^T + B_2 K_1) + L_3 \otimes B_2 K_3]\phi_E(t) \\ - (L_3 \otimes B_2 K_3)h_E(t) \tag{9−91}$$

设 $\lambda_i(i \in E)$ 是矩阵 L_3 的特征值，其中 $\lambda_{M+1} = 0$ 对应的特征向量 $\bar{u}_{M+1} = 1$ 并且 $0 < \mathrm{Re}(\lambda_{M+2}) \leqslant \cdots \leqslant \mathrm{Re}(\lambda_N)$。存在一个非奇异矩阵 $U_E = [\bar{u}_{M+1}, \bar{u}_{M+2}, \cdots, \bar{u}_N]$，其中 $U_E^{-1} = [\tilde{u}_{M+1}^H, \tilde{u}_{M+2}^H, \cdots, \tilde{u}_N^H]^H$ 使得 $U_E^{-1} L_3 U_E = J_E$，J_E 是 L_3 的约当标准型。根据**引理 9.10** 和 U_E 的结构，J_E 满足 $J_E = \mathrm{diag}\{0, \bar{J}_E\}$，其中 $\bar{J}_E$ 由对应于 λ_i $(i = M+2, M+3, \cdots, N)$ 的约当块构成。设 $\tilde{U}_E = [\tilde{u}_{M+2}^H, \tilde{u}_{M+3}^H, \cdots, \tilde{u}_N^H]^H$。定义 $U_F \in \mathbb{C}^{M \times M}$ 为一个非奇异矩阵，使得 $U_F^{-1} L_1 U_F = \Lambda_F$，其中 Λ_F 是一个以 $\lambda_i(i = 1, 2, \cdots, M)$ 为对角元的上三角矩阵且满足 $\mathrm{Re}(\lambda_1) \leqslant \mathrm{Re}(\lambda_2) \leqslant \cdots \leqslant \mathrm{Re}(\lambda_M)$。

引理 9.12[193]：考虑动态系统 $\dot{X} = MX$，其中 M 是一个 2×2 的具有特征多项式 $f(s) = s^2 + a_1 s + a_2$ 矩阵。系统 $\dot{X} = MX$ 是渐近稳定的充分必要条件是 $\mathrm{Re}(a_1) > 0$，$\mathrm{Re}(a_1)\mathrm{Re}(a_1 a_2) - \mathrm{Im}(a_2)^2 > 0$。

下面的定理给出了在所构造的协议的作用下无人机集群(9−85)实现编队−合围的充分条件。

定理 9.6：在控制协议(9−88)和协议(9−89)的作用下，无人机集群(9−85)实现编队−合围的充分条件是

（i）对任意 $i \in E$ 和 $j \in N_i$，如下的编队可行性条件满足：

$$\lim_{t \to \infty}[(B_1 B_2^T + B_2 K_1)(h_i(t) - h_j(t)) - (\dot{h}_i(t) - \dot{h}_j(t))] = 0 \tag{9−92}$$

（ii）对任意 $i \in \{M+2, M+3, \cdots, N\}$，

$$\begin{cases} k_{12} + \mathrm{Re}(\lambda_i)k_{32} < 0 \\ (k_{12} + \mathrm{Re}(\lambda_i)k_{32})\Psi_i + \mathrm{Im}(\lambda_i)^2 k_{31}^2 < 0 \end{cases} \tag{9−93}$$

其中，$\Psi_i = k_{12}k_{11} - \mathrm{Re}(\lambda_i)(k_{12}k_{31} + k_{11}k_{32}) + (\mathrm{Re}(\lambda_i)^2 + \mathrm{Im}(\lambda_i)^2)k_{31}k_{32}$。

（iii）对任意 $i \in F$，

$$\begin{cases} k_{12} + \mathrm{Re}(\lambda_i)k_{22} < 0 \\ (k_{12} + \mathrm{Re}(\lambda_i)k_{22})\Psi_i + \mathrm{Im}(\lambda_i)^2 k_{21}^2 < 0 \end{cases} \tag{9−94}$$

其中，$\Psi_i = k_{12}k_{11} - \mathrm{Re}(\lambda_i)(k_{12}k_{21} + k_{11}k_{22}) + (\mathrm{Re}(\lambda_i)^2 + \mathrm{Im}(\lambda_i)^2)k_{21}k_{22}$。

证明：令 $\bar{\phi}_i(t) = \phi_i(t) - h_i(t)$ $(i \in E)$ 以及 $\bar{\phi}_E(t) = [\bar{\phi}_{M+1}^{\mathrm{T}}(t), \bar{\phi}_{M+2}^{\mathrm{T}}(t), \cdots, \bar{\phi}_N^{\mathrm{T}}(t)]^{\mathrm{T}}$。则系统(9-91)可改写为

$$\dot{\bar{\phi}}_E(t) = [I_{N-M} \otimes (B_1 B_2^{\mathrm{T}} + B_2 K_1) + L_3 \otimes B_2 K_3] \bar{\phi}_E(t) \\ + [I_{N-M} \otimes (B_1 B_2^{\mathrm{T}} + B_2 K_1)] h_E(t) - (I_{N-M} \otimes I_2) \dot{h}_E(t) \tag{9-95}$$

令 $\theta_E(t) = (\tilde{u}_{M+1} \otimes I_2) \bar{\phi}_E(t)$ 以及 $\zeta_E(t) = (\tilde{U}_E \otimes I_2) \bar{\phi}_E(t)$，则系统(9-95)可以转化为

$$\dot{\theta}_E(t) = (B_1 B_2^{\mathrm{T}} + B_2 K_1) \theta_E(t) + [\tilde{u}_{M+1} \otimes (B_1 B_2^{\mathrm{T}} + B_2 K_1)] h_E(t) \\ - (\tilde{u}_{M+1} \otimes I_2) \dot{h}_E(t) \tag{9-96}$$

$$\dot{\zeta}_E(t) = [I_{N-M-1} \otimes (B_1 B_2^{\mathrm{T}} + B_2 K_1) + \bar{J}_E \otimes B_2 K_3] \zeta_E(t) \\ + [\tilde{U}_E \otimes (B_1 B_2^{\mathrm{T}} + B_2 K_1)] h_E(t) - (\tilde{U}_E \otimes I_2) \dot{h}_E(t) \tag{9-97}$$

如果条件(i)成立，则有

$$\lim_{t \to \infty} [(L_3 \otimes (B_1 B_2^{\mathrm{T}} + B_2 K_1)) h_E(t) - (L_3 \otimes I) \dot{h}_E(t)] = 0 \tag{9-98}$$

将 $L_3 = U_E J_E U_E^{-1}$ 代入式(9-98)，之后在式(9-98)两侧同时左乘 $U_E^{-1} \otimes I_2$ 得

$$\lim_{t \to \infty} [(\bar{J}_E \tilde{U}_E \otimes (B_1 B_2^{\mathrm{T}} + B_2 K_1)) h_E(t) - (\bar{J}_E \tilde{U}_E \otimes I_2) \dot{h}_E(t)] = 0 \tag{9-99}$$

因为 G_E 具有生成树，由**引理 9.10** 和 J_E 的结构特性可知 $\bar{J}_E$ 是非奇异的。将式(9-99)两边同时左乘 $\bar{J}_E^{-1} \otimes I_2$，可得

$$\lim_{t \to \infty} [(\tilde{U}_E \otimes (B_1 B_2^{\mathrm{T}} + B_2 K_1)) h_E(t) - (\tilde{U}_E \otimes I_2) \dot{h}_E(t)] = 0 \tag{9-100}$$

考虑以下 $N - M - 1$ 个子系统：

$$\dot{\bar{\zeta}}_i(t) = (B_1 B_2^{\mathrm{T}} + B_2 K_1 + \lambda_i B_2 K_3) \bar{\zeta}_i(t) \tag{9-101}$$

其中，$i = M + 2, M + 2, \cdots, N$。子系统(9-101)的特征多项式为 $f_i(s) = s^2 - (k_{12} - \lambda_i k_{32}) s - (k_{11} + \lambda_i k_{31})$。如果条件(ii)成立，由**引理 9.12**，可以得到由式(9-101)描述的 $N - M - 1$ 个子系统是渐近稳定的。根据式(9-101)和 $\bar{J}_E$ 的结构，可知系统：

$$\dot{\tilde{\zeta}}_E(t) = [I_{N-M-1} \otimes (B_1 B_2^{\mathrm{T}} + B_2 K_1) + \bar{J}_E \otimes B_2 K_3] \tilde{\zeta}_E(t) \tag{9-102}$$

是渐近稳定的。从式(9-97)、式(9-100)和式(9-102)可以得到：

$$\lim_{t \to \infty} \zeta_E(t) = 0 \tag{9-103}$$

定义：

$$\bar{\phi}_{EC}(t) = 1 \otimes \theta_E(t) \tag{9-104}$$

$$\bar{\phi}_{E\bar{C}}(t) = \bar{\phi}_E(t) - \bar{\phi}_{EC}(t) \tag{9-105}$$

令 $e_1 \in \mathbb{R}^{N-M}$ 为第一个分量为 1,其他分量为 0 的向量。因为 $[\theta_E^H(t), 0]^H = e_1 \otimes \theta_E(t)$ 且 $U_E e_1 = 1$,可得

$$\bar{\phi}_{EC}(t) = (U_E \otimes I)[\theta_E^H(t), 0]^H \tag{9-106}$$

注意到 $\bar{\phi}_E(t) = (U_E \otimes I)[\theta_E^H(t), \zeta_E^H(t)]^H$。由式(9-104)和式(9-105)可得

$$\bar{\phi}_{E\bar{C}}(t) = (U_E \otimes I)[0, \zeta_E^H(t)]^H \tag{9-107}$$

由于 $U_E \otimes I$ 是非奇异的,由式(9-106)和式(9-107)可以得到 $\bar{\phi}_{EC}(t)$ 与 $\bar{\phi}_{E\bar{C}}(t)$ 是线性无关的。因此,由式(9-103)、式(9-105)和式(9-107)可以得到:

$$\lim_{t \to \infty}(\bar{\phi}_E(t) - 1 \otimes \theta_E(t)) = 0 \tag{9-108}$$

即

$$\lim_{t \to \infty}(\phi_i(t) - h_i(t) - \theta_E(t)) = 0, i \in E \tag{9-109}$$

由式(9-109)可以看出,无人机集群(9-91)实现了由 $h_E(t)$ 指定的时变编队。

令 $\varphi_i(t) = \sum_{j \in N_i} w_{ij}(\phi_i(t) - \phi_j(t)) \ (i \in F)$,以及 $\varphi_F(t) = [\varphi_1^T(t), \varphi_2^T(t), \cdots, \varphi_M^T(t)]^T$,可以得到:

$$\varphi_F(t) = (L_1 \otimes I_2)\phi_F(t) + (L_2 \otimes I_2)\phi_E(t) \tag{9-110}$$

由式(9-90)、式(9-91)和式(9-110)可以得到:

$$\dot{\varphi}_F(t) = [I_M \otimes (B_1 B_2^T + B_2 K_1) + (L_1 \otimes B_2 K_2)]\varphi_F(t) \\ + ((L_2 L_3) \otimes (B_2 K_3))(\phi_E(t) - h_E(t)) \tag{9-111}$$

令 $\bar{\varphi}_F(t) = (U_F^{-1} \otimes I)\varphi_F(t) = [\bar{\varphi}_1^H(t), \bar{\varphi}_2^H(t), \cdots, \bar{\varphi}_M^H(t)]^H$。则系统(9-111)可转换为

$$\dot{\bar{\varphi}}_F(t) = [I_M \otimes (B_1 B_2^T + B_2 K_1) + (\Lambda_F \otimes B_2 K_2)]\bar{\varphi}_F(t) \\ + ((U_F^{-1} L_2 L_3) \otimes (B_2 K_3))(\phi_E(t) - h_E(t)) \tag{9-112}$$

当领导者实现时变编队 $h_E(t)$ 时,有

$$\lim_{t \to \infty}(L_3 \otimes (B_2 K_3))(\phi_E(t) - h_E(t)) = \lim_{t \to \infty}(L_3 \otimes (B_2 K_3))(1 \otimes r(t)) \tag{9-113}$$

由于 $L_3 1 = 0$，所以有

$$\lim_{t \to \infty}((U_F^{-1} L_2 L_3) \otimes (B_2 K_3))(\phi_E(t) - h_E(t)) = 0 \qquad (9-114)$$

对系统（9 - 102）进行类似的分析，可以验证如果条件（iii）成立，则 $I_M \otimes (B_1 B_2^T + B_2 K_1) + (\Lambda_F \otimes B_2 K_2)$ 满足 Hurwitz 条件。因此 $\lim_{t \to \infty} \bar{\varphi}_F(t) = 0$。由于 U_F 是非奇异的，所以有

$$\lim_{t \to \infty} \varphi_F(t) = 0 \qquad (9-115)$$

由式（9 - 110）和式（9 - 115）得

$$\lim_{t \to \infty}[\phi_F(t) - (-L_1^{-1} L_2 \otimes I_2)\phi_E(t)] = 0 \qquad (9-116)$$

由**引理 9.11**、式（9 - 109）和式（9 - 116）可以得到，在控制协议（9 - 88）和协议（9 - 89）的作用下，无人机集群（9 - 85）实现了编队-合围。证明完毕。

　　注释 9.15：需要指出的是，编队参考函数 $r(t)$ 是对整个编队-合围系统宏观运动的表征。由式（9 - 86）和式（9 - 109）可知，$\lim_{t \to \infty}(\theta_E(t) - r(t)) = 0$，即编队参考由 $\theta_E(t)$ 决定。通过求解微分方程（9 - 96），可以获得编队参考 $r(t)$ 的显式表达式。此外，由式（9 - 96）可以看出，通过使用 K_1 把 $B_1 B_2^T + B_2 K_1$ 的特征值配置在复平面中的任意的期望位置，可以实现对编队参考运动模态的调控。

　　下面的定理给出了跟随者状态、领导者时变编队和编队参考之间的明确关系。

　　定理 9.7：如果**定理 9.6** 中的条件（i）、（ii）和（iii）满足，无人机集群（9 - 85）在控制协议（9 - 88）和协议（9 - 89）的作用下可以实现编队-合围，此时跟随者的状态满足：

$$\lim_{t \to \infty}\Big(\phi_i(t) - \sum_{j=M+1}^{N} l_{ij} h_j(t) - \theta_E(t)\Big) = 0 \qquad (9-117)$$

其中，$i \in F$ 和 l_{ij} 是 $-L_1^{-1} L_2$ 的项。

　　证明：如果**定理 9.6** 中的条件（i）、（ii）和（iii）满足，则无人机集群（9 - 85）可以实现编队-合围。由**定理 9.6** 的证明可知，式（9 - 108）和式（9 - 116）成立，进而可得

$$\lim_{t \to \infty}[\phi_F(t) - (-L_1^{-1} L_2 \otimes I_2)(h_E(t) + 1 \otimes \theta_E(t))] = 0 \qquad (9-118)$$

由**引理 9.7** 可知：

$$-L_1^{-1} L_2 1 = 1 \qquad (9-119)$$

根据式（9 - 118）式（9 - 119）可以得到：

$$\lim_{t \to \infty} [\phi_F(t) - (-L_1^{-1}L_2 \otimes I_2)h_E(t) - 1 \otimes \theta_E(t)] = 0 \qquad (9-120)$$

这表明式(9-117)成立。证明完毕。

注释 9.16：定理 9.7 表明跟随者的状态是由拓扑、时变编队 $h_E(t)$ 和编队参考共同决定的。由式(9-117)中可以看出，跟随者的状态相对于 $r(t)$ 保持了一个以领导者编队向量 $h_E(t)$ 的凸组合为偏移量的时变编队。因此，跟随者的状态不仅收敛于领导者的状态所形成的凸包，而且还形成了由领导者编队向量的凸组合所指定的某种编队。

由**定理 9.6** 和**定理 9.7** 可知，子系统(9-96)的状态 $\theta_E(t)$ 决定了编队参考函数 $r(t)$，它代表了整个编队-合围的宏观运动。可以选择增益矩阵 K_1 来满足编队可行性条件或通过在复平面上指定 $B_1B_2^T + B_2K_1$ 的特征值到所需位置来调节编队参考 $r(t)$ 的运动模态。在选择好 K_1 之后，下面的定理提供了一种方法来确定增益矩阵 K_2 和 K_3。

定理 9.8：如果**定理 9.6** 中的条件(i)成立，选择 $K_2 = -\alpha[\operatorname{Re}(\lambda_1)]^{-1}R^{-1}B_2^TP$ 与 $K_3 = -\beta[\operatorname{Re}(\lambda_{M+2})]^{-1}R^{-1}B_2^TP$，则在控制协议(9-88)和协议(9-89)的作用下，无人机集群(9-85)可以实现编队-合围，其中 $\alpha > 0.5$，$\beta > 0.5$，是给定常数，并且 P 为代数 Riccati 方程的正定解：

$$P(B_1B_2^T + B_2K_1) + (B_1B_2^T + B_2K_1)^TP - PB_2R^{-1}B_2^TP + I = 0 \qquad (9-121)$$

其中，$R^T = R > 0$。

证明：因为 $(B_1B_2^T, B_2)$ 是可镇定的，且 $(I, B_1B_2^T)$ 是可观测的，对于任意给定的 $R^T = R > 0$。代数 Riccati 方程(9-121)具有唯一解 $P^T = P > 0$。考虑由式(9-101)描述的 $N-M-1$ 个子系统的稳定性。构造如下的李雅普诺夫函数候选：

$$V_i(t) = \bar{\zeta}_i^H(t)P\bar{\zeta}_i(t), \quad i = M+2, M+3, \cdots, N \qquad (9-122)$$

$V_i(t)$ 沿子系统(9-101)轨迹的导数可表达为

$$\dot{V}_i(t) = \bar{\zeta}_i^H(t)[(B_1B_2^T + B_2K_1)^TP + P(B_1B_2^T + B_2K_1)]\bar{\zeta}_i(t) \qquad (9-123)$$
$$+ \bar{\zeta}_i^H(t)[\lambda_i^H(B_2K_3)^TP + \lambda_iPB_2K_3]\bar{\zeta}_i(t)$$

把 $K_3 = -\beta[\operatorname{Re}(\lambda_{M+2})]^{-1}R^{-1}B_2^TP$ 和

$$P(B_1B_2^T + B_2K_1) + (B_1B_2^T + B_2K_1)^TP = PB_2R^{-1}B_2^TP - I$$

代入式(9-123)可得

$$\dot{V}_i(t) = -\bar{\zeta}_i^H(t)\bar{\zeta}_i(t) + (1 - 2\beta[\operatorname{Re}(\lambda_{M+2})]^{-1}\operatorname{Re}(\lambda_i)) \qquad (9-124)$$
$$\times \bar{\zeta}_i^H(t)(PB_2R^{-1}B_2^TP)\bar{\zeta}_i(t)$$

由于 $1 - 2\beta[\mathrm{Re}(\lambda_{M+2})]^{-1}\mathrm{Re}(\lambda_i) < 0$，从式（9–124）可知 $\lim\limits_{t \to \infty}\bar{\zeta}_i(t) = 0$。这意味着由式（9–101）描述的 $N - M - 1$ 个子系统是渐近稳定的。由于条件（i）满足，因此 $\lim\limits_{t \to \infty}\zeta_E(t) = 0$。对子系统（9–101）进行类似的分析，可以验证 $K_2 = -\alpha[\mathrm{Re}(\lambda_1)]^{-1}R^{-1}B_2^{\mathrm{T}}P$ 可以保证 $B_1 B_2^{\mathrm{T}} + B_2 K_1 + \lambda_i B_2 K_2 (i \in F)$ 满足 Hurwitz 条件，这意味着 $I_M \otimes (B_1 B_2^{\mathrm{T}} + B_2 K_1) + (\Lambda_F \otimes B_2 K_2)$ 也满足 Hurwitz 条件。由**定理 9.6** 的证明可以得出无人机集群（9–85）通过所设计的协议（9–88）与协议（9–89）实现了编队–合围的结论。证明完毕。

注释 9.17： 从式（9–121）可以看出，只需要求解一个代数 Riccati 方程就可以确定增益矩阵 K_2 和 K_3。而且 K_2 和 K_3 的存在性是可以得到保证的。因此编队–合围协议（9–88）与协议（9–89）的设计方法是非常实用的。

9.4.3　基于四旋翼无人机的编队–合围仿真及实验

在本小节中，搭建了一个具有 5 架四旋翼无人机的验证平台，该平台搭建于 2012 年。基于搭建的平台在实验 1 中进行了编队–合围的数值仿真和飞行实验验证。此外，为了证明所得结果的可拓展性，在实验 2 中给出了一个包括 14 架四旋翼无人机的编队–合围控制的数值仿真实验。

所搭建的基于四旋翼无人机的编队–合围控制实验平台由 5 架装有机载飞控系统（FCS）的四旋翼无人机和一个地面控制站（GCS）组成，如图 9–8 所示。四旋翼无人机的硬件是采用 Xaircraft 公司的产品，每架四旋翼无人机翼展 65 cm，续航 12 min，最大起飞重量 1 800g。FCS 基于时钟频率为 135 MHz 的 TMS320F28335DSP 开发。四旋翼无人机的姿态和加速度由三个单轴陀螺仪、一个三轴加速度计和一个三轴

图 9–8　基于四旋翼无人机的编队–合围控制实验平台

磁力计估计。采用精度为 1.2m CEP 的 GPS 模块来获得四旋翼无人机的位置和速度。GPS 数据的更新率为 10 Hz。四旋翼无人机的高度在靠近地面的时候由超声波测距仪测量,在远离地面的时候由气压计测量。无人机携带一个 2 GB Micro-SD 卡用于存储机载数据。四旋翼无人机之间以及四旋翼无人机与地面站之间的数据交互通过 Zigbee 模块来完成。每架无人机都保留了遥控器以便在紧急情况下可以启动手动遥控操作,控制无人机安全降落。GCS 是在 WindowsXP 环境下基于 LabVIEW8.2.1 开发的,可以监控所有四旋翼无人机的飞行参数,并向四旋翼无人机发送控制命令。图 9-9 描述了四旋翼无人机实验平台的硬件结构。

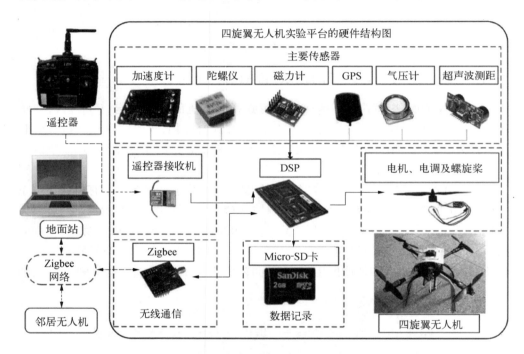

图 9-9 四旋翼无人机实验平台的硬件结构框图

实验 1:基于 5 架四旋翼无人机的数值仿真与飞行实验。

考虑四旋翼无人机集群在水平面($n = 2$)内进行编队-合围飞行的情况,即跟随者和领导者沿着 X 轴和 Y 轴的运动分别由编队-合围控制协议(9-88)与协议(9-89)控制,控制频率为 5 Hz。每架四旋翼无人机的高度指定为常数,俯仰角、滚转角以及偏航角由三个解耦 PD 控制器控制,控制频率为 500 Hz。使用 Kronecker 积,可以得到二维平面内运动的无人机集群满足式(9-85)且 $\phi_i(t) = [x_{iX}(t), v_{iX}(t), x_{iY}(t), v_{iY}(t)]^T$、$u_i(t) = [u_{iX}(t), u_{iY}(t)]^T (i = 1, 2, \cdots, N)$、$B_1 = I_2 \otimes [1, 0]^T$、$B_2 = I_2 \otimes [0, 1]^T$ 与 $h_i(t) = [h_{ixX}(t), h_{ivX}(t), h_{ixY}(t),$

$h_{ivY}(t)]^{\mathrm{T}}(i \in E)$。

　　1 号、2 号四旋翼无人机被指定为跟随者,3 号、4 号和 5 号无人机被指定为领导者,即 $M = 2$, $N = 5$。该无人机集群对应的有向交互拓扑如图 9-10 所示。为简单起见,交互拓扑的权重为 0-1 加权。

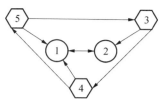

图 9-10　有向交互拓扑 G_1

　　三个领导者需要实现由下式指定的编队:

$$h_3(t) = \begin{bmatrix} 10 \\ 0 \\ 0 \\ 0 \end{bmatrix}, \quad h_4(t) = \begin{bmatrix} 10\cos(2\pi/3) \\ 0 \\ 10\sin(2\pi/3) \\ 0 \end{bmatrix}, \quad h_5(t) = \begin{bmatrix} 10\cos(4\pi/3) \\ 0 \\ 10\sin(4\pi/3) \\ 0 \end{bmatrix}$$

　　如果实现编队-合围,则三个领导者的位置将保持一个边为 $10\sqrt{3}$ m 的正三角形,同时速度会收敛到一个共同的值;两个跟随者的位置需要收敛到由领导者的编队形成的三角形中,且跟随者的速度和领导者的速度达到一致。

　　由于飞行空间的限制以及需要在可视范围内进行实验的要求,编队参考 $r(t)$ 的运动模态被设计为稳定的,通过选择 $K_1 = I_2 \otimes [0, -0.6]$ 来指定 $B_1 B_2^{\mathrm{T}} + B_2 K_1$ 的特征值为 0, 0, -0.6 和 -0.6。在这种配置下,当实现所需的编队-合围时,5 架四旋翼无人机将处于静止状态。令 $K_2 = I_2 \otimes [-0.5, -0.8]$ 以及 $K_3 = I_2 \otimes [-0.8, -0.8]$。 可以证明**定理 9.6** 中的条件满足。

　　设定四旋翼无人机的初始状态为 $\phi_1(0) = [3.23, -0.04, 7.38, -0.01]^{\mathrm{T}}$, $\phi_2(0) = [4.12, -0.01, -4.34, -0.19]^{\mathrm{T}}$, $\phi_3(0) = [6.62, -0.26, 1.32, 0.13]^{\mathrm{T}}$, $\phi_4(0) = [-5.66, 0.20, 5.86, 0.14]^{\mathrm{T}}$ 与 $\phi_5(0) = [-3.66, 0.04, -6.57, 0.08]^{\mathrm{T}}$。 图 9-11 与图 9-12 展示了 75 s 内 5 架四旋翼无人机在仿真与实验中位置与速度变化。其中,四旋翼无人机的初始状态用“○”标记,领导者和跟随者的终态分别用“△”与“*”标记。此外,由领导者形成的凸包用实线标记。图 9-13 展示了一张实验中的编队-合围飞行截图。图 9-14 展示了 5 架四旋翼无人机的控制输入曲线。令编队误差为 $e_E(t) = \phi_E(t) - h_E(t) - 1 \otimes \theta_E(t)$, 合围误差为 $e_C(t) = \phi_F(t) - (-L_1^{-1} L_2 \otimes L_6) \phi_E(t)$。 仿真与实验中的领导者编队误差曲线 $e_E(t)$ 和跟随者合围误差曲线 $e_C(t)$ 分别展示在图 9-15 与图 9-16 中。从图 9-11 与图 9-12 可以看出,领导者的位置保持了所需的三角形编队,并且在仿真与实验中,跟随者都收敛到了由领导者所形成的凸包中。图 9-11 与图 9-12 展示了所有的四旋翼无人机的速度都实现了一致。因此在仿真与实验中,四旋翼无人机集群都实现了期望的编队-合围控制效果。需要指出的是,在实验中由于风的影响,5 架四旋翼无人机的位置都存在一定的漂移。即使在风的扰动下,四旋翼无人机集群依然实现了编队-合围控制。

编队-合围控制飞行实验视频

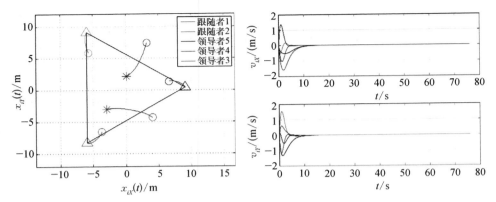

图 9 – 11　仿真中 5 架四旋翼无人机的位置和速度变化

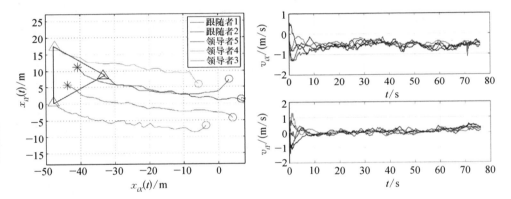

图 9 – 12　实验中 5 架四旋翼无人机的位置和速度变化

图 9 – 13　实验中 5 架四旋翼无人机编队–合围飞行截图

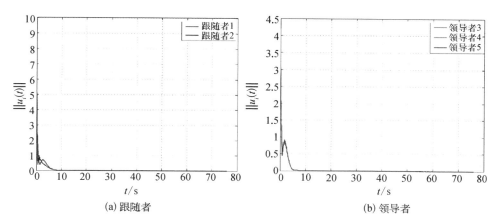

(a) 跟随者　　　　　　　　　　　　　　　　　(b) 领导者

图 9 - 14　5 架四旋翼无人机的控制输入曲线

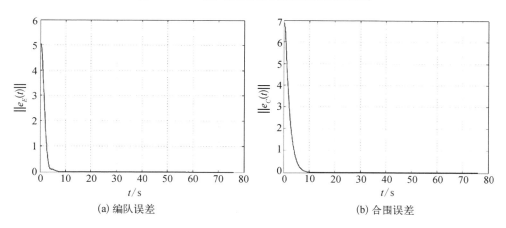

(a) 编队误差　　　　　　　　　　　　　　　　(b) 合围误差

图 9 - 15　仿真中领导者无人机的编队误差曲线和跟随者无人机的合围误差曲线

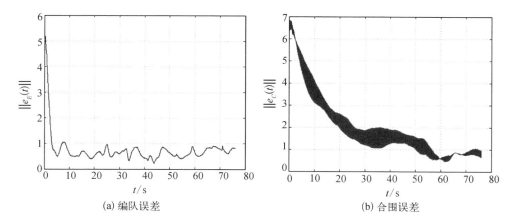

(a) 编队误差　　　　　　　　　　　　　　　　(b) 合围误差

图 9 - 16　实验中领导者无人机的编队误差曲线和跟随者无人机的合围误差曲线

实验 2：基于 14 架四旋翼无人机的编队-合围数值仿真。

为了测试算法的可扩展性，在实验 2 中，我们考虑了 14 架四旋翼无人机。由于当时设备台套数和场地的限制，在该部分仅给出了数值仿真结果。假定在具有有向交互拓扑 G_2 的四旋翼无人机集群中有 8 个跟随者和 6 个领导者。拓扑关系如图 9 - 17 所示。

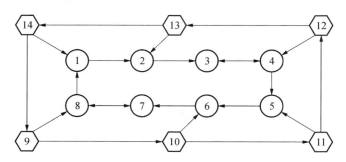

图 9 - 17 有向交互拓扑 G_2

考虑无人机在三维空间（即 XYZ 空间）中飞行的情况。使用 Kronecker 积，可以得到三维平面内运动的无人机集群满足式（9 - 85）且 $\phi_i(t) = [x_{iX}(t),$ $v_{iX}(t), x_{iY}(t), v_{iY}(t), x_{iZ}(t), v_{iZ}(t)]^T$，$u_i(t) = [u_{iX}(t), u_{iY}(t), u_{iZ}(t)]^T(i = 1, 2, \cdots, 8)$，$B_1 = I_3 \otimes [1, 0]^T$，$B_2 = I_3 \otimes [0, 1]^T$ 和 $h_i(t) = [h_{ixX}(t),$ $h_{ivX}(t), h_{ixY}(t), h_{ivY}(t), h_{ixZ}(t), h_{ivZ}(t)]^T(i \in E)$。领导者需要实现以下时变编队：

$$h_i(t) = \begin{bmatrix} 50\cos(0.5t + (i - 9)\pi/3) \\ -25\sin(0.5t + (i - 9)\pi/3) \\ 25\sqrt{2}\sin(0.5t + (i - 9)\pi/3) \\ 12.5\sqrt{2}\cos(0.5t + (i - 9)\pi/3) \\ -25\sqrt{2}\sin(0.5t + (i - 9)\pi/3) \\ -12.5\sqrt{2}\cos(0.5t + (i - 9)\pi/3) \end{bmatrix}, i = 9, 10, \cdots, 14$$

从 $h_E(t)$ 可以看出，如果实现了指定的编队，则 6 个领导者的位置与速度都将保持正六边形编队，同时围绕编队参考以速度 0.5 rad/s 保持旋转。可以通过选择 $K_1 = I_3 \otimes [-0.25, 0]$ 来指定 $B_1 B_2^T + B_2 K_1$ 的特征值为 0.5j，0.5j，0.5j，-0.5j，-0.5j 和 -0.5j（$j^2 = -1$）。在这种情况下，编队参考将呈现出振荡的运动模态，整个集群在形成编队-合围后将会保持周期性运动。可以验证**定理 9.6** 中的条件（i）满足。选择 $\alpha = 0.6$，$\beta = 0.55$。使用**定理 9.8** 中的方法，可以求出 $K_2 = I_3 \otimes$

$[-0.6435,\ -1.3191]$，$K_3 = I_3 \otimes [-0.8589,\ -1.7605]$。 为简单起见，每架四旋翼无人机的初始位置分量和速度分量由 $30(\Theta - 0.5)$ 给出，其中 Θ 是分布在 $(0,1)$ 中的随机数。

图 9-18 为 14 架四旋翼无人机在 $t = 80\,s$ 内的数值仿真结果，其中初始状态用"○"表示，跟随者的末态用"＊"表示，领导者的末态分别用"●""△""◇""□""×"和六角星表示，编队参考的末态用五角星表示。图 9-19 显示了位置和速度轨迹的截图。图 9-20 给出了编队误差 $e_E(t)$ 和合围误差 $e_C(t)$ 的曲线。由图 9-18～图 9-20 可以观察到如下现象：① 领导者的位置分量和速度分量都形成了正六边形编队；② 正六边形编队围绕振荡的编队参考不断旋转；③ 跟随者的状态不仅收敛到领导者编队形成的凸包中，而且形成了正六边形。因此，无人机集群实现了期望的编队-合围控制效果。

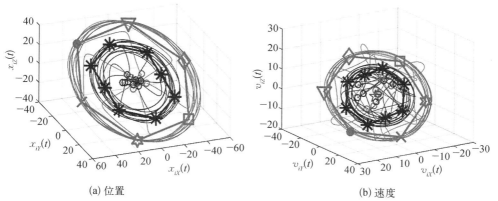

(a) 位置　　　　　　　　　　(b) 速度

图 9-18　14 架四旋翼无人机在 80 s 内的位置与速度轨迹

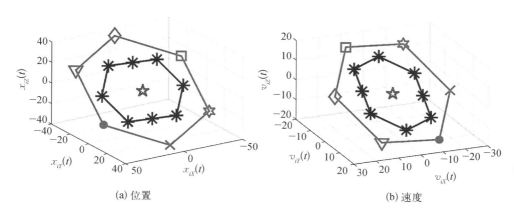

(a) 位置　　　　　　　　　　(b) 速度

图 9-19　14 架四旋翼无人机的位置与速度轨迹在 70 s 时的截图

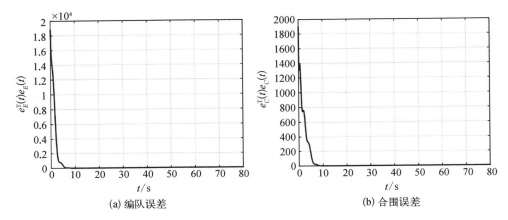

(a) 编队误差　　　　　　　　　　　　(b) 合围误差

图 9-20　领导者的编队误差曲线和跟随者的合围误差曲线

9.5　本章小结

　　本章对高阶集群系统状态和输出编队-合围控制以及在无人机集群中的应用问题分别进行了研究。首先,分别给出了高阶集群系统实现状态和输出编队-合围的充分条件。作为特例,还给出了高阶集群系统实现状态合围和时变状态编队的充要条件。然后,分别给出了确定状态编队-合围协议和静态输出编队-合围协议中增益矩阵的方法以及对编队参考运动模态进行配置的方法。指出了集群系统协同控制中的状态/输出一致性问题、状态/输出一致跟踪问题、状态/输出编队问题、状态/输出合围问题、状态编队-合围问题都是输出编队-合围问题的特例。最后,在搭建的基于四旋翼无人机的实验平台上进行了编队-合围控制的实飞验证。

参考文献

[1] Vicsek T. A question of scale. Nature, 2001, 411(24): 421.

[2] Weimerskirch H, Martin J, Clerquin Y, et al. Energy saving in flight formation. Nature, 2001, 413(18): 697 – 698.

[3] Couzin I D, Krause J, Franks N R, et al. Effective leadership and decision-making in animal groups on the move. Nature, 2005, 433(3): 513 – 516.

[4] 蔡宁. 高阶群系统的稳定性与能控性研究. 北京: 清华大学, 2010.

[5] 席建祥. 高阶线性群系统一致性分析与综合. 西安: 第二炮兵工程大学, 2012.

[6] 路甬祥. 仿生学的意义与发展. 科学中国人, 2004, 4: 23 – 24.

[7] 向锦武, 董希旺, 丁文锐, 等. 复杂环境下无人集群系统自主协同关键技术. 航空学报, 2022, 43(10): 333 – 365.

[8] Qin J H, Li M, Shi Y, et al. Optimal synchronization control of multiagent systems with input saturation via off-policy reinforcement learning. IEEE Transactions on Neural Networks and Learning Systems, 2019, 30 (1): 85 – 96.

[9] Gao W N, Mynuddin M, Wunsch D C, et al. Reinforcement learning-based cooperative optimal output regulation via distributed adaptive internal model. IEEE Transactions on Neural Networks and Learning Systems, 2022, 33(10): 5229 – 5240.

[10] Olfati-Saber R, Murray R M. Consensus problems in networks of agents with switching topology and time-delays. IEEE Transactions on Automatic Control, 2004, 49(9): 1520 – 1533.

[11] Fax J A, Murray R M. Information flow and cooperative control of vehicle formations. IEEE Transactions on Automatic Control, 2004, 49(9): 1465 – 1476.

[12] Ji M, Ferrari-Trecate G, Egerstedt M, et al. Containment control in mobile networks. IEEE Transactions on Automatic Control, 2008, 53(8): 1972 –

1975.

[13] Dimarogonas D V, Egerstedt M, Kyriakopoulos K J. A leader-based containment control strat-egy for multiple unicycles. Proceedings of 45th IEEE Conference on Decision and Control, San Diego, 2006: 5968 - 5973.

[14] Hong Y G, Hu J P, Gao L X. Tracking control for multi-agent consensus with an active leader and variable topology. Automatica, 2006, 42(7): 1177 - 1182.

[15] Dong X W, Hu G Q. Time-varying formation tracking for linear multiagent systems with multiple leaders. IEEE Transactions on Automatic Control, 2017, 62(7): 3658 - 3664.

[16] Olfati-Saber R. Flocking for multi-agent dynamic systems: Algorithms and theory. IEEE Transactions on Automatic Control, 2006, 51(3): 401 - 420.

[17] Kim T H, Sugie T. Cooperative control for target-capturing task based on a cyclic pursuit strategy. Automatica, 2007, 43(8): 1426 - 1431.

[18] Borkar V, Varaiya P P. Asymptotic agreement in distributed estimation. IEEE Transactions on Automatic Control, 1982, 27(3): 650 - 655.

[19] Tsitsiklis J N, Athans M. Convergence and asymptotic agreement in distributed decision problems. IEEE Transactions on Automatic Control, 1984, 29(1): 42 - 50.

[20] Vicsek T, Czirok A, Jacob E B, et al. Novel type of phase transitions in a system of self-driven particles. Physical Review Letters, 1995, 75(6): 1226 - 1229.

[21] Jadbabaie A, Lin J, Morse A S. Coordination of groups of mobile autonomous agents using nearest neighbor rules. IEEE Transactions on Automatic Control, 2003, 48(6): 988 - 1001.

[22] Ren W, Beard R W. Consensus seeking in multiagent systems under dynamically changing interaction topologies. IEEE Transactions on Automatic Control, 2005, 50(5): 655 - 661.

[23] Lin P, Jia Y M, Li L. Distributed robust H_∞ consensus control in directed networks of agents with time-delay. Systems & Control Letters, 2008, 57(8): 643 - 653.

[24] Bliman P A, Ferrari-Trecate G. Average consensus problems in networks of agents with de-layed communications. Automatica, 2008, 44(8): 1985 - 1995.

[25] Tian Y P, Liu C L. Consensus of multi-agent systems with diverse input and

communication delays. IEEE Transactions on Automatic Control, 2008, 53
(9): 2122 – 2128.

[26] Xiao F, Wang L. State consensus for multi-agent systems with switching
topologies and time-varying delays. International Journal of Control, 2006, 79
(10): 1277 – 1284.

[27] Sun Y G, Wang L, Xie G M. Average consensus in networks of dynamic agents
with switching topologies and multiple time-varying delays. Systems & Control
Letters, 2008, 57(2): 175 – 183.

[28] Sun Y G, Wang L. Consensus of multi-agent systems in directed networks with
nonuniform time-varying delays. IEEE Transactions on Automatic Control,
2009, 54(7): 1607 – 1613.

[29] Xie G M, Wang L. Consensus control for a class of networks of dynamic agents.
International Journal of Robust and Nonlinear Control, 2007, 17(11): 941 –
959.

[30] Ren W, Atkins E. Distributed multi-vehicle coordinated control via local
information exchange. International Journal of Robust and Nonlinear Control,
2007, 17(17): 1002 – 1033.

[31] Lin P, Jia Y M. Further results on decentralised coordination in networks of
agents with second-order dynamics. IET Control Theory & Applications, 2009,
3(71): 957 – 970.

[32] Tanner H G, Jadbabaie A, Pappas G J. Flocking in fixed and switching
networks. IEEE Transactions on Automatic Control, 2007, 52(5): 863 – 868.

[33] Lin P, Jia Y M. Consensus of second-order discrete-time multi-agent systems
with nonuniform time-delays and dynamically changing topologies. Automatica,
2009, 45(9): 2154 – 2158.

[34] Lin P, Jia Y M. Consensus of a class of second-order multi-agent systems with
time-delay and jointly-connected topologies. IEEE Transactions on Automatic
Control, 2010, 55(3): 778 – 784.

[35] Hu J, Lin Y S. Consensus control for multi-agent systems with double-integrator
dynamics and time delays. IET Control Theory & Applications, 2010, 4(1):
109 – 118.

[36] Yu W W, Chen G R, Cao M. Some necessary and suffcient conditions for
second-order consensus in multi-agent dynamical systems. Automatica, 2010,
46(6): 1089 – 1095.

[37] Qin J H, Gao H J, Zheng W X. Second-order consensus for multi-agent systems

with switching topology and communication delay. Systems & Control Letters, 2011, 60(6): 390 - 397.

[38]   Qin J H, Gao H J, Zheng W X. On average consensus in directed networks of agents with switching topology and time delay. International Journal of Systems Science, 2011, 42(12): 1947 - 1956.

[39]   Tian Y P, Liu C L. Robust consensus of multi-agent systems with diverse input delays and asymmetric interconnection perturbations. Automatica, 2009, 45(5): 1347 - 1353.

[40]   Lin P, Jia Y M. Robust H_∞ consensus analysis of a class of second-order multi-agent systems with uncertainty. IET Control Theory & Applications, 2010, 4(3): 487 - 498.

[41]   Zhang Y, Tian Y P. Consensus of data-sampled multi-agent systems with random communication delay and packet loss. IEEE Transactions on Automatic Control, 2010, 55(4): 939 - 943.

[42]   Yu W W, Zheng W X, Chen G R, et al. Second-order consensus in multi-agent dynamical systems with sampled position data. Automatica, 2011, 47(7): 1496 - 1503.

[43]   Guan Z H, Meng C, Liao R Q, et al. Consensus of second-order multi-agent dynamic systems with quantized data. Physics Letters A, 2012, 376(4): 387 - 393.

[44]   Yu W W, Chen G R, Cao M, et al. Second-order consensus for multiagent systems with directed topologies and nonlinear dynamics. IEEE Transactions on Systems, Man, and Cybernetics, Part B: Cybernetics, 2010, 40(3): 881 - 891.

[45]   Munz U, Papachristodoulou A, Allgower F. Robust consensus controller design for nonlinear relative degree two multi-agent systems with communication constraints. IEEE Transactions on Automatic Control, 2011, 56(1): 145 - 151.

[46]   Liu K E, Xie G M, Ren W, et al. Consensus for multi-agent systems with inherent nonlinear dynamics under directed topologies. Systems & Control Letters, 2013, 62(2): 152 - 162.

[47]   Yu W W, Wang H, Cheng F, et al. Second-order consensus in multiagent systems via distributed sliding mode control. IEEE Transactions on Cybernetics, 2017, 47(99): 1872 - 1881.

[48]   Ren C, Chen L, Chen C L P. Adaptive fuzzy leader-following consensus control

for stochastic multiagent systems with heterogeneous nonlinear dynamics. IEEE Transactions on Fuzzy Systems, 2017, 25(1): 181 - 190.

[49] Lu M B, Liu L. Consensus of heterogeneous second-order nonlinear uncertain multiagent systems under switching networks. IEEE Transactions on Automatic Control, 2021, 66(7): 3331 - 3338.

[50] Wang Y, Li Y X, Ma Z J, et al. Cluster lag consensus for second-order multiagent systems with nonlinear dynamics and switching topologies. IEEE Transactions on Systems, Man, and Cybernetics: Systems, 2020, 50 (6): 2093 - 2100.

[51] Wang Y, Ma Z J, Zheng S, et al. Pinning control of lag-consensus for second-order nonlinear multiagent systems. IEEE Transactions on Cybernetics, 2017, 4(8): 2203 - 2211.

[52] Xiao F, Wang L. Consensus problems for high-dimensional multi-agent systems. IET Control Theory & Applications, 2007, 1(3): 830 - 837.

[53] Xi J X, Cai N, Zhong Y S. Consensus problems for high-order linear time-invariant swarm systems. Physica A, 2010, 389(24): 5619 - 5627.

[54] Ma C Q, Zhang J F. Necessary and suffcient conditions for consensusability of linear multi-agent systems. IEEE Transactions on Automatic Control, 2010, 55(5): 1263 - 1268.

[55] Li Z K, Duan Z S, Chen G R, et al. Consensus of multi-agent systems and synchronization of complex networks: A unified viewpoint. IEEE Transactions on Circuits and Systems I: Regular Papers, 2009, 57(1): 213 - 224.

[56] Li Z K, Ren W, Liu X D, et al. Distributed consensus of linear multi-agent systems with adap-tive dynamic protocols. Automatica, 2013, 49(7): 1986 - 1995.

[57] Aedessamedu A, Tayebi A. Distributed consensus algorithms for a class of high-order multi-agent systems on directed graphs. IEEE Transactions on Automatic Control, 2018, 63(10): 3464 - 3470.

[58] 董滔, 李小丽, 赵大端. 基于事件触发的三阶离散多智能体系统一致性分析. 自动化学报, 2019, 45(7): 1366 - 1372.

[59] Ren W. Consensus strategies for cooperative control of vehicle formations. IET Control Theory & Applications, 2007, 1(2): 505 - 512.

[60] Ren W, Sorensen N. Distributed coordination architecture for multi-robot formation control. Robotics and Autonomous Systems, 2008, 56(4): 324 - 333.

[61] Xiao F, Wang L, Chen J, et al. Finite-time formation control for multi-agent

systems. Automatica, 2009, 45(11): 2605 - 2611.

[62] Xie G M, Wang L. Moving formation convergence of a group of mobile robots via decentralised information feedback. International Journal of Systems Science, 2009, 40(10): 1019 - 1027.

[63] Liu C L, Tian Y P. Formation control of multi-agent systems with heterogeneous communication delays. International Journal of Systems Science, 2009, 40(6): 627 - 636.

[64] Lafferriere G, Williams A, Caughman J, et al. Decentralized control of vehicle formations. Systems & Control Letters, 2005, 54(9): 899 - 910.

[65] Porfiri M, Roberson D G, Stilwell D J. Tracking and formation control of multiple autonomous agents: A two-level consensus approach. Automatica, 2007, 43(8): 1318 - 1328.

[66] Lin Z Y, Francis B, Maggiore M. Necessary and suffcient graphical conditions for formation control of unicycles. IEEE Transactions on Automatic Control, 2005, 50(1): 121 - 127.

[67] Ma C Q, Zhang J F. On formability of linear continuous-time multi-agent systems. Journal of Systems Science and Complexity, 2012, 25(1): 13 - 29.

[68] Dong X W, Xi J X, Lu G, et al. Formation analysis and feasibility for high-order linear time-invariant swarm systems with time delays. Proceedings of 32nd Chinese Control Conference, Xi'an, 2013: 7023 - 7029.

[69] Yan B, Shi P, Lim C C. Robust formation control for nonlinear heterogeneous multiagent systems based on adaptive event-triggered strategy. IEEE Transactions on Automation Science and Engineering, 2022, 19(4): 2788 - 2800.

[70] Tran V P, Garratt M A, Petersen I R. Multi-vehicle formation control and obstacle avoidance using negative-imaginary systems theory. IFAC Journal of Systems and Control, 2021, 15: 100117.

[71] Zhang X H, Peng Z X, Yang S C, et al. Distributed fixed-time consensus-based formation tracking for multiple nonholonomic wheeled mobile robots under directed topology. International Journal of Control, 2021, 94(1): 248 - 257.

[72] Jiang L, Gonzalez F, McFadyen A. Cooperative game theory based multi-UAV consensus-based formation control. Proceedings of International Conference on Unmanned Aircraft Systems, Athens, 2020, 93 - 99.

[73] Luo S Y, Xu J J, Liang X. Mean-square consensus of heterogeneous multi-agent systems with time-varying communication delays and intermittent observations. IEEE Transactions on Circuits and Systems II: Express Briefs,

2021, 69(1): 184 – 188.

[74] Han N N, Luo X Y. Tracking and distributed formation control for leader-following heterogeneous multi-agent systems. Proceedings of 35th Chinese Control Conference, Chengdu, 2016: 7897 – 7901.

[75] Jia X, Xi J, Liu G, et al. Formation control for heterogeneous multi-agent systems with communication delays based on impulsive control. Tien Tzu Hsueh Pao/Acta Electonica Sinica, 2018, 46(12): 2957 – 2963.

[76] Jia X, Zhang G L, Xu J. Consensus control for heterogeneous multi-robot formation systems with time-delays. DEStech Transactions on Engineering and Technology Research, 2017, 123: 430 – 437.

[77] Lei Y, Wang Y W, Chen H, et al. Distributed control of heterogeneous linear multi-agent systems by intermittent event-triggered control. Proceedings of 32nd Youth Academic Annual Conference of Chinese Association of Automation, Hefei, 2017: 34 – 39.

[78] Gu Y, Campa G, Seanor B, et al. Autonomous formation flight-design and experiments. Aerial Vehicles, 2009, 12: 233 – 256.

[79] 洪晔,缪存孝,雷旭升. 基于长机-僚机模式的无人机编队方法及飞行实验研究. 机器人,2010, 32(4): 505 – 509.

[80] Yun B, Chen B M, Lum K Y, et al. Design and implementation of a leader-follower cooperative control system for unmanned helicopters. Journal of Control Theory and Applications, 2010, 8(1): 61 – 68.

[81] You D I, Shim D H. Autonomous formation flight test of multi-micro aerial vehicles. Journal of Intelligent and Robotic Systems, 2011, 61(1 – 4): 321 – 337.

[82] Di L, Chao H, Han J, et al. Cognitive multi-UAV formation flight: Principle, low-cost UAV testbed, controller tuning and experiments. Proceedings of ASME/IEEE International Conference on Mechatronic and Embedded Systems and Applications, Washington DC, 2011: 917 – 927.

[83] Kushleyev A, Mellinger D, Kumar V. Towards a swarm of agile micro quadrotors. Cambridge: MIT Press, 2013.

[84] Turpin M, Michael N, Kumar V. Trajectory design and control for aggressive formation flight with quadrotors. Autonomous Robots, 2012, 33(1 – 2): 143 – 156.

[85] Turpin M, Michael N, Kumar V. Decentralized formation control with variable shapes for aerial robots. Proceedings of IEEE International Conference on

Robotics and Automation, Saint Paul, 2012: 23 – 30.

[86] Yu B C, Dong X W, Shi Z Y, et al. Formation control for quadrotor swarm systems: Algorithms and experiments. Proceedings of 32nd Chinese Control Conference, Xi'an, 2013: 7099 – 7104.

[87] Cao Y, Ren W, Meng Z Y. Decentralized finite-time sliding mode estimators and their applications in decentralized finite-time formation tracking. Systems & Control Letters, 2010, 59(9): 522 – 529.

[88] Yoo S J, Kim T H. Distributed formation tracking of networked mobile robots under unknown slippage effects. Automatica, 2015, 54: 100 – 106.

[89] Wang P, Ding B C. Distributed RHC for tracking and formation of nonholonomic multi-vehicle systems. IEEE Transactions on Automatic Control, 2014, 59(6): 1439 – 1453.

[90] Dong X W, Zhou Y, Ren Z, el al. Time-varying formation tracking for second-order multi-agent systems subjected to switching topologies with application to quadrotor formation flying. IEEE Transactions on Industrial Electronics, 2017, 64(6): 5014 – 5024.

[91] Hua Y Z, Dong X W, Hu G Q, el al. Distributed time-varying output formation tracking for heterogeneous linear multiagent systems with a nonautonomous leader of unknown input. IEEE Transactions on Automatic Control, 2019, 64 (10): 4292 – 4299.

[92] Thornhill R, Alcock J. The evolution of insect mating systems. Cambridge: Harvard University Press, 1983.

[93] Hummel H E, Miller T A. Techniques in pheromone research. New York: Springer-Verlag, 1984.

[94] Ren W. Multi-vehicle consensus with a time-varying reference state. Systems & Control Letters, 2007, 56(7 – 8): 474 – 483.

[95] Hong Y G, Chen G R, Bushnell L. Distributed observers design for leader-following control of multi-agent networks. Automatica, 2008, 44(3): 846 – 850.

[96] Ni W, Cheng D Z. Leader-following consensus of multi-agent systems under fixed and switch-ing topologies. Systems & Control Letters, 2010, 59(3 – 4): 209 – 217.

[97] Li Z K, Liu X D, Ren W, et al. Distributed tracking control for linear multi-agent systems with a leader of bounded unknown input. IEEE Transactions on Automatic Control, 2013, 58(2): 518 – 523.

[98] Ji M, Ferrari-Trecate G, Egerstedt M, et al. Containment control in mobile networks. IEEE Transactions on Automatic Control, 2008, 53(8): 1972 – 1975.

[99] Meng Z Y, Ren W, You Z. Distributed finite-time attitude containment control for multiple rigid bodies. Automatica, 2010, 46(12): 2092 – 2099.

[100] Notarstefano G, Egerstedt M, Haque M. Containment in leader-follower networks with switching communication topologies. Automatica, 2011, 47(5): 1035 – 1040.

[101] Cao Y C, Ren W, Egerstedt M. Distributed containment control with multiple stationary or dynamic leaders in fixed and switching directed networks. Automatica, 2012, 48(8): 1586 – 1597.

[102] Cao Y C, Stuart D, Ren W, et al. Distributed containment control for multiple autonomous vehicles with double-integrator dynamics: Algorithms and experiments. IEEE Transactions on Control Systems Technology, 2011, 19(4): 929 – 938.

[103] Liu H Y, Xie G M, Wang L. Necessary and suffcient conditions for containment control of networked multi-agent systems. Automatica, 2012, 48(7): 1415 – 1422.

[104] Lou Y C, Hong Y G. Target containment control of multi-agent systems with random switching interconnection topologies. Automatica, 2012, 48(5): 879 – 885.

[105] Liu H Y, Xie G M, Wang L. Containment of linear multi-agent systems under general interaction topologies. Systems & Control Letters, 2012, 61(4): 528 – 534.

[106] Li Z K, Ren W, Liu X D, et al. Distributed containment control of multi-agent systems with general linear dynamics in the presence of multiple leaders. International Journal of Robust and Nonlinear Control, 2013, 23(5): 534 – 547.

[107] Dong X W, Xi J X, Lu G, et al. Containment analysis and design for high-order linear time-invariant singular swarm systems with time delays. International Journal of Robust and Nonlinear Control, 2014, 24(7): 1189 – 1204.

[108] Dong X W, Shi Z Y, Lu G, et al. Output containment analysis and design for high-order linear time-invariant swarm systems. International Journal of Robust and Nonlinear Control, 2015, 25(6): 900 – 913.

[109] Chu H J, Gao L X, Zhang W D. Distributed adaptive containment control of heterogeneous linear multi-agent systems: An output regulation approach. IET Control Theory Applications, 2016, 10(1): 95 - 102.

[110] Jian L, Hu J P, Wang J, et al. Distributed functional observer-based event-triggered containment control of multi-agent systems. International Journal of Control, Automation and Systems, 2020, 18(5): 1094 - 1102.

[111] Zhou Q, Wang W, Liang H J, et al. Observer-based event-triggered fuzzy adaptive bipartite containment control of multiagent systems with input quantization. IEEE Transactions on Fuzzy Systems, 2021, 29(2): 372 - 384.

[112] Liu W H, Yang C J, Sun Y X, et al. Observer-based event-triggered containment control of multi-agent systems with time delay. International Journal of Systems Science, 2017, 48(6): 1217 - 1225.

[113] Yuan X Z, Zeng W. Output containment control of heterogeneous multi-agent systems with leaders of bounded inputs: An adaptive finite-time observer approach. Journal of the Franklin Institute, 2019, 356(6): 3419 - 3442.

[114] Wang W, Tong S C. Distributed adaptive fuzzy event-triggered containment control of nonlinear strict-feedback systems. IEEE Transactions on Cybernetics, 2019, 50(9): 3973 - 3983.

[115] Li Y M, Qu F, Tong S C. Observer-based fuzzy adaptive finite-time containment control of nonlinear multiagent systems with input delay. IEEE Transactions on Cybernetics, 2020, 51(1): 126 - 137.

[116] Ferrari-Trecate G, Egerstedt M, Buffa A, et al. Laplacian sheep: A hybrid, stop-go policy for leader-based containment control. Proceedings of Hybrid Systems: Computation and Control, Santa Barbara, 2006: 212 - 226.

[117] Dimarogonas D V, Egerstedt M, Kyriakopoulos K J. A leader-based containment control strategy for multiple unicycles. Proceedings of 45th IEEE Conference on Decision and Control, San Diego, 2006: 5968 - 5973.

[118] Wang Y J, Song Y D, Ren W. Distributed adaptive finite-time approach for formation-containment control of networked nonlinear systems under directed topology. IEEE Transactions on Neural Networks and Learning Systems, 2017, 29(7): 3164 - 3175.

[119] Dong X W, Hua Y Z, Zhou Y, et al. Theory and experiment on formation-containment control of multiple multirotor unmanned aerial vehicle systems. IEEE Transactions on Automation Science and Engineering, 2019, 16(1): 229 - 240.

［120］　Yu Z Q, Zhang Y M, Jiang B, et al. Distributed fractional-order intelligent adaptive fault-tolerant formation-containment control of two-layer networked unmanned airships for safe observation of a smart city. IEEE Transactions on Cybernetics, 2022, 52(9): 9132－9144.

［121］　Chen L M, Li C J, Guo Y N, et al. Formation-containment control of multi-agent systems with communication delays. ISA Transactions, 2022, 128: 32－43.

［122］　Yuan C, Yan H C, Wang Y, et al. Formation-containment control of heterogeneous linear multi-agent systems with adaptive event-triggered strategies. International Journal of Systems Science, 2022, 53(9): 1942－1957.

［123］　Hu J, Bhowmick P, Lanzon A. Two-layer distributed formation-containment control strategy for linear swarm systems: Algorithm and experiments. International Journal of Robust and Nonlinear Control, 2020, 30(16): 6433－6453.

［124］　Ren W, Moore K L, Chen Y Q. High-order and model reference consensus algorithms in co-operative control of multivehicle systems. Journal of Dynamic Systems, Measurement, and Control, 2007, 129(5): 678－688.

［125］　Wang J H, Cheng D Z. Consensus of multi-agent systems with higher order dynamics. Proceeding of 26th Chinese Control Conference, Zhangjiajie, 2007: 761－765.

［126］　Jiang F C, Wang L, Xie G M. Consensus of high-order dynamic multi-agent systems with switching topology and time-varying delays. Journal of Control Theory and Applications, 2010, 8(1): 52－60.

［127］　Zhang W, Zeng D, Qu S. Dynamic feedback consensus control of a class of high-order multi-agent systems. IET Control Theory & Applications, 2010, 4(10): 2219－2222.

［128］　Seo J H, Shim H, Back J. Consensus of high-order linear systems using dynamic output feed-back compensator: Low gain approach. Automatica, 2009, 45(11): 2659－2664.

［129］　Liu Y, Jia Y M. H_∞ consensus control for multi-agent systems with linear coupling dynamics and communication delays. International Journal of Systems Science, 2012, 43(1): 50－62.

［130］　Gahinet P, Apkarian A. A linear matrix inequality approach to H_∞ control. International Journal of Robust and Nonlinear Control, 1994, 4(4): 421－

448.

[131] Petersen I R. A stabilization algorithm for a class of uncertain linear systems. Systems & Control Letters, 1987, 8(4): 351 - 357.

[132] Gahinet P, Nemirovski A, Laub A J, et al. The LMI control toolbox for use with MATLAB. Natick: MathWorks, 1995.

[133] Xi J X, Shi Z Y, Zhong Y S. Consensus analysis and design for high-order linear swarm systems with time-varying delays. Physica A, 2011, 390(23 - 24): 4114 - 4123.

[134] Ren W. Collective motion from consensus with Cartesian coordinate coupling. IEEE Transactions on Automatic Control, 2009, 54(6): 1330 - 1335.

[135] Lin P, Jia Y M. Distributed rotating formation control of multi-agent systems. Systems & Control Letters, 2010, 59(10): 587 - 595.

[136] Porfiri M, Roberson D G, Stilwell D J. Tracking and formation control of multiple autonomous agents: A two-level consensus approach. Automatica, 2007, 43(8): 1318 - 1328.

[137] Xi J X, Shi Z Y, Zhong Y S. Output consensus for high-order linear time-invariant swarm systems. International Journal of Control, 2012, 85(4): 350 - 360.

[138] He Y, Wang Q G. An improved ILMI method for static output feedback control with application to multivariable PID control. IEEE Transactions on Automatic Control, 2006, 51(10): 1678 - 1683.

[139] Bayezit I, Fidan B. Distributed cohesive motion control of flight vehicle formations. IEEE Transactions on Industrial Electronics, 2013, 60(12): 5763 - 5772.

[140] Karimoddini A, Lin H, Chen B M, et al. Hybrid three-dimensional formation control for un-manned helicopters. Automatica, 2013, 49(2): 424 - 433.

[141] Seo J, Kim Y, Kim S, et al. Consensus-based reconfigurable controller design for unmanned aerial vehicle formation flight. Journal of Aerospace Engineering, 2012, 226(7): 817 - 829.

[142] Kopfstedt T, Mukai M, Fujita M, et al. Control of formations of UAVs for surveillance and reconnaissance missions. Proceeding of 17th IFAC World Congress, Seoul, 2008: 6 - 11.

[143] Wang X H, Yadav V, Balakrishnan S N. Cooperative UAV formation flying with obstacle/collision avoidance. IEEE Transactions on Control Systems Technology, 2007, 15(4): 672 - 679.

[144] Wang J N, Xin M. Integrated optimal formation control of multiple unmanned aerial vehicles. IEEE Transactions on Control Systems Technology, 2013, 21(5): 1731 − 1744.

[145] Tayebi A, McGilvray S. Attitude stabilization of a VTOL quadrotor aircraft. IEEE Transactions on Control Systems Technology, 2006, 14(3): 562 − 571.

[146] Abdessameud A, Tayebi A. Formation control of VTOL unmanned aerial vehicles with communication delays. Automatica, 2011, 47(11): 2383 − 2394.

[147] Turpin M, Michael N, Kumar V. Decentralized formation control with variable shapes for aerial robots. Proceedings of IEEE International Conference on Robotics and Automation, Saint Paul, 2012: 23 − 30.

[148] Tayebi A, McGilvray S. Attitude stabilization of a VTOL quadrotor aircraft. IEEE Transactions on Control Systems Technology, 2006, 14(3): 562 − 571.

[149] Wang X H, Yadav V, Balakrishnan S N. Cooperative UAV formation flying with obsta-cle/collision avoidance. IEEE Transactions on Control Systems Technology, 2007, 15(4): 672 − 679.

[150] Wang J N, Xin M. Integrated optimal formation control of multiple unmanned aerial vehicles. IEEE Transactions on Control Systems Technology, 2013, 21(5): 1731 − 1744.

[151] Tayebi A, McGilvray S. Attitude stabilization of a VTOL quadrotor aircraft. IEEE Transactions on Control Systems Technology, 2006, 14(3): 562 − 571.

[152] Wang X H, Yadav V, Balakrishnan S N. Cooperative UAV formation flying with obsta-cle/collision avoidance. IEEE Transactions on Control Systems Technology, 2007, 15(4): 672 − 679.

[153] Wang J N, Xin M. Integrated optimal formation control of multiple unmanned aerial vehicles. IEEE Transactions on Control Systems Technology, 2013, 21(5): 1731 − 1744.

[154] Kladis G P. Stabilisation and tracking for swarm-based UAV missions subject to time-delay. Cham: Springer International Publishing, 2014.

[155] Brown R G, Hwang P Y C. Introduction to random signals and applied Kalman filtering. New York: John Wiley and Sons, 1996.

[156] Euston M, Coote P, Mahony R, et al. A complementary filter for attitude estimation of a fixed-wing UAV. Proceedings of 2008 IEEE/RSJ International Conference on Intelligent Robots and Systems, Nice, 2008: 340 − 345.

[157] Ren W, Beard R W. Consensus of information under dynamically changing

interaction topologies. Proceedings of American Control Conference, Boston, 2004: 4939 – 4944.

[158] Cort'es J. Finite-time convergent gradient flows with applications to network consensus. Automatica, 2006, 42(11): 1993 – 2000.

[159] 朱亚锟. 基于非线性控制策略的多自主体系统有限时间一致性研究. 秦皇岛: 燕山大学, 2013.

[160] 佘莹莹. 多智能体系统一致性若干问题的研究. 武汉: 华中科技大学, 2009.

[161] Fang L, Antsaklis P J. Information consensus of asynchronous discrete-time multi-agent systems. Proceedings of the 2005 American Control Conference, Portland, 2005: 1883 – 1888.

[162] Mehyar M, Spanos D, Pongsajapan J, et al. Asynchronous distributed averaging on communication networks. IEEE/ACM Transactions on Networking, 2007, 15(3): 512 – 520.

[163] Xiao F, Wang L. Asynchronous consensus in continuous-time multi-agent systems with switching topology and time-varying delays. IEEE Transactions on Automatic Control, 2008, 53(8): 1804 – 1816.

[164] Li Z K, Duan Z S, Chen G R, et al. Consensus of multiagent systems and synchronization of complex networks: A unified viewpoint. IEEE Transactions on Circuits & Systems Part I Regular Papers, 2010, 57(1): 213 – 224.

[165] Scardovi L, Sepulchre R. Synchronization in networks of identical linear systems. Automatica, 2009, 45(11): 2557 – 2562.

[166] Su Y F, Huang J. Stability of a class of linear switching systems with applications to two consensus problems. IEEE Transactions on Automatic Control, 2012, 57(6): 1420 – 1430.

[167] Lv Y Z, Li Z K, Duan Z S. Adaptive output-feedback consensus protocol design for linear multi-agent systems with directed graphs. Proceedings of 27th Chinese Control and Decision Conference, Qingdao, 2015: 150 – 155.

[168] Liu X K, Wang Y W, Xiao J W, et al. Distributed hierarchical control design of coupled heterogeneous linear systems under switching networks. International Journal of Robust & Nonlinear Control, 2016, 27(8): 1242 – 1259.

[169] Dong X W, Yu B C, Shi Z Y, et al. Time-varying formation control for unmanned aerial vehicles: Theories and applications. IEEE Transactions on Control Systems Technology, 2015, 23(1): 340 – 348.

[170] Dong X W, Zhou Y, Ren Z, et al. Time-varying formation control for unmanned aerial vehicles with switching interaction topologies. Control

Engineering Practice, 2016, 46: 26 - 36.

[171] Wang Y W, Liu X K, Xiao J W, et al. Output formation-containment of coupled heterogeneous linear systems under intermittent communication. Journal of the Franklin Institute, 2016, 354(1): 392 - 414.

[172] Qi Y H, Zhou S L, Kang Y H, et al. Formation control for unmanned aerial vehicles with directed and switching topologies. International Journal of Aerospace Engineering, 2016, 2016(2): 1 - 8.

[173] Dong X W, Hu G Q. Time-varying formation control for general linear multi-agent systems with switching directed topologies. Automatica, 2016, 73: 47 - 55.

[174] Brinón-Arranz L, Seuret A, Canudas-de-Wit C. Cooperative control design for time-varying formations of multi-agent systems. IEEE Transactions on Automatic Control, 2014, 59(8): 2283 - 2288.

[175] Guo J, Yan G F, Lin Z Y. Local control strategy for moving-target-enclosing under dynamically changing network topology. Systems & Control Letters, 2010, 59(10): 654 - 661.

[176] Wang P, Ding B C. Distributed RHC for tracking and formation of nonholonomic multi-vehicle systems. IEEE Transactions on Automatic Control, 2014, 59(6): 1439 - 1453.

[177] Mylvaganam T, Astolfi A. A differential game approach to formation control for a team of agents with one leader. Proceedings of American Control Conference, Chicago, 2015: 1469 - 1474.

[178] Yu J L, Dong X W, Li Q D, et al. Practical time-varying formation tracking for high-order nonlinear multi-agent systems based on the distributed extended state observer. International Journal of Control, 2019, 92(10): 2451 - 2462.

[179] Yu J L, Dong X W, Li Q D, et al. Practical time-varying formation tracking for second-order nonlinear multiagent systems with multiple leaders using adaptive neural networks. IEEE Transactions on Neural Networks and Learning Systems, 2018, 29(12): 6015 - 6025.

[180] Hua Y Z, Dong X W, Li Q D, et al. Distributed time-varying formation robust tracking for general linear multiagent systems with parameter uncertainties and external disturbances. IEEE Transactions on Cybernetics, 2017, 47(8): 1959 - 1969.

[181] Yu J L, Dong X W, Li Q D, et al. Robust H_∞ guaranteed cost time-varying formation tracking for high-order multiagent systems with time-varying delays.

IEEE Transactions on Systems, Man, and Cybernetics: Systems, 2020, 50(4): 1465 – 1475.

[182] 田磊. 基于 PID 和 LESO 的无人机控制. 导航定位与授时, 2018, 5: 41 – 46.

[183] Dai L. Singular control systems. Berlin: Springer, 1989.

[184] Artstein Z. Linear systems with delayed control: A reduction. IEEE Transations on Automatic Control, 1982, 27(4): 869 – 879.

[185] Gu K, Niculescu S. Survey on recent results in the stability and control of time-delay systems. Journal of Dynamic Systems, Measurement, and Control, 2003, 125(1): 158 – 165.

[186] Richard J. Time-delay systems: An overview of some recent advances and open problems. Automatica, 2003, 39(10): 1667 – 1694.

[187] Mondie S, Michiels W. Finite spectrum assignment of unstable time-delay systems with a safe implementation. IEEE Transations on Automatic Control, 2003, 48(12): 2207 – 2212.

[188] Zhang X M, Wu M, She J H, et al. Delay-dependent stabilization of linear systems with time-varying state and input delays. Automatica, 2005, 41(8): 1405 – 1412.

[189] Liu Y, Sun L Y, Lu B C, et al. Feedback control of networked switched fuzzy time-delay systems based on observer. ICIC Express Letters, 2010, 4(6): 2369 – 2376.

[190] Wu L G, Su X J, Shi P, et al. Model approximation for discrete-time state-delay systems in the T-S fuzzy framework. IEEE Transactions on Fuzzy Systems, 2011, 19(2): 366 – 378.

[191] Xi J X, Meng F L, Shi Z Y, et al. Delay-dependent admissible consensualization for singular time-delayed swarm systems. Systems & Control Letters, 2012, 61(11): 1089 – 1096.

[192] Wu L G, Su X J, Shi P, et al. A new approach to stability analysis and stabilization of discrete-time T-S fuzzy time-varying delay systems. IEEE Transactions on Systems, Man, and Cybernetics-Part B: Cybernetics, 2011, 41(1): 273 – 286.

[193] Zahreddine Z, El-Shehawey E F. On the stability of a system of differential equations with complex coeffcients. Indian Journal of Pure and Applied Mathematics, 1988, 19(10): 963 – 972.